Sécuriser ses échanges électroniques avec une PKI

Solutions techniques et aspects juridiques

Thierry Autret - Laurent Bellefin - Marie-Laure Oble-Laffaire

Sécuriser ses échanges électroniques avec une PKI

Solutions techniques et aspects juridiques

EYROLLES

ÉDITIONS EYROLLES
61, Bld Saint-Germain
75240 Paris Cedex 05
www.editions-eyrolles.com

Table des matières

Partie 1 – Comprendre et concevoir une ICP

Partie 2 – Mettre en œuvre une ICP

Partie 3 – Approche juridique de l'ICP

Partie 4 – Annexes

Remerciements

Thierry Autret :

- À Martine pour tout le temps que je lui ai volé et pour sa relecture attentive.
- À Jean-Claude Barbezange et Gérard Pomper, mes managers éclairés de ces dix dernières années, qui ont laissé libre cours à mon acquisition de compétences en sécurité informatique et en cryptographie appliquée.
- À Thierry Jardin pour sa contribution dans notre mise en relation avec les Éditions Eyrolles.
- À Lionel Vodzislawsky et Caline Villacrès pour leurs contributions et leurs conseils avisés.
- Aux clients qui ont fait confiance à notre équipe pour les accompagner dans leur projet, et en particulier à Daniel Savoyen du CEDICAM et Gilles Taïb du GIP-CPS.

Laurent Bellefin :

- À l'ensemble des consultants de l'Activité Sécurité de SoluCom, qui ont largement contribué aux textes de cet ouvrage.
- À tous les clients qui nous ont accordé leur confiance pour la réalisation de leur projet ICP, et tout particulièrement Daniel Savoyen du CEDICAM, et l'ensemble des membres du Groupement des Utilisateurs d'Identrus en France.
- Aux éditeurs et divers acteurs du marché de la PKI qui ont bien voulu nous accorder de leur temps et nous permettre de confronter la théorie à la pratique effective de leurs technologies.

Marie-Laure Oble-Laffaire :

- Aux clients qui m'ont permis de partager sur le terrain cette formidable aventure qu'est la signature électronique.
- À Sylvie Jonas et Albane Richard, amies et confrères, pour leur aide précieuse et leur bonne humeur constante.
- À mon mari et mes parents qui ont suivi de près la réalisation de cet ouvrage.
- À mon fils, pour avoir été à mes côtés avant et après sa naissance.

Avant-propos

Lorsqu'en 1976, les mathématiciens Whitfield Diffie et Martin Hellman ont ouvert la voie de la cryptographie asymétrique, ils étaient bien loin de se douter qu'ils allaient contribuer à la fantastique explosion d'Internet. À cette époque, le réseau des réseaux était encore dans les limbes, il n'était utilisé que par quelques chercheurs et universitaires. Aujourd'hui, que serait Internet sans la sécurité, et comment sécuriser des données électroniques sinon en utilisant les atouts de la cryptographie.

Plus de vingt-cinq ans après cet événement, toutes les données qui circulent sur les réseaux ouverts peuvent être sécurisées en utilisant des protocoles de sécurité adaptés. Feuille de soin électronique, déclaration de TVA ou code confidentiel de carte bancaire peuvent désormais s'échanger en toute sécurité entre des partenaires économiques pour qui la dématérialisation des documents papier représente une amélioration en termes de rapidité de traitement, et donc en gain de productivité.

Et nous ne sommes qu'au début de cette révolution. D'ores et déjà, les échanges électroniques sont mis en œuvre par des marchands de biens ou de services, l'administration pousse à simplifier les procédures administratives entre elle et le citoyen ou l'entreprise, ce qui entraîne au passage une modification en profondeur de ses processus internes. Et là aussi le besoin en sécurité est essentiel afin de crédibiliser le système, tout en respectant les droits des citoyens et leurs données privées. Qu'il s'agisse de données médicales, fiscales ou bancaires, les citoyens et les entreprises seront vigilants à ce que tous les moyens soient mis en œuvre pour que la sécurité de leurs échanges soit garantie.

À cela s'ajoute une autre innovation qui était attendue par tous, à savoir la reconnaissance juridique de la signature électronique au même titre que la signature manuscrite. La Commission européenne a édicté en 1999 le cadre nécessaire à la reconnaissance de la signature électronique et, depuis lors, les différents États membres de l'Europe sont en train de procéder à la transposition de cette directive dans leurs lois nationales. La France, pour sa part, a voté la loi sur la signature électronique en mars 2000 et les décrets ont été publiés un an plus tard. Restent encore les arrêtés qui devraient être adoptés courant 2002. Là encore, les techniques de cryptographie asymétrique seront pour longtemps les seuls moyens disponibles pour mettre en œuvre cette volonté du législateur dans le monde électronique. Il est donc indubitable que les technologies de cryptographie vont s'étendre à de nouveaux flux de données.

Cette sécurité a néanmoins un prix : celui de l'établissement de la confiance entre les partenaires en communication. C'est là qu'intervient ce que l'on nomme l'« infrastructure à clé publique », ou plus simplement ICP. Cette dernière permet de mettre en œuvre des services de sécurité tels que l'authentification, l'intégrité, la confidentialité et la non-répudiation.

L'ICP, en anglais Public Key Infrastructure (PKI), est un ensemble de composantes formées d'éléments techniques et organisationnels qui vont avoir des répercussions stratégiques, politiques et juridiques sur l'entreprise et son système d'information.

À ce titre, il est clair qu'un projet d'ICP n'est pas uniquement technologique, bien au contraire. Si la partie émergée de l'iceberg semble souvent être la technique, il apparaît rapidement aux responsables du projet que la dimension organisationnelle est capitale et, notamment, que les responsables du marketing sont essentiels à sa réussite, car ce sont eux qui, au bout du compte, vont traduire les apports de l'ICP en valeur ajoutée pour l'entreprise ou l'organisation.

Nous verrons dans le cours de l'ouvrage que si, aujourd'hui, les principales applications utilisatrices des ICP sont celles dites d'Internet, serveurs Web, messageries électroniques, demain ce seront toutes les applications communicantes, les serveurs d'information, les routeurs, et après-demain tous les processus industriels, qui pourront bénéficier des apports des ICP. En fait, toute application nécessitant de près ou de loin l'authentification d'une entité, personne, processus ou code exécutable pourra faire appel à des mécanismes de sécurité. Déjà, des logiciels intégrés comme SAP ou Oracle possèdent des proxies permettent de contrôler l'accès aux ressources.

> **Note**
> La gestion des certificats est traitée en amont des logiciels ERP traditionnels et remplace le contrôle par identifiant et mot de passe.

Quel est l'objectif de cet ouvrage ?

De nombreuses documentations existent en langue anglaise sur les PKI. Qu'elles proviennent de la normalisation ou de vendeurs de produits, elles sont souvent très techniques et présentent le sujet d'une manière idyllique. Notre expérience dans l'accompagnement de projets ICP nous a montré que la réalité était souvent plus complexe et que la mise en place réussie d'une ICP requiert une analyse précise des besoins de l'organisme ainsi qu'une implication forte de ses décideurs.

Bien que le terme PKI soit largement utilisé dans la littérature anglo-saxonne et parfois française, nous avons choisi d'utiliser dans cet ouvrage l'acronyme français ICP, ainsi que, autant que possible, les acronymes correspondant à des expressions françaises, tels que AC pour autorité de certification ou LCR pour liste des certificats révoqués. En revanche, nous avons conservé l'acronyme anglais de certaines expressions plus complexes qui n'ont pas de traductions directes en français, comme LDAP ou OCSP. Ce choix a été guidé par la volonté des administrations, mais aussi de la majorité de nos clients, à privilégier les appellations françaises, et en toute logique à utiliser leurs acronymes à des fins de simplification.

Nous avons choisi de faire partager notre expérience au lecteur en réalisant un ouvrage qui se veut pragmatique en privilégiant la mise en œuvre pratique par rapport à la théorie. Lorsque cela se révèle nécessaire, des renvois sont faits à des ouvrages théoriques.

Nous essaierons en toute honnêteté professionnelle d'avertir le lecteur des points sensibles et des écueils qu'il convient d'éviter dans la mise en place de son infrastructure.

La structure de l'ouvrage

L'ouvrage est découpé en trois parties.

La première partie vous fait entrer dans le monde de la sécurité informatique, ses services, ses mécanismes et ses outils, qui permettent d'assurer des échanges reposant sur la confiance. Sur la base de ces outils et en particulier du certificat de clé publique, nous montrerons comment s'est bâtie l'infrastructure de gestion de certificats, quels en sont les acteurs et comment l'ICP peut se calquer sur les besoins réels des entreprises.

- Le chapitre 1 introduit les principes généraux des services de sécurité et propose un rappel sur les systèmes cryptographiques comme support aux mécanismes de sécurité.
- Le chapitre 2 explique ce qu'est une ICP en introduisant le certificat de clé publique, puis présente les différentes composantes d'une ICP et ses acteurs.
- Le chapitre 3 présente les processus de mise en œuvre d'une ICP et les mécanismes de validation des certificats.
- Le chapitre 4 introduit les différents modèles de confiance qui peuvent se trouver dans les relations entre des partenaires commerciaux, et décrit différentes architectures possibles pour réaliser des ICP qui permettent de prendre en charge ces modèles.

La deuxième partie décrit de façon détaillée la démarche de mise en œuvre d'un plan projet ICP.

- Le chapitre 5 présente les applications à propos desquelles une ICP peut apporter des solutions pour favoriser des échanges de confiance entre des partenaires.
- Le chapitre 6 décrit les différentes étapes requises pour la mise en place d'une ICP.
- Le chapitre 7 décrit la documentation qui accompagne un plan projet d'ICP et aborde également les méthodes possibles pour auditer les processus de l'ICP.
- Le chapitre 8 présente des exemples d'applications réelles de cette technologie afin de mettre en avant ses apports, aussi bien dans le cadre d'applications natives d'Internet que dans des applications spécialisées.

La troisième partie permet aux décideurs, aux techniciens, comme aux juristes, de se sensibiliser aux problématiques juridiques des ICP et de comprendre les enjeux liés au respect des textes. Elle décrit l'approche juridique qui est applicable dans le contexte particulier des ICP.

- Le chapitre 9 présente la signature électronique et explique en quoi l'ICP joue un rôle majeur dans la mise en œuvre de cette solution technico-juridique.
- Le chapitre 10 décrit les rôles et les responsabilités des différents acteurs qui officient autour de l'ICP.
- Le chapitre 11 donne les règles à suivre en matière de protection des données personnelles en faisant le point sur le domaine de l'ICP.

Des annexes complètent cette présentation. Elles portent sur les documents techniques, normes et lois et textes qui constituent des références dans le contexte de cet ouvrage.

À qui s'adresse cet ouvrage ?

Cet ouvrage s'adresse aussi bien à des responsables de maîtrise d'ouvrage qu'à des décideurs des domaines métier de l'entreprise, des chefs de projet devant conduire un plan projet d'ICP, des développeurs d'applications utilisant des certificats, ou encore à des consultants en sécurité. Certains chapitres de cet ouvrage peuvent aussi être consultés par les directions générales ou les responsables marketing qui ont besoin de mieux comprendre les tenants et les aboutissants d'une solution d'ICP.

Le chapitre 4 permettra aux maîtrises d'ouvrage et aux directions sécurité de bien comprendre les apports d'une ICP dans l'évolution des applications existantes ou à construire, pour assurer des relations basées sur la confiance. Les chapitres 2 et 3 donneront au chef de projet les éléments techniques et stratégiques pour définir ses choix.

La troisième partie s'adresse en premier lieu à des personnes pour lesquelles les aspects juridiques jouent un rôle primordial.

Cet ouvrage vise avant tout à un certain pragmatisme dans son contenu, afin de refléter l'expérience des auteurs, qui ont conseillé et accompagné des équipes opérationnelles dans leur projet. Il peut également être lu comme une introduction aux ICP, afin de se familiariser avec la terminologie du domaine.

Votre profil	Vos préoccupations	Les chapitres à lire en priorité
Directeur informatique ou sécurité	Comprendre les apports de la sécurité sur des réseaux ouverts	Introduction, chapitre 5 et 8
Responsable fonctionnel (maîtrise d'ouvrage)	Intégrer les capacités offertes par les certificats dans la gestion des applications métier	Chapitre 5, 6 et 7
Chef de projet	Appréhender les différentes étapes du projet	Chapitre 6 et 7
Responsable juridique	Être sensibilisé aux implications juridiques dans la construction d'une ICP	Chapitre 9, 10 et 11
Développeur	Introduction à la gestion des certificats	Chapitre 1, 2 et 3
Consultant	Comprendre et mettre en œuvre une ICP	Chapitre 4

Foire aux questions

À quoi sert une ICP ?

L'ICP permet de créer, gérer, conserver, distribuer et révoquer des certificats de clé publique basés sur la cryptographie asymétrique. Cela concerne l'ensemble des matériels, logiciels, personnel, politiques et procédures nécessaires pour garantir un haut niveau de confiance aux propriétaires et utilisateurs de certificats qui basent leurs échanges sur ces derniers.

Qui utilise actuellement cette technologie ?

Nombre d'organismes et autres entités utilisent aujourd'hui les certificats pour authentifier les participants à un échange. Ce sont sans doute les serveurs Web commerciaux qui les premiers ont basé leur sécurité sur le protocole SSL/TLS afin que les clients puissent authentifier le certificat serveur et établir une session chiffrée. Ensuite, on trouve les utilisateurs de messagerie sécurisée interne aux entreprises. En France, l'initiative lancée par le ministère de l'Économie, des Finances et de l'Industrie pour la dématérialisation des déclarations vers l'administration est une utilisation à grande échelle des certificats, qui touche directement les entreprises et crée une dynamique pour la mise en œuvre d'ICP. À sa suite, plusieurs ministères ont aujourd'hui lancé leurs projets (Justice, Santé, Intérieur, etc.). Les banques sont sans doute parmi les plus actives sur ce domaine, la plupart s'étant déjà positionnées comme émetteur de certificats pour les télédéclarations des entreprises vers l'administration (projet TéléTVA). Dans la foulée, elles sont en train de construire leur architecture pour adhérer à l'initiative internationale Identrus. Mais déjà d'autres initiatives se font jour dans le secteur du transport, de l'industrie et des services.

Parle-t-on de signature numérique ou de signature électronique ?

La signature numérique est un mécanisme cryptographique qui met en œuvre une caractéristique privée du signataire, sa clé privée, dans la transformation d'un ensemble de données afin d'en prouver l'origine. La signature électronique est une notion légale qui s'appuie, en l'état de l'art des technologies de ce début de siècle, sur les techniques crypto-graphiques asymétriques, et en l'occurrence sur le mécanisme de signature numérique. Donc, même si au point de vue technique on parle de la même chose, au point de vue du résultat que l'on attend en termes juridiques les choses sont différentes, et en particulier une attention particulière sera portée sur les données à signer et sur le positionnement dans le temps de la signature électronique.

Faut-il une ICP pour délivrer une signature électronique ?

On vient de le voir, la signature électronique est une notion légale et, même si les textes de loi se veulent indépendants de toute technologie, ils sous-entendent néanmoins l'usage de certificats de clé publique en introduisant de plus la notion de « certificat qualifié », qui démontre une garantie de qualité et de sécurité dans l'exploitation de l'ICP qui l'émet.

L'usage de SSL pour la sécurisation des sites marchands fait-elle nécessairement appel à des ICP ?

Les protocoles natifs d'Internet tels que SSL/TLS ou S/MIME ont été réalisés par les groupes de travail de l'IETF, groupes qui promeuvent l'usage des certificats de clé publique. De ce fait, SSL utilise des certificats pour l'établissement de la session sécurisée vers le site marchand. À ce titre, une ICP est nécessaire pour l'obtention de ce certificat. Néanmoins le site marchand n'est pas obligé de construire une ICP pour cela, il peut simplement acheter son certificat serveur auprès d'une autorité de certification commerciale. En ce qui concerne la sécurisation de la messagerie, la réponse est plus complexe et peut être différente selon qu'il s'agit d'un utilisateur individuel ou d'une entreprise. En tout état de cause, une ICP interne ou externe à l'entreprise est nécessaire pour la délivrance des certificats.

Sur quelles normes les ICP reposent-elles ? Quelle est la différence entre X.509 et PKIX ?

Les ICP reposent initialement sur la norme X.509 apparue en même temps que la série des normes sur l'annuaire (X.500). Le groupe PKIX (*Internet* X.509 *Public Key Infrastructure*) de l'IETF (*Internet Engineering Task Force*) a défini sur cette base une série de normes à destination des autres groupes de l'IETF comme celui sur S/MIME (*Secure Multipurpose Internet Mail Extensions*). Ce groupe de travail a émis des recommandations quant aux différents choix possibles pour les champs du certificat décrits dans la norme X.509, choix applicables pour les protocoles sur Internet.

Les autres normes utilisées dans le contexte des ICP sont celles liées aux annuaires et en particulier LDAP qui est utilisé pour interroger les annuaires des certificats, mais également celles décrivant les formats cryptographiques comme la série PKCS (*Public Key Cryptography Standards*). Depuis peu, de nouvelles normes apparaissent comme OCSP, WTLS, XKMS. Ces normes seront présentées dans cet ouvrage.

Y a-t-il d'autres solutions que les ICP pour la sécurisation des échanges électroniques ?

Les échanges électroniques existaient avant la mise en place des ICP. Les réseaux bancaires assurent de longue date des échanges sécurisés par des techniques cryptographiques symétriques ne faisant pas appel aux ICP. En revanche, dans ce type de réseau le partage des clés symétriques entre les partenaires des échanges nécessite d'autres types d'infras-tructures tout aussi complexes et beaucoup moins souples. C'est en partie à cause de cette complexité d'échange des clés que les ICP tendent à se développer. Au demeurant, les protocoles de sécurité actuels utilisent des combinaisons de techniques symétriques et asymétriques qui tirent profit des avantages de chacun d'eux.

Les ICP constituent-elles une solution au problème du contrôle d'accès au système d'information d'une entreprise ? Qu'apportent-elles par rapport au classique login/password ?

Les ICP apportent une beaucoup plus grande sécurité dans la phase d'authentification des utilisateurs qui se connectent à un système informatique. Les attaques sur transfert de mot de passe sont très simples à réaliser par capture sur les réseaux, principalement sur les réseaux locaux d'entreprises. De plus, les attaques par recherche exhaustive sur les fichiers de mots de passe des systèmes informatiques résistent à bien peu de logiciels spécialisés, en grande partie à cause du manque d'imagination des utilisateurs dans le choix de leur mot de passe.

L'authentification par certificat couvre cette faiblesse mais ne répond pas directement à la question du contrôle d'accès. Dans la majorité des cas, l'autorisation d'accès est donnée au niveau applicatif en fonction des droits de l'utilisateur à accéder aux différents systèmes informatiques de l'entreprise. L'association des certificats à un logiciel unique de contrôle d'accès (*Single Sign-On* ou SSO) répond parfaitement à ce double besoin d'authentification et de contrôle d'accès.

Les ICP sont-elles réservées à des grandes entreprises ou sont-elles accessibles à des PME ?

Construire une ICP au sein d'une entreprise ou d'un organisme est un projet ambitieux qui nécessite d'impliquer de nombreuses ressources internes, accompagnées le plus souvent d'expertise externe. Mais la réponse à cette question tient plus au fait de savoir ce qui amène l'entreprise à émettre des certificats. Construire son ICP revient à revendiquer d'être émetteur de certificats (à moins d'en faire son cœur de métier comme les prestataires de services de certification). Cela peut être le cas pour des organisations professionnelles, notaires, expert-comptables, etc., des communautés d'intérêts, automobiles, avionneurs, banques, etc. ou pour des administrations. En revanche, si une PME éprouve la nécessité d'émettre des certificats pour ses employés elle fera appel à un prestataire spécialisé qui émettra les certificats en son nom. Des solutions à coût modéré commencent à exister pour les PME, solutions externalisées chez un opérateur spécialisé qui gère l'ensemble du cycle de vie des certificats pour le compte de la PME.

Dans d'autres cas de figure on peut imaginer un grand donneur d'ordre qui obligerait ses sous-traitants à utiliser des certificats pour signer leurs échanges avec lui. On retrouve alors des motivations similaires à celles qui ont conduit des PME à s'équiper de traducteurs EDI au risque de perdre leur contrat avec le grand donneur d'ordre (ex : automobile). Il est probable que, dans ce cas, celui-ci devienne l'émetteur des certificats pour les PME. Une alternative serait la réutilisation des certificats obtenus par les PME dans le cadre des télédéclarations administratives (ex : MINEFI pour la TéléTVA) pour signer d'autres échanges commerciaux.

Quelle est la différence entre une AC et un OSC ?

Une autorité de certification (AC) prend la responsabilité de l'émission des certificats à des personnes, et aussi de leur gestion. Elle assume en particulier les responsabilités liées au processus d'enregistrement de ces personnes. Elle peut exploiter elle-même l'ICP nécessaire à la gestion des certificats ou la faire gérer par un opérateur de services de certification (OSC) disposant des locaux sécurisés, du personnel et de l'infrastructure technique qui lui permettront de réaliser l'ensemble des tâches de gestion des certificats pour son compte.

PARTIE 1

Comprendre et concevoir une ICP

Chapitre 1

Les bases des ICP

Introduction

Il nous apparaît important tout d'abord de replacer la position d'une infrastructure à clé publique dans un système d'information d'entreprise.

L'ICP est un ensemble de moyens de gestion des ressources de sécurité qui vont permettre d'établir entre deux partenaires en communication les bases d'une relation de confiance, en particulier en obtenant quelque assurance sur leurs identités réciproques.

À première vue, une ICP pourrait être considérée comme un système autonome qui n'aurait pas de relation avec le reste du système d'information. Mais ce serait trop simple et peu réaliste. Si, effectivement, dans certaines mises en œuvre la partie amont de l'ICP peut être autonome, rapidement il lui faut fournir de l'information aux applications utilisatrices, comme l'annuaire des certificats, les listes de certificats révoqués, concepts qui seront présentés dans ce chapitre.

En réalité, nous verrons que l'ICP doit être intégrée au cœur du système d'information. Elle doit être protégée des agressions externes, être parfaitement cohérente avec les bases de données internes comme celles des clients ou l'annuaire d'entreprise qui contient les données d'identification des employés (nom, prénom, matricule, etc.), et être disponible à tout moment pour ne pas bloquer les applications utilisatrices.

Rappel des besoins

Mais commençons par le début, en essayant de répondre à la question suivante : « Qu'est-ce qui pousse à mettre en place une ICP ? »

L'établissement de la confiance constitue un point majeur entre les partenaires en communication. En fait, les gages de confiance vont s'établir avant, pendant et après l'échange. Ces gages sont obtenus par la mise en œuvre des services de sécurité.

Avant l'échange :

- Avant d'entrer en relation, les partenaires doivent obtenir la garantie que l'interlocuteur à l'autre bout de la ligne est bien celui qu'il prétend être. C'est l'authentification des partenaires.

Pendant l'échange :

- Le récepteur veut être sûr que le message qu'il reçoit est bien celui que son correspondant a envoyé. C'est l'intégrité des messages.
- Dans certains cas, les partenaires souhaitent que leur échange reste confidentiel. C'est la confidentialité des messages.

Après l'échange :

- Les partenaires veulent obtenir la garantie que la participation à l'échange ne sera pas niée par l'autre partie. C'est l'établissement d'éléments de preuves de non-répudiation.

Services de sécurité

Dans le monde électronique, tous ces services sont réalisés à l'aide de mécanismes cryptographiques. Afin de rendre les choses plus simples pour les utilisateurs, il est nécessaire de mettre en place des infrastructures de gestion des clés cryptographiques. Revenons sur les mécanismes qu'il est possible de mettre en œuvre pour réaliser ces services de sécurité.

Authentification

Le service d'authentification d'un partenaire est la vérification des déclaratifs d'identité d'une personne ou d'un processus informatique. Dans la réalité, c'est un logiciel du poste de travail du récepteur qui va analyser les déclaratifs de l'émetteur qui sont le plus souvent des données fournies par ce dernier combinées à des valeurs secrètes ou privées.

Cela pourrait ressembler au dialogue suivant :

— Coucou ! c'est moi, dit le premier interlocuteur.

— Prouve-le ! répond l'autre.

— Le mot de passe du jour, c'est « *l'herbe est bleue* ».

— O.K., tu peux passer.

Dans la vie courante, nous authentifions couramment nos partenaires par la reconnaissance de leur voix au téléphone ou par leur façon d'écrire. Dans le monde électronique, le service d'authentification des partenaires en communication va se faire par le contrôle des conventions privées de celui qui va se faire authentifier.

L'authentification peut être réalisée de trois façons, utilisées séparément ou en combinaison. Elles reposent sur le contrôle de :

- quelque chose que l'on connaît, par exemple un mot de passe,
- quelque chose que l'on possède, comme la clé d'une serrure ou une carte bancaire,
- quelque chose qui nous caractérise, comme notre empreinte digitale ou notre façon de signer.

Le principe du mot de passe est d'une utilisation facile, mais il devrait être réservé à des systèmes utilisés en local, c'est-à-dire en évitant qu'il ne soit transmis. En effet, rien n'est plus simple que de capturer un mot de passe qui circule sur un réseau.

Le principe de possession d'un moyen d'accès physique, badge ou carte, est souvent combiné à la connaissance d'un mot de passe ou d'un code secret numérique. Il tend à se généraliser pour des systèmes sensibles, surtout lorsque ce dispositif dispose d'un composant actif tel qu'un microprocesseur capable de conserver et de traiter des secrets d'authentification. De tels dispositifs sont opérationnels dans la vie de tous les jours ; la carte bancaire ou la carte d'un professionnel de santé (carte CPS) en sont de bons exemples.

Le principe de biométrie qui permet d'analyser des caractéristiques propres à une personne devrait tendre à se développer car c'est le seul qui permet de garantir un lien sûr à une personne précise. Il pose néanmoins quelques problèmes liés au coût des systèmes de contrôle et son usage doit par ailleurs être analysé dans le respect de la vie privée des personnes, droit sur lequel la Commission nationale de l'informatique et des libertés (CNIL) veille tout particulièrement.

Dans le cadre de cet ouvrage, nous parlerons beaucoup d'authentification par contrôle de signature numérique, associée à un certificat de clé publique, concepts qui seront développés dans les chapitres suivants.

Intégrité

Le service d'intégrité des messages échangés concerne la protection contre l'altération accidentelle ou volontaire d'un message émis. En réalité, il n'est possible d'empêcher la modification d'un message par un acteur malveillant, en revanche, on peut vérifier lors de sa réception s'il a été modifié ou non.

Pour cela, l'émetteur réalise une empreinte numérique du message qu'il joint au message ; le récepteur fait de même sur le message reçu et compare son résultat à l'empreinte de référence.

Ce principe est utilisé depuis longtemps dans les réseaux bancaires par l'adjonction d'un code d'authentification de message (MAC, pour Message Authentication Code) où une clé secrète, connue uniquement de l'ordinateur de l'émetteur et de celui du récepteur, est combinée à une empreinte du message. La modification d'un seul bit du message ou du code de contrôle fait échouer le contrôle et permet d'alerter le récepteur.

L'intégrité peut être comparée à l'envoi d'une carte postale qui serait rendue infalsifiable par l'adjonction d'une couverture plastifiée. Tout le monde peut la lire mais personne ne peut la modifier sans altération visible.

Dans le cadre de cet ouvrage, nous parlerons d'une combinaison de mécanismes où l'empreinte numérique sera elle-même signée de façon numérique par l'émetteur, le récepteur faisant d'une pierre deux coups en contrôlant l'identité de l'émetteur et l'intégrité du message.

Confidentialité

Le service de confidentialité a trait à la protection contre la consultation non autorisée de données stockées ou échangées. Pour des données stockées, ce service peut être rendu soit par le contrôle d'accès aux environnements de stockage, soit par le chiffrement des données stockées. Dans le cadre de données échangées, seul le mécanisme de chiffrement est possible.

Préalablement à l'échange, l'émetteur et le récepteur ont convenu d'un mot de passe commun connu d'eux seuls. L'émetteur utilise ce mot de passe comme une clé de chiffrement pour chiffrer le message, et seul le bon récepteur qui connaît ce mot de passe peut l'utiliser comme clé de déchiffrement. Dans la réalité, des systèmes complexes de synchronisation des clés sont utilisés par les ordinateurs des deux participants afin de rendre le système à la fois sûr et simple à utiliser.

Par comparaison avec l'image précédente de la carte postale, la confidentialité consisterait à mettre celle-ci sous une enveloppe fermée.

Les techniques de chiffrement des messages sont celles qui ont donné naissance à l'art des écritures secrètes, à savoir la cryptologie. Tous les grands chefs de guerre, savants ou intellectuels voulant protéger des idées parfois « subversives » par rapport à l'ordre établi ont utilisé des systèmes de codages complexes et le plus souvent « incassables » dans le contexte de leur époque.

Aujourd'hui, les techniques mathématiques combinées à la puissance des ordinateurs ont rendu ces techniques obsolètes et ont nécessité l'invention d'algorithmes puissants.

Nous présenterons dans la suite de ce chapitre quelques rudiments de cryptographie afin de permettre au lecteur non spécialiste de comprendre les tenants et aboutissants du choix de l'un ou l'autre de ces algorithmes. Contentons-nous à ce stade de préciser que les protocoles d'échanges des ordinateurs utilisent les combinaisons les plus optimisées de ces algorithmes.

Non-répudiation

Le service de non-répudiation est complexe à présenter. En une approche volontiers simple mais peu rigoriste, nous dirons qu'il s'agit d'apporter à l'un des participants d'un échange des protections dans le cas où l'autre participant viendrait à soulever un litige quant à l'aboutissement de la transaction. Par exemple, un client nie avoir commandé des marchandises car il a changé d'avis, ou un commerçant nie avoir reçu un paiement pour tenter de se faire payer deux fois.

La non-répudiation n'est pas un service juridique car tout acte est contestable devant une cour de justice. En espérant ne pas froisser les juristes, nous dirons que le service de non-répudiation consiste à élaborer le mieux possible des éléments électroniques de preuve permettant de convaincre un juge de la bonne foi de celui qui les apporte.

Le terme non-répudiation a été introduit dans la norme ISO 7498-2 comme un service de sécurité pouvant être rendu par des mécanismes tels que la signature numérique, l'intégrité des données ou la notarisation (voir figure 1-3). La non-répudiation y est définie comme un service de sécurité qui génère, collecte, maintient, rend disponible et valide un élément de preuve concernant un événement ou une action revendiquée de façon à résoudre des litiges sur la réalisation ou non de l'événement ou de l'action.

La notarisation est un mécanisme qui consiste à assurer la non-répudiation grâce à une tierce partie de confiance, acceptée par les deux parties impliquées dans un échange, qui conservera les éléments de l'échange comme le ferait un témoin neutre. Là aussi le terme est très contestable, et contesté, car en principe, seul un notaire, qui est, rappelons-le un officier public, est habilité à « notariser ». Cette appellation empruntée par les techniciens laisse penser que d'autres agents que des notaires pourraient jouer ce rôle.

La complexité de ce service tient à ce qu'un élément de preuve de non-répudiation n'a pas vocation à servir au moment où on le constitue, contrairement aux autres services de sécurité. En revanche, il servira dans le cas d'un litige qui surviendrait postérieurement à la transaction elle-même, potentiellement plusieurs années après. Il faut donc s'assurer que cet élément de preuve sera vérifiable à ce moment là, et donc qu'il porte en lui-même toutes les données qui permettront de le vérifier ultérieurement.

Ce point sera détaillé dans la section qui décrit les formats de signature, mais d'ores et déjà nous pouvons dire qu'un élément de preuve de non-répudiation doit permettre l'identification de celui qu'il représente, à savoir qu'il doit être positionné dans le temps (*horodaté*), et qu'il doit présenter l'état du contexte dans lequel il a été élaboré (*certificats, listes de certificats révoqués*).

Positionnement

Applications, services, infrastructures

Les applications des partenaires en communication vont donc faire appel aux services de sécurité afin d'apporter des gages de confiance à l'utilisateur final. Au moment utile, les applications sollicitent les ressources de sécurité par l'intermédiaire de commandes spécifiques ou

API (Application Programme Interface). Ces ressources utilisent à leur tour des données très sensibles qui sont des clés cryptographiques (voir figure 1-1).

Afin de dégager ces ressources de la complexité de gestion des clés, il est nécessaire de mettre en place des infrastructures qui font appel à de la technique (matérielle et logicielle) mais également à des opérateurs et à des règles précises d'exploitation. Ces infrastructures se nomment « centres de gestion et de distribution de clés » (CGDC), « infrastructures de gestion de clés » (IGC) ou « infrastructures à clé publique » (ICP), selon les technologies employées.

Les CGDC sont des infrastructures destinées principalement à gérer des systèmes où les partenaires partagent des clés secrètes en commun (*cryptographie symétrique*). Ce genre d'infrastructure est communément utilisé dans le monde des réseaux bancaires, et en particulier pour la protection des transactions effectuées par carte bancaire.

Figure 1-1.
Place de l'ICP par rapport aux applications

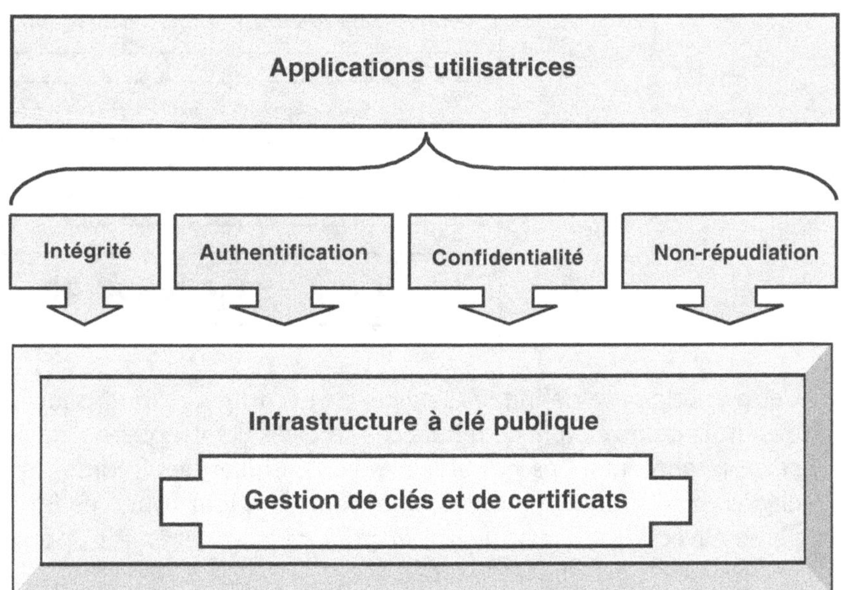

Politiques, services et mécanismes

La sécurité informatique est un tout et l'ICP n'en est qu'une des composantes. Le synoptique suivant positionne les différentes briques qui vont contribuer à la mise en œuvre d'une bonne sécurité (voir figure 1-2). Le responsable sécurité du système d'information (RSSI) est responsable de la définition des exigences affectées à chacune de ces briques et de leur mise en cohérence.

L'ensemble est chapeauté par la politique de sécurité informatique. Celle-ci est préparée par le RSSI, mais est entérinée par la direction générale de l'entreprise car c'est un document de référence qui présente les grands principes qui réglementent la sécurité informatique de l'entreprise et qui légitiment les choix d'investissement pour la réaliser. Nous renvoyons le lecteur vers des documents normatifs tels que la norme ISO 17799, *Gestion de sécurité d'information – Partie 1. Code de pratique pour la gestion de sécurité d'information*, qui reprend la norme anglaise BS7799 ou le guide *Politique de sécurité interne* (PSI) de la DCSSI.

> **DCSSI**
>
> La Direction centrale de la sécurité des systèmes d'information (DCSSI) est un service du Premier ministre rattaché au SGDN (Secrétariat général de la Défense nationale). Elle est entre autres chargée d'établir des normes pour la sécurité des systèmes d'information gouvernementaux.

Figure 1-2.
Positionnement
des ressources
de sécurité

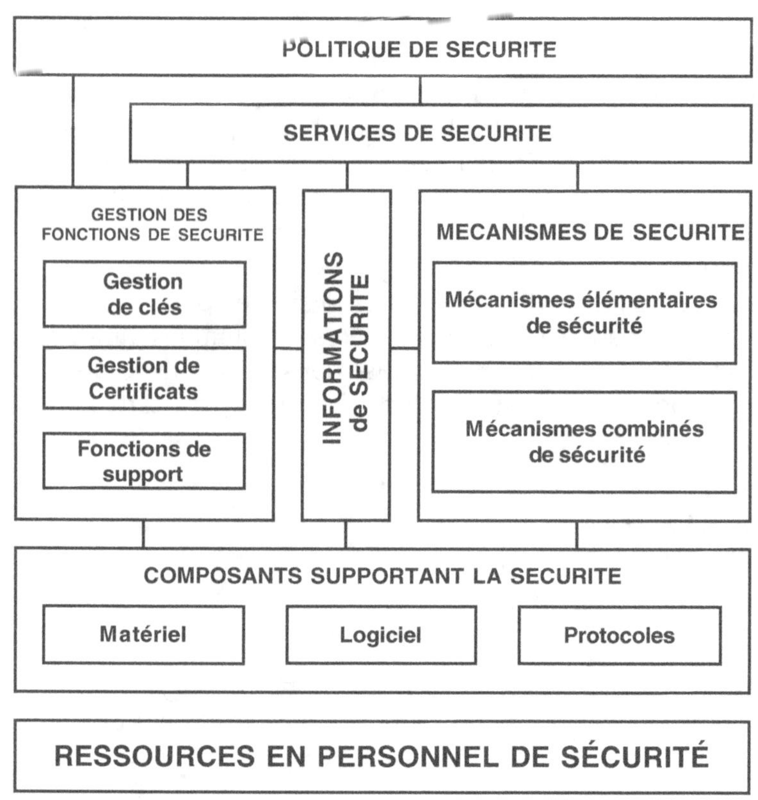

Cette politique va définir les services de sécurité qui sont requis pour répondre aux besoins des utilisateurs et, afin de rendre ces services, l'entreprise va développer les mécanismes de sécurité afférents. Ces mécanismes vont utiliser des informations de sécurité comme des clés cryptographiques ou des algorithmes. À leur tour, ces informations vont devoir être gérées avec le plus grand soin et pour cela le système s'appuiera sur des ressources de gestion des fonctions de sécurité.

Les services de sécurité présentés à la section précédente vont s'appuyer sur différents mécanismes de sécurité qui pourront être utilisés seuls ou en combinaison (voir figure 1-3). Nous invitons le lecteur à consulter la norme ISO 7498-2 sur les architectures de sécurité dans le modèle OSI, qui présente les correspondances qu'entretiennent les services de sécurité et les mécanismes requis pour les mettre en œuvre.

Les mécanismes de sécurité vont être appliqués aux données traitées par les applications et combinées à des informations de sécurité, dont les clés cryptographiques. Ces informations de sécurité vont à leur tour être gérées pendant tout leur cycle de vie par les infrastructures de gestion des fonctions de sécurité dont font partie les IGC.

Les composants qui supportent la sécurité sont, à l'instar des autres ressources informatiques, formés d'éléments matériels, logiciels et de protocoles d'échange. Le seul point particulier dans le domaine des ICP est la présence obligatoire à un endroit ou à un autre de dispositifs matériels spécifiques pour la protection des clés cryptographiques. En effet, la divulgation de certains des secrets pourrait rendre caduc l'ensemble de l'édifice de sécurité. Il sera donc impérieux, d'une part, de disposer d'équipements dotés de protections passives et actives (*tamper evident*, *tamper responsive*), si possible ayant subi des évaluations de résistance (*Information Technology Security Evaluation Criteria* (ITSEC) ou « Critères Communs ») et certifiés par un organisme officiel (DCSSI en France), et, d'autre part, de les localiser, dans des locaux eux-mêmes placés sous protection active.

Service \ Mécanisme	Chiffrement	Signature numérique	Contrôle d'accès	Intégrité des données	Échange d'authentification	Bourrage	Contrôle du routage	Notarisation
Authentification de l'entité homologue	X	X			X			
Authentification des données d'origine	X	X						
Service de contrôle d'accès			X					
Confidentialité mode connecté	X						X	
Confidentialité mode non connecté	X						X	
Confidentialité d'un champ	X							
Secret du flux	X					X	X	
Intégrité mode connecté (avec récupération)	X			X				
Intégrité mode connecté (sans récupération)	X			X				
Intégrité mode connecté (d'un champ)	X			X				
Intégrité mode non connecté	X	X		X				
Intégrité mode non connecté (d'un champ)	X	X		X				
Non-répudiation de l'origine		X		X				X
Non-répudiation de la délivrance		X		X				X

Figure 1-3. Croisement entre services et mécanismes de sécurité

Enfin, le point sans doute le plus important est le facteur humain. C'est en effet sur lui que repose au bout du compte la mise en œuvre de la sécurité. Former et sensibiliser aux tâches spécifiques de la sécurité le personnel qui y est attaché est essentiel car il saura comment réagir face à des sollicitations inhabituelles, telles que des alertes de sécurité. De récentes affaires ont montré que même doté de bonnes procédures, du personnel qualifié peut se laisser aller à la routine, y compris pour des tâches de haute sensibilité (affaire Verisign de délivrance de faux certificats Microsoft).

L'affaire

En 2000, un malveillant s'est fait passer pour un employé de Microsoft auprès de l'autorité d'enregistrement de Verisign. Il a réussi à faire certifier sa clé publique pour la vérification de signature de code exécutable.

Rappels de cryptographie

La cryptographie, du grec *kruptos* ($\kappa\rho\upsilon\pi\tau\sigma\sigma$), caché, et *graphein* ($\gamma\rho\alpha\pi\eta\epsilon\iota\nu$), écrire, est la science des écritures secrètes (voir figure 1-4). Les cryptographes, qui sont aujourd'hui des mathématiciens, étudient l'ensemble des techniques qui permettent de concevoir des systèmes cryptographiques, en même temps que les moyens de les casser dans le but d'en tester la résistance. La cryptographie est donc indissociable de la cryptanalyse. Les utilisateurs autorisés, c'est-à-dire ceux qui possèdent les secrets, font du chiffrement ou du déchiffrement, alors que les cryptanalystes, les agresseurs, font du décryptage. La logique voudrait donc que l'on n'emploie jamais le terme de cryptage et encore moins le néologisme angliciste d'encryptage.

Figure 1-4.
Cryptologie

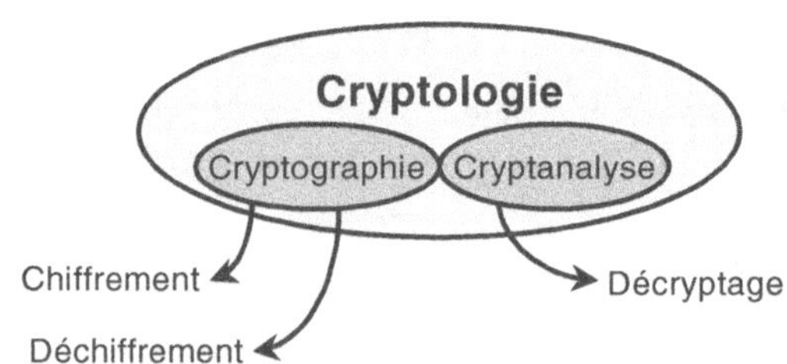

Cet ouvrage n'a pas pour objet de former le lecteur aux subtilités de la cryptographie et nous lui conseillons le cas échéant de se reporter aux ouvrages spécialisés en la matière dont certaines références sont données en annexe bibliographique. Nous introduirons simplement quelques bases sur la cryptographie symétrique et asymétrique afin de situer la raison d'être des certificats de clé publique qui sont le cœur de cet ouvrage.

Généralités et terminologie

Clés cryptographiques

La cryptographie utilise des données spécifiques qui sont appelées des clés et qui ne sont ni plus ni moins que des suites de caractères.

Exemple 1 :

Une clé DES qui est manipulée sur 64 bits peut être présentée sous la forme de 16 caractères hexadécimaux rassemblés par couples, soit 8 octets.

```
6E 40 A2 F3 73 1D EB F9
```

Exemple 2 :

Voici la représentation hexadécimale de l'exposant privé d'une clé RSA de 512 bits :

```
6b f5 fe 05 1c 67 d4 f2 04 47 6e dc f4 15 f4 27 05 b7 79 15 e2 dc b3
9e 29 25 93 07 2c c9 59 14 39 18 76 1d f0 67 3d 3f cc ac e8 a5 95 fd
a2 eb 46 06 bd aa 33 71 07 f6 8c 85 31 1b b2 41 9e f1
```

Les caractéristiques d'une clé sont spécifiques à l'algorithme auquel elle se rapporte. C'est la raison pour laquelle il est très dangereux de vouloir mesurer la force d'un algorithme à la longueur de ses clés. Par exemple, une clé ECDSA de 160 bits offre à peu près la même résistance à l'attaque qu'une clé RSA avec un modulo de 1024 bits.

Algorithmes cryptographiques

Ces clés sont utilisées dans des algorithmes qui sont des suites organisées d'opérations mathématiques, précisément définies, portant sur des données externes, comme le texte d'un message électronique. L'émetteur du message réalise une suite d'opérations pour combiner le texte avec la clé, alors que le récepteur va faire d'autres opérations pour les démêler.

La transformation appliquée sur les données externes peut être le chiffrement, la prise d'empreinte numérique, la signature ou tout autre schéma cryptographique. Un algorithme de chiffrement désigne globalement l'ensemble des deux fonctions qui permettent de transformer un texte clair en un texte chiffré, et inversement. Il est classique de confondre sous les termes d'algorithme cryptographique la fonction initiale et la fonction inverse qui composent l'algorithme.

Exemples

L'algorithme DES est un algorithme de chiffrement qui inclut une fonction initiale de *chiffrement* et la fonction inverse de *déchiffrement*.

Un algorithme comme le RSA peut être qualifié d'algorithme de *chiffrement* lorsque la première fonction utilise la clé publique et lorsque la fonction inverse utilise la clé privée correspondante. Il peut également être qualifié d'algorithme de *signature* lorsque la première fonction utilise la clé privée et lorsque la fonction inverse utilise la clé publique correspondante.

Il existe de nombreuses différences entre les algorithmes symétriques et ceux qui sont asymétriques. Nous pourrions même dire que ce sont deux mondes à part s'il n'existait quelques points communs :

- certains services de sécurité peuvent être rendus par l'un ou l'autre des systèmes,
- dans les deux systèmes, la protection des clés secrètes/privées est essentielle et nécessite la mise en œuvre de moyens physiques et organisationnels très sophistiqués.

Pour expliquer simplement la différence entre les systèmes cryptographiques symétriques et asymétriques, nous dirons que :

- un système cryptographique est symétrique lorsque Bob utilise les mêmes clés qu'Alice pour effectuer la fonction inverse de la fonction initiale d'Alice, et
- un système cryptographique est asymétrique lorsque Bob utilise des clés complémentaires à celles d'Alice pour effectuer la fonction inverse de la fonction initiale d'Alice.

Alice et Bob

Par habitude, et pour rendre plus plaisant le maniement de ces concepts, il est d'usage d'appeler Alice l'émetteur d'un message et Bob son récepteur.

Systèmes symétriques

Principes

Les systèmes cryptographiques symétriques sont sans doute les plus connus car ils ont été utilisés depuis la nuit des temps pour assurer la confidentialité des messages (voir figure 1-5). La caractéristique principale d'un système symétrique est que l'émetteur et le récepteur utilisent la même valeur de clé. Cette classe d'algorithmes est également appelée « systèmes à clé secrète partagée ».

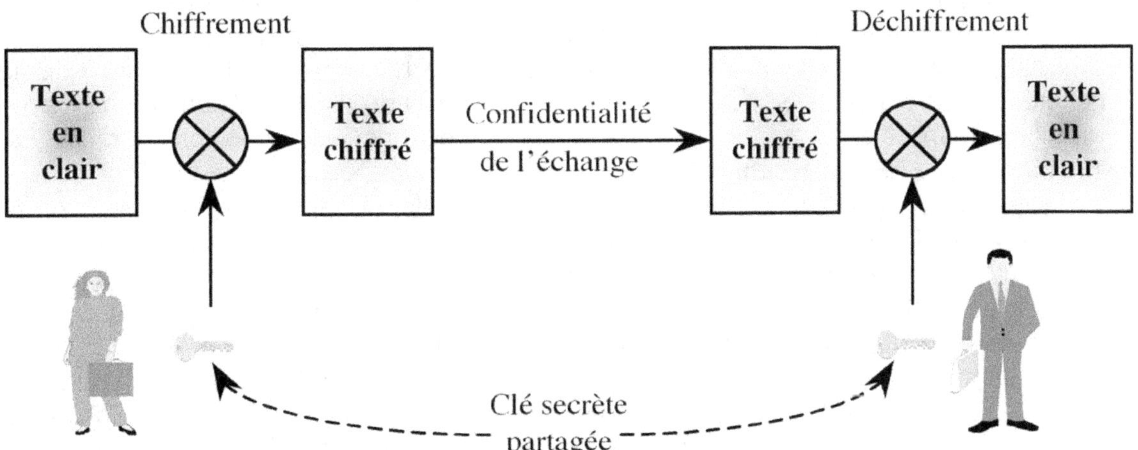

Figure 1-5. Chiffrement et déchiffrement symétrique

Les algorithmes symétriques utilisent des combinaisons d'opérations mathématiques simples comme des permutations, rotations, expansions, réductions, qui travaillent sur les caractères du texte clair et sur ceux de la clé. Les inventeurs des algorithmes doivent concevoir des schémas capables de résister à des analyses différentielles dans lesquelles l'attaquant essaie de déduire la clé à partir de corrélations entre le texte clair et le texte chiffré correspondant. Si cet objectif peut être atteint, la seule attaque possible reste alors l'attaque par force brute ou la recherche exhaustive de la clé par essai successif de toutes les clés possibles.

Les algorithmes symétriques

Le type même d'algorithme symétrique est le Data Encryption Standard (DES) qui devint une norme américaine pour les échanges commerciaux en 1977. Disposant à l'origine d'une longueur de clé de 56 bits, cet algorithme est resté inviolé pendant plus de 25 ans. Il n'y a que récemment que la puissance combinée de super-ordinateurs connectés en réseau au travers d'Internet a permis d'en montrer les limites en permettant de retrouver une clé en quelques heures lors de la conférence RSA de 1999.

C'est néanmoins toujours l'algorithme symétrique qui est le plus employé dans le monde au travers des réseaux bancaires internationaux. Les clés utilisées pour protéger les codes confidentiels des cartes bancaires sont très fréquemment changées, ce qui semble rendre une attaque du type de celle que nous venons de mentionner impossible.

Au début 2001, le NIST (National Institute of Standards and Technology) a sélectionné l'algorithme belge (flamand) Rijndael en tant que nouvel algorithme symétrique par blocs et l'a préconisé pour le chiffrement des données sensibles non classifiées de défense dans les transactions commerciales. Après trois ans d'une lutte acharnée entre les quinze prétendants initiaux au titre de l'Advanced Encryption Standard (AES), c'est parmi les cinq finalistes (Mars d'IBM, RC6 de RSA, Serpent de Andersson-Biham-Knudsen, Twofish de Schneier et Rijndael) que l'algorithme des mathématiciens belges Joan Daemen de la société Proton International et Vincent Rijmen de l'Université catholique de Louvain a été sélectionné. Le nom de l'algorithme est une combinaison des noms de leurs inventeurs. Les spécifications du cahier des charges lancé en 1997 par le NIST indiquaient que l'algorithme devait supporter des clés de 128, 192 et 256 bits.

> **Le NIST**
>
> Le NIST est l'organisme de normalisation qui réalise les normes pour l'administration américaine.

Les applications des systèmes symétriques

Les algorithmes symétriques peuvent combiner les données externes aux clés en agissant soit sur le flux des données, soit en mode blocs. Dans le mode par flux utilisé par exemple avec l'algorithme RC4, chaque bit du flux des données externes est combiné à un bit de clé généré à l'aide d'une clé de base et d'un générateur pseudo-aléatoire. Dans un mode par blocs, les données externes sont découpées en blocs de longueur fixe (64 bits pour le DES, 128 bits pour l'AES), l'algorithme transformant alors les données bloc par bloc.

Les algorithmes symétriques sont généralement utilisés pour assurer le service de confidentialité des données, mais ils le sont également dans de nombreux protocoles existants des services d'authentification des partenaires ou d'intégrité des données. Le MAC est un mécanisme qui a souvent été utilisé dans les protocoles bancaires ; il combine une clé symétrique aux différents blocs des données, le résultat final étant le dernier bloc transformé (parfois tronqué). Le résultat obtenu est une sorte d'empreinte numérique du document initial qui inclut de plus une valeur secrète (la clé). Le MAC permet d'assurer l'authentification du partenaire par l'application du principe même du système symétrique à clé secrète partagée, mais également l'intégrité puisque toute altération d'un seul des bits du message rendrait le calcul du MAC différent chez le destinataire (voir figure 1-6).

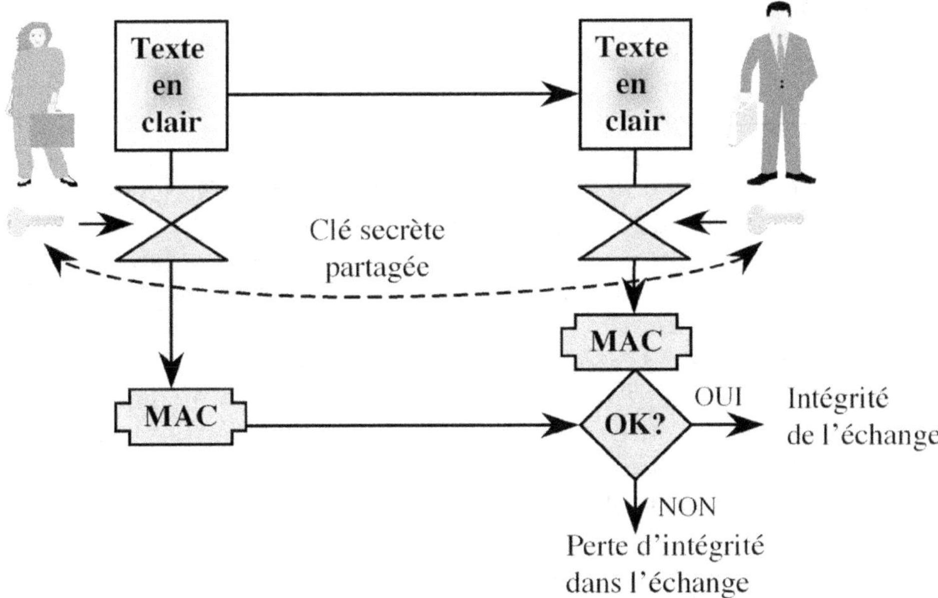

Figure 1-6.
Principe
du MAC

Les systèmes symétriques présentent un inconvénient en ceci que les deux partenaires en communication doivent partager les clés utilisées. Cela peut paraître simple pour deux collègues qui ont l'occasion de se voir fréquemment, mais les choses sont bien plus compliquées lorsque les partenaires sont à distance. En réalité, c'est la gestion des clés qui est complexe, c'est-à-dire leur création, distribution, modification et destruction. La solution, c'est bien sûr de chiffrer les clés sous d'autres clés d'échange de clés, elles-mêmes chiffrées, etc. Au bout du compte, il faut que les RSSI des deux partenaires se réunissent autour d'un système tel qu'un CGDC pour s'échanger en toute sécurité les clés de plus haut niveau du système, souvent appelées « clés maîtres ».

Si l'on considère que chaque couple de partenaires utilise des clés différentes pour communiquer, il apparaît rapidement que le problème est de complexité n^2 dans un réseau de n partenaires.

> **Exemple**
>
> Considérons un réseau de 4 personnes nommées respectivement Alice, Bob, Carole et David. Alice doit posséder une clé différente pour chacun des 3 autres partenaires, soit 3 clés. Bob, qui possède maintenant une clé pour communiquer avec Alice, doit néanmoins en posséder 2 autres pour Carole et David. Carole doit maintenant en posséder une de plus pour ses échanges avec David. Ce qui fait en tout : 3 + 2 + 1, 6 clés.
>
> La formule générale pour la somme des n premiers entiers, qu'il reviendra sans doute aux « matheux » de calculer, est n*(n-1)/2. Étendu à un réseau de 50 personnes, cela donnerait 1225 clés à partager.

Ce type de système est donc réservé à une communauté fermée d'utilisateurs, les banques, par exemple, pour leurs échanges de transactions financières.

Systèmes asymétriques

Les systèmes asymétriques sont également appelés systèmes à clé publique parce qu'ils sont basés sur l'existence de deux ensembles de valeurs distinctes : les valeurs qui sont conservées privées par leur propriétaire et celles qui sont rendues publiques. Pour ne pas créer de confusion avec les systèmes symétriques décrits à la section précédente où l'on parle de clé secrète, ici les valeurs qui ne doivent pas être divulguées sont appelées les clés privées.

Principe

Le principe des systèmes asymétriques est basé sur la complexité de résolution de certains problèmes mathématiques. Dans le cadre de cet ouvrage, nous resterons simples et nous conseillons aux lecteurs intéressés de se référer à la littérature spécialisée, proposée en annexe. Les problèmes complexes auxquels nous faisons référence sont la factorisation d'un nombre entier formé de grands facteurs premiers (RSA, RW), la résolution d'un logarithme discret sur un corps fini (DH, ElGamal, DSA), ou encore la résolution d'un logarithme discret sur une courbe elliptique (ECDSA). Pour des descriptions mathématiques de ces algorithmes, nous conseillons la lecture de la norme de l'IEEE, P1363 *Standard Specifications for Public Key Cryptography*.

Le principe général de tous ces systèmes est que chaque partenaire qui souhaite communiquer dispose d'un couple de clés complémentaires, nommées respectivement la clé publique et la clé privée. Les deux éléments du couple sont liés par des caractéristiques mathématiques très précises qui rendent les deux clés complémentaires, et l'ensemble unique pour un partenaire donné.

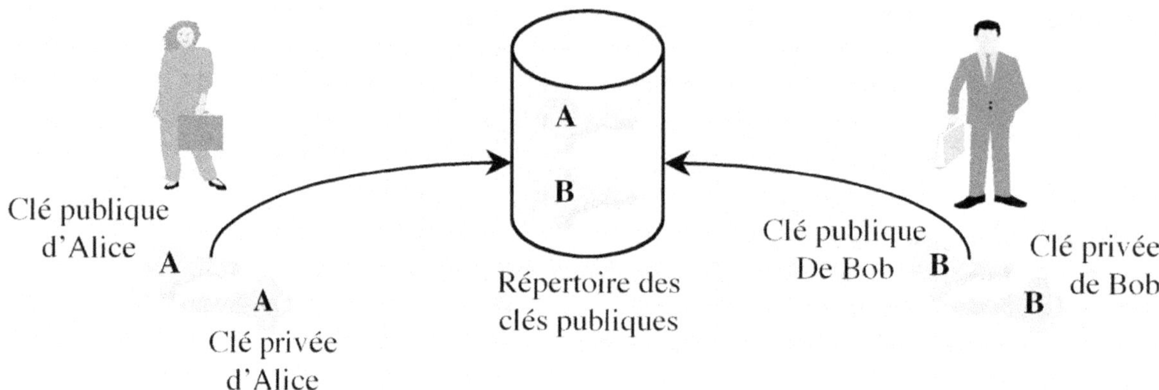

Figure 1-7. Principe des systèmes à clé publique

Ainsi, dans un réseau de partenaires, chacun possède un couple unique clé privée/clé publique (voir figure 1-7). Comme leurs noms l'indiquent, chacune des deux clés joue un rôle bien précis. La clé privée est propre à son propriétaire qui doit la conserver par-devers lui, et surtout ne la divulguer à personne d'autre. En revanche, les clés publiques doivent être communiquées à l'ensemble des partenaires en communication et par exemple être publiées dans un répertoire public.

Exemple

Dans l'exemple précédent, un partenaire parmi les 50 qui forment le réseau connaît : sa clé privée, sa clé publique, et les 49 clés publiques de ses partenaires.

Les algorithmes asymétriques

Comme nous l'avons dit en ouverture de cet ouvrage, le premier algorithme de ce genre a été (publiquement) inventé par les mathématiciens américains Whitfield Diffie et Martin Hellman en 1976.

La petite histoire

Il est apparu en fait que le concept de cryptographie asymétrique avait été découvert quelques années plus tôt par des mathématiciens des services secrets britanniques, mais tenu secret pour des raisons évidentes d'avance technologique.

L'algorithme Diffie-Hellman (ou DH) permet à deux partenaires de s'échanger une valeur secrète à la volée. C'est ce que l'on appelle l'agrément de clé. Les fondements mathématiques mis en œuvre, que nous ne développerons pas ici, utilisent les élévations à la puissance modulo m.

Exemple

Alice et Bob s'accordent publiquement sur un nombre générateur g et un modulo m qui est un nombre premier. Dans notre exemple, le couple (g, m) est la clé publique.

Alice tire un nombre aléatoire a qu'elle conserve par-devers elle et qui devient sa clé privée. Bob fait de même en tirant b qui devient sa clé privée.

Alice calcule, $A = g^a \bmod m$; Bob calcule, $B = g^b \bmod m$.

Maintenant, Alice et Bob s'échangent les valeurs A et B qui résultent de leur calcul.

Alice qui a gardé sa valeur privée a calcule : $B^a \bmod m = (g^b)^a \bmod m = g^{ba} \bmod m = V$.

De son côté, Bob ayant gardé sa valeur privée b calcule : $A^b \bmod m = (g^a)^b \bmod m = g^{ab} \bmod m = V$.

Alice et Bob possèdent désormais la valeur commune V qu'ils peuvent utiliser comme la clé secrète de chiffrement de leurs futurs échanges. À partir des éléments publics (g, m) et des valeurs A et B qui ont circulé sur un réseau public, un agresseur ne peut pas recalculer la valeur V.

Un autre avantage à ce système est que ni Alice ni Bob ne peuvent prévoir à l'avance la valeur résultante V.

L'algorithme Diffie-Hellman est de plus en plus utilisé dans les protocoles d'Internet tels que SSL/TLS ou IPSec pour le chiffrement à la volée. La valeur secrète calculée, V dans l'exemple précédent, est une valeur temporaire qui est détruite une fois que la session chiffrée entre Alice et Bob est terminée.

On compte de nombreux autres algorithmes asymétriques, comme le RSA, le DSA, le Guillou-Quisquater ou les dérivés sur courbes elliptiques. L'algorithme le plus utilisé dans le monde commercial est le RSA, du nom de ses inventeurs Ronald Rivest, Adi Shamir et Martin Adleman. Le brevet sur cet algorithme étant tombé depuis peu dans le domaine public, cet algorithme devrait être de plus en plus utilisé.

DSA, RSA, DH, AES, etc.

Les algorithmes sont généralement nommés à partir des initiales de leur(s) inventeur(s), sauf lorsqu'il s'agit de normes établies par l'État comme le DSA (Digital Signature Algorithm) ou l'AES (Advanced Encryption Standard).

Plus récemment, les mathématiciens N. Koblitz et V. Miller ont mis en évidence une autre source de problèmes complexes utilisant les propriétés des courbes elliptiques et qui ouvre une nouvelle voie d'exploration pour les algorithmes asymétriques.

Les applications des systèmes asymétriques

Tous les systèmes asymétriques ne permettent pas de rendre les mêmes services de sécurité. Certains algorithmes, à travers leurs propriétés mathématiques, vont rendre possibles certains services et pas d'autres.

La confidentialité

Certains algorithmes asymétriques comme le RSA permettent le chiffrement de données. Dans la figure 1-8, Alice, connaissant la clé publique de Bob, peut lui envoyer des données chiffrées sous cette clé publique, et Bob pourra déchiffrer ces données en utilisant sa clé privée.

Dans la réalité, les systèmes à clé publique ne sont pas utilisés pour chiffrer des données utilisateur. En effet, ces systèmes nécessitent des puissances de calcul proportionnellement bien plus élevées que celles des systèmes symétriques. En revanche, ils vont être utilisés pour chiffrer des paramètres dynamiques, nécessaires à l'établissement de la sécurité pour une session (voir ci-après le transport de clé).

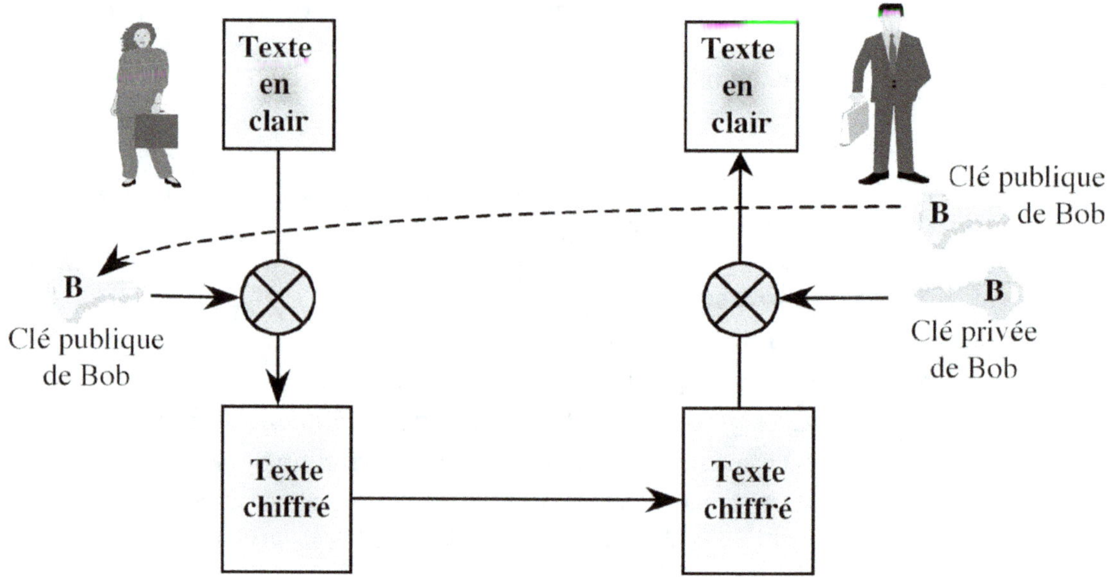

Figure 1-8. Chiffrement-déchiffrement asymétrique

Exemple

Pour chiffrer une donnée vers Bob, Alice va utiliser la seule chose qu'elle connaisse de lui, à savoir sa clé publique. Pour déchiffrer cette donnée, Bob va utiliser sa clé privée. Tout le monde peut chiffrer des données avec la clé publique de Bob, mais seul Bob peut déchiffrer ces données avec sa clé privée.

Le problème de la distribution de clé sur canal de communication non sûr peut être assuré par les systèmes asymétriques. Il s'agit en particulier pour Alice et Bob de générer dynamiquement un paramètre secret commun pour une session de travail (une clé AES par exemple), et ceci au travers d'un réseau accessible à des oreilles malveillantes. Cette clé sera fugitive c'est-à-dire qu'elle sera détruite à la fin de la session. L'échange de clé entre Alice et Bob peut être effectué selon deux variantes, l'agrément de clé ou le transport de clé.

L'agrément de clé

Nous venons de voir dans un exemple précédent qu'un système asymétrique tel que Diffie-Hellman permet de résoudre le partage d'une valeur sécrète à la volée. Ce principe est un service de gestion de clé appelé l'agrément de clé, car la clé est dépendante de valeurs propres à chacun des deux partenaires, et est donc non prévisible.

Remarque

On notera d'une part qu'un algorithme comme Diffie-Hellman ne permet ni de chiffrer des données ni de les signer, et que d'autre part des algorithmes comme DSA et ECDSA ont été conçus pour ne faire que de la signature numérique et ne permettent pas de chiffrer des données.

Le transport de clé

Une autre façon d'échanger une clé symétrique secrète à la volée est le transport de clé. Dans ce principe, l'un des partenaires, Alice par exemple, tire une clé aléatoire dynamique, aussi appelée clé de session, et la transmet à Bob chiffrée sous la clé publique de Bob. Ce dernier déchiffre la clé de session en utilisant sa clé privée. L'algorithme RSA est le plus connu pour réaliser ce type d'échange. À la différence de l'agrément de clé, dans le transport de clé la clé secrète transportée est générée par l'un des partenaires et imposée à l'autre.

La signature numérique

La signature numérique est un mécanisme qui va contribuer aux services d'authentification, d'intégrité et de non-répudiation. La particularité principale des systèmes asymétriques est leur capacité à réaliser le mécanisme de signature numérique. À l'inverse du chiffrement, la signature est réalisée en utilisant la clé privée du signataire, tous ses partenaires pouvant alors vérifier sa signature en utilisant sa clé publique. Dans tous les protocoles opérationnels, c'est en fait une empreinte numérique, et non pas l'ensemble du document, qui est signée, ce pour des raisons de performance, les algorithmes asymétriques étant très consommateurs de ressources.

Exemple

Alice va utiliser sa clé privée pour signer un message qu'elle va adresser à Bob, Bernard et Basile. Puisqu'il existe un lien unique entre la clé privée et la clé publique d'Alice, l'opération inverse de la signature, la vérification de signature, ne sera correcte qu'en utilisant la clé publique d'Alice. Bob, Bernard et Basile peuvent donc valider l'identité d'Alice si la vérification de sa signature sur le message est correcte. En revanche, si Bob vérifie la signature d'Alice en utilisant la clé publique de Carole, alors la vérification échouera.

L'authentification

Cette fonction de signature, qui vise à garantir l'identité du signataire, ne marche que parce que la clé privée n'est pas partagée. En effet, une signature ne pourrait pas être réalisée avec un système symétrique car la clé est par principe partagée entre les deux partenaires en communication. Au vu d'une signature, on ne pourrait donc pas déterminer lequel des deux partenaires a signé le message.

Dans la figure 1-9, pour s'authentifier, Alice peut tout simplement signer un nombre tiré au hasard par Bob et soumis à Alice comme défi. En vérifiant la signature avec la clé publique d'Alice et en retrouvant le nombre aléatoire, Bob est certain d'avoir authentifié Alice.

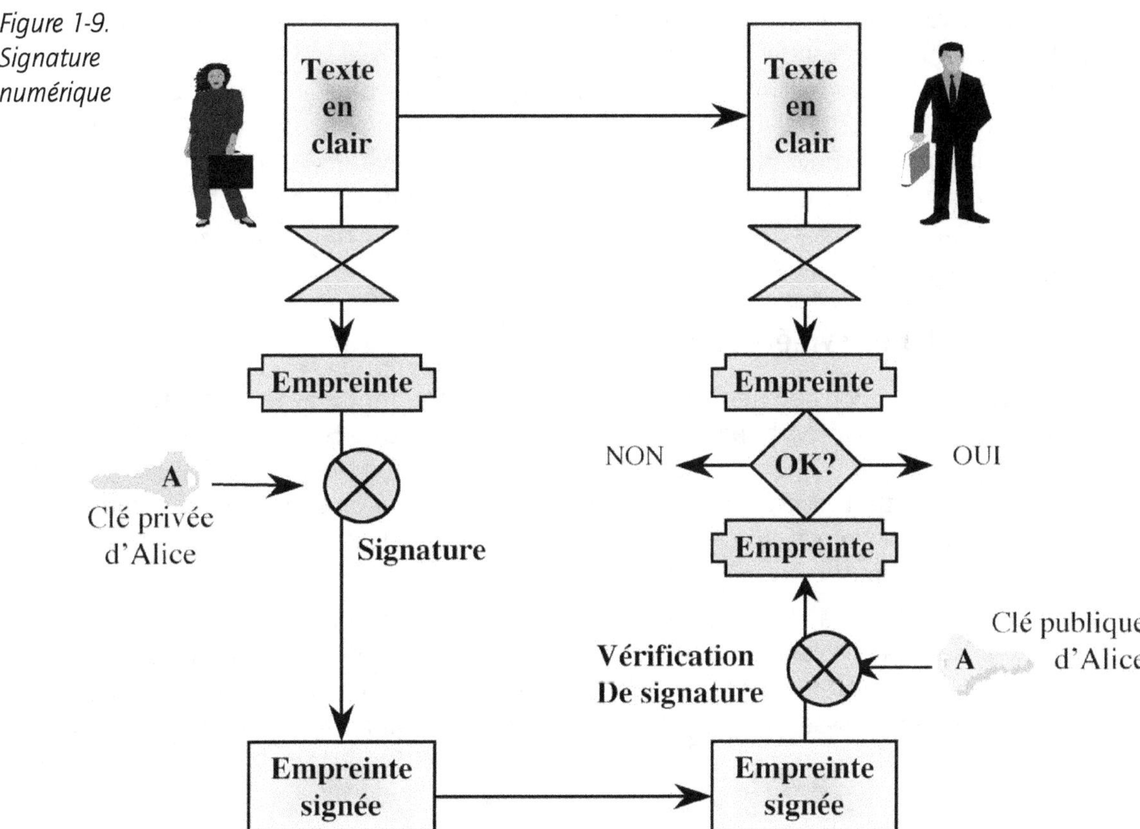

Figure 1-9. Signature numérique

Des algorithmes comme RSA, DSA, GQ, ECDSA permettent de réaliser le mécanisme de signature numérique.

L'intégrité

Nous constatons dans la figure précédente que la signature numérique s'applique sur l'empreinte numérique du texte à signer. En vérifiant la signature, le récepteur rétablit l'empreinte qu'il compare à celle qu'il recalcule à partir du texte reçu. La moindre modification du texte entraîne donc un échec de la vérification. La conclusion indique que le texte a été modifié ou que la vérification n'a pas été faite avec la bonne clé, et donc que le signataire n'est pas celui supposé.

La non-répudiation

La particularité de la non-répudiation tient aux données qui sont signées. Ce mécanisme a pour objet de faire en sorte que le signataire s'engage sur ce qu'il signe et, pour ce faire, le document doit contenir l'identité du signataire, et doit décrire les termes auxquels il s'engage (par exemple : achat, montant, etc.). La date de signature doit aussi faire partie des données signées. D'autres données additionnelles relatives au contexte des clés de signature devraient également être signées. Nous reviendrons plus en détail dans la suite de cet ouvrage sur les formats de signatures qui permettent de garantir la non-répudiation.

Fonctions de support

Les fonctions de support sont principalement des fonctions de prise d'empreinte numérique également dénommées fonctions de hachage. Ce sont des fonctions cryptographiques qui n'utilisent pas de clé, mais qui ont des propriétés de sécurité similaires.

Il s'agit de réaliser un condensé d'un document d'une longueur quelconque sous la forme d'une valeur représentative de longueur fixe. Par exemple, un fichier de plusieurs méga-octets sera réduit à un condensé ou empreinte de 20 octets avec l'algorithme SHA-1 (Secure Hash Algorithm). Ces fonctions sont à sens unique, c'est-à-dire qu'à partir de l'empreinte numérique, il n'est pas possible de reconstruire le texte d'origine, et pour cause, puisqu'il y a perte d'information. En revanche, toute modification du fichier d'origine, ne serait-ce que d'un seul bit, entraînerait la production d'une empreinte différente.

Cette fonction de support est le plus souvent combinée à la signature numérique afin de garantir l'intégrité du document signé.

Utilisation combinée symétrique/asymétrique

Dans la pratique, les protocoles ou logiciels de sécurité combinent les avantages des deux types de systèmes cryptographiques. Des protocoles tels que SSL/TLS, S/MIME, Ipsec, et des logiciels tels que PGP de la société Networks Associates ou SecurityBox de la société MSI-SA, utilisent tant la cryptographie symétrique pour les mécanismes de chiffrement/déchiffrement que la cryptographie asymétrique pour les échanges de clés ou les mécanismes de signature numérique.

En effet, les systèmes à clé publique, qui sont basés sur des opérations mathématiques complexes, sont peu performants pour le chiffrement d'un grand volume de données par comparaison aux systèmes symétriques. En revanche, nous avons vu que la gestion complexe de clés de systèmes symétriques pouvait être simplifiée par les systèmes à clé publique.

Liste et utilisation d'algorithmes cryptographiques

Voici, dans la figure 1-10, les algorithmes cryptographiques les plus connus et les plus utilisés dans les protocoles de sécurité d'aujourd'hui. Cette liste n'est sans doute pas exhaustive et le lecteur doit rester par ailleurs attentif aux évolutions des recherches qui pourraient limiter la puissance de ces algorithmes.

> **Remarque**
>
> Le DES est aujourd'hui fortement affaibli en raison de la puissance de calcul des ordinateurs qui peuvent être utilisés pour rechercher la clé secrète par attaque en « force brute » (essai de toutes les clés possibles).

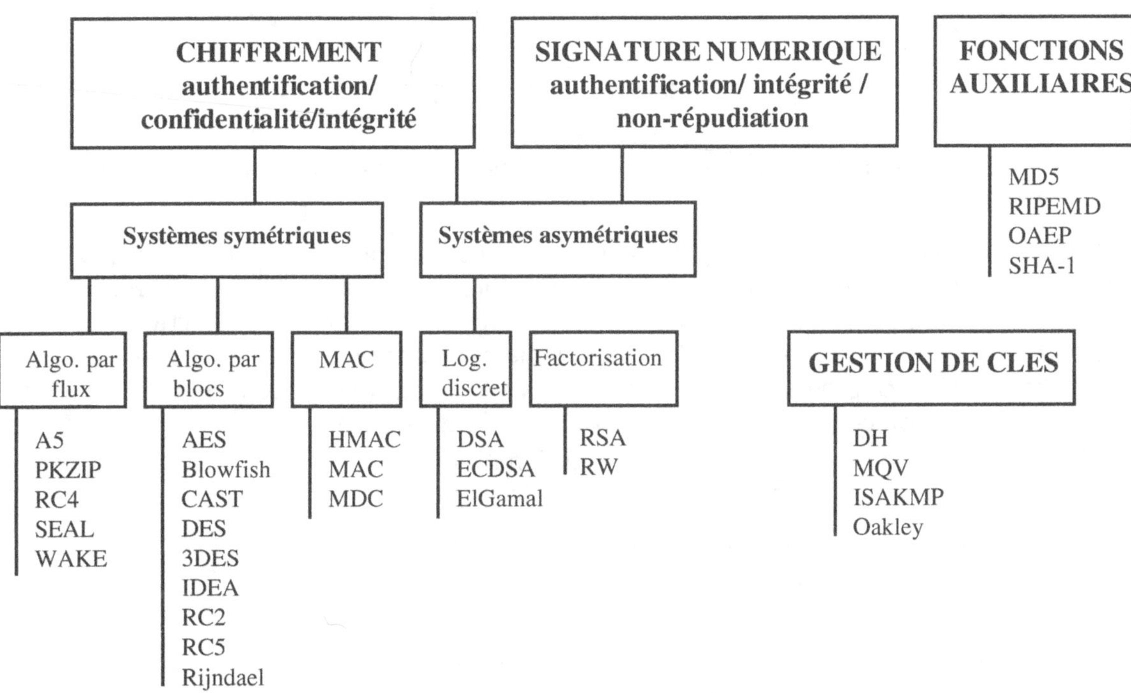

Figure 1-10. Liste d'algorithmes cryptographiques et utilisations possibles

Signature numérique ou signature électronique ?

Jusqu'ici, nous n'avons évoqué que la signature numérique, mais les débats autour d'Internet et du commerce électronique évoquent plutôt la notion de signature électronique. Est-ce la même chose ?

Pour bien comprendre la nuance entre les deux notions, il convient de rappeler quelques définitions. Voici, selon la norme ISO 7498-2 relative à l'architecture de sécurité pour les systèmes ouverts, la définition de la signature numérique : « *Données ajoutées à une unité de données, ou transformation cryptographique d'une unité de données, permettant à un destinataire de prouver la source et l'intégrité de l'unité de données et protégeant contre la contrefaçon par le destinataire par exemple.* »

Il s'agit bien d'un mécanisme de sécurité qui contribue, comme cela est résumé dans le tableau présenté en figure 1.3, aux services d'authentification, d'intégrité et de non-répudiation.

Le 16 avril 1997, la Commission européenne a présenté au Parlement européen, au Conseil, au Comité économique et social et au Comité des Régions une communication sur une initiative européenne dans le domaine du commerce électronique. Dans ce texte, tout en mentionnant très clairement le mécanisme de signature numérique qui s'appuie sur la cryptographie asymétrique, le rédacteur fait référence en une seule occasion à la signature électronique en relevant : « *Propre à chaque expéditeur et à chaque message envoyé, la signature électronique est vérifiable et doit être honorée* ». C'est en fait cette appellation qui sera reprise, le 13 décembre 1999, par le Parlement européen et le Conseil de l'union européenne qui fait paraître la directive 1999/93/CE sur un cadre communautaire pour les signatures électroniques.

Cette directive ne mentionne plus que la notion de signature électronique qui est définie comme étant :

> Une donnée sous forme électronique qui est jointe ou liée logiquement à d'autres données électroniques et qui sert de méthode d'authentification.

Cette définition ne vise qu'à remplir les besoins de l'authentification et, à ce titre, plusieurs technologies pourraient la satisfaire, comme l'authentification par secret partagé, le calcul d'une donnée biométrique ou la signature numérique. Le texte de la directive se devant d'être neutre d'un point de vue technologique ne parle donc pas directement de signature numérique ni de cryptographie asymétrique, mais mentionne néanmoins le certificat et les données qu'il doit contenir qui sont celles du certificat de clé publique.

Mais le texte introduit en outre la notion de signature électronique « avancée » (sécurisée en français), en en donnant la définition suivante :

> Une signature électronique qui satisfait aux exigences suivantes :
>
> a) être liée uniquement au signataire ;
> b) permettre d'identifier le signataire ;
> c) être créée par des moyens que le signataire puisse garder sous son contrôle exclusif ;
> d) être liée aux données auxquelles elle se rapporte de telle sorte que toute modification ultérieure des données soit détectable [...].

Pour répondre à ces besoins, qui sont ceux de la non-répudiation, les seules techniques qui puissent être aujourd'hui mises en œuvre sont celles de la signature numérique utilisant la cryptographie asymétrique et les certificats de clé publique.

En résumé, nous pouvons conclure en disant que la signature numérique est une technique informatique alors que la signature électronique est une solution technico-organisationnelle qui répond à un besoin juridique.

Formats de signature

Mais encore faut-il que cette signature soit recevable par des tiers qui devront en vérifier la validité.

Pour vérifier une signature, il faut au minimum :

- le texte original qui a été signé ;
- la signature de l'émetteur sur ce texte ;
- le certificat de clé publique du signataire.

C'est ce que permet de faire un format de signature tel que PKCS#7 proposé par les laboratoires RSA et qui est depuis devenu une norme de fait sur laquelle se basent de nombreux protocoles.

Mais, tel quel, ce format ne permet pas de répondre d'une manière fiable à des vérifications qui seraient faites longtemps après le moment de la signature, lorsque certains certificats du chemin de certification pourront être périmés ou révoqués. Or, cela deviendra de plus en plus souvent le cas dès lors que l'on voudra donner à la signature électronique une valeur juridique.

Par exemple, considérons le cas d'une personne qui ferait certifier sa clé publique par deux autorités de certification. La première fois, il s'inscrit en face à face auprès d'une autorité française qualifiée au titre du décret sur la signature électronique dont il reçoit le certificat Cert_AC1, puis il s'inscrit ensuite en ligne auprès d'une autorité d'un pays quelconque en présentant la même clé publique, et reçoit le certificat Cert_AC2. A *priori* rien ne s'y oppose techniquement. Une signature réalisée avec la clé privée du signataire peut alors être vérifiée indifféremment par les deux certificats. Si le signataire présente le certificat Cert_AC1, le vérificateur en analysant le certificat verra qu'il porte la mention « qualifié » et qu'il a été émis par l'AC1 qu'il reconnaît. Il considérera alors que la signature électronique est sécurisée et reconnue par la loi. En revanche, pour la même signature, si le signataire présente le certificat Cert_AC2, le vérificateur pourra ne pas faire confiance à la signature car elle provient de l'AC2 à laquelle il n'accorde peut être pas le même niveau de confiance.

Un autre scénario qui peut créer le doute quant au signataire peut être conçu. Supposons que la malveillante Malicia fasse certifier la clé publique d'Alice (qu'elle extrait du certificat d'Alice) auprès d'une autorité de certification qui serait peu scrupuleuse sur les vérifications d'identité et qui ne mettrait pas en œuvre le mécanisme de contrôle de possession de la clé privée. Malicia obtient alors un certificat contenant la clé publique d'Alice, sans bien sûr posséder la clé privée correspondante. Elle attend ensuite que la date de validité du certificat d'Alice soit passée, puis conteste auprès d'un juge la validité d'une signature qu'Alice a réalisée dans le passé. Faisons l'hypothèse (relativement probable) qu'Alice, n'ayant plus besoin de la clé privée dont le certificat correspondant est échu, a détruit ou égaré cette clé privée de signature ou son support.

Lors de la confrontation, un expert montrera que le certificat de Malicia et que le certificat d'Alice vérifient tous les deux la signature sur le document, et ce *a fortiori* puisque la clé publique est identique. Aucune des deux plaignantes n'ayant la clé privée correspondante, le juge ne pourra pas trancher qui d'Alice ou Malicia a vraiment signé le document.

Cela montre donc que le certificat correspondant à la clé privée de signature devrait être contenu dans les données signées par le signataire, pour qu'aucune contestation ne soit possible.

La norme de l'ETSI TS 101 733 V1.2.2 *Electronic signature formats* de décembre 2000 décrit plusieurs formats de signature adaptés à des contextes de vérification de signature précis. Les formats reposent sur la forme de base de signature électronique à laquelle s'ajoutent des données de validations complémentaires.

Les principaux formats décrits par la norme sont les suivants (voir figure 1-11) :

- le format ES (*Electronic Signature*) est le format de base qui inclut la signature électronique et d'autres informations complémentaires, fournies par le signataire, dont les références à une politique de signature ;
- le format ES-T (ES *with Timestamp*) ajoute un horodatage à la signature électronique de façon à donner une validité à long terme à la signature ;
- le format ES-C (ES *with Complete validation data*) ajoute au format précédent les références de l'ensemble des données qui assurent la validité à long terme de la signature électronique.

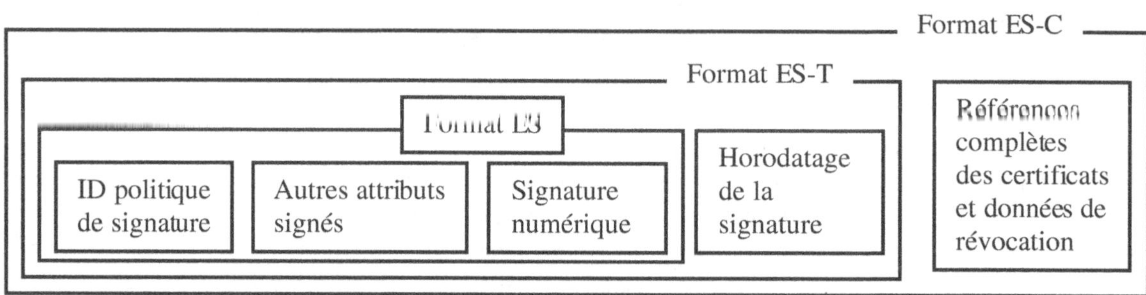

Figure 1-11. Illustration des formats ES, ES-T et ES-C

La politique de signature identifie les intentions du signataire et définit les conditions sous lesquelles la signature est reconnue valide. Dans un cadre juridique ou contractuel, la politique de signature établit les conventions préalables de preuves qui vaudront reconnaissance de la signature par les parties.

D'autres formats plus complexes, appelés formats étendus de données de validation, sont également présentés dans la norme. Ils concernent des cas de figure où le vérificateur peut ne pas avoir accès à l'ensemble des données de vérification au moment de la signature, comme certains certificats du chemin de certification ou les données de révocation. Cela permet au signataire d'inclure une référence à une liste de certificats révoqués (LCR), qui sera émise après que le document eut été signé.

Le format de base (ES) permet de répondre aux exigences de la Directive européenne sur la signature électronique. Néanmoins, il peut être répudié ou contesté car, sans l'addition d'un horodatage, la signature électronique ne peut pas être protégée si le signataire nie avoir créé la signature (c'est-à-dire qu'elle ne procure pas la non-répudiation de son existence).

Le format avec horodatage (ES-T) est le premier format qui ne peut pas être répudié par le signataire, à condition que le vérificateur soit capable d'obtenir le chemin de certification et les informations de révocation.

La forme complète de signature électronique est normalement non-répudiable. C'est une forme horodatée du format de base avec le chemin de certification complet et les informations de révocation associées quant au moment où a été réalisée la signature, et ce dans le contexte de la politique de signature référencée.

Les travaux qui ont présidé à l'établissement de cette norme, ainsi qu'à ceux d'autres normes sur l'horodatage, sont principalement dus à Denis Pinkas de Bull Intégris.

Chapitre 2

Définition d'une ICP et de ses acteurs

Infrastructure à clé publique

Comme son nom l'indique, une infrastructure à clé publique est un ensemble de moyens matériels, de logiciels, de composants cryptographiques, mis en œuvre par des personnes, combinés par des politiques, des pratiques et des procédures requises, qui permettent de créer, gérer, conserver, distribuer et révoquer des certificats basés sur la cryptographie asymétrique. Cette définition empruntée à l'IETF montre qu'une ICP est bien plus qu'un système technique. Les politiques, pratiques et procédures décrivent le cadre de mise en œuvre des moyens dédiés à l'ICP de façon sûre, et qui correspondent à l'attente, en termes de confiance, de ses utilisateurs.

Nous allons maintenant aborder ce qui constitue l'objet premier de la présence d'une ICP, à savoir le « certificat de clé publique ».

Quelles sont les problématiques ?

Les rappels cryptographiques précédents ont mis en lumière que les systèmes asymétriques permettaient de rendre de nombreux services de sécurité, et en particulier ceux d'authentification et de non-répudiation. Tout cela tient au fait que, comme l'illustre la figure 2-1), lorsque Bob vérifie une signature numérique d'un document avec la clé publique

Figure 2-1.
À qui appartient
la clé publique ?

```
BEGIN

    6B F5 FE 05 1C 67 D4 F2 04 47 6E DC F4 15 F4 27 05 B7
    79 15 E2 DC B3 9E 29 25 93 07 2C C9 59 14 39 18 76 1D
    F0 67 3D 3F CC AC E8 A5 95 FD A2

END
```

Est-ce la clé de Bob, d'Alice ou de ??

d'Alice et que cette vérification est correcte, alors Bob est convaincu que c'est bien Alice qui a signé ce document.

Mais pour cela, encore faut-il que Bob soit bien certain d'avoir utilisé la clé publique d'Alice et non pas celle de Carole.

Supposons que dans un amphithéâtre chaque étudiant écrive son nom au tableau en le faisant suivre de sa clé publique. Pour vérifier la signature électronique sur la copie d'Alice, le professeur cherche au tableau le nom d'Alice et utilise la clé qui suit son nom pour effectuer la vérification. Si Carole veut jouer un mauvais tour à Alice, elle envoie une copie pleine de fautes au professeur en signant avec sa clé (celle de Carole) mais, pour faire croire que c'est bien Alice qui a signé, Carole efface la clé publique d'Alice et écrit la sienne à la place. En prenant la clé qui suit le nom d'Alice, le professeur va vérifier correctement la signature sur la fausse copie et croire qu'elle provient bien d'Alice alors qu'il aura vérifié la signature avec la clé de Carole. Cette malveillance a été rendue possible car, dans notre exemple, il n'y avait pas de lien entre le nom d'Alice et sa clé publique. Cela serait encore plus grave si le professeur avait voulu utiliser la clé publique d'Alice pour lui envoyer un message confidentiel car, en croyant chiffrer vers Alice, le professeur aurait chiffré en utilisant la clé de Carole qui aurait alors été la seule à pouvoir déchiffrer le message.

À quel usage est destinée la biclé ?

Une biclé asymétrique peut être utilisée pour chiffrer des données. Les données sont chiffrées avec la clé publique du destinataire qui les déchiffre avec sa clé privée. À l'inverse, une biclé peut être utilisée pour signer des données qui peuvent être du code exécutable, une valeur aléatoire pour authentification, un document officiel pour non-répudiation, un jeton d'horodatage, etc. La norme RFC 2459 décrit dans le détail les typologies possibles d'une biclé asymétrique.

Une règle première de sécurité est la séparation des clés, principe selon lequel une clé est réservée à un usage donné et ne sert pas à autre chose. Il a été démontré que, dans certaines conditions, des attaques peuvent réussir si une biclé est utilisée à la fois pour chiffrer et pour signer.

Il faut donc que Bob sache si la clé publique qu'il utilise est bien faite pour vérifier une signature et non pas pour chiffrer un message.

Le certificat de clé publique

Pour pouvoir utiliser une clé publique avec sécurité, il faut donc que le récepteur puisse répondre au moins aux deux questions suivantes : « *à qui appartient cette clé publique ?* » et « *à quoi sert cette clé publique ?* ».

Pour cela, il faut que la clé publique soit accompagnée d'informations descriptives de son propriétaire et de son usage. Cela pourrait alors ressembler à une carte de visite électronique du propriétaire de la clé, sur laquelle le récepteur trouverait le nom, la valeur de la clé publique et son usage.

Mais, de plus, il faut que cette carte de visite soit rendue infalsifiable, sinon une personne malveillante pourrait constituer une fausse carte de visite électronique (voir exemple précédent de l'amphithéâtre). En fait, un certificat ressemble en bien des points à une pièce d'identité, carte d'identité ou passeport, dont il constitue une sorte d'équivalent électronique.

Dans le monde électronique et en particulier celui des ICP, cette pièce d'identité électronique s'appelle un « certificat de clé publique », plus simplement appelé « certificat ».

Les dix principales caractéristiques d'un certificat

1. Un certificat est un ensemble de données informatiques publiques, qui doit pouvoir être distribué sur un réseau informatique et être manipulé par des ordinateurs.
2. Il est propre à l'entité, personne physique, personne morale ou équipement, pour laquelle il est créé.
3. La tierce partie utilisatrice du certificat doit y trouver l'identité non ambiguë de l'entité à laquelle il se rapporte.
4. Il doit contenir la clé publique correspondant à la clé privée asymétrique que seule l'entité à laquelle se rapporte le certificat connaît.
5. Les informations contenues dans le certificat doivent être garanties comme fiables par une autorité qui a pris la responsabilité de l'émettre.
6. Il doit être simple d'identifier quelle autorité a pris la responsabilité d'émettre le certificat.
7. Il doit être infalsifiable et toute tentative de modification doit pouvoir être décelée par une tierce partie utilisatrice.
8. Le certificat doit indiquer l'usage pour lequel la biclé asymétrique a été créée (authentification, signature, chiffrement, etc.).
9. Il doit comporter l'indication de la période de validité du certificat (date début, date fin).
10. Le certificat doit comporter un numéro d'identification.

En suivant les caractéristiques que l'on vient d'énoncer, si la préfecture du Loir-et-Cher voulait fabriquer pour Martine un certificat de clé de signature et un certificat de clé de chiffrement, cela donnerait :

- d'une part, la figure 2-2 pour la signature :

Figure 2-2.
Le gabarit du certificat
de signature de Martine

Numéro de série	123456
Émetteur	Préfecture Loir-et-Cher
Utilisation de la clé	Signature électronique
Valide à partir du	19 avril 2001 10:26:33
Valide jusqu'au	19 avril 2003 10:26:33
Sujet	Martine Champion
Clé publique	3081 8902 8181 00AB
	E294 EBA9 53F1 7AD1
	D2D2 B27B B0E2 8BBC
	412E ABB5 D1DC 77E8
	4C18 345E 86B5 D1FC
	BE2C ......

- d'autre part, la figure 2-3 pour le chiffrement :

Cette pièce d'identité électronique contient un numéro d'ordre, l'identification exacte de la personne à laquelle il se rapporte, le nom de l'autorité qui l'a émise, la raison d'être de cette pièce. Ici, elle sert à valider une signature, ses dates de validité, et la clé publique qui servira à vérifier les signatures réalisées par Martine.

Tel quel, cet ensemble de données, que l'on appelle généralement un gabarit, répond parfaitement aux caractéristiques énoncées ci-avant à un détail près, à savoir la caractéristique n°7. En effet, il faut maintenant rendre cet ensemble de données infalsifiable, et pour cela il suffit à l'autorité d'émission, la préfecture du Loir-et-Cher, d'appliquer sa signature numérique sur le gabarit.

Le résultat devient alors le certificat de clé publique, composé du gabarit et de la signature numérique de ce dernier par l'autorité (voir figure 2-4).

Figure 2-3.
Le gabarit du certificat
de chiffrement de Martine

Numéro de série	465768
Émetteur	Préfecture Loir-et-Cher
Utilisation de la clé	Chiffrement
Valide à partir du	19 avril 2001 10:26:33
Valide jusqu'au	19 avril 2003 10:26:33
Sujet	Martine Champion
Clé publique	3082 010A 0282 0101
	00BC CCB3 3D43 79B8
	47F9 15B7 6E26 B14C
	9298 79ED C570 F33A
	E9D5 DD03 F42A 3F60
	8C96 ......

Figure 2-4.
Les certificats de Martine

Numéro de série	123456
Émetteur	Préfecture Loir-et-Cher
Utilisation de la clé	Signature électronique
Valide à partir du	19 avril 2001 10:26:33
Valide jusqu'au	19 avril 2003 10:26:33
Sujet	Martine Champion
Clé publique	3081 8902 8181 00AB
	E294 EBA9 53F1 7AD1
	D2D2 B27B B0E2 8BBC
	412E ABB5 D1DC 77E8
	4C18 345E 86B5 D1FC
	BE2C ......

Signature de la Préfecture du Loir-et-Cher
C735 133F 1876 1DF0 6BF5 FE05 1CB2 419E ACE8
A595 FDA2 ......

Numéro de série	465768
Émetteur	Préfecture Loir-et-Cher
Utilisation de la clé	Chiffrement
Valide à partir du	19 avril 2001 10:26:33
Valide jusqu'au	19 avril 2003 10:26:33
Sujet	Martine Champion
Clé publique	3082 010A 0282 0101
	00BC CCB3 3D43 79B8
	47F9 15B7 6E26 B14C
	9298 79ED C570 F33A
	E9D5 DD03 F42A 3F60
	8C96 ......

Signature de la Préfecture du Loir-et-Cher
2936 A4C9 86E7 B19A 20CB 53A5 85E7 3DBE
7D9A FE24 568A ......

Utilisation du certificat pour vérifier une signature

Lorsque Thierry va recevoir un message signé par Martine, il va pouvoir vérifier la signature en utilisant la clé publique qui se trouve dans le certificat de Martine (caractéristiques n°2 et n°4), qu'il identifie aisément car il contient son nom (caractéristique n°3). Ce certificat, il l'a reçu dans le message de Martine ou a été le chercher dans une base de données de la préfecture du Loir-et-Cher (caractéristique n°1).

Ce dernier est signé par la préfecture du Loir-et-Cher, et donc, selon la caractéristique n°5, les données qui s'y trouvent sont fiables.

Son ordinateur va analyser le certificat (caractéristique n°1) et vérifier qu'il est toujours dans sa période de validité (caractéristique n°9). Il va chercher quelle est l'autorité qui a émis le certificat (caractéristique n°6), vérifier que la signature apposée par celle-ci est valide et donc s'assurer de l'intégrité du certificat (caractéristique n°7). Il va également s'assurer que le certificat correspond bien à la fonction de vérification de signature (caractéristique n°8). Il va ensuite s'adresser à la préfecture du Loir-et-Cher pour vérifier que le certificat n°123456 n'est pas invalide (caractéristique n°10).

Une fois ces opérations effectuées, Thierry va extraire du certificat la clé publique de Martine correspondant à sa clé privée de signature (caractéristiques n°4 et n°8) et vérifier la signature sur le message qu'il a reçu.

Cette façon de présenter les choses est bien sûr très simplifiée de façon à donner, à ce stade, une idée générale des opérations qui sont réalisées lors d'une vérification de signature. De plus, on notera bien que ce ne sont pas les utilisateurs qui font toutes ces opérations, mais que c'est leur logiciel qui les traite automatiquement.

Utilisation du certificat pour chiffrer des données

À l'inverse, lors de l'établissement d'une session chiffrée entre Thierry et Martine, Thierry va rechercher la clé publique de chiffrement de Martine (certificat n°465768), (caractéristique n°1). Il va vérifier que le nom de l'entité correspond bien à celui de Martine (caractéristique n°3) et que l'usage de la biclé correspond bien à une fonction de chiffrement (caractéristique n°8). Il va chercher quelle est l'autorité qui a émis le certificat (caractéristique n°6), vérifier que la signature apposée par cette dernière est valide et donc s'assurer de l'intégrité du certificat (caractéristique n°7). Il va ensuite s'adresser à la préfecture du Loir-et-Cher pour vérifier que le certificat n°465768 n'est pas invalide (caractéristique n°10). Thierry peut ensuite utiliser la clé publique qui se trouve dans le certificat pour établir une session chiffrée avec Martine.

Les premiers pas du certificat

Deux ans après la communication de Diffie et Hellman qui introduisait publiquement le concept de cryptographie asymétrique, Loren Kohnfelder mentionnait pour la première fois en 1978 dans sa thèse au MIT, « un ensemble de données contenant un nom et une clé publique signé numériquement » et qu'il appela « certificat ».

Le certificat X.509

Le format de certificats aujourd'hui le plus utilisé dans le cadre d'une ICP est le format normalisé par le standard X.509 dans sa version 3. Ce dernier permet l'utilisation des protocoles normalisés ou des applications telles que SSL, IPSec, S/MIME ou SET.

Le nom du standard X.509 provient de la norme CCITT du même nom (X.509-1988). Cette norme avait pour but de décrire les méthodes d'authentification et de contrôle d'accès aux annuaires X.500. Elle a ensuite été reprise et modifiée dans deux versions successives. La version 3 a notamment apporté la possibilité d'ajouter aux champs standards des certificats des champs d'extension, et ce d'une manière relativement souple. Le standard Internet RFC 2459 décrit une déclinaison du format des certificats X.509 pour le monde Internet.

Il est intéressant de souligner que le format du certificat est décrit suivant la norme ASN.1 (Abstract Syntax Notation One), puis converti en données binaires à l'aide d'un encodage DER (Distinguished Encoding Rules).

Nous décrivons ci-après par le détail le format d'un certificat X.509 v3 : les champs du certificat font apparaître une série de notions (dates de validité, AC signataire...) qui seront présentées dans les chapitres suivants.

Un certificat X.509 v3 contient les données énumérées dans la figure 2-5 :

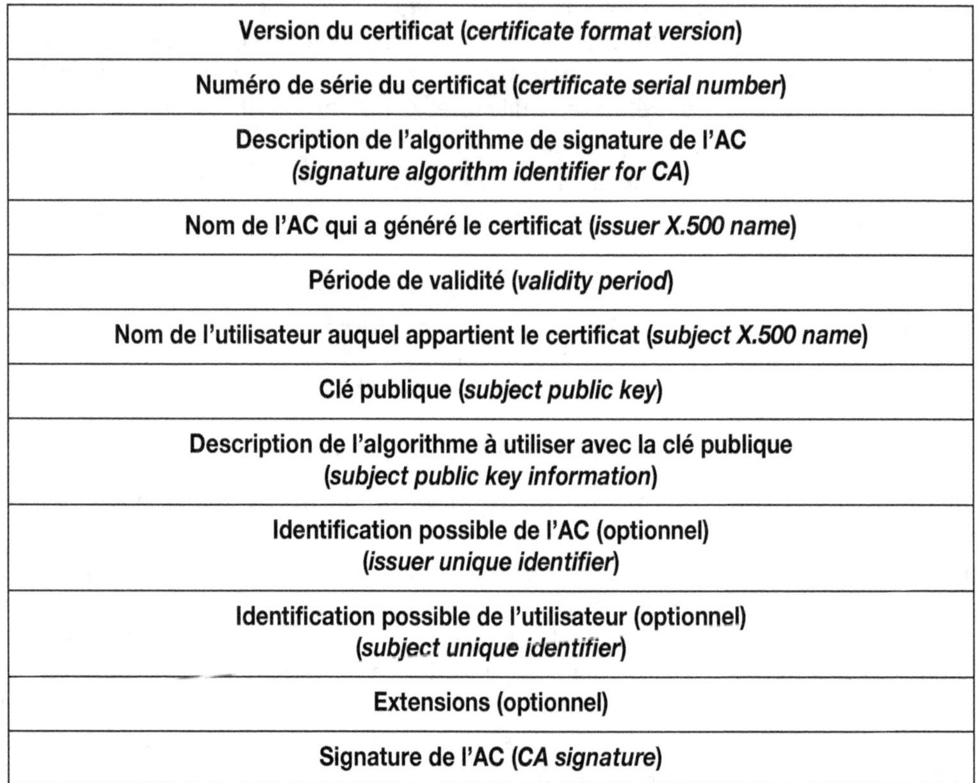

Figure 2-5. Format d'un certificat X.509 v3

Ce format regroupe donc des champs « standards », et des champs dits « d'extension », qui permettent de personnaliser les certificats en fonction de leur usage. Néanmoins, une partie des extensions sont « normalisées » par X.509 v3, et notamment les extensions permettant de spécifier l'usage qui va être fait des clés de l'utilisateur du certificat (signature, chiffrement...).

Nous décrivons ci-après le contenu des champs standards, puis des extensions les plus couramment utilisées.

Les champs « standards »

Les significations des champs que l'on trouve systématiquement dans un certificat X.509 v3 sont les suivantes :

Certificate format version : ce champ donne la version du certificat.

Certificate serial number : numéro de série unique du certificat dans le domaine de confiance auquel il appartient. C'est ce numéro de série qui sera utilisé dans les LCR en cas de révocation.

Signature algorithm identifier for CA : désigne le procédé utilisé par l'AC pour signer le certificat (norme ISO). Il s'agit d'un algorithme asymétrique et d'une fonction de hachage.
Un exemple : RSA avec SHA-1.

Issuer X.500 name : spécifie le DN (Distinguished Name) dans la norme X.500 de l'AC qui a généré le certificat.
Un exemple : c=FR, o=SOLUCOM.

Validity period : donne les dates de début et de fin de validité du certificat. Un logiciel client qui utilise les certificats doit impérativement vérifier ces dates avant utilisation et rejeter le certificat s'il est en état « expiré ».

Subject X.500 name : spécifie le DN (norme X.500) du propriétaire du certificat.
Un exemple : c=FR, o= SOLUCOM, cn=Jean Dupont.

Subject public key information : c'est le cœur du certificat. Ce champ contient la clé publique du détenteur du certificat, ainsi que les algorithmes avec lesquels elle doit être utilisée.
Un exemple : RSA et MD5.

Issuer unique identifier (*optionnel*) : ce champ optionnel permet de donner une seconde identification au Issuer X.500 name (l'AC), dans le cas où ce dernier aurait un DN commun avec une autre AC.

Subject unique identifier (*optionnel*) : ce champ optionnel permet de donner une seconde identification au Subject X.500 name (l'utilisateur), dans le cas où ce dernier aurait un DN en commun avec un ou plusieurs autres utilisateurs.

CA *signature* : c'est la signature de l'AC. Cette signature est effectuée en passant l'ensemble du certificat au travers d'une fonction de hachage, puis en chiffrant le résultat à l'aide de la clé privée de l'AC.

Les champs extensions

Extensions : Type, Criticality, Value (optionnel)

Les extensions sont soit standardisées, soit à la discrétion de l'AC. En tout état de cause, ces extensions doivent posséder les trois champs suivants :

- *Type* : décrit le format du champ Value. Ce peuvent être un nombre, une chaîne de caractères, des données complexes...
- *Criticality* : c'est un flag d'un bit. Si une extension est marquée comme étant critique, une application qui ne saurait pas l'interpréter devrait en principe rejeter le certificat.
Cela peut générer des problèmes d'interopérabilité.
- *Value* : contient la valeur des données de l'extension. Celle-ci peut être un texte, une date ou même une photo.

Dans le standard X.509 v3, il y a des extensions dites standards. Les extensions sont très importantes dans les certificats, puisqu'elles les rendent flexibles et paramétrables, de sorte qu'un certificat ne puisse servir que pour une application particulière. Mais elles sont aussi source d'incompatibilité car une application va rejeter un certificat si elle n'y trouve pas l'extension qu'elle attend.

Par paramétrable, on entend en fait la possibilité pour une ICP de déporter des composants de sécurité de l'ICP dans les certificats. Dans cette optique, la politique peut spécifier que tel certificat ne pourra être utilisé qu'à cet usage, ou définir toute autre contrainte qui rendront incompatibles des certificats émis par d'autres AC.

On peut grouper les extensions en quatre types :

1. Informations sur les clés
2. Informations sur l'utilisation du certificat
3. Attributs des utilisateurs et des AC
4. Contraintes sur la co-certification.

1. Informations sur les clés

Ce groupe d'extensions, qui renseigne sur l'utilisation qui doit être faite de la clé publique et du certificat, est constitué des champs suivants :

Authority Key Identifier : ce champ identifie de façon unique la paire de clés utilisée par l'AC pour signer le certificat. Il est utilisé pour faciliter le processus de vérification de la signature du certificat dans le cas où l'AC aurait utilisé plusieurs clés depuis sa mise en œuvre.

Subject Key Identifier : ce champ identifie de façon unique la clé publique qui est contenue dans le certificat. On y recourt lorsqu'un utilisateur possède un historique de clés de chiffrement. Par exemple, ce mécanisme permet de retrouver rapidement la bonne clé privée pour déchiffrer un document qui n'a pas été chiffré avec la clé privée en cours de validité.

Key usage : ce champ renseigne sur l'utilisation qui doit être faite de la clé. Le champ *Key usage* peut avoir les valeurs :

- non-repudiation,
- certificate signing,
- CRL signing,
- digital signature,
- data signature,
- symetric key encryption for key transfer,
- Diffie-Hellman key agreement.

Private Key Usage Period : ce champ donne la date d'expiration de la clé privée qui est associée à la clé publique contenue dans le certificat. Il est généralement utilisé pour la clé privée de signature dans le cas où sa période d'utilisation serait différente de la période de validité du certificat.

CRL Distribution Point : cette extension définit l'emplacement des LCR.

2. Informations sur l'utilisation du certificat

Ce groupe d'extensions permet de spécifier l'utilisation des certificats en accord avec la politique définie dans l'ICP.

En voici les deux champs :

Certificate Policies : ce champ spécifie la politique de certification (PC) qui a présidé à l'émission du certificat. Les politiques de certification sont représentées par des Object Identifier (OID). Ces OID sont enregistrés au niveau international, et leurs utilisations sont standardisées.

Si ce champ est marqué comme étant critique, l'ICP impose que le certificat soit utilisé conformément à la PC. Dans le cas contraire, l'information est indicative. Ensuite, libre à l'application cliente de respecter ou pas la criticité.

Policy Mappings : ce champ ne concerne que les co-certificats (le certificat émis par une AC pour certifier la clé publique d'une autre AC). Il permet d'associer la PC d'une AC qui émet le certificat à la PC indiquée dans le co-certificat. S'il est défini comme critique, il permet aux applications qui vérifient un certificat appartenant à une chaîne de certification de s'assurer qu'une PC qui peut être acceptée s'applique à tous les certificats.

3. Attributs des utilisateurs et des AC

Ce groupe d'extensions permet de mieux spécifier l'identification des utilisateurs et des certificats.

Subject Alternative Name : ce champ spécifie une ou plusieurs informations sur le propriétaire du certificat ; les valeurs autorisées en sont :

- une adresse e-mail,
- un nom de domaine,
- une adresse IP,
- une adresse e-mail X.400,
- un nom EDI,
- une URL,
- un nom défini par une OID.

Issuer Alternative Name : ce champ permet de donner un nom spécifique à une AC.

4. Contraintes sur la co-certification

Les extensions de ce groupe permettent de limiter et de contrôler les indices de confiance envers d'autres AC, en cas de co-certification.

Basic Constraints : ce champ indique si l'utilisateur est un utilisateur final ou si c'est une AC, et, dans ce cas, le certificat est un co-certificat. On définit alors une « distance de certification » qui spécifie jusqu'où doit remonter une application qui veut vérifier un certificat en consultant sa LCR, et jusqu'où est étendue la confiance dans la chaîne. Si cette distance est par exemple à 1, les utilisateurs ne peuvent que vérifier les certificats émis par l'AC définie dans le co-certificat.

Name Constraints : ce champ n'est utilisé que dans les co-certificats, et permet aux administrateurs de restreindre les domaines de confiance dans un domaine de co-certification.

Policy Constraints : ce champ s'applique aux co-certificats, et permet de spécifier les politiques de certifications acceptables pour les certificats dépendants du co-certificat.

Le groupe de travail PKIX

Le groupe de travail PKIX (Internet X.509 Public Key Infrastructure) a été formé en octobre 1995 afin de développer les normes nécessaires au support des ICP pour Internet. Le premier sujet de travail a été la définition d'un profil pour les certificats X.509, profil destiné aux différents protocoles applicatifs d'Internet (SSL/TLS, S/MIME, IPsec, etc.). Onze versions intermédiaires ont été nécessaires pour permettre au groupe de s'accorder sur un format acceptable qui fut édité sous la référence RFC 2459 en janvier 1999. En juillet 2001, une nouvelle version de cette norme a été éditée afin de clarifier certains points et d'en développer d'autres.

Une seconde norme de référence a été le RFC 2527 de mars 1999. Cette norme définit un format type de Politique de Certification (PC) et de Déclaration des Pratiques de Certification (DPC). C'est sur cette base qu'ont été rédigées la majorité des PC disponibles publiquement. Une nouvelle version de travail de ce RFC a été mise en circulation en juillet dernier.

Dans le même temps, plusieurs protocoles de gestion des informations échangées dans l'ICP ont été développés comme, entre autres, CMP (Certificate Management Protocol) et

CRMF (Certificate Request Message Format). Fin 1998 le groupe a commencé les travaux sur les protocoles d'horodatage et de certification de données. La norme RFC 3161 définit le protocole d'horodatage TSP (Time-Stamping Protocol).

Le groupe a longuement débattu des processus de révocation et de contrôle des listes de certificats révoqués (LCR). Plusieurs protocoles ont été proposés pour mettre en œuvre ce service qui est essentiel à la bonne vérification de l'état des certificats. CMP supporte les requêtes de révocation et leurs réponses, et les messages de récupération de LCR. Le protocole OCSP (Online Certificate Status Protocol) a été développé pour traiter des besoins de contrôle en ligne de l'état d'un certificat donné ce qui permet d'obtenir une information plus à jour qu'en passant par la consultation d'une LCR. Plus tard le protocole SCVP (Simple Certification Verification Protocol) a été produit pour permettre aux utilisateurs de se décharger de toutes les vérifications de certificats sur une autre entité (par procuration).

Depuis quelque temps, le groupe travaille sur les certificats d'attributs et sur les profils de certificats qualifiés pour supporter les exigences de la directive européenne pour la reconnaissance légale de la signature électronique.

Ces différents concepts seront présentés en détail tout au long de cet ouvrage.

Pour plus d'informations sur le groupe PKIX le lecteur peut consulter le document « *Internet X.509 Public Key Infrastructure Roadmap* » sur le site de l'IETF *http://www.ietf.org/html.charters/pkix-charter.html*.

Les autres formats de certificats

Les recherches de Ron Rivest sur le problème de la complexité du nommage non ambigu dans un grand espace d'individus (un pays par exemple) ont donné naissance au document *Simple Distributed Security Infrastructure* (SDSI). Il fut repris ensuite par Carl Ellison dans son approche *Simple Public Key Infrastructure* (SPKI). Les auteurs partent du principe qu'une clé publique est statistiquement unique et donc que le couple <nom, clé publique> ou <nom, empreinte de la clé publique> l'est également, et forme ainsi un nom non ambigu. Les certificats SPKI ne sont pas implémentés aujourd'hui dans les logiciels.

Les acteurs d'une ICP

Nous allons replacer dans leurs contextes respectifs les différents acteurs qui interviennent autour d'une ICP. Cela nous amènera à définir un certain nombre de termes employés souvent à tort et à travers dans les différentes littératures ou articles sur le sujet des ICP.

Le guide de l'IETF, PKI *Roadmap*, et certains documents du NIST, présentent une ICP comme un ensemble constitué des cinq types de composants suivants :

- Les autorités de certification (AC) qui émettent et révoquent les certificats.
- Les autorités d'enregistrement (AE) organisationnelles qui se portent garantes du lien entre une clé publique, l'identité du porteur du certificat et d'autres attributs.
- Les porteurs de certificats auxquels sont attribués des certificats et qui peuvent signer et/ ou déchiffrer des documents.
- Les utilisateurs qui vérifient les signatures numériques ou chiffrent des données, et valident les chemins de certification des certificats à partir d'une AC digne de confiance.
- Le service de publication, qui comprend les répertoires qui contiennent et rendent disponibles les certificats de clés publiques et les listes de certificats révoqués.

Dans cet ouvrage, nous préférerons le découpage selon les trois domaines de responsabilité suivants (voir figure 2-6) :

- Le porteur du certificat : c'est celui dont l'identité figure dans le certificat.
- L'utilisateur du certificat : c'est la partie tierce qui va utiliser le certificat selon l'usage qui est indiqué dans ce dernier (appelé client ci-avant).
- L'infrastructure de confiance : c'est un ensemble d'acteurs (AC, AE, répertoires, etc.) qui contribuent à établir le niveau de confiance attendu par les deux autres domaines.

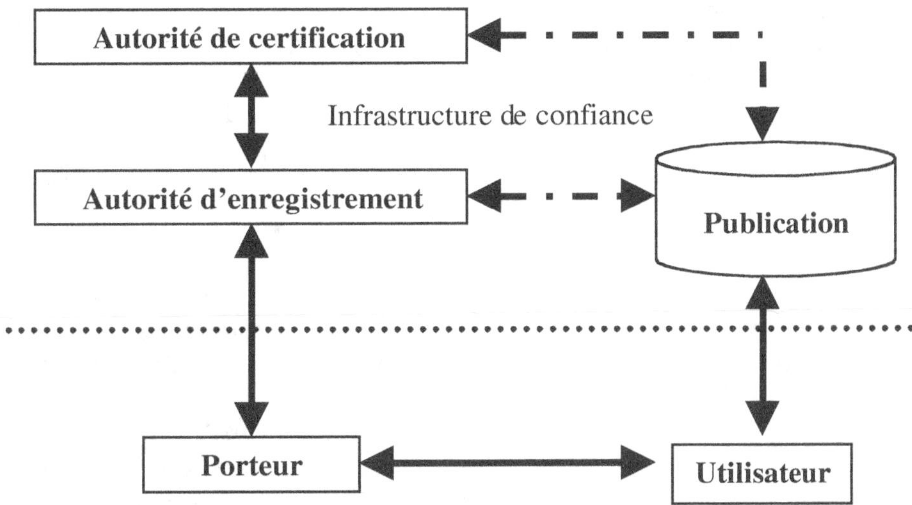

Figure 2-6. Découpage des acteurs ICP

Le porteur du certificat

C'est l'entité qui est référencée dans le certificat, c'est-à-dire celle qui possède la clé publique qui y est présente, et donc qui possède également la clé privée qui lui correspond. Cette entité peut porter différents noms selon le contexte.

Porteur : lorsque le propriétaire est une personne physique, il est souvent appelé le porteur de certificat par analogie avec un porteur de carte bancaire, laquelle lui a été délivrée par sa banque. De nombreuses ICP émettent le certificat et la clé privée correspondante sur une carte à puce. La terminologie « *porteur de certificat* » devient donc très logique.

Propriétaire : l'entité mentionnée dans le certificat est souvent également appelée le propriétaire. Le certificat étant propre à une entité, il en est bien le propriétaire, d'autant qu'à ce titre, il a des responsabilités quant à la conservation et à l'usage du certificat et surtout de la clé privée correspondante. Une variante de ce terme peut être « le titulaire ».

Sujet : c'est le terme générique utilisé par la norme X.509 pour référencer le champ qui contient le nom distinctif de l'entité. Le sujet peut être un humain ou une machine agissant comme une autorité de certification intermédiaire.

Abonné : le porteur a obtenu son certificat auprès d'un émetteur de certificat. Il entretient donc une relation contractuelle avec l'émetteur de certificat. Il en est alors le client et comme il bénéficie des services sur une période de temps donné, il est souvent appelé abonné.

Utilisateur final : c'est l'expression utilisée dans la description d'une architecture d'ICP pour désigner le plus bas niveau de la hiérarchie. Un utilisateur final ne peut émettre de certificat pour le compte d'autres entités.

> **Remarque terminologique**
>
> Contrairement à ce qui est souvent écrit, le porteur de certificat n'en est pas l'utilisateur. Il le possède mais ne l'utilise pas. Il le communique à ses partenaires qui eux vont l'utiliser pour vérifier ses signatures

ou chiffrer des messages à son attention. Il utilise en revanche sa clé privée pour les déchiffrer ou pour assurer de son identité.

Signataire : c'est souvent le terme employé lorsque l'entité se sert de sa biclé pour signer un document. Le certificat est alors utilisé pour vérifier sa signature.

L'entité référencée dans le certificat n'est pas toujours une personne. En effet, nous verrons qu'une architecture ICP peut impliquer des composantes intermédiaires (AE, AC filles), ou des machines de service (routeurs) qui disposent, elles aussi, de biclés de signature et donc de certificats.

Par principe, le porteur du certificat de clé publique doit être le seul qui possède la clé privée correspondant à ce certificat. Il est équipé des logiciels et/ou matériels nécessaires au stockage et à la gestion de son certificat et de la clé privée. C'est lui en particulier qui active le dispositif de création de signature et qui possède les données d'activation de sa fonction de signature. Nous verrons plus tard que ces dernières peuvent être un code secret, comme pour les cartes bancaires, ou un système plus sophistiqué tel qu'une analyse d'empreinte digitale.

L'utilisateur de certificat

C'est l'entité (utilisateur humain, organisme ou serveur) qui sélectionne et valide le certificat de l'entité avec laquelle cet utilisateur est en communication afin, précisément, de se servir de la clé publique correspondante dans une opération cryptographique de chiffrement ou de vérification de signature. Cet utilisateur doit connaître la politique d'usage de certificat, c'est-à-dire les conditions d'utilisation du certificat fixées par l'émetteur pour déterminer le niveau de confiance qu'il veut bien accorder à ce dernier dans le cadre de l'usage qu'il veut en faire. Il est équipé du logiciel approprié pour procéder à la vérification et l'analyse du certificat. Il peut également porter les noms suivants selon le contexte :

Accepteur de certificat : dans le sens où, le plus souvent, il reçoit un message signé ainsi que le certificat correspondant afin d'en vérifier la signature. Cette terminologie reprend l'approche bancaire où la banque du commerçant qui valide la transaction est appelée l'acquéreur.

Partenaire en communication : c'est une façon de traduire l'expression anglo-saxonne *relying party*.

Vérificateur : c'est le nom qu'on lui donne lorsque l'utilisateur se sert du certificat pour vérifier la signature numérique sur un document. L'utilisateur de certificat va devoir réaliser les opérations de validation du certificat, puis de vérification de la signature numérique.

Remarque

On parle souvent de validation et de vérification sans faire de réelle différence. Dans cet ouvrage, nous parlerons de *validation* pour désigner l'opération d'analyse de la structure du certificat de clé publique, dates de validité, intégrité, usage, etc., et plus tard du chemin de certification, alors que nous parlerons de *vérification* quand nous ferons référence au processus destiné à prouver l'exactitude d'un fait ou d'une valeur, par exemple la vérification d'une signature numérique.

L'utilisateur du certificat doit se fier au certificat dont il va se servir pour établir le niveau de confiance nécessaire à la réalisation de la transaction avec son partenaire. Ce niveau de confiance repose largement sur les conditions dans lesquelles le certificat a été émis, et donc des politiques et procédures qui régissent la gestion du certificat.

Voici le processus général que suit le récepteur d'un document signé :

- Il vérifie que l'identité supposée du signataire correspond à l'identité du sujet contenu dans le certificat.
- Il vérifie qu'aucun des certificats dans le chemin de certification n'est révoqué en analysant les listes de certificats révoqués adéquates, et que tous ces certificats étaient dans leur période de validité au moment de la signature.

- Il vérifie que les données ne sont pas supposées être soumises à des conditions que le signataire ne remplit pas (par exemple : fonction dans l'entreprise permettant un engagement de dépense donné).
- Il vérifie que les données n'ont pas été altérées depuis leur signature en utilisant la clé publique contenue dans le certificat, et par la même occasion que c'est bien le signataire indiqué dans le certificat qui a signé.
- Si tous ces contrôles sont corrects, il considère que la signature est valide et qu'il peut utiliser les données signées pour ce que de droit.

On notera qu'un utilisateur de certificat ne détient pas forcément de certificat propre s'il n'a pas lui-même à s'authentifier auprès de ses partenaires, ou à signer le document à cet effet.

L'infrastructure de confiance

Si l'on exclut maintenant le porteur et l'utilisateur du certificat, il reste à décrire l'infrastructure qui rend possible une relation de confiance entre ces deux partenaires.

Comme cela a été introduit précédemment dans le découpage de l'IETF, les principales composantes de l'infrastructure de confiance sont l'autorité de certification, l'autorité d'enregistrement et les répertoires (ici appelés service de publication).

Autorité de certification (AC)

C'est une autorité qui a la confiance d'un ou plusieurs utilisateurs pour créer et attribuer les certificats. Cette autorité peut, de façon facultative, créer les clés d'utilisateurs. L'AC a l'entière responsabilité de la fourniture des services de certification qui seront décrits au chapitre suivant.

Une ambiguïté terminologique doit être soulevée concernant l'AC. En effet, le terme AC peut désigner plusieurs concepts selon l'emploi qui en est fait par les professionnels :

- Le concept d'autorité légale qui émet des certificats pour une communauté. C'est l'approche de la définition donnée plus haut. C'est une approche que l'on retrouve principalement en France et en Europe. L'opérateur Certplus utilise la variante « Autorité Certifiante » pour désigner ce concept.
- Le concept d'entité fonctionnelle qui est utilisée pour bâtir une architecture technique telle qu'une hiérarchie d'AC. C'est l'approche que l'on retrouve dans les documents de l'IETF, chez les éditeurs de logiciels ICP et les opérateurs de service de certification.

Dans le document réalisé par le groupe « Services Financiers » de l'ANSI (American National Standards Institute) PKI *Practices and Policy Framework*, l'AC est présentée comme étant l'agrégation des quatre rôles ou services suivants :

- L'émetteur de certificats (Certificate Issuer) : son rôle consiste à gérer les aspects organisationnels d'émission et de gestion des certificats, dont la révocation.
- Le prestataire de services de certification, pour PSC (Certificate Manufacturer), qui réalise les fonctions opérationnelles et techniques de gestion des certificats.
- L'autorité d'enregistrement (Registration Authority) que nous décrivons ci-après ;
- Le répertoire (Repository) ou service de publication, qui conserve les certificats et listes de certificats révoqués.

De son côté, l'EESSI (European Electronic Signature Standardization Initiative) sépare clairement les rôles de responsabilité légale de l'AC de ceux relatifs à l'exploitation opérationnelle (organisationnels et techniques). En tout état de cause, c'est toujours la clé de signature de l'AC qui signe les certificats et c'est son nom qui figure dans ces certificats comme autorité d'émission.

Autorité d'enregistrement (AE)

C'est une entité optionnelle qui dépend d'au moins une AC et qui a la responsabilité de tâches administratives relatives à la gestion des demandeurs/porteurs et de leurs certificats, telles que :

- Confirmer l'identité du demandeur en obtenant des pièces justificatives qui correspondent à la PC sous laquelle doit être émis le certificat.
- Valider que le demandeur est habilité à obtenir les droits ou qualités qui seront mentionnés dans le certificat.
- Obtenir la clé publique du demandeur, de lui-même ou, dans certains cas, de l'entité chargée de tirer les clés.
- Vérifier que le demandeur est en possession de la clé privée associée à la clé publique pour laquelle il demande un certificat.
- Soumettre les demandes de génération de certificat vers l'émetteur de certificat.
- Recevoir et traiter les demandes de révocation, de suspension ou de réactivation de certificat.

Dans les mises en œuvre réelles d'ICP, le rôle d'AE est le plus souvent réalisé par des bureaux d'enregistrement « métier », agence bancaire, direction des ressources humaines ou autres autorités compétentes.

Le rôle de l'AE est primordial. En effet, une fois qu'il est généré le certificat devient infalsifiable en termes cryptographiques puisqu'il est signé par la clé privée de l'AC. C'est donc pendant cette phase que peuvent se passer les fraudes visant à obtenir un certificat à la place de quelqu'un d'autre. C'est pour cette raison que des responsabilités importantes reposent sur l'AE et ses agents d'enregistrement, et qu'il est rare de déléguer cette fonction à des sous-traitants. De la même façon, les actions relatives à la révocation d'un certificat doivent être réalisées avec rigueur et célérité afin de ne pas laisser un agresseur profiter de la compromission du certificat ou plus encore de la clé privée correspondante.

Service de publication

Le service de publication est une composante de l'ICP qui rend disponible les certificats de clés publiques émis par une AC à l'ensemble des utilisateurs potentiels de ces certificats. Il publie une liste de certificats reconnus comme valides et une LCR. Ce service peut être rendu par un annuaire (par exemple de type X.500), un serveur d'information (Web), une délivrance de la main à la main, une application de messagerie, etc.

Le service de publication est soumis à des exigences en termes de délai de mise à jour des listes de révocation et de disponibilité pour l'accès à ces listes. Le service de publication peut être parfois un service en ligne qui permet de contrôler en temps réel la présence ou pas d'un certificat dans la liste de révocation, comme cela existe depuis longtemps pour les contrôles des listes rouges de mise en opposition de cartes bancaires.

Autres composantes de l'infrastructure de confiance

La présentation précédente est minimaliste dans le sens où de nombreux autres acteurs peuvent intervenir de près ou de loin dans l'établissement de la confiance entre les parties. Dans la réalité opérationnelle, ils sont souvent inclus dans les composantes principales (ou peuvent en dériver) que l'on vient de décrire.

Autorité d'approbation des politiques (AAP)

C'est une autorité de haut niveau qui assume les fonctions d'autorité de sécurité, auxquelles s'ajoutent parfois des fonctions de gestion. Elle a un pouvoir décisionnaire au sein de l'ICP et est généralement tenue par un comité de direction au sein de l'entreprise.

Elle a un rôle très formel de validation des décisions présentées dans des dossiers préparés par un groupe de travail *ad hoc*.

Cette définition est dérivée d'une définition plus administrative du document PC^2 de la CISSI (Commission interministérielle pour la sécurité des systèmes d'information) où l'entité est appelée autorité administrative. Cette notion est également présente dans les documents anglo-saxons où elle est appelée Policy Management Authority (PMA), traduit en Autorité de gestion des politiques dans la PC du gouvernement canadien. On retrouve également l'appellation Policy Approval Authority (PAA) dans de nombreux documents, comme ceux du projet Identrus.

L'AAP est chargée d'établir les politiques de certification auxquelles doit répondre l'ICP, d'en faire appliquer les règles auprès des acteurs, et de vérifier par des audits leur bonne application. Elle est également chargée de valider ou pas les demandes de certification croisée avec d'autres ICP. Elle est garante de la gestion des changements qui peuvent survenir au sein de l'ICP, et en particulier de l'évolution des politiques, des normes ou des pratiques.

Autorité d'horodatage (AH)

C'est une composante de l'ICP qui délivre des marques de temps sur des données qui lui sont présentées.

Voici en quoi consiste le principe de l'horodatage :

- L'AH reçoit une requête d'horodatage de la part d'un demandeur (composante de l'ICP ou service externe).
- La requête contient l'empreinte numérique des données qui doivent être horodatées et la mention d'une politique d'horodatage.
- L'AH construit un format de données correspondant à la politique d'horodatage indiquée. En général, ce format contient l'empreinte initiale, plus une valeur de temps fiable fournie par un serveur de temps de confiance qui lui est associé.
- L'AH signe l'ensemble de ce format avec sa clé privée, qui devient la marque de temps, puis renvoie le message de réponse au demandeur.

L'horodatage est une fonction essentielle dans la gestion d'une ICP. Il permet de situer les événements dans le temps. Typiquement, les dates de début et de fin de vie qui figurent dans le certificat permettent de vérifier la période de validité du certificat.

L'AH peut avoir des fonctions internes à l'ICP pour dater les événements d'exploitation comme les demandes de création de certificats provenant de l'AE, les générations de certificats, les demandes de révocation, l'écriture dans la LCR, ou plus simplement la date des enregistrements de logues. Dans ce cas, c'est un serveur d'horodatage en ligne avec les autres composantes de l'ICP qui fournira les marques de temps.

Dans d'autre cas, il s'agira de fournir un service à part entière d'horodatage de confiance (Trusted Time-stamp), indépendant des parties en communication et destiné à produire des éléments de preuve relatifs à des notions temporelles sur des actes ou des faits.

On peut souhaiter démontrer qu'un document existait avant une date donnée : une invention, une œuvre artistique ou un contrat. La marque d'horodatage sur l'empreinte du document fournit alors une preuve de l'existence du document avant la date qui y figure. En cas de contestation, le propriétaire peut recalculer l'empreinte correspondant à son document, et la vérification de la marque d'horodatage avec la clé publique de l'AH prouvera que le document existait bien avant la date qui y est mentionnée. Ce procédé peut être très utile dans le domaine de la propriété intellectuelle sur des actes.

De la même façon, il peut être utile de pouvoir dater un fait, comme l'envoi d'un courrier. Le cas typique est l'équivalent électronique de l'envoi d'un courrier avant une date donnée, déclaration d'impôt, remise de proposition commerciale, etc. Il s'agira alors pour l'émetteur d'obtenir, *via* un tiers de confiance d'horodatage, une preuve de remise au destinataire (type « lettre recommandée avec accusé de réception »), ou au moins une preuve de dépôt au service d'acheminement (type « cachet de la poste électronique »).

Autorité d'attributs

Le certificat qui lie l'identité de son porteur à sa clé publique est appelé pour cette raison un certificat d'identité. Le contenu d'un certificat d'identité est maintenant stabilisé par la norme X.509 également connue sous sa version ISO 9598-8. Néanmoins, les capacités des certificats ont suscité de nouveaux besoins qui visent à associer au porteur les privilèges qui lui sont accordés. Ces privilèges peuvent être destinés à la gestion de droits d'accès à des ressources (SSO, pour Single Sign-On), à des systèmes de délégations de signatures, mais aussi pour la gestion des limites à l'utilisation du certificat ou des limites à la valeur des transactions pour lesquelles le certificat peut être utilisé.

Lorsque les certificats sont destinés à être utilisés dans une infrastructure de gestion de privilèges (PMI, pour Privilege Management Infrastructure), il peut être utile d'associer au certificat d'identité, qui doit être stable dans le temps, un autre certificat plus fugitif qui, quant à lui, ne contiendra pas de clé publique mais qui, en revanche, renfermera toutes les données descriptives des droits ou délégations du porteur du certificat d'identité. Ces données sont appelées les attributs qui sont accordés au porteur selon les droits liés à sa position ou à ses rôles dans l'entreprise ou l'organisation. L'entité chargée d'accorder ces droits est appelée l'Autorité d'attributs (AA). Dans une entreprise, elle peut être située à la direction des ressources humaines ou dans une direction de services métiers pour l'accès à des ressources réservées. Un signataire peut également avec ce système déléguer sa signature à un collaborateur pendant une période de temps donnée, par exemple pendant ses congés. Un certificat d'attributs peut être émis pour une période courte de quelques jours, voire quelques heures en fonction des besoins.

Service de validation

Dans cette présentation de l'ICP, nous avons jusqu'ici privilégié le côté émission et gestion du certificat, et donc son rôle direct par rapport à ses abonnés. Mais l'ICP est également tenue de fournir des services vis-à-vis des utilisateurs de certificats. Comme dans les services traditionnels de cartes bancaires où les serveurs d'autorisations confirment à la banque « *acquéreur* » d'une transaction effectuée par carte que celle-ci n'est pas en opposition et que le compte bancaire du porteur présente un montant de garantie suffisant, l'ICP doit disposer d'un service de validation des certificats. Ce service sera décrit plus en détail au chapitre 3 de ce document. Néanmoins, nous pouvons déjà dire que l'ICP doit tenir à jour des listes appelées listes de certificats révoqués (LCR ou CRL, pour Certification Revocation Lists), qui contiennent les numéros des certificats révoqués à une date donnée, cette LCR étant signée par une clé de signature spécifique de l'autorité de certification.

Les LCR sont généralement gérées dans un système de « pull », c'est-à-dire qu'elles sont mises à disposition des utilisateurs qui doivent régulièrement retirer la LCR la plus à jour. Des systèmes plus sophistiqués permettent aux utilisateurs des certificats d'interroger en ligne un serveur de validation qui est mis à jour en temps réel (serveur OCSP).

La gestion des listes de révocation et du service de validation peut rapidement devenir lourde si l'organisation de l'ICP est complexe. Cela a conduit certains fournisseurs à bâtir des systèmes de validation qui peuvent être externalisés. Par exemple, le système Identrus exige la mise en place d'un service de validation en ligne disponible 24 h sur 24.

Service de séquestre et de recouvrement de clé

Dans certaines mises en œuvre d'ICP, la politique de sécurité exige que les clés d'abonnés destinées au chiffrement de données puissent être reconstituées. Ces clés peuvent être des clés d'échange de clés (Diffie-Hellman) ou des clés de chiffrement de clés symétriques pour le chiffrement de données transmises ou stockées. En cas de perte de la clé privée de déchiffrement, il deviendrait impossible de déchiffrer les données.

Ce type de situation peut être exigé par des sociétés qui doivent avoir la possibilité d'accéder à leurs données pour des raisons professionnelles ou légales. Voici quelques exemples de tels cas :

- Le porteur a perdu le support contenant sa clé de déchiffrement ou celui-ci a été détérioré.
- Le porteur a oublié le code d'activation de sa clé privée de déchiffrement.
- La politique de sécurité de l'entreprise, et celle relative à la vie privée, autorise les dirigeants à lire les courriers chiffrés émis par leurs employés.
- Des données ont été chiffrées par un employé qui est décédé ou a quitté l'entreprise sans remettre ses clés de déchiffrement.
- Des poursuites judiciaires obligent une société à présenter des données chiffrées aux autorités compétentes.

Dans tous ces cas, la clé privée du porteur doit pouvoir être reconstruite afin soit de déchiffrer directement les données, soit de reconstituer la clé privée de déchiffrement de l'utilisateur. L'ICP doit alors fournir un service qui permette de reconstruire ces clés, tout en minimisant leur risque de compromission. Cette procédure doit rester exceptionnelle et doit fournir des traces d'audit à des fins de contrôles ultérieurs.

On dispose de différentes techniques pour assurer la sauvegarde des clés de chiffrement :

- Les biclés de chiffrement sont tirées par un centre de génération de clés sous le contrôle de l'AC qui conserve une copie des clés privées des abonnés. En cas de perte, l'AC peut retrouver la clé privée concernée.
- Lorsque les biclés sont générées par l'abonné, ce dernier doit fournir une copie de la clé privée à l'AC ou l'AE pour pouvoir obtenir son certificat. Cette solution est risquée car elle nécessite un protocole très sécurisé entre l'abonné et l'AC ou l'AE pour éviter toute compromission de la clé privée, ou nécessite des procédures de face à face au cours de laquelle l'abonné remet sa clé privée, par exemple sur disquette.

En 1998, le gouvernement français a proposé un décret modifiant l'article 28 de la loi n° 90-1170 du 29 décembre 1990 sur la réglementation des télécommunications. Ce projet de loi prévoyait l'obligation de recourir à des organismes gérant pour le compte d'autrui des conventions secrètes de cryptologie, c'est-à-dire des clés de chiffrement symétriques ou asymétriques. Ces organismes, appelés parfois tierces parties de confiance (TPC) devaient permettre le recouvrement des clés et/ou des données chiffrées dans le cadre du respect de la loi. Plusieurs dispositifs industriels ou protocoles d'échange de données ont été préconisés à l'époque pour atteindre les objectifs de l'État. Mais quelques années plus tard, le 19 janvier 1999, au cours d'un Comité interministériel pour la société de l'information le Premier ministre, monsieur Lionel Jospin, a annoncé la liberté complète de l'usage de la cryptographie en France, et ce pour permettre l'entrée de la France dans la société de l'information à chances égales avec ses compétiteurs internationaux.

Il n'en reste pas moins que le besoin de recouvrement de données chiffrées existe bien, ne serait-ce que pour permettre aux entreprises de gérer leurs données avec sécurité.

> **Attention**
>
> En aucun cas, une clé privée destinée à la non-répudiation (signature électronique) ou à l'authentification du porteur ne doit pouvoir être reconstruite. Le service de recouvrement de clé ne concerne que le service de chiffrement.

Autorité, opérateur et service

Nous avons parfois présenté les différentes composantes de l'ICP sous l'appellation « autorité », ou « opérateur » ou encore « service ». En réalité, il convient de replacer les termes en fonction des responsabilités auxquelles les composantes s'engagent.

Le terme « autorité » devrait être réservé aux composantes qui ont une responsabilité forte vis-à-vis des tiers. C'est typiquement le cas de l'autorité de certification dans son acception globale d'émetteur de certificat, c'est-à-dire l'entité qui prend la responsabilité d'émettre et de gérer des certificats pour le compte de ses abonnés. On peut également utiliser ce terme pour l'autorité d'enregistrement et l'autorité d'attributs qui prennent les responsabilités relatives à l'enregistrement d'un nouvel abonné ou qui lui attribuent des privilèges.

En revanche, certaines fonctions liées à l'exploitation opérationnelle de l'ICP relèvent plus de la prestation de service. Les termes « opérateur » ou « prestataire » conviennent alors. Typiquement, une organisation professionnelle qui veut émettre des certificats pour sa corporation jouera le rôle d'autorité de certification alors qu'elle pourra sous-traiter l'ensemble des services opérationnels de l'ICP à un prestataire de services spécialisé, à la réserve près de l'enregistrement qu'elle devrait en principe garder sous son contrôle. Les certificats créés par l'opérateur seront signés avec la clé de l'autorité professionnelle, clé que celle-ci aura créée au cours d'une cérémonie de création de clés dans un dispositif de sécurité matériel confié à l'opérateur.

C'est également le cas pour la fourniture de supports des clés privées et/ou des certificats du porteur, tels que des cartes à puce ou des dispositifs pour port USB. Ces supports doivent être personnalisés tant sur le plan graphique que sur celui de l'électronique. Cette prestation est très spécifique et est généralement confiée à des professionnels de la personnalisation.

En matière d'horodatage, si le service est fourni par l'ICP elle-même pour ses propres besoins, il s'agira, puisqu'elle n'est pas tiers indépendant, d'un service d'horodatage, alors que, si c'est une prestation offerte en tant que tiers indépendant, on pourra parler d'une autorité d'horodatage agissant en tant que tiers de confiance.

Pour les autres composantes de l'ICP, nous conseillons d'utiliser le terme de service qui convient mieux à la finalité du service offert, comme le service de publication, de validation ou le service d'archivage. Notons que certains prestataires se positionnent maintenant pour la conservation indépendante d'archives qui contiennent des signatures électroniques.

OSC ou PSC ?

Les deux appellations OSC, pour opérateur de service de certification, et PSC, pour prestataire de service de certification, sont parfois utilisées. Y a-t-il une différence ? Il peut y en avoir une pour les experts du domaine si l'on considère que l'appellation PSC est issue de la directive européenne sur un cadre communautaire pour les signatures électroniques, reprise dans le décret français du 30 mars 2001. Dans ces textes, un PSC est une personne physique ou morale qui délivre des certificats ou fournit d'autres services relatifs aux signatures électroniques. À ce titre, une AC, AE ou AH est un PSC, qu'il exploite lui-même son ICP ou qu'il l'externalise auprès d'un opérateur.

L'appellation OSC est davantage liée à la notion d'externalisation de l'ICP. Des sociétés comme CertPlus, Certinomis et quelques autres ont vocation à héberger et exploiter des ICP pour le compte d'organismes qui jouent le rôle d'AC.

Chapitre 3

Création d'une ICP et validation des certificats

Les processus d'une ICP

Au-delà de la description « statique » des acteurs qui interviennent dans le fonctionnement d'une ICP, et de leurs responsabilités respectives, il est nécessaire de donner une vision « dynamique » du fonctionnement d'une ICP. C'est le rôle des processus « organisationnels », qui décrivent le cycle de vie des clés, des certificats, et des différents autres objets qui entrent dans le périmètre de l'ICP.

Comme nous le verrons dans la suite de ce chapitre, la description des processus organisationnels est une étape structurante dans les projets de mise en place d'une ICP. En fonction de l'organisation de l'entreprise, de la répartition des rôles et des responsabilités, mais aussi des objectifs que l'on se fixe en termes de niveau de sécurité et de coûts, les processus peuvent sensiblement varier d'une ICP à une autre.

Les processus qui sont décrits dans ce chapitre sont donc des exemples de processus possibles, qu'il convient d'adapter au contexte au cas par cas.

Deux types de processus doivent être distingués : d'une part, les processus relatifs au cycle de vie des « objets de sécurité » destinés aux porteurs (clés, certificats, support des certificats – carte à puce par exemple) et, d'autre part, les processus relatifs au cycle de vie des composantes de l'ICP elles-mêmes (AC, AE…).

Sans prétendre à quelque exhaustivité en la matière, nous donnons ci-après une liste de processus :

- Principaux processus relatifs au cycle de vie des certificats destinés aux porteurs :
  Phase d'initialisation :
  - Enregistrer une demande de certificat.
  - Authentifier une demande de certificat.
  - Générer le certificat.
  - Distribuer le certificat (et la clé privée dans certains cas).
  Phase d'utilisation :
  - Vérifier le statut d'un certificat.
  Phase de révocation ou de suspension :
  - Enregistrer une demande de révocation ou de suspension.
  - Révoquer un certificat.
  - Suspendre un certificat.
  - Revalider un certificat suspendu.

Phase de renouvellement :
– Enregistrer une demande de renouvellement.
– Renouveler un certificat.
– Publier et distribuer le nouveau certificat.
Gestion du support matériel (carte à puce) :
– Enregistrer une demande de déblocage du PIN Code.
– Débloquer le PIN Code.
• Principaux processus relatifs au cycle de vie des composants de l'ICP :
– Création de l'AC.
– Création d'AE centralisée et/ou déléguée(s).
– Fin d'activité d'une AC.
– Renouvellement des certificats des composantes de l'infrastructure (AC, AE…).
– Compromission des clés des composantes de l'ICP (AC, AE…).

Nous décrivons ci-après quelques-uns, parmi les plus importants, de ces processus (création du certificat, révocation ou suspension du certificat, renouvellement d'un certificat). La validation est ensuite elle aussi détaillée.

Création du certificat

La création d'un certificat se décompose en plusieurs étapes : enregistrement de la demande de certificat, vérification des informations relatives au porteur, création du certificat puis remise du certificat. En règle générale, deux entités se partagent les responsabilités de ces opérations : l'AE et l'AC.

La plupart des architectures PKI s'appuient sur une ou plusieurs AE. En effet, dans les environnements distribués, le déploiement de plusieurs AE apporte plus de souplesse et permet d'optimiser les processus de gestion des certificats. Dans ce cas, l'AC délègue une partie des fonctions de gestion, et donc de ses responsabilités, à l'AE.

L'ensemble des étapes qui constituent la phase de création est présenté sur la figure 3-1.

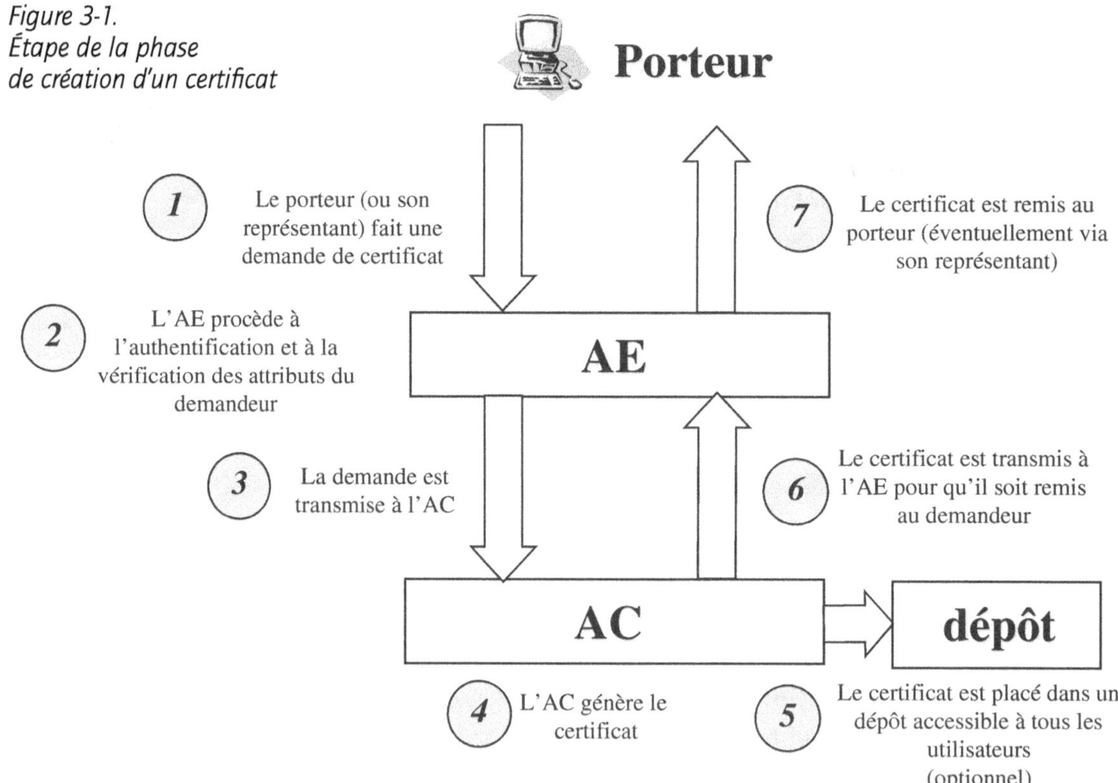

Figure 3-1.
Étape de la phase de création d'un certificat

Deux scénarios peuvent être envisagés lors de la phase de création du certificat en fonction du lieu de création de la biclé : la biclé peut en effet être générée localement par l'utilisateur ou le dispositif utilisateur (serveur, équipement réseau) ou d'une manière centralisée au sein de l'infrastructure de confiance.

Dans le premier cas, l'utilisateur ou le dispositif utilisateur ne demande que la certification (signature) de sa clé publique. Dans le second cas, l'utilisateur demande à la fois la génération de la biclé et du certificat à l'infrastructure de confiance.

Fonctionnalités sous la responsabilité de l'AE

L'AE assure la responsabilité des fonctionnalités de « proximité ». Elle peut déléguer une partie de ses responsabilités, notamment pour distribuer les fonctions d'enregistrement.

Enregistrement

L'enregistrement consiste tout d'abord à recueillir les informations caractéristiques du demandeur : son patronyme, son adresse électronique… Ces informations seront nécessaires à la constitution du certificat et, plus généralement, à l'exploitation du certificat.

En cas de génération de la biclé par le demandeur, la fonction d'enregistrement a également pour objectif de s'assurer de la possession effective de la clé privée par le demandeur.

Selon les implémentations, l'enregistrement peut être réalisé directement par le demandeur (*via* une interface Web ou la messagerie) ou par un opérateur d'enregistrement qui collecte et saisit les informations dans un logiciel prévu à cet effet. Des mécanismes plus automatiques peuvent être mis en œuvre pour la création de certificats pour des entités « non humaines » (par exemple, des équipements réseaux, des serveurs applicatifs…). Enfin, il est aussi possible de procéder à des enregistrements « de masse » (fonction « bulk » de certaines solutions) lors de grands déploiements, sur la base de fichiers préalablement validés par l'AE.

Lors de l'enregistrement, deux contrôles capitaux sont réalisés :

- l'authentification,
- la vérification des attributs.

> **Remarque**
>
> Ces contrôles peuvent dans certains cas aussi être réalisés lors de la remise du certificat. Dans d'autres cas, la vérification des attributs et l'authentification peuvent être réalisées lors de l'enregistrement initial, une authentification complémentaire étant réalisée lors de la remise du certificat.

La qualité de l'authentification détermine le niveau de confiance à placer dans le certificat. C'est elle qui garantit, par la vérification de l'identité du demandeur, la validité du couple clé publique/identité du sujet au moment de l'émission du certificat.

En fonction du niveau de confiance accordé au certificat, plusieurs modes d'authentification peuvent être envisagés : déplacement physique du demandeur et authentification en personne de ce dernier sur présentation de plusieurs papiers d'identité originaux (niveau d'authentification élevé) ou authentification par simple envoi de copies de pièces d'identité.

Comme l'authentification, la vérification des attributs conditionne le niveau de confiance que l'on peut placer dans le certificat. Elle consiste à vérifier la validité des attributs de l'entité à l'origine de la demande du certificat (appartenance à une société, fonction dans l'organisation…).

L'AE valide enfin que l'utilisateur est bien habilité à entrer en possession d'un certificat.

Distribution du certificat et de la clé privée

Lorsque la biclé a été générée par l'infrastructure de confiance, la transmission du secret (clé privée) au destinataire par un canal de communication sécurisé est généralement sous la responsabilité de l'AE.

Quant au certificat, sa distribution à l'entité, à l'origine de la demande, n'est pas au sens strict obligatoire. En effet, comme nous allons le voir, à l'issue de sa génération, le certificat peut être publié dans un dépôt public afin d'être disponible pour les autres utilisateurs. Dans la pratique, le certificat généré est toutefois distribué au demandeur.

Le mode de distribution dépend à la fois de choix organisationnels ou sécuritaires et d'éléments techniques tels que le lieu de génération de la biclé (génération locale ou génération par l'infrastructure) ou le support retenu pour stocker la clé privée et le certificat de l'entité utilisatrice finale.

Si la biclé est générée localement par le demandeur, la récupération du certificat est généralement à l'initiative de ce dernier. Dans ce cas, l'utilisateur peut récupérer, par exemple sur un site Web, son certificat à l'aide d'un secret (par exemple, un PIN-Code ou une passphrase) qui lui a été communiqué lors de son enregistrement. Cette remise peut aussi être à l'initiative de l'infrastructure, par exemple pour une remise du certificat par messagerie. Dans ce cas, c'est l'adresse de messagerie qui est le seul authentifiant utilisé.

Si l'infrastructure prend en charge la génération de la biclé, le certificat et la clé privée sont alors remis à l'utilisateur *via* l'AE.

Fonctionnalités sous la responsabilité de l'AC

L'AC est le tiers de confiance dont la signature apparaît sur le certificat. Elle est responsable du processus de certification dans sa globalité.

Elle délègue parfois son autorité à un opérateur de certification, chargé de la réalisation des opérations techniques relatives à la certification. Dans ce cas, l'AC assure un contrôle de l'opérateur de certification.

Certification – Génération du certificat

La certification consiste à apposer sur le « gabarit » du certificat du demandeur la signature de l'AC.

Il faut souligner qu'aucun contrôle n'est effectué au cours de cette phase, hormis éventuellement celui du nommage d'entité.

Le nommage d'entité correspond à la nécessité de garantir l'unicité du nommage. Chaque certificat émis doit avoir un identifiant unique.

Théoriquement, définir des noms uniques pour les entités est possible en utilisant le mécanisme X.500 Distinguished Name (DN). Ce mécanisme met en œuvre une structure de nommage hiérarchique avec une racine et des autorités de nommage à chaque nœud.

Cependant, ce mécanisme n'a pas rencontré un succès total, notamment parce qu'il n'est pas possible de garantir l'unicité du nommage, si l'ensemble des acteurs ne respecte pas les mêmes règles.

Les solutions mises en place consistent à utiliser conjointement une stratégie locale de nommage évitant tout doublon au sein du domaine de sécurité et de déposer les noms auprès d'un organisme adéquat, qui s'assure qu'il n'y a aucun certificat similaire en dehors du domaine de sécurité. L'AFNOR assure cette fonction, en gérant l'attribution d'OID (Object Identifier) aux organismes qui en font la demande.

L'AC possède une base de données interne dans laquelle elle stocke le statut de l'ensemble des certificats qu'elle a créé. Cette base locale est propre à l'AC et donc distincte du dépôt de publication que nous allons décrire par la suite.

Personnalisation des supports physiques

Afin de stocker la clé privée en lieu sûr, il est possible d'utiliser un support matériel, comme la carte à puce ou le token.

Dans un premier temps, les supports sont fabriqués d'une manière industrielle (étape de production). Un fabricant spécialisé est généralement chargé de cette action en raison de sa spécificité. Il faut ensuite réaliser plusieurs étapes de personnalisation. Le support doit être initialisé, *via* le chargement des programmes de base sur sa puce électronique.

Dans le cas d'une carte à puce, le support doit aussi être éventuellement personnalisé « graphiquement » (inscription d'un logo, du nom du porteur…).

Enfin, les clés peuvent être générées par la carte ou le token, puis les informations concernant le demandeur et le certificat émis par l'AC sont inscrites sur la carte ou le token.

Publication du certificat

Selon l'usage qui doit être fait du certificat, il peut être intéressant de le publier ou non. Par exemple, la publication des certificats de signature n'est pas forcément utile. En effet, le certificat de signature est toujours joint à la transaction signée.

En revanche, il est intéressant de publier les certificats de chiffrement. Lorsqu'un utilisateur veut envoyer des données confidentielles à un autre utilisateur, il lui faut avec certitude être en possession de la clé publique de ce dernier. Pour éviter un échange préalable, les certificats doivent donc être accessibles à tous les utilisateurs. Ainsi, même si la publication n'est pas obligatoire, elle est presque toujours réalisée en pratique.

L'AC est souvent responsable de la publication et du stockage des certificats. Ceux-ci sont placés dans un dépôt (*repository*). Le format de certificats X.509 s'adapte naturellement aux annuaires X.500. En effet, la norme X.509 prévoit que certains champs du certificat doivent respecter le nommage X.500.

En pratique, la quasi-totalité des dépôts sont implémentés sous forme d'annuaires ; ces derniers sont naturellement accédés au travers du standard LDAP (Lightweight Directory Access Protocol) dont l'accès peut être partiellement protégé.

En effet, un dépôt totalement libre d'accès peut laisser la possibilité à un tiers de prendre connaissance de l'organigramme de l'entreprise. Des attaques par génération de biclés puis par recherche de biclés similaires dans le dépôt seraient théoriquement possibles. Aussi, dans la pratique, les dépôts sont à accès semi-public. Ils sont par exemple ouverts pour les utilisateurs « internes » de l'entreprise, mais à accès restreint pour les utilisateurs « externes ». Il est notamment possible de limiter les fonctions de recherche dans le dépôt en exigeant le nom précis d'une personne pour donner accès à son certificat.

Protocoles utilisés lors de la création des certificats

La figure 3-2 donne les principaux protocoles et formats utilisés par les briques de l'ICP lors des phases de création du certificat :

CRMF (Certificate Request Message Format) et CMMF (Certificate Management Message Format) sont des standards issus du PKIX (groupe de travail de l'IETF). Ils définissent le format des messages d'une requête à une AE ou une AC, ainsi que le format des informations retournées aux utilisateurs.

CEP (Certificate Enrollment Protocol) est un protocole développé conjointement par Cisco Systems et VeriSign qui permet la communication entre des routeurs ou clients VPN et une AE ou AC.

KEYGEN tag est une balise HTML supportée par les navigateurs Netscape qui génère une paire de clés sur le poste client et formate une requête HTTP envoyée à l'AC dans le cadre du processus d'enregistrement.

PKCS#7, développé par RSA Security, définit un format de message et de chiffrement des données utilisé pour mettre en œuvre la signature et l'enveloppe numériques. On se sert de ce format pour délivrer des certificats aux utilisateurs.

PKCS#10, développé par RSA Security, définit un format de message pour les demandes de certificat. Ce format est supporté par Internet Explorer et Netscape Communicator.

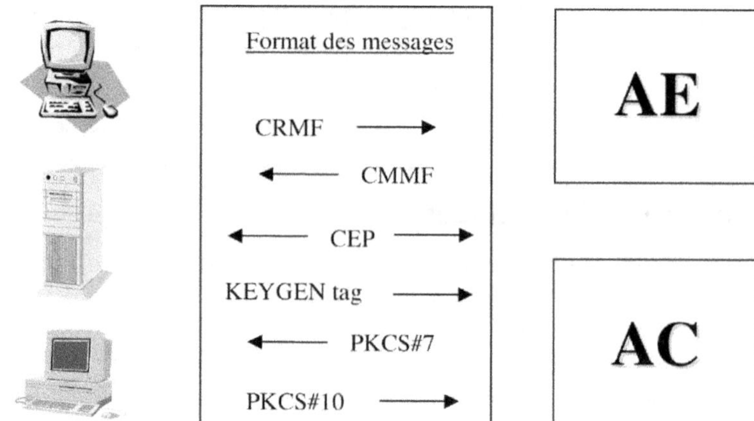

Figure 3-2.
Standards et format des messages transmis entre une entité finale et les composants RA et CA

Synthèse

L'ensemble des fonctionnalités mises en jeu dans le processus de création de certificats, leurs statuts (obligatoires ou pas) et leurs responsables respectifs sont représentés sur la figure 3-3.

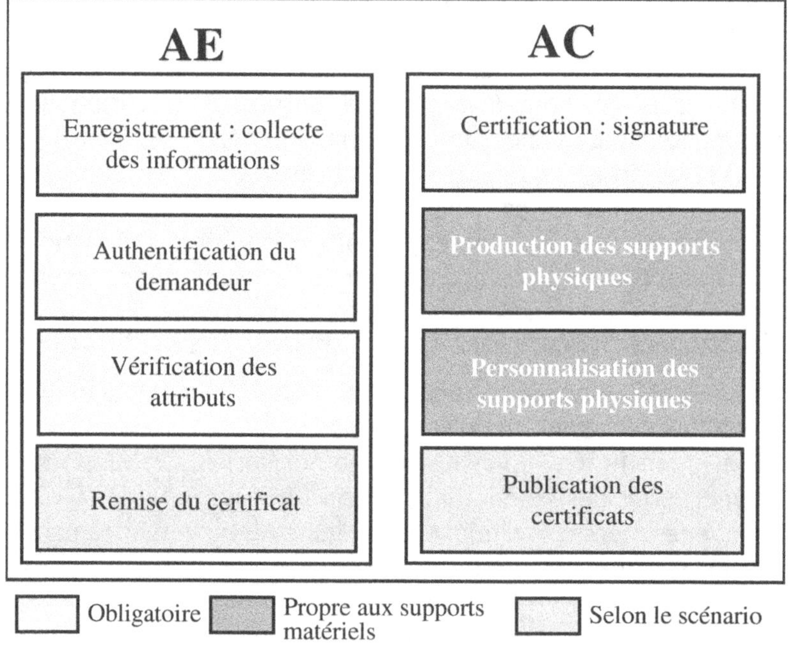

Figure 3-3.
Fonctionnalités et responsabilités de la phase de création

Nous décrivons ci-après deux exemples de scénarios, qui diffèrent selon le lieu de génération de la biclé. Dans chaque scénario, la publication des certificats est optionnelle. Bien d'autres scénarios sont possibles (voir figure 3-4).

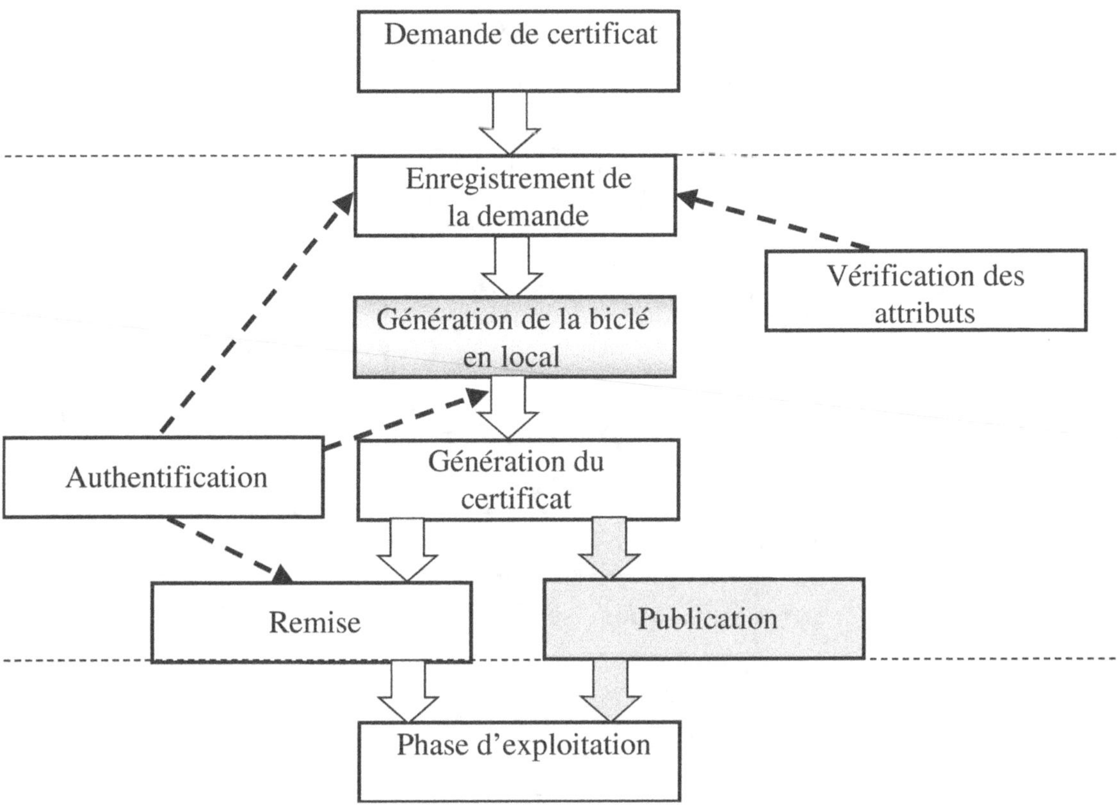

Figure 3-4. Étapes de la création du certificat lorsque la biclé est générée en local

- Scénario 1 – Génération de la biclé en local :

Dans ce scénario, les fonctionnalités de remise et de publication sont optionnelles, mais au moins l'une d'entre elles doit être réalisée afin de pouvoir assurer la distribution du certificat.

L'authentification et la vérification des attributs sont réalisées à l'enregistrement. Lors de la génération du certificat, l'AC peut aussi authentifier le demandeur en vérifiant qu'il est bien en possession de la clé privée correspondant à la clé publique à certifier. Enfin, à la remise du certificat, l'identité du demandeur doit être vérifiée, par exemple en utilisant un mot de passe convenu lors de l'enregistrement si cette remise est réalisée *via* une connexion Web (voir figure 3-5).

- Scénario 2 – Génération de la biclé au sein de l'infrastructure de confiance.

Dans ce scénario, la remise du certificat au demandeur est nécessaire, car elle s'accompagne de celle de la biclé. L'authentification et la vérification des attributs peuvent être réalisées soit à l'enregistrement, soit à la remise, soit les deux. Les fonctions de production et de personnalisation des supports sont présentes si le support de remise est un support matériel (carte à puce, token…).

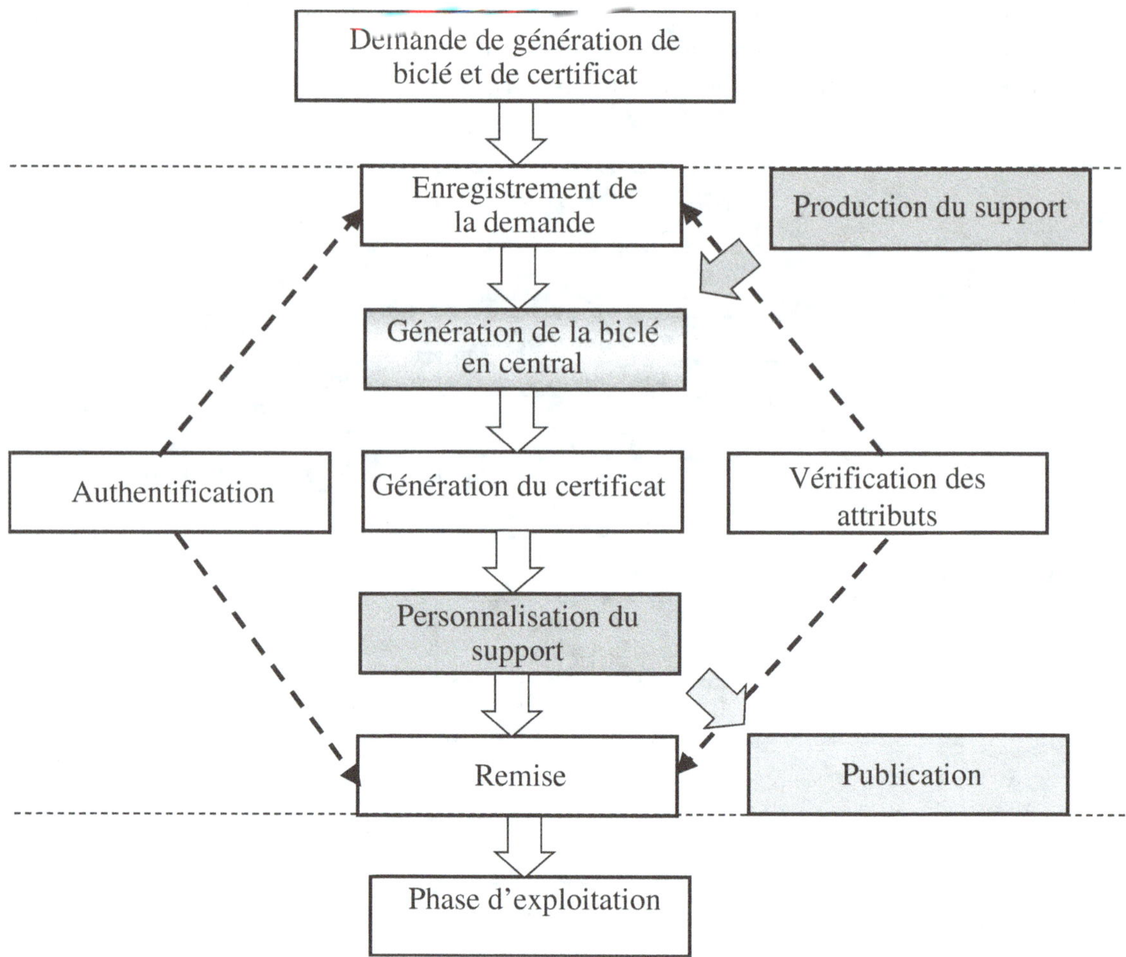

Figure 3-5. Étapes de la création du certificat lorsque la biclé est générée par l'infrastructure de confiance

Expiration et renouvellement

En règle générale, la durée de vie d'un certificat varie entre un et trois ans pour un certificat utilisateur et entre quatre et vingt ans pour le certificat d'une AC. Les certificats doivent donc périodiquement être renouvelés.

Si la demande de renouvellement est effectuée alors que la période de validité du certificat précédent est expirée, le processus de demande est assez souvent identique à celui de la création d'un certificat. L'utilisateur doit justifier à nouveau de son identité et de ses attributs. Cela n'est toutefois pas obligatoire : il est par exemple possible de convenir au moment de l'enregistrement d'un secret entre l'utilisateur et l'AC, secret qui pourra être utilisé pour réaliser le renouvellement du certificat sans réaliser ces vérifications.

Dans le cas contraire, l'utilisateur peut signer la demande avec sa clé privée, ce qui garantit son identité et ses attributs. L'AC établit alors un nouveau certificat avec ou sans période de recouvrement avec l'ancien certificat.

Ce processus de renouvellement du certificat peut être soit manuel (demande à renouveler par l'utilisateur avant la fin de validité de son certificat), soit partiellement automatisé.

Révocation et suspension

Des mécanismes doivent être prévus de façon à rendre un certificat non valide, définitivement (révocation) ou temporairement (suspension), avant sa date de fin de validité.

Révocation

Plusieurs causes peuvent être à l'origine d'une révocation :
- une suspicion ou une compromission réelle de la clé privée,
- une modification des informations contenues dans le certificat (changement du nom après mariage, évolution de fonction…),
- un dysfonctionnement du support du certificat ou une perte des données d'activation (code PIN pour une carte à puce),
- un changement de l'état de l'art cryptographique...

Bien entendu, seules les personnes dûment habilitées doivent pouvoir révoquer un certificat. Comme il en va pour la demande de certification, la demande de révocation est habituellement adressée à l'AE. Une fonction dédiée peut toutefois être mise en place pour gérer les révocations. Après authentification du demandeur, la demande est transmise à l'AC qui va entreprendre son traitement (voir figure 3-6).

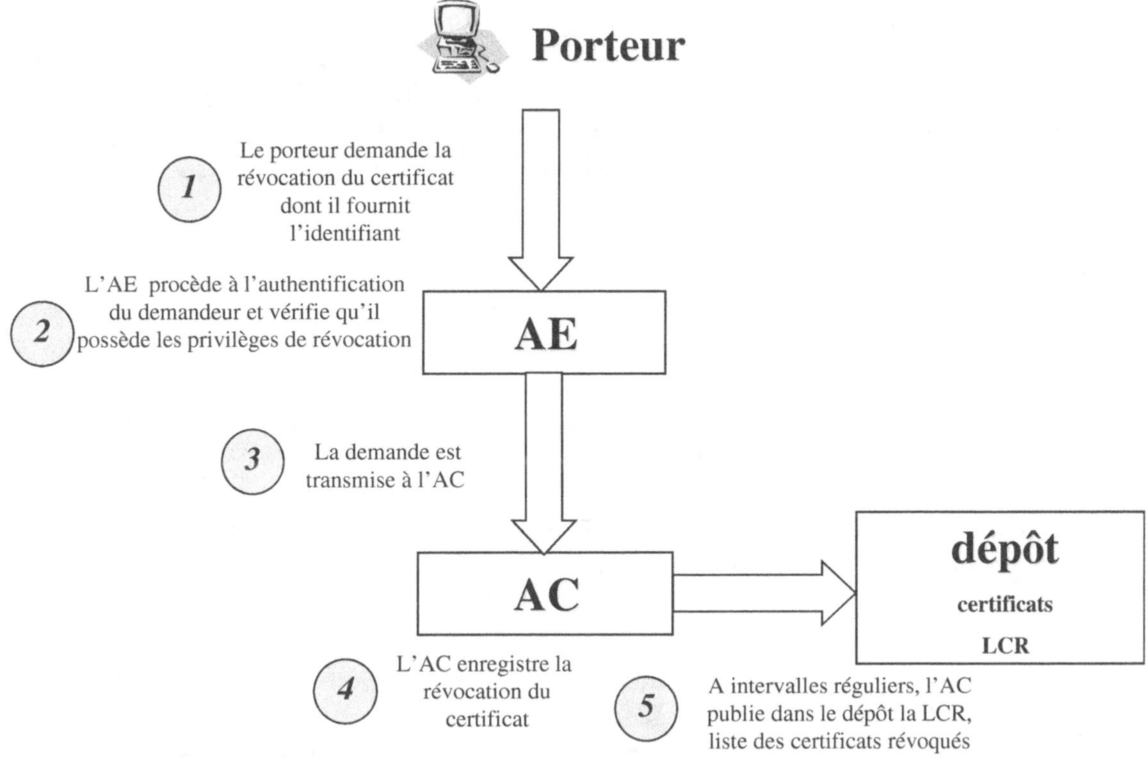

Figure 3-6. Exemple de processus de révocation d'un certificat à l'initiative du porteur

L'AC dispose de plusieurs méthodes pour répercuter la révocation d'un certificat :
- La révocation par annuaire positif :
  L'AC retire du dépôt, dans lequel elle publie l'ensemble des certificats émis, chacun des certificats révoqués. Ainsi, lorsque les applications accèdent au dépôt, seuls y figurent les certificats valides. Cette implémentation est à l'heure actuelle peu utilisée.

- La révocation par publication de listes négatives :

  L'AC publie des LCR (CRL, pour Certificate Revocation List), qui sont des listes qui contiennent les identifiants de chacun des certificats révoqués. Les LCR sont généralement publiées dans le dépôt de certificats (le *repository*), mais elles peuvent également l'être dans un dépôt dédié (un dépôt de LCR).

  Chaque application récupère périodiquement une copie de la dernière LCR émise par l'AC. Lorsqu'elle cherche à vérifier la validité d'un certificat, elle peut ainsi vérifier si le certificat en question figure dans cette liste.

  La fréquence de publication des LCR doit être paramétrée en fonction de la politique de sécurité retenue. En règle générale, la LCR est publiée à fréquence fixe (toutes les heures, une fois par jour…) par l'AC.

La LCR peut rapidement devenir un volumineux fichier, et sa récupération peut entraîner une opération lourde. Pour pallier ce problème, la LCR n'est pas publiée à chaque fois qu'un certificat est révoqué.

Pour cette raison, des optimisations de la LCR ont été mises en place :

- Les CRL Distribution Point consistent à partitionner la LCR de manière à obtenir des fichiers de taille moindre, donc plus faciles à récupérer. Pour ce faire, chaque certificat contient les références de la partition dans laquelle il se trouve, afin que les applications puissent récupérer la partition idoine.
- La delta CRL permet de fournir la liste des certificats dont le statut a changé depuis l'émission de la dernière LCR. Dans ce cas, l'AC publie également la LCR à intervalles réguliers, alors que la publication de la delta CRL est bien plus fréquente (par exemple, dès qu'un certificat a été révoqué). Cela permet d'optimiser le délai de prise en compte des révocations par les applications. Le mécanisme des « delta CRL » est toutefois aujourd'hui très peu implémenté.

Suspension

La suspension d'un certificat est une fonction optionnelle qui consiste à révoquer le certificat d'une manière temporaire. Le principe consiste à placer dans la LCR l'identifiant du certificat révoqué et à le retirer dans le cas où la suspension est levée.

Lorsque l'AC utilise les « delta CRL » pour notifier la révocation des certificats, un problème se pose pour la suspension. En effet, il n'est pas possible *via* une delta CRL de notifier qu'un certificat qui avait été révoqué est à nouveau valide.

Dans ce cas, c'est à la publication de la LCR suivante que sera rétablie la situation. Pour ce faire, il suffit que le certificat révoqué n'apparaisse plus dans la LCR et il sera à nouveau considéré comme valide (voir figure 3-7).

Figure 3-7.
Chronologie de publication
de LCR

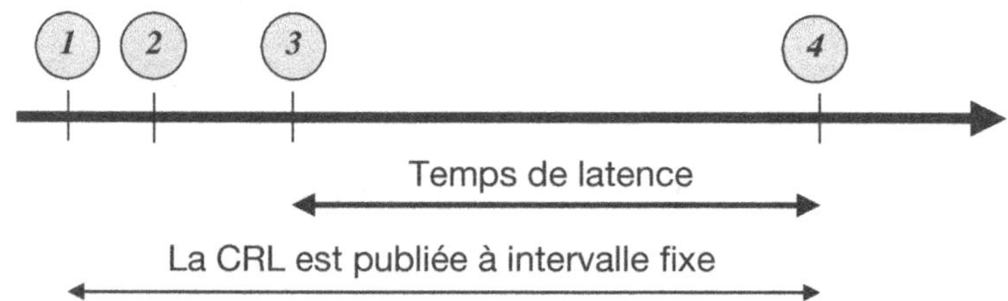

1. L'AC publie une LCR.
2. L'AC publie une delta LCR notifiant la suspension du certificat.
3. Un utilisateur habilité lève la suspension de ce certificat.

4. Ce n'est qu'avec la publication de la LCR opérée à fréquence fixe que le certificat est à nouveau considéré comme valide.

Ce procédé provoque un temps de latence pendant lequel l'utilisateur ne peut se servir de son certificat, alors que la suspension a été levée.

D'autres mécanismes, tels que la création de CSL (Certificate Suspension List) contenant les identifiants des certificats suspendus, sont aussi possibles. Mais ils ne sont pas implémentés pour le moment.

Format des listes de révocation

Une liste de certificats révoqués au format X.509 v2, celui qui est le plus couramment utilisé, contient les données énumérées à la figure 3-8.

Version (*CRL format version*)
Description de l'algorithme de signature (*signature*)
Nom de l'émetteur qui a généré la LCR (*issuer*)
Date d'émission (*thisUpdate*)
Date d'émission de la prochaine LCR (*NextUpdate*)
Clé publique (*subject public key*)
Liste des certificats révoqués (*revokedCertificates*)
Identification possible de l'AC (optionnel)   **(*Issuer unique identifier*)**
Identification possible de l'utilisateur (optionnel)   **(*Subject unique identifier*)**
Extensions de la LCR (*CRLExtension*)
Description de l'lgorithme de signature   **(*SignatureAgorithm*)**
Signature de l'émetteur (*signatureValue*)

Figure 3-8. Format d'une LCR X.509 v2

À l'instar des certificats X.509 v3, le format des LCR X.509 v2 regroupe donc des champs « standards », et des champs dits « d'extension », qui permettent de personnaliser les certificats en fonction de leur usage. Néanmoins, une partie des extensions sont « normalisées » par X.509 v3, et notamment les extensions permettant de spécifier l'usage qui va être fait des clés de l'utilisateur du certificat (signature, chiffrement…).

Nous décrivons ci-après le contenu des champs standards, puis des extensions les plus couramment utilisées.

Les champs « standards »

Voici les significations des champs que l'on trouve systématiquement dans un certificat X.509 v3 :

Version : ce champ donne la version qui est utilisée dans la syntaxe de la LCR. La version 2 est assez souvent utilisée : elle permet l'utilisation de champs d'extensions dans la LCR, contrairement à la version 1.

Signature : désigne le procédé utilisé par l'émetteur de la LCR pour signer la LCR. Il s'agit d'un algorithme asymétrique et d'une fonction de hachage.
Un exemple : DSA avec SHA-1.
Issuer : spécifie le DN (Distinguished Name) dans la norme X.500 de l'émetteur de la LCR.
Un exemple : c=FR, o=SoluCom, CN=CA1.
ThisUpdate : donne la date d'émission de la LCR.
NextUpdate : donne la date d'émission de la prochaine LCR.
RevokedCertificates : il s'agit d'une structure qui donne la liste des certificats révoqués. Pour chaque certificat non expiré et révoqué, la structure contient les informations suivantes :
- *UserCertificate* : indique le numéro de série du certificat non expiré et révoqué.
- *Revocation Date* : donne la date de révocation du certificat.
- *CrlEntryExtension* : il s'agit de champs d'extension optionnels qui permettent de donner différentes informations complémentaires sur le certificat révoqué, par exemple :
    - le nom de l'AC qui a émit le certificat (utile dans le cas où la LCR est émise par une entité différente de l'AC),
    - un code indiquant la cause de la révocation (Reason Code)…

CrlExtension : il s'agit de champs d'extension optionnels, qui permettent de donner plusieurs informations complémentaires sur la LCR, par exemple :
- La clé publique de l'émetteur de la LCR (Authority Key Identifier) qui est utile dans le cas où l'émetteur de LCR a plusieurs clés de signature.
- Le numéro de LCR (CRL Number), le numéro qui est incrémenté à chaque émission de LCR, ce qui permet de retrouver très facilement l'ordre d'émission des LCR.
- Le point de distribution (Issuing Distribution Point) qui identifie le point de distribution de la LCR en cas de répartition des LCR en plusieurs points de distribution. Ce champ permet aussi de spécifier si le point de distribution en question est dédié à certains types de certificat (certificats d'AC par exemple) et/ou à certains types de codes de cause de révocation.

SignatureAlgorithm : désigne le procédé utilisé par l'émetteur de la LCR pour signer la LCR. Il s'agit d'un algorithme asymétrique et d'une fonction de hachage. La valeur de ce champ est identique à celle du champ Signature décrit plus haut. En revanche, le contenu de ce champ ne fait pas partie des données signées de la LCR.
SignatureValue : il s'agit de la signature de la LCR.

Processus spécifiques aux certificats et clés des composantes de l'ICP

La spécificité et la criticité des certificats d'AC – et plus généralement des certificats de l'ensemble des composantes de l'infrastructure PKI (AE…) – supposent une organisation particulière de la gestion de leur cycle de vie.
Ainsi, les opérations relatives au cycle de vie des clés d'AC sont usuellement réalisées au cours de « *Key Ceremonies* » qui s'apparentent à des cérémonies notariées (réalisées en effectifs restreints devant témoins, éventuellement filmées, etc.). Par exemple, la *Key Ceremony* associée à la création d'un certificat d'AC regroupera les procédures de génération de la biclé, de génération du certificat correspondant, de clonage éventuel de la biclé sur un HSM (Hardware Security Module) de sauvegarde mis en coffre, de génération et de partage des secrets relatives à l'activation de la clé privée, etc. On réalisera des *Key Ceremonies* notamment pour la création, la révocation et le renouvellement d'un certificat d'AC racine ou d'AC fille. Les actions associées à la révocation d'un certificat d'AC doivent permettre une prise en compte rapide par les utilisateurs. Or, la publication d'une ARL (*Authority Revocation List*) lors d'une *Key Ceremony* ne permet pas de bloquer totalement l'utilisation des certificats car la plupart des applications standards ne permettent pas de vérifier d'une façon native la publication éventuelle d'une ARL. Il est donc en général nécessaire de notifier l'ensemble des

administrateurs d'application et des porteurs de certificat. On peut également placer dans la LCR les références de l'ensemble des certificats émis par l'AC (cette dernière opération peut poser néanmoins certains problèmes pour la récupération de la LCR, qui atteint alors une taille sensiblement plus importante qu'à l'accoutumée).

Le renouvellement d'une clé d'AC fait également l'objet d'une organisation spécifique. En effet, une clé privée d'AC doit rester valide tant que l'ensemble des certificats qu'elle a signés ne sont pas expirés (dans le cas contraire, lesdits certificats ne pourraient plus être considérés comme valides). On met alors en œuvre un processus de renouvellement avec période de recouvrement (*roll-over*).

Processus de validation des certificats

Avant de pouvoir utiliser un certificat pour vérifier la signature électronique d'un document signé ou pour chiffrer vers un partenaire, l'utilisateur doit préalablement valider que le certificat peut bien être utilisé. Cela recouvre de nombreuses opérations que nous allons présenter dans un ordre qui n'est pas obligatoirement celui qui est utilisé par tous les logiciels du commerce.

La réalité du terrain

Tous les logiciels du commerce ne mettent pas forcément en œuvre à l'heure actuelle l'ensemble des opérations de vérification que nous décrivons ci-après ; leurs fournisseurs doivent être interrogés sur la politique de validation qu'ils utilisent.

Parmi les opérations effectuées au cours du processus de validation d'un certificat, nous pouvons citer :

- L'intégrité du certificat : les données contenues dans le certificat sont-elles intègres ?
- La validité du certificat : le certificat est-il dans sa période d'utilisation ? Le certificat appartient-il à un domaine de confiance accepté par l'utilisateur ? Le certificat est-il révoqué ou pas ?
- La politique d'usage du certificat : la clé publique contenue dans le certificat peut-elle être utilisée aux fins auxquelles l'utilisateur la destine ?

On notera d'ores et déjà qu'un certificat est un document électronique qui est lui-même signé par une autorité d'émission et que l'ensemble des opérations que nous allons décrire sont également vraies pour tous les certificats du chemin de certification.

Remarque

Toutes les opérations décrites ci-après sont censées être faites au moment de la vérification initiale, c'est-à-dire en général peu de temps après l'opération de signature. Mais une vérification de signature par exemple peut nécessiter de refaire ces opérations très longtemps après l'opération de signature, alors que des certificats sont périmés. Nous attirons l'attention du lecteur sur le fait que la validation *a posteriori* peut nécessiter beaucoup plus de contrôles que celle à laquelle il est procédé immédiatement après la signature.

Intégrité du certificat

L'intégrité du certificat est garantie lors de l'opération de vérification de la signature du certificat avec la clé publique de l'autorité qui l'a émis. Si la signature du certificat est correctement vérifiée, cela signifie d'une part qu'il a bien été émis par l'autorité d'émission indiquée et d'autre part qu'aucune des données qu'il contient n'a été modifiée depuis son émission.

Contrôle de validité du certificat

Le contrôle de validité englobe les opérations de contrôle de la période de validité, de vérification de la signature de l'AC, d'analyse du chemin de certification, et de contrôle de l'état du certificat (révoqué, suspendu ou actif). Nous décrivons ci-après ces différents contrôles, puis les principales options de mise en œuvre possible (contrôle local ou contrôle impliquant une interrogation de l'ICP).

Contrôle de la période de validité

Il s'agit de vérifier qu'au moment de l'utilisation de la clé privée correspondant au certificat, ce dernier était bien dans sa période de validité. Pour cela, il faut vérifier que le moment d'utilisation est postérieur à la date qui figure dans le champ « Valide à partir du » (valeur *notBefore* du champ *Validity*) et antérieur à la date qui figure dans le champ « Valide jusqu'au » (valeur *notAfter* du champ *Validity*).

Vérification de la signature de l'AC et analyse d'un chemin de certification

Un certificat est une pièce d'identité électronique qui doit mettre en confiance celui qui le reçoit en lui permettant d'authentifier avec certitude le propriétaire du certificat. Pour cela, le certificat est garanti par une AC qui se porte donc garante de la bonne application des règles et procédures liées à l'enregistrement de l'abonné et à la gestion du certificat, le tout selon une politique clairement énoncée.

Encore faut-il que le récepteur du certificat, c'est-à-dire celui qui va devoir le valider, ait tous les éléments pour cela. Admettons que Bob reçoive un bon de commande pour la fabrication de 10 000 bicyclettes, signé par Malicia. Bob voit que le certificat de Malicia est certifié par l'AC-Devil des îles Caïmans. Bob ne va pas d'emblée faire confiance à ce certificat qui est garanti par une AC qu'il ne connaît pas. Nous verrons quelques chapitres plus avant dans cet ouvrage comment les différentes architectures de confiance permettent de résoudre ce problème, mais, pour l'instant, nous allons analyser la façon dont un logiciel comme un navigateur ou un système de messagerie sur un poste de travail va décortiquer le certificat pour valider le chemin de certification. Cette chaîne de certificats est composée de l'ensemble des certificats qui vont du certificat du signataire du document, jusqu'à la racine de l'ICP, c'est-à-dire le plus haut niveau de la hiérarchie de certification.

Les formats normalisés de signature électronique véhiculent tout ce qui est nécessaire à la vérification de cette dernière. En particulier, ils contiennent, outre la signature elle-même, la chaîne des certificats qui va servir à la vérification. Le chemin de certification est donc une séquence ordonnée de certificats qui, à partir de la clé publique de l'entité de confiance la plus haute du chemin, peut être analysée pour obtenir la validation de la clé publique de l'entité finale du chemin. Le processus d'analyse se déroule en deux étapes : la première consiste à reconstituer le chemin de certification, la seconde concerne la validation du chemin de certification.

Hypothèses préliminaires

Afin de faciliter la lecture des paragraphes qui suivent, nous ferons certaines hypothèses :

- Le vérificateur du chemin de certification possède les certificats des AC racine auxquelles il fait confiance et qu'il a chargés préalablement dans ses magasins de certificats (termes usuels des navigateurs).
- Il possède également les valeurs de contrôle (empreinte numérique ou hash) de ces certificats, qu'il a obtenues par une voie parallèle de la part de l'AC, dans un courrier électronique par exemple ou sur le site Web de l'AC.

Construction du chemin de certification

Lors de la vérification de la signature, l'outil de vérification analyse tout d'abord le chemin de certification pour s'assurer qu'il possède l'ensemble des certificats jusqu'au plus haut niveau de confiance dans le chemin (en principe la racine de l'ICP).

La figure 3-9 illustre cette démarche dans un exemple où Bob envoie à Alice un bon de commande signé pour une assurance vie. Le certificat de Bob a été émis par l'AC de sa société d'assurances SOCIM dont l'AC fille est certifiée par l'AC racine de son autorité de certification ASSUREX qui est auto-certifiée.

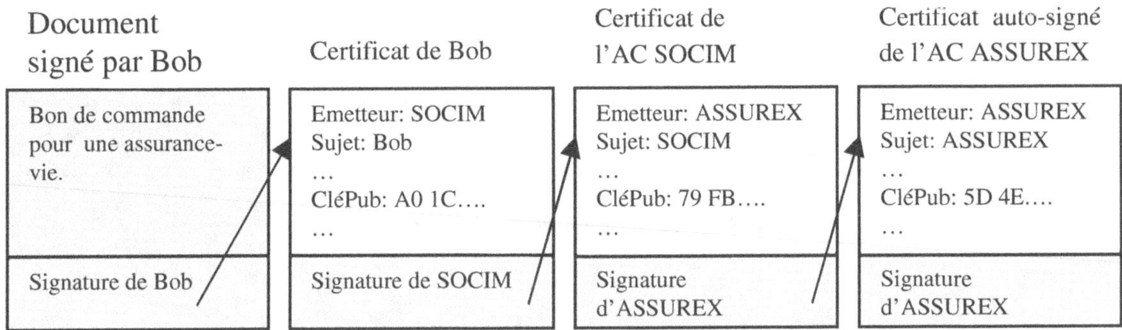

Figure 3-9. Recherche du chemin de certification

Le logiciel d'analyse procède automatiquement à cette opération. En pas à pas, cela correspond aux étapes suivantes :

- Le format de signature indique que le document est censé être signé par Bob. Le logiciel recherche alors le certificat de Bob en examinant s'il trouve un certificat qui comporte le nom distinctif de Jean dans le champ *Sujet*. Lorsqu'il le trouve, il passe à l'étape suivante. S'il ne le trouve pas, soit le logiciel est capable d'entamer une recherche plus poussée en accédant à des annuaires distants, soit il affiche une alerte à l'utilisateur comme quoi il ne peut pas valider la signature.
- Une fois que le certificat de Bob est trouvé, le logiciel analyse quelle est l'AC qui l'a signé. Cette information se trouve dans le champ *Emetteur* du certificat ; ici, c'est SOCIM.
- Le logiciel recherche alors le certificat de l'AC SOCIM dans ses magasins de certificats : soit dans celui des autorités intermédiaires, soit dans celui des autorités principales de confiance. S'il le trouve, il procède de la façon qui vient d'être indiquée et analyse le champ *Emetteur* pour savoir si c'est le plus haut certificat du chemin, c'est-à-dire s'il est certifié par lui-même. Ici, ce n'est pas le cas. Cela veut dire que SOCIM est une autorité intermédiaire certifiée par une AC de plus haut niveau qui s'appelle ASSUREX.
- Le logiciel recherche alors le certificat de l'AC ASSUREX qui s'avère, cette fois, être un certificat de plus haut niveau puisque certifié par lui-même. En effet, le champ *Emetteur* est le même que le champ *Sujet* ; c'est donc ce que l'on appelle un certificat auto-certifié ou certificat racine de l'ICP.

La construction du chemin est alors terminée. On note que chaque certificat du chemin est signé par la clé de son émetteur, excepté le certificat le plus haut du chemin qui est signé par lui-même.

Validation du chemin de certification

Une fois que l'outil a reconstitué le chemin complet de certification, il doit procéder à la validation de tous les certificats du chemin, en commençant par la validation du certificat de plus haut niveau dans le chemin (celui de la racine) et en terminant par la validation du certificat qui contient la clé publique utilisée pour l'opération de vérification de signature. Il va de soi que chaque autorité dans la chaîne de confiance offre un niveau de confiance aussi élevé afin de ne pas créer de maillon faible dans cette chaîne (voir figure 3-10).

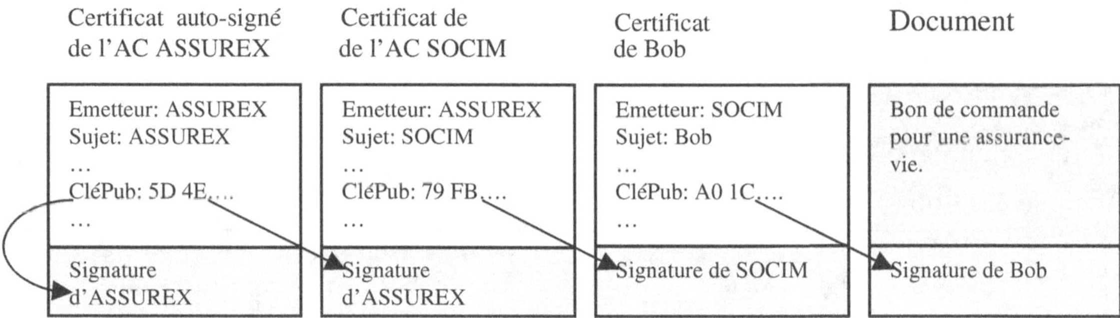

Figure 3-10. Vérification du chemin de certification

Ce processus n'est pertinent que si le certificat racine est considéré comme étant de « de confiance » par le vérificateur. Si ce n'est pas le cas, c'est-à-dire si le vérificateur ne fait pas confiance à l'autorité de certification racine, le chemin de certification ne peut pas être vérifié. L'hypothèse énoncée plus haut considère donc que l'utilisateur a accepté les termes de la PC sous laquelle les certificats de l'AC sont placés.

Attention

Beaucoup d'utilisateurs téléchargent le certificat racine d'AC dont ils ignorent tout des pratiques de certification, en particulier comment sont enregistrés les abonnés, comment sont conservées les clés privées, etc., et parfois même sans s'être préoccupés des politiques de certification qui régissent le cycle de vie des certificats. Cela peut faire courir un risque important si des certificats émis par cette AC sont utilisés à des fins commerciales ou contractuelles. Ce point sera à nouveau abordé dans la partie juridique de cet ouvrage.

- Validation du certificat racine

  Au cours de la première étape de la validation du chemin de certification, l'outil contrôle l'intégrité du certificat racine de l'AC ASSUREX en reconstituant son empreinte numérique et en la comparant à l'empreinte numérique de référence préalablement obtenue de l'AC. Il valide ensuite la signature du certificat racine ASSUREX avec la clé publique contenue dans de dernier puisqu'il s'agit d'un certificat auto-signé.

- Validation du chemin

  L'outil peut ensuite valider le certificat de l'AC SOCIM avec la clé publique contenue dans le certificat de l'AC ASSUREX. Lorsque cela est fait, il procède de même en validant le certificat de Bob avec la clé publique qui est contenue dans le certificat de l'AC SOCIM. Si tout se passe bien, alors le chemin de certification est considéré comme validé. L'utilisateur peut alors considérer le certificat de Bob comme étant valide et de confiance.

- Vérification de la signature numérique

  Le logiciel de l'utilisateur peut alors vérifier la signature numérique apposée au bas du document signé par Bob. Pour cela, il recalcule d'une part l'empreinte du document qu'il a reçu, et il vérifie d'autre part la signature du document avec la clé publique de Bob qu'il a extraite de son certificat. Il compare ensuite les deux résultats qui doivent coïncider pour que la signature soit considérée comme correcte.

- Chiffrement

  Le principe est rigoureusement identique pour la fonction de chiffrement. En effet, avant de chiffrer un document avec la clé de Bob, l'utilisateur doit valider le chemin de certification du certificat de Bob. Il procède donc comme cela a été indiqué, et, lorsqu'il a validé le chemin, il peut ensuite utiliser en toute confiance la clé publique contenue dans le certificat de Bob pour chiffrer des messages vers lui.

Contrôle de l'état du certificat (contrôle de non-révocation)

Le contrôle de l'état du certificat implique l'interrogation des services de l'ICP, soit *via* l'utilisation du mécanisme des LCR, soit *via* l'interrogation d'une « Autorité de validation » (voir ci-après).

Implémentation du contrôle de validité

Au premier niveau, l'utilisateur réalise un contrôle « local », c'est-à-dire un contrôle basé uniquement sur des éléments qu'il possède déjà. Parmi les fonctions de contrôle « local », on distingue principalement le contrôle de la période de validité du certificat telle qu'elle est mentionnée dans le certificat lui-même, et la vérification de la signature de l'AC. La vérification du chemin de certification peut aussi être réalisée « localement », sauf dans le cas où l'on souhaite vérifier l'état des différents certificats d'AC présents dans ce chemin.

Les fonctions de contrôle local sont généralement assez bien prises en charge par les logiciels du marché (navigateurs Internet et serveur Web notamment), pourvu qu'ils soient correctement paramétrés.

Par ailleurs, l'utilisateur peut effectuer un certain nombre de vérifications en « interrogeant » l'infrastructure de confiance. Deux méthodes peuvent être envisagées pour réaliser ces types de contrôle : la récupération de LCR, ou l'interrogation d'une brique supplémentaire de l'ICP : l'Autorité de validation (AV). Actuellement, c'est l'utilisation des LCR qui est de loin la plus répandue.

Accès aux LCR

Il s'agit cette fois de vérifier qu'au moment de l'utilisation de la clé privée correspondant au certificat, ce dernier n'était pas révoqué. Pour cela, le logiciel de vérification doit pouvoir accéder à une LCR postérieure à la date d'utilisation s'il s'agit d'une clé de signature ou à la LCR courante si l'utilisateur s'en sert pour chiffrer (voir figure 3-11).

Le principe consiste à récupérer en local la LCR ou l'une de ses variantes, pour opérer cette vérification. On peut envisager plusieurs stratégies selon le niveau de sécurité souhaité :

- L'application, à chaque vérification, va chercher la dernière LCR publiée (le terme *pull* est employé).
- L'AC transmet à l'application chaque nouvelle version de la LCR et des « delta LCR » (le terme *push* est employé).

En fonction de la fréquence de récupération des tables, le temps de latence pour la répercussion des informations sera plus ou moins long et le service plus ou moins dégradé. Avec une LCR très grosse, un système sophistiqué ne pourrait récupérer que la partie de la liste où serait le certificat s'il était révoqué, à l'adresse qui figure dans le champ d'extension *cRLDistributionPoints* du certificat. Il vérifie alors si le numéro de série du certificat figure dans la séquence *revokedCertificates* et, si tel est le cas, il poursuit son contrôle en analysant le champ *revocationDate* qui indique la date à laquelle le certificat a été révoqué.

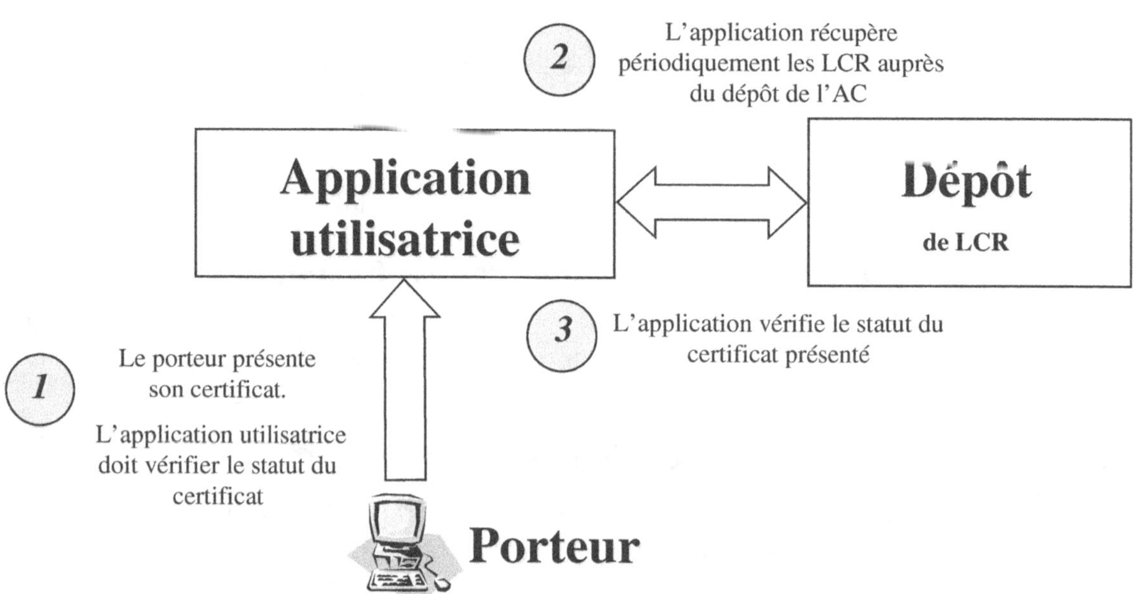

Figure 3-11. Vérification directe de la validité d'un certificat par l'application

Mise en place d'une Autorité de validation (AV)

Cette solution consiste à intégrer une brique technique supplémentaire dans l'ICP, l'AV. Les applications vont alors interroger ce composant tiers pour connaître le statut d'un certificat. Par l'envoi d'un message signé, l'AV assure la validité du certificat (voir figure 3-12).

Le concept d'Autorité de validation est consécutif à l'avènement du protocole OCSP (Online Certificate Status Protocol), qui est devenu un standard.

OCSP repose sur un modèle client-serveur. L'application héberge un client qui interroge le serveur OCSP, appelé OCSP Responder, sur le statut du certificat. À cet effet, la requête OCSP est postée par le client *via* un protocole de transport tels que HTTP, LDAP ou SMTP

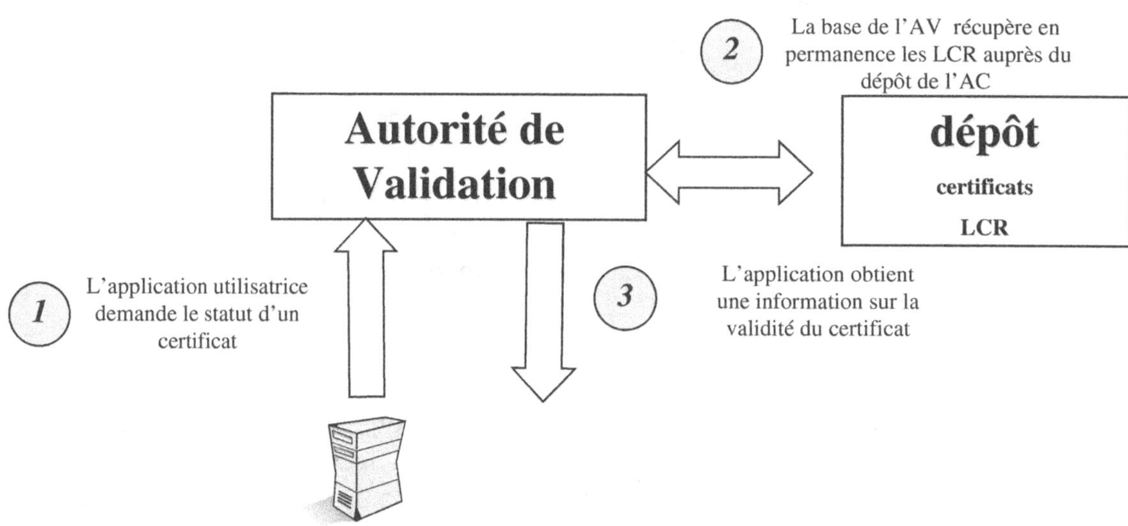

Figure 3-12. Vérification de la validité d'un certificat par une AV avec LCR

vers un serveur OCSP (OCSP Responder). Ce dernier formate une réponse, signée électroniquement, faisant état du statut du certificat, à savoir « valide », « révoqué » ou « inconnu ». OCSP v1 (RFC 2560) travaille uniquement avec l'identifiant du certificat. L'application fournit à l'OCSP Responder l'identifiant du certificat. Le seul service assuré est donc en conséquence la vérification des informations de non-suspension et de non-révocation.

OCSP v2 (en cours de normalisation) peut utiliser directement le certificat. L'application utilisatrice fournit le certificat à l'OCSP Responder, qui est alors en mesure de vérifier comme OCSP v1 les informations de non-suspension et de non-révocation, mais également les dates de validité, le statut de l'AC qui a signé le certificat, et de vérifier le chemin de certification.

D'autres évolutions de ce protocole devraient voir le jour, comme SCVP (Simple Certificate Validation Protocol) qui utilise XML.

Deux types d'implémentation sont possibles pour l'OCSP Responder :

- Utilisation des LCR

  L'OCSP Responder récupère les LCR, ou ses dérivés, en local avec la même problématique de stratégie de récupération (*pull/push*) que dans le cadre de la vérification de la validité des certificats par les applications.

  Dans ce cas, l'intérêt principal d'une VA réside en ceci que le service est centralisé par un composant de l'ICP prévu à cet effet.

- Consultation directe de la base de données de l'AC

  Afin de mettre en place un véritable service de validation en temps réel du statut des certificats, l'Autorité de validation peut directement consulter le statut des certificats dans la base de données de l'AC (voir figure 3-13).

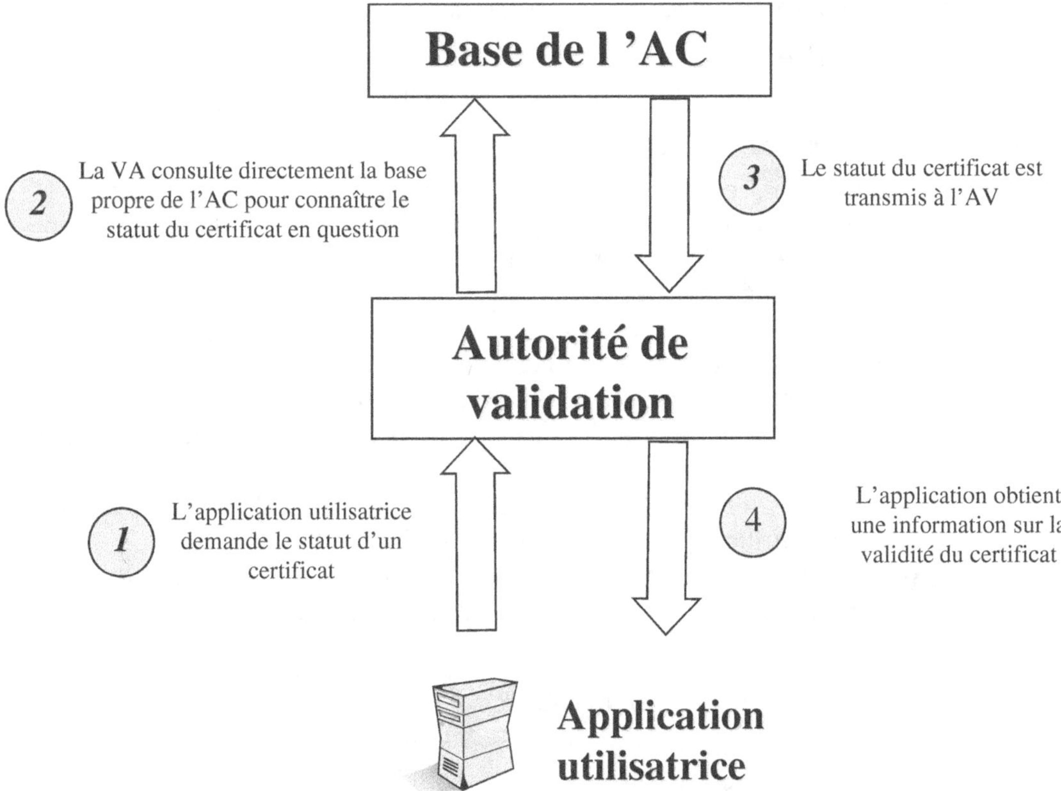

Figure 3-13. Vérification de la validité d'un certificat par une AV avec consultation de la base de données de l'AC

L'utilisation d'une Autorité de validation présente donc les principaux intérêts suivants :

- Les applications sont « déchargées » en grande partie de la tâche de validation des certificats.

- Les applications sont certaines d'obtenir une information sur la validité du certificat qui soit la plus récente possible.

- Les applications obtiennent une réponse signée électroniquement par l'Autorité de validation, ce qui peut constituer un élément de preuve sur la validité du certificat en cas de contestation ultérieure sur la validité d'un échange.

Le choix de la méthode de validation est à la charge de l'applicatif et sera fonction du niveau de criticité de l'application.

Contrôle de la politique d'usage du certificat et des champs critiques

Après la vérification de validité du certificat, qui ne permet que de vérifier si le certificat a bien été émis par une autorité de confiance, et que ce certificat est toujours en cours de validité, il peut être nécessaire de vérifier que le certificat peut bien être utilisé par l'application, c'est-à-dire que son contenu est compatible avec l'usage que souhaite en faire l'application.

Nous présentons ici deux vérifications de ce type, à savoir le contrôle de la politique d'usage du certificat, et l'analyse des champs critiques.

Il faut noter que ces vérifications sont très rarement implémentées d'une façon native dans les logiciels applicatifs du marché : leur mise en œuvre nécessite donc des développements spécifiques.

Contrôle de la politique d'usage du certificat

Il faut ensuite contrôler si le certificat peut être utilisé pour l'usage auquel le destine son utilisateur. Cela peut recouvrir plusieurs types de contrôles.

Contrôle de l'usage de la biclé

Nous avons indiqué dans les chapitres introductifs que, pour respecter le principe de séparation des clés, une biclé doit être réservée à un seul usage afin de limiter les risques de sécurité. Pour cela, le certificat contient un champ d'extension nommé *keyUsage* qui indique à quoi est destinée la biclé.

En cas de signature, ce contrôle doit être actif sur le poste du porteur du certificat car c'est lui qui fait l'opération de signature, le vérificateur ne procédant qu'à l'opération de vérification de signature. Avant de permettre la signature avec une certaine clé privée, le logiciel devrait vérifier dans le certificat de clé publique correspondant que le champ *keyUsage* permet cette action.

En revanche, en cas de chiffrement, c'est le logiciel de l'utilisateur qui devrait vérifier que le champ *keyUsage* du certificat du destinataire permet bien cette fonction.

Les logiciels de validation de certificat devraient en principe interdire l'usage inapproprié d'un certificat, ce qui n'est pas toujours le cas actuellement, certains logiciels utilisant les mêmes biclés pour chiffrer et pour signer.

Contrôle de la politique de certification

La PC indique les conditions de gestion des certificats pendant tout leur cycle de vie. Un champ d'extension peut exister dans le certificat, qui indique la politique sous laquelle le certificat a été émis. Il est recommandé pour des raisons d'interopérabilité que le champ *certificatePolicies* contienne un numéro d'identifiant d'objet, plus connu sous le nom d'OID (Object Identifier) qui est une séquence d'entier qui identifiant de façon unique un objet informatique. Une PC est considérée comme telle. En France, l'entreprise ou l'organisation doit demander auprès de l'AFNOR l'enregistrement des objets qu'elle veut déposer.

Par exemple, voici la PC des certificats de signature et d'authentification pour les cartes « CPS2 » et « CPS2bis » du Groupement d'intérêt public Carte de professionnel de santé (GIP CPS) :

$$1.2.250.1.71.3.7.3$$

Il y a une autre façon de représenter cet OID en notation ASN.1 :

{iso(1) member-body(2) france(250) type-org(1) gip-cps(71) icp(3) doc(7) cp(3)}

Cela représente une arborescence où le plus haut niveau est l'ISO. Le niveau suivant est la branche des organisations membres de l'ISO ; vient ensuite la valeur correspondant à la France (250). La valeur qui suit indique que ce qui suit est une organisation ; vient ensuite l'identification particulière du GIP CPS (71). À partir de ce point, c'est l'organisation qui choisit l'attribution de son arborescence interne de numérotation. Le GIP CPS a donc choisi de numéroter une branche particulière pour son ICP, puis sous cette branche la valeur (7) représente le sous-ensemble correspondant à la documentation sur l'ICP, la valeur (3) représentant ensuite le document « politique de certification ».

Les applications qui ont des exigences particulières sur les certificats qu'elles acceptent d'utiliser sont supposées disposer d'une liste des PC qu'elles reconnaissent, et comparer les OID contenus dans le champ *certificatePolicies* à cette liste. Si l'extension est critique, le logiciel de validation du chemin de certification doit être capable d'interpréter cette extension ou doit rejeter tout certificat dont l'OID de la PC ne correspond pas à un de ceux de la liste de référence.

Il apparaît clairement que c'est l'intelligence de l'application utilisatrice du certificat qui déterminera si le certificat peut être utilisé ou pas. Il existe à notre connaissance peu d'applications « standards » capables de gérer toutes les capacités qui viennent d'être énoncées sur les certificats. En revanche, nous pensons que les nouvelles applications qui seront créées utiliseront ces capacités et seront conçues de telle façon à pouvoir les exploiter.

Contrôles sur les certificats qualifiés

La Directive européenne 1999/93/EC du parlement européen et du conseil du 13 décembre 1999 sur un cadre communautaire pour les signatures électroniques a introduit la notion de certificat qualifié accompagnant une signature électronique avancée, notion équivalant à la terminologie « sécurisée » dans la loi française. Pour être renommé qualifié, le certificat doit satisfaire les exigences de l'annexe I de cette directive et être émis par un PSC qui satisfasse aux exigences de l'annexe II de la même directive. Nous reviendrons sur ces notions ; néanmoins, dans le contexte qui nous intéresse ici, relativement à la validation des certificats, nous mentionnerons que les applications qui doivent considérer la valeur juridique de la signature électronique doivent être en mesure d'analyser le certificat et de déterminer s'il présente bien les caractéristiques d'un certificat qualifié.

La norme « *Qualified certificate profile* » de l'ETSI stipule que pour être reconnu comme qualifié le certificat doit :

- Soit mentionner dans le champ *certificatePolicies* la référence à une PC qui indique clairement que le certificat est intentionnellement émis en tant que certificat qualifié, et donc que l'AC s'engage à respecter les exigences qui y sont relatives ;
- Soit comporter un champ d'extension nommé *qCStatements*, par ailleurs décrit dans la norme RFC 3039 de l'IETF, qui indique que le certificat est qualifié.

Comme précédemment indiqué pour le contrôle de la PC, si l'application doit absolument reconnaître la signature électronique « *sécurisée* » (voir décret n° 2001-272 du 30 mars 2001, et chapitre 9 de cet ouvrage), alors tout certificat qui ne présente pas l'une de ces caractéristiques devrait être rejeté, ou l'application devrait signaler aux utilisateurs que le certificat n'est pas qualifié et que la signature présente un risque car elle pourrait être contestée ultérieurement.

Analyse de la criticité des champs

Les extensions dont nous avons parlé précédemment et qui sont plus amplement décrites dans la section « Le certificat X.509 » du chapitre 2 sont toujours de la forme :

Type	Criticité	Valeur

Le type représente l'identifiant de l'extension, donné par la norme X.509. La criticité indique si le champ doit être considéré comme critique par l'application, et le champ valeur est la valeur proprement dite de l'extension considérée.

Le caractère de criticité devrait se traiter de la façon suivante, selon que l'extension est critique ou pas :

- si l'extension n'est pas critique, alors :
  - soit l'application ne sait pas la traiter, et alors l'extension est abandonnée mais le certificat est accepté ;
  - soit l'application sait la traiter, et alors :
    - si l'extension est conforme à l'usage que l'application veut en faire, l'extension est traitée ;
    - si l'extension n'est pas conforme à l'usage que l'application veut en faire, l'extension est abandonnée, mais le certificat est accepté ;
- si l'extension est critique, alors :
  - soit l'application ne sait pas la traiter, et le certificat est alors rejeté ;
  - soit l'application sait la traiter, et alors :
    - si l'extension est conforme à l'usage que l'application veut en faire, l'extension est traitée ;
    - si l'extension n'est pas conforme à l'usage que l'application veut en faire, le certificat est rejeté.

Pour illustrer cette analyse, nous allons présenter un exemple ci-après emprunté au document *Formats des certificats associés aux politiques de certification* PC[2] de la CISSI.

Dans cet exemple, Bob possède une application qui est dotée d'une certaine intelligence pour gérer les certificats X.509. Néanmoins, nous considérons dans cet exemple que l'application de Bob ne sait pas gérer toutes les extensions des certificats X.509 et nous allons voir comment se comporte l'application en question par rapport aux différents champs d'extension et à leur criticité.

Les hypothèses de travail sont les suivantes :

- Bob ne reconnaît pas la syntaxe des extensions 001 et 004.
- Bob reconnaît la syntaxe des extensions 002 et 003.

L'application de Bob reçoit le certificat d'Alice qui se présente sous la forme suivante (dans le cadre de cet exemple, seuls les champs utiles ont été représentés) :

Certificat d'Alice

Contenu du certificat		
Champs de base : (...)		
001 (Private key usage period)	Non critique	du 1.1.99 au 31.12.99
002 (Subject Alt Name)	Non critique	« dupont@admin.fr »
003 (Certificate Policies	Critique	« PC2_A2 »
004 (Basic Constraint Syntax)	Critique	AC = non Longueur max = 0

Algorithme de signature du certificat par l'AC

Signature numérique du contenu du certificat

Lors de la vérification du certificat d'Alice, Bob rencontre un ensemble d'extensions numérotées de 001 à 004 qu'il doit traiter.

1. Traitement de l'extension 001

   L'extension 001 donne la période d'usage possible de la clé privée de signature du correspondant.

   Par hypothèse, Bob ne reconnaît pas cette extension.

   – Il ne traite pas l'extension.

   L'extension 001 n'est pas critique.

   – Il passe à l'extension suivante et poursuit sa vérification.

2. Traitement de l'extension 002

   L'extension 002 donne une autre forme de dénomination du porteur de certificat que celle utilisée dans les champs de base (Subject Name).

   Par hypothèse, Bob reconnaît cette extension.

   – Il traite l'extension.

   – Il vérifie son contenu : si le nom proposé de son correspondant est *dupont@admin.fr*, l'extension est validée, sinon, l'extension n'est pas validée.

   L'extension n'est pas critique.

   – Que l'extension soit validée ou non, Bob passe à l'extension suivante et poursuit sa vérification.

3. Traitement de l'extension 003

   L'extension 003 permet d'indiquer l'identifiant de la PC utilisée pour générer le certificat.

   Par hypothèse, Bob reconnaît cette extension.

   – Il traite l'extension.

   – Il vérifie son contenu : si la politique appliquée est effectivement « PC2_A2 », l'extension est validée, sinon, l'extension n'est pas validée.

L'extension est critique.

- Si l'extension a été validée, Bob passe à l'extension suivante (ou valide le certificat, s'il s'agit de la dernière extension).
- Si l'extension n'a pas été validée, il rejette l'extension, et donc le certificat. Il arrête le traitement du certificat.

4. Traitement de l'extension 004

On suppose que la politique utilisée est bien celle mentionnée dans l'extension 003, à savoir PC2_AC. L'extension est alors validée et Bob passe au traitement de l'extension 004.

L'extension 004 indique si le porteur de certificat est une autorité de certification. Si c'est le cas, est-elle capable d'émettre des certificats pour d'autres AC (longueur maximale supérieure ou égale à 1), ou seulement pour des utilisateurs (longueur maximale nulle) ? Les valeurs choisies dans le cadre de cet exemple montrent qu'Alice est un utilisateur final et qu'elle ne peut émettre de certificat pour d'autres entités.

Par hypothèse, Bob ne reconnaît pas cette extension.

- Il ne traite pas l'extension.

L'extension est critique.

- Il rejette l'extension et donc le certificat.
- Il arrête le traitement du certificat.

Par conséquent, deux cas ont pu causer l'invalidation du certificat d'Alice :

- soit le contenu d'une extension critique n'est pas vérifié,
- soit une extension critique n'est pas reconnue.

Ce cas d'école a donc permis de montrer en quoi le fait de rendre critique une extension pouvait influer sur la vérification d'un certificat. Les scénarios précédents présentent le traitement d'une extension telle que cela est défini dans la norme. Cependant, la vérification des certificats et le traitement des extensions peuvent être privés et donc dépendre de l'implémentation.

Services complémentaires aux ICP

Nous décrivons ci-après brièvement quelques-uns des services complémentaires que peuvent offrir les ICP en plus des services « classiques » de gestion du cycle de vie et de l'état des certificats. Il s'agit notamment des services de recouvrement, d'horodatage et de notariat.

Recouvrement

Pour des raisons pratiques (éviter la perte de données chiffrées) mais aussi juridiques (nécessité de mettre à disposition de la justice les données chiffrées), la PKI peut rendre des services de sauvegarde et de recouvrement des clés privées de chiffrement, et/ou des services de séquestre de ces clés.

En revanche, il ne doit jamais être envisagé de service de recouvrement de clé privée de signature.

Pour réaliser ce service, une brique hautement sécurisée, placée sous la responsabilité d'une autorité bien identifiée (qui peut être l'AC ou une tierce partie de confiance dédiée), est en charge de la sauvegarde des clés privées de chiffrement et de l'accès à ces données par des personnes autorisées.

Lorsque la biclé est générée au sein de l'infrastructure de confiance, la clé privée est directement transmise à l'organe prévu à cet effet. C'est la solution la plus fréquemment retenue. Lorsque la biclé est générée en local sur le poste de l'utilisateur, la clé privée doit être transmise à l'infrastructure de confiance pour pouvoir bénéficier de ce service. Ce transfert se fait préférablement hors ligne, mais il peut également se dérouler après la remise du certificat à l'utilisateur à travers un échange sécurisé.

D'autres solutions peuvent être envisagées :

- Chaque chiffrement peut être réalisé deux fois, une fois avec la clé publique du destinataire, et une fois avec la clé publique d'une autorité de recouvrement dédiée.
- L'autorité de recouvrement peut se contenter de sauvegarder d'une manière sécurisée les clés symétriques utilisées par chaque chiffrement.

Les processus organisationnels relatifs au recouvrement sont complexes à mettre en place. Il faut s'assurer de l'habilitation du demandeur d'un recouvrement, éventuellement informer le porteur de la clé correspondante.

Horodatage

L'horodatage permet d'associer une date/heure réputée fiable à un document ou à une transaction électronique.

Il est ainsi souvent utilisé pour prouver l'antériorité d'un message ou d'une transaction par rapport à un événement, par exemple la révocation d'un certificat.

L'horodatage doit ainsi satisfaire deux impératifs :

- S'appuyer sur une source de temps reconnue par tous les acteurs impliqués dans la transaction.

  Une des sources les plus utilisées par les systèmes d'horodatage est le GPS, précis à 1 µs. D'autres sources peuvent être utilisées, notamment l'horloge parlante téléphonique (précise à 20 ms), les stations LF comme l'émetteur France Inter (précis à 1 ms), le CDMA utilisé dans les réseaux de téléphones mobiles UHF (précis à 100 µs) ou le NTP à précision variable.

  Le fait que la source de temps soit reconnue de tous les acteurs concernés est en pratique souvent plus important que la précision intrinsèque de cette horloge.

- S'associer de façon irrévocable au document ou à la transaction.

  Cette association, pour être incontestable, doit s'appuyer sur un mécanisme de signature par une « autorité d'horodatage », reconnue des différents acteurs, c'est à dire respectant une politique d'horodatage conforme à l'état de l'art, utilisant un certificat contrôlable... Le fichier signé par cette autorité comprend une trace du document ou de la transaction visée et le jeton d'horodatage lui même. Lorsque la transaction a déjà été signée par son « propriétaire », l'autorité d'horodatage vient ainsi la contresigner avec sa propre clé de signature.

  Les jetons d'horodatage signés par l'autorité d'horodatage ne peuvent être falsifiés ou contrefaits sauf dans le cas éventuel d'une compromission de sa clé de signature et de son utilisation illicite avant la révocation du certificat associé.

Les travaux de normalisation, réalisés au sein de l'IETF, ont abouti en août 2001 à la RFC 3161 « Internet X.509 Public Key Infrastructure Time Stamp Protocol », qui décrit le format d'échange avec une autorité d'horodatage (TSA). À l'automne 2001, une version provisoire pour une politique d'horodatage a été publiée par l'ETSI.

Notarisation

Bien que l'appellation « notarisation » soit très contestée par les juristes, comme nous le verrons au chapitre 9 de cet ouvrage (Les dix questions clés de la signature électronique), la norme ISO 7498-2 a introduit en son temps le terme de notarisation que nous expliquons ici.

La notarisation consiste à archiver des informations, après les avoir horodatées et signées, afin de pouvoir retrouver le séquencement des échanges, et d'exhiber les preuves de la réalité et/ou du contenu de ces échanges. La notarisation permet d'offrir une fonction de non-répudiation complète.

L'archivage consiste à stocker des informations dans un lieu et sur des supports sécurisés, afin de pouvoir y accéder ultérieurement.

La notarisation peut être réalisé soit au niveau de chacune des applications, soit au niveau d'un service d'horodatage et d'archivage, qui stocke l'ensemble des informations qui lui sont transmises.

Soulignons le fait que la notarisation peut être réalisé hors ligne (les autres briques demandent à la brique d'archivage de conserver un élément), ou en ligne (les éléments transitent obligatoirement par cette brique qui après horodatage et archivage les transmet au[x] destinataire[s]).

Les supports possibles pour le stockage des clés privées et des certificats

De nombreuses solutions de stockage des clés, énumérées ci-après, sont disponibles en fonction du niveau de sûreté de stockage souhaité et de la nature de l'entité utilisatrice des clés (un utilisateur, un serveur, une brique de l'ICP, etc.). La figure 3-14 est une comparaison des principaux apports et inconvénients de ces types de support.

SUPPORT	AVANTAGE	INCONVÉNIENT
Disquette	Pas d'acquisition de matériel dédié. Mobilité du support.	Possibilité de substitution ou de réplication de la disquette. Peu de fiabilité et de pérennité du support.
Disque dur	Pas d'acquisition de matériel dédié.	Le niveau de sécurité dépend de la protection du poste de travail. Mobilité difficile.
Carte à puce (à microprocesseur)	Les calculs sont faits dans la puce, la clé privée n'est alors pas exposée. Possibilité de lecteurs de cartes disposant d'un clavier : le code PIN n'est alors pas disponible en dehors du dispositif.	Coût élevé (carte, lecteur, distribution). Nécessité de connecter un lecteur au poste de travail.
Token sur port USB	Dispositif dédié moins coûteux qu'une carte à puce (pas besoin d'équiper les ressources si elles possèdent un port USB). Les calculs sont faits dans le token, la clé privée n'est pas exposée.	Port USB nécessaire. Pas de clavier dédié.

SUPPORT	AVANTAGE	INCONVÉNIENT
Module HSM (Hardware Security Module)	Équipement matériel dédié, protégé physiquement. Adapté à la génération et au stockage de données sensibles (par exemple, clé privée de l'AC). Les calculs peuvent être faits dans le dispositif, les clés privées ne sont alors pas exposées. Calculs cryptographiques accélérés.	Prix d'acquisition élevé. Dispositif fixe.
Carte PCMCIA. Excepté le fait que ces cartes sont mobiles, elles présentent les mêmes caractéristiques qu'un module HSM.	Adapté au stockage de données sensibles sur des postes nomades.	Possibilité de dérober le dispositif.

Figure 3-14. Tableau de comparaison des supports de clés

Afin de s'affranchir du caractère hétérogène que présentent les différents périphériques qui renferment des informations cryptographiques, une interface de programmation (API) a été développée par les laboratoires RSA. Cette API dénommée PKCS#11 définit une interface à partir de laquelle on peut communiquer avec des périphériques qui contiennent une information cryptographique et effectuer des opérations cryptographiques.

ICP à gestion centralisée des clés

Dans le principe général des ICP, l'abonné possède sa biclé et son certificat sur son poste de travail ou sur un support mobile tel qu'une carte à puce ou un porte-clés USB. Les deux approches ont du pour et du contre, en termes de sécurité, de coût et de facilité de mise en œuvre.

Une nouvelle approche apparaît aujourd'hui qui propose à l'utilisateur d'héberger sa clé privée de signature. Cette approche permet à l'utilisateur de ne pas avoir à se soucier de la sécurité de sa clé privée, ni d'avoir à investir dans un support matériel parfois coûteux et qui peut entraîner des difficultés de mise en œuvre pour les non initiés (achat et branchement d'un lecteur de carte à puce).

La gestion centralisée des clés consiste pour le prestataire de service de certification à générer et conserver pour le compte de l'utilisateur sa biclé, et en particulier sa clé privée de signature. Parfois appelée « PKI hostée » cette approche oblige le PSC à démontrer un très haut niveau de sécurité :

- Les clés doivent être conservées de manière unique dans un dispositif cryptographique matériel disposant de protections passives et actives, protégé en contrôle d'accès et sous contrôle permanent ;
- Il doit pouvoir être démontré que les clés de signature ne peuvent être activées que par leur propriétaire, et surtout pas par le PSC lui-même.

Les avantages d'une telle solution sont évidents :

- La solution est simple pour l'abonné qui se voit dégagé de toutes les contraintes de manipulations et de protection de ses clés privées.

- Elle est économique car elle ne nécessite pas d'investissement pour l'abonné tout en conférant un plus haut niveau de sécurité qu'une solution de clé privée conservée en logiciel sur le poste de travail.
- Elle permet d'accélérer les fonctions de signatures qui sont souvent limitées dans les processeurs des dispositifs cryptographiques carte à puce ou porte-clés USB. Les fonctions algorithmiques de signature sont réalisées sur le module cryptographique centralisé qui dispose généralement d'une grande puissance de calcul, ce qui permet de plus d'avoir des clés de signature d'une longueur plus élevée.
- Elle limite considérablement les révocations de certificats liés à des pertes, vols ou destructions des clés privées ou de leur support.

Elle nécessite cependant une attention scrupuleuse du côté du PSC qui doit démontrer le respect strict de règles de sécurité ne permettant pas de mettre en doute le fait que les clés privées restent sous le contrôle unique de leur propriétaire.

Une telle solution est aujourd'hui proposée par la société MagicAxess qui utilise un principe reposant sur des données d'activation de la clé privée à usage unique obtenues *via* un message SMS envoyé sur le téléphone portable de l'utilisateur.

Chapitre 4

Les modèles de confiance

Construire une ICP n'est pas une fin en soi. Cela intervient toujours comme une réponse opérationnelle à un besoin concret qui est exprimé par les entreprises ou les administrations. Simplifier les procédures administratives, raccourcir les temps d'acheminement et de traitement des données, réduire les échanges papier, sont les objectifs des uns et des autres. C'est la raison pour laquelle il n'y a pas de modèle de confiance universel qui conviendrait à tous les cas de figure, mais des modèles fermés, en réseau, ou ouverts, dans le cadre desquels l'ICP doit adapter son architecture aux besoins et à l'organisation des entreprises.

De l'architecture simpliste des listes de certificats de confiance que nous avons en natif dans les magasins de certificats de nos navigateurs, en passant par les communautés d'intérêt, jusqu'à l'architecture avec point focal tel que celui de l'administration fédérale américaine, il existe dans le monde réel plusieurs types d'ICP ou modèles de confiance.

Nous allons présenter dans ce chapitre les architectures d'ICP qui se rencontrent dans le monde réel.

Les modèles de confiance d'ICP

Modèle fermé ou ICP privée

Le modèle qualifié de fermé concerne des communautés d'utilisateurs qui ont des besoins particuliers dans leur environnement de communication. Une entreprise peut par exemple souhaiter sécuriser l'accès à des ressources logiques de son système d'information en authentifiant ses employés et en leur permettant de chiffrer les données sur leur poste local, tout en garantissant sa maîtrise sur ces données.

Le domaine de confiance est alors limité à l'entreprise, ses employés et ses ressources. L'autorité d'approbation des politiques (AAP), décrite au chapitre 2, est alors le comité de direction de l'entreprise qui décide de la mise en œuvre des solutions retenues. Suite à l'expression des besoins des utilisateurs ou aux exigences relatives à la politique de sécurité de l'entreprise, la direction informatique et le responsable de la sécurité des systèmes d'information (RSSI) ont établi les spécifications du système qui répondent aux besoins et ont élaboré une analyse des risques correspondant au choix du produit. Si des besoins d'authentification forte, de traçabilité (*via* signature numérique) et de chiffrement avec capacité de recouvrement ont été identifiés, les différentes solutions ont pu conduire à la décision de mettre en œuvre une ICP.

C'est à ce stade que les différents modèles d'ICP ont pu être comparés, et l'AAP a alors décidé que les besoins étaient strictement internes et n'avaient pas vocation à être tournés vers l'extérieur. Le choix d'un modèle d'ICP a donc été fait. Cette hypothèse étant fixée, nous pouvons essayer d'établir les avantages et les inconvénients d'une telle solution :

Avantages	Inconvénients
• La solution répond aux besoins exprimés. • L'équilibre investissements/besoins est optimal. • La solution retenue peut mettre en œuvre des choix non normalisés qui n'auront pas d'impact en termes d'interopérabilité puisque tous les utilisateurs font partie du même domaine de confiance. Les risques sur les choix d'algorithmes, de longueur de clés ou de support logiciel ou matériel ont été mesurés et n'impactent que le système d'information de l'entreprise. • Le déploiement se fait sous la maîtrise unique de l'entreprise.	• Si l'entreprise souhaite externaliser l'exploitation de la solution, cela peut lui poser certains problèmes. En effet, un opérateur aura plus de facilité à mettre en œuvre une solution normalisée qu'il maîtrise déjà. Le développement et l'exploitation d'une solution spécifique auront pour l'entreprise un impact non négligeable en termes de coût. • La mise en œuvre d'une solution fermée oblige l'entreprise à gérer elle-même son plan de continuité et de reprise (backup). • Par définition la solution est fermée, et donc toute volonté ultérieure d'ouverture vers des partenaires extérieurs à l'entreprise peut conduire à des impossibilités en termes d'interopérabilité dues à des choix non normalisés.

On remarquera néanmoins qu'une entreprise peut très bien mettre en œuvre un modèle d'ICP fermé sur son domaine de confiance interne, dans un premier temps, tout en prenant la précaution de faire des choix normalisés qui pourraient ultérieurement lui permettre de s'ouvrir vers l'extérieur dans un modèle en réseau. Par exemple, le domaine de confiance interne peut être limité à la relation au sein de l'entreprise, entre les employés et pour un objectif d'accès aux ressources internes.

Un exemple concret en est celui du GIP « CPS » (Groupement d'intérêt public Carte de professionnel de santé) qui, dans ses premières versions de carte CPS, avait été conduit à faire des choix d'algorithmes privatifs. En effet, le système CPS fut un précurseur en tant qu'ICP de taille nationale à une époque où les normes n'étaient pas encore stabilisées. Les premières applications du système CPS se déroulant dans un modèle fermé, relatif à la sécurisation des feuilles de soin électroniques, cela ne posait aucun problème. En revanche, la volonté d'ouverture de la solution vers d'autres applications comme la messagerie sécurisée ou même les télédéclarations administratives ont conduit le GIP CPS à concevoir les nouvelles versions de cartes CPS avec des choix normalisés lui permettant d'intégrer un modèle d'ICP en réseau.

Un modèle d'ICP fermé sera de type hiérarchique avec une hiérarchie le plus souvent limitée à un seul niveau, à savoir que l'AC racine émet directement les certificats des utilisateurs finals. Tous les utilisateurs appartiennent par définition au domaine de confiance fermé, chacun d'eux possédant donc le certificat racine de l'AC dans son système. L'analyse de chemin de certification est donc très simple.

Modèle d'ICP en réseau

La réalité du monde économique traditionnel est telle que les sociétés ou communautés d'intérêts doivent communiquer entre elles. Elles s'échangent des données commerciales entre partenaires commerciaux, clients/fournisseurs, entreprises/banques, banques/banques, entreprises/administration, places de marchés, etc. Dans tous ces cas de figure, le besoin d'authentification forte des partenaires est essentiel, parfois également s'y ajoute le besoin de confidentialité des données. Mais des besoins spécifiques apparaissent dans ce type de modèle en réseau : ceux de traçabilité des opérations et de non-répudiation des transactions.

Les différents acteurs commerciaux doivent donc s'accorder sur des règles d'interopérabilité communes afin que les certificats des uns puissent être reconnus par les autres. Cela passe donc par la reconnaissance des PC.

En l'occurrence, plusieurs cas de figure peuvent se présenter. Pour en simplifier la présentation, appelons l'un des partenaires ABC et l'autre DEF :

1. Des accords bipartites s'établissent entre les entreprises ABC et DEF : là encore, il peut y avoir plusieurs cas de figure :
   - L'entreprise ABC impose son ICP à l'entreprise DEF en émettant des certificats à destination des employés de DEF qui doivent être reconnus par l'entreprise ABC. L'entreprise DEF devrait alors analyser scrupuleusement la PC d'ABC avant d'accepter d'y adhérer. Cette solution évite à DEF d'avoir sa propre ICP, mais en revanche elle devient dépendante d'ABC et ne peut pas correctement gérer la non-répudiation car ses clés de signature ont été émises par ABC.
   - Les entreprises ABC et DEF auditent mutuellement leurs ICP respectives. Elles doivent tester les capacités de leurs ICP à interopérer et, si tout va bien, elles établissent un accord de reconnaissance mutuelle de leurs certificats, ce qui reviendra pour chacune d'elles à reconnaître (faire confiance) aux certificats émis par l'autre. Sur le plan technique, elles peuvent simplement charger dans les systèmes informatiques de leurs abonnés les certificats racines de leurs AC respectives. Elles peuvent éventuellement aller plus loin en émettant des certificats croisés de leur clé publique d'AC racine. Dans tous les cas, un des abonnés de l'entreprise ABC peut établir le chemin de certification d'un abonné de l'entreprise DEF, et *vice versa*.

2. Les entreprises ABC et DEF choisissent d'adhérer à un système d'ICP hiérarchique commun dans lequel chacune de leurs ICP sera une branche. Ce peut être le cas en adhérant à une place de marché ou à un système d'ICP globale tel qu'Identrus, réseau de confiance qui est présenté dans les cas concrets d'ICP au chapitre 8. Dans ce cas, chaque ICP doit respecter les spécifications politiques, juridiques, opérationnelles et techniques qui régissent l'ICP de hiérarchie supérieure.

3. Les entreprises ABC, DEF, etc., font partie d'une corporation professionnelle qui a des besoins communs mais chacune d'elles a son autonomie en termes de choix techniques et d'investissements financiers. Elles peuvent choisir de mettre en place un point focal leur évitant une certification croisée deux à deux, le croisement se faisant avec le point focal. C'est le principe du « *Bridge* CA » mis en place par le gouvernement fédéral américain. Ce type de modèle pourrait être retenu par des entreprises nationales de transport qui souhaitent s'interconnecter au niveau international.

Pour qu'un partenaire reconnaisse la PC de l'autre partenaire, il faut qu'il obtienne des garanties suffisantes tant sur la façon dont il est procédé à l'enregistrement des abonnés de l'autre partenaire que sur la gestion de leurs certificats. Pour cela, il doit au minimum analyser la PC de l'autre ICP et demander à obtenir des résultats d'audit indépendant de l'ICP tel qu'un rapport SAS 70 ou une attestation du programme WebTrust pour les autorités de certification (CA Trust). Ces méthodes sont présentées dans la section « L'audit d'ICP » du chapitre 7.

Un modèle d'ICP en réseau peut sur le plan technique passer par un système hiérarchique, une certification croisée, des listes de certificats de confiance ou même un point focal tel que cela est détaillé ci-après.

Avantages	Inconvénients
• Le modèle d'ICP en réseau est certainement celui qui a le plus de chance de se déployer dans les années à venir car il répond aux demandes du marché du commerce électronique. • Il permet de réserver les certificats à de multiples usages au sein d'une même communauté d'utilisateurs. Les investissements qu'il nécessite conduisent leurs promoteurs à étendre l'usage des certificats émis à différentes applications métier. • Il permet la mutualisation des moyens humains en termes de conception globale, et peut permettre également la mutualisation de certaines parties de l'infrastructure technique.	• Il demande un fort investissement de l'AAP en matière de réflexion préliminaire et en choix politiques (exploitation interne, externe, mixte, etc.). En effet, les choix doivent être partagés avec une communauté d'utilisateurs externes à l'entreprise, et cette dernière a donc moins de latitude en la matière. • Les bases juridiques de reconnaissance mutuelle doivent être encadrées scrupuleusement par les juristes des entreprises partenaires. • Les spécifications de l'architecture autorisant le modèle en réseau peuvent conduire à un investissement élevé en termes de technique et d'organisation (voir Identrus).

Les fondements pour l'établissement d'un modèle en réseau pour le domaine des services financiers (ISO/TC68/SC2) ont été détaillés au sein du groupe ANSI/ASC X9 animé par l'American Bankers Association (ABA) dans le document PKI *Practices and Policy Framework*.

Modèle d'ICP ouverte

Le dernier modèle connu sous le nom d'ICP ouverte est en fait le modèle le plus large où tout utilisateur connecté peut potentiellement échanger avec tout autre utilisateur (« any to any »). C'est le principe du « B to C » ou marché grand public sur Internet. N'importe quel internaute peut correspondre par courrier électronique avec un autre internaute ou acheter sur un site Web commerçant. Le modèle est donc largement ouvert et basé sur des règles très informelles, ou en fait tout simplement sur celles du commerce traditionnel. Dans ce cas, les utilisateurs obtiennent des certificats à partir d'opérateurs privés délivrant des certificats en ligne. Les contrôles sur l'identité du demandeur sont très légers, se limitant à l'unicité de l'adresse de messagerie électronique. Le niveau de confiance est donc très limité mais peut suffire si le risque inhérent est également faible (courrier électronique, achats de faible montant).

Toile de confiance

Un exemple particulier de modèle de confiance est celui de la « toile de confiance de PGP », traduction littérale de « *Web of Trust* ». Dans le logiciel de Phil Zimmerman lancé avec fracas au tout début des années 1990, la clé publique d'un utilisateur est signée par un ensemble de « parrains » qui se portent garants de lui. N'importe quel utilisateur de PGP peut signer la clé publique et agir ainsi en pseudo-AC. L'ensemble des certificats devient peu à peu un ensemble de clés publiques interconnectées par ces signatures, d'où l'image d'une toile de confiance.

PGP

PGP, pour *Pretty Good Privacy*, est un logiciel de chiffrement de fichiers qui a été mis en téléchargement libre sur plusieurs sites Internet à une époque où le gouvernement américain interdisait toute exportation non contrôlée de systèmes de chiffrement fort. Phil Zimmermann fut donc poursuivi par le gouvernement américain pour exportation illicite.

Le niveau de confiance est donc très relatif puisqu'il est induit par les niveaux de confiance que l'on veut bien donner aux parrains qui ont signé la clé publique. Il est très difficile d'utiliser ce principe dans un réseau professionnel, hormis pour des relations bilatérales avec des conventions préalables. Pour cette raison, nous ne développerons pas plus en avant ce modèle dans cet ouvrage.

Des modèles de 1 à 5 coins

Les différents modèles de confiance ne sont pas sans rappeler les relations qui existent dans le monde réel des échanges et contrats commerciaux. L'initiative récente de la société Identrus qui spécifie et commercialise une infrastructure d'ICP globale de confiance a introduit le modèle relationnel dénommé à quatre coins (*Four-Corner Model*).

D'une manière générale, dans une ICP impliquant une ou plusieurs entreprises et leurs clients, les relations qui peuvent exister entre les acteurs dépendent du nombre de parties participant à un cycle qui se conclut par une transaction commerciale et, pour la partie sécurité, de la validation des différents certificats. Dans son approche fonctionnelle, Identrus a introduit la notion de « coin » (*corner*) pour caractériser un acteur qui participe au chemin de certification. Un coin peut indiquer :

- le client d'une entreprise ou le serveur Web d'un commerçant sur Internet ;
- la banque du client ou du commerçant, représentée par son AC (jouant le rôle de l'Autorité de validation) ;
- l'AC racine d'Identrus.

En fonction du nombre de coins, nous pouvons distinguer les cinq modèles de confiance suivants :

Nombre de coins	Description de la relation
1	L'entreprise émet des certificats pour ses employés. Les employés s'authentifient auprès du système d'information de leur entreprise. Bien qu'il y ait deux entités en relation, l'employé et l'employeur, on considère qu'il s'agit d'un modèle à un coin parce que, d'un point de vue juridique, tout se passe au sein de la même entité juridique.
2	L'entreprise émet des certificats pour ses clients. Le client accède à une application sécurisée du système d'information de l'entreprise. Dans ce modèle, l'entreprise est toujours l'un des partenaires de la transaction. Un exemple de ce modèle peut être présenté par une banque délivrant des certificats à ses clients pour accéder à leurs comptes « banque à distance ».
3	L'entreprise émet des certificats pour ses clients. Les clients vont effectuer entre eux des transactions. N'étant pas forcément l'une des contreparties des transactions transmises, la banque garantit l'identité des parties, et éventuellement leur capacité à tenir leurs engagements financiers (par exemple : présentation et paiement de factures d'un grand facturier pour tous ses clients, eux-mêmes clients de la banque).
4	Deux clients de deux entreprises différentes vont effectuer une transaction. Les deux entreprises se connaissent et leurs ICP ont des liens de confiance. Exemple : la Banque A valide l'identité de son client dans la transaction qu'il est en train d'effectuer avec un client de la Banque B. La garantie d'identité offerte est basée sur des relations juridiques pré-existantes (par exemple : prise de commande entre deux entreprises participant à une place de marché, chacune au titre de leur banque respective).
5	Transaction entre deux clients de deux banques qui ne se connaissent pas nécessairement au préalable, mais qui sont toutes les deux membres du réseau Identrus (voir le chapitre 7 où les termes utilisés ci-après sont explicités). C'est le modèle relationnel sur lequel Identrus est basé. L'*Issuing Participant* valide l'identité du *Subscribing Customer* dans la transaction qu'il est en train d'effectuer avec le *Relying Customer*. Identrus garantit au *Relying Participant* que l'*Issuing Participant* est toujours membre Identrus et que sa garantie est donc valable. La garantie est basée sur les relations juridiques mises en place par Identrus.

Le modèle que nous présentons comme étant à quatre coins est celui que les familiers du monde de la carte bancaire connaissent bien. Le porteur effectue une transaction par carte chez un commerçant (l'accepteur) qui fait valider la transaction par sa banque (l'acquéreur). Celle-ci, *via* le réseau des cartes bancaires, interroge la banque du porteur (l'émetteur) qui valide ou pas la transaction. Dans ce modèle, toutes les banques appartenant à un réseau interbancaire respectent les mêmes règles et engagements contractuels. Elles se font donc confiance mutuellement.

Bien qu'Identrus appelle également son modèle « *Four-Corner Model* », nous considérons qu'il fait intervenir un acteur supplémentaire : l'AC racine d'Identrus. Tout cela sera détaillé dans le chapitre consacré aux applications utilisatrices de certificats au moyen d'exemples basés sur des cas réels.

Les cinq modèles sont schématisés dans la figure 4-1.

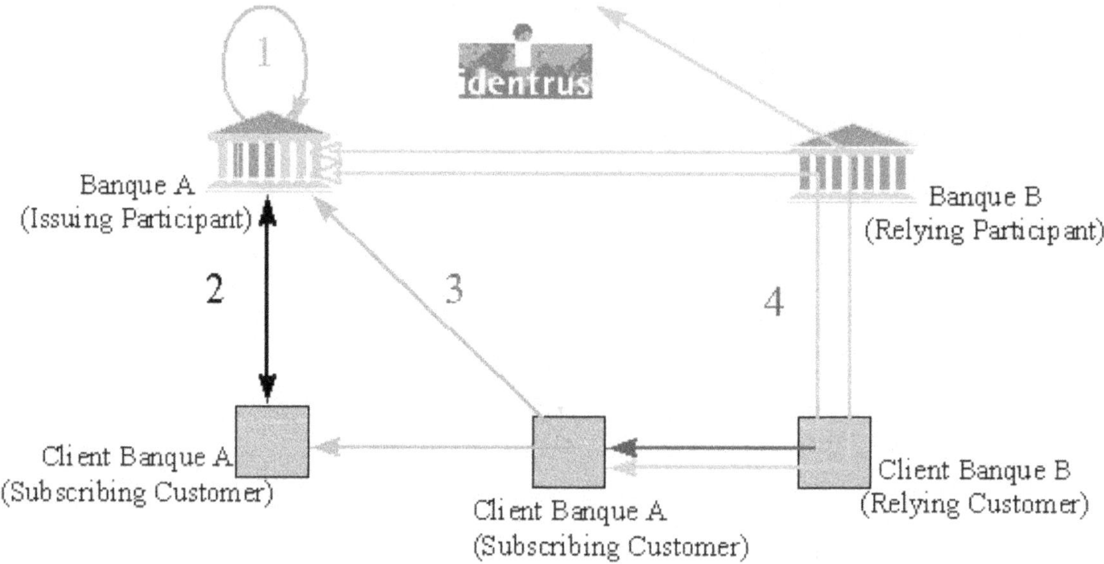

Figure 4-1. Les modèles de 1 à 5 coins

Les architectures d'ICP

Les architectures d'ICP sont directement liées aux modèles de confiance qu'elles vont devoir supporter. Dans un modèle en réseau, un abonné d'une ICP va devoir communiquer avec de nombreux correspondants qui appartiennent ou pas à son domaine de confiance. Afin de déterminer les chemins de certification lors de la validation des certificats, les logiciels des utilisateurs vont devoir disposer de mécanismes automatiques leur permettant de résoudre le chemin jusqu'à ce qu'ils retrouvent un niveau de certificat auquel ils font confiance. Dans ce chapitre, nous allons présenter différentes architectures techniques présentes dans le monde des entreprises.

Pour correspondre aux besoins des utilisateurs, les concepteurs des architectures ICP vont devoir répondre aux questions suivantes :

- Quelles sont les ICP auxquelles un utilisateur fait confiance ?
- Existe-t-il un accord de reconnaissance mutuelle entre l'ICP d'un abonné et d'autres ICP ?

- Quelle est la capacité d'évolution de l'ICP de l'abonné ?
- Quelle est la capacité de l'organisation (humaine et technique) à distribuer des certificats intermédiaires de confiance à tous ses abonnés ?

Ce ne sont en réalité que quelques-unes des nombreuses questions auxquelles le concepteur devra répondre. Nous développerons également dans un chapitre suivant les relations qu'entretiennent une architecture ICP et les différentes PC qu'elle peut supporter.

Nous présentons ci-après quelques architectures types d'ICP correspondant à des besoins fréquemment rencontrés dans la vie réelle des entreprises, sachant qu'il en existe de nombreuses variantes. Nous commençons par celles qui sont dites simples. Elles correspondent à des entreprises qui ont des besoins limités en termes d'applications, ou à des projets pilotes augurant de déploiements d'architectures plus complexes. Sont ensuite décrites les architectures requises par des entreprises plus importantes ou qui ont plusieurs types de certificats à déployer, correspondant à des PC différentes. Pour terminer, nous introduirons des architectures hybrides qui répondent aux besoins de communautés d'utilisateurs disposant déjà d'une ICP et pour lesquelles il est nécessaire d'assurer *a posteriori* une interopérabilité.

Chacune de ces architectures possède ses avantages et ses inconvénients, ses forces et ses faiblesses.

Les architectures simples

Les architectures dites « simples » répondent tout naturellement à une expression de besoins simples de la part d'une communauté d'utilisateurs. Nous verrons que cette notion de « simplicité » peut être interprétée de deux façons. La première correspond à une entreprise qui destine les certificats qu'elle émet à une application très ciblée, tous les abonnés étant considérés à un même niveau de privilège. C'est typiquement le cas d'une société qui veut utiliser les certificats pour authentifier ses employés lorsqu'ils accèdent à ses ressources informatiques. Cela peut concerner aussi le projet pilote d'une entreprise qui souhaite se « faire la main » sur une ICP simple avant de réaliser une ICP plus complexe. Nombre de problèmes de compatibilité de protocoles, de formats, de mise en œuvre de procédures, peuvent en effet être testés sur une telle architecture. L'autre approche distingue le cas où les utilisateurs finals ne sont pas sous le contrôle d'une organisation. Il s'agit typiquement d'applications grand public qui présentent en général peu de risques. Il peut s'agir par exemple pour un internaute de signer ses messages électroniques avec des clés qu'il a fait certifier en ligne auprès d'un opérateur de certification. Il n'a d'autre intention que de s'identifier vis-à-vis de ses correspondants.

À la première approche correspond la notion d'architecture plate. La seconde peut se satisfaire d'une architecture par liste de certificats de confiance. Nous décrivons ci-après ces deux architectures.

Architecture plate

L'architecture plate est une infrastructure ICP où il n'y a qu'une seule autorité de certification. Cette AC est donc « AC racine ». Elle correspond parfaitement à un domaine de confiance fermé sur lui-même. Sa particularité réside en ceci que l'AC n'émet des certificats que pour des utilisateurs finals appartenant au domaine de confiance. Par construction, tous les utilisateurs de cette ICP font confiance à l'AC racine puisque c'est celle qui a émis leur certificat.

La figure 4-2 est un exemple de représentation de ce type d'architecture, où l'entreprise ASSUREX émet des certificats pour ses employés :

> **Remarque**
> Tous les noms de société cités dans nos exemples sont fictifs et toute correspondance avec des sociétés existantes ou ayant existé ne serait que pure coïncidence. Les exemples n'en correspondent pas moins à des cas réels.

Figure 4-2.
Architecture plate

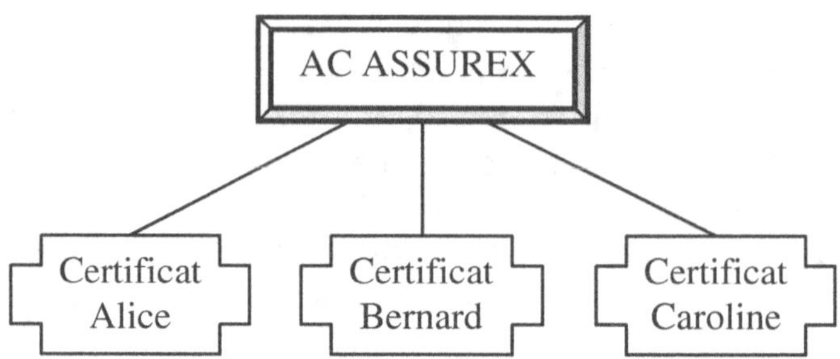

En même temps que son certificat, chaque abonné d'ASSUREX a reçu le certificat de l'AC ASSUREX. Tous les utilisateurs de l'ICP, individus ou serveurs, sont donc munis du certificat de l'AC ASSUREX dans leur logiciel. Le chemin de certification est alors simple à construire et à valider, tous les certificats étant certifiés par la clé de signature de l'AC ASSUREX. Lorsque le logiciel de validation du chemin de certification de Bernard reçoit un document signé par Caroline, il note que le certificat de Caroline est signé par l'AC ASSUREX, qui est également celle de Bernard. Il n'y a pas plus simple chemin de certification.

Dans ce cas d'école, la PC d'ASSUREX stipule que les utilisateurs du domaine de confiance fermé d'ASSUREX n'acceptent dans leurs machines que le certificat racine de l'AC ASSUREX. Cette dernière doit également émettre périodiquement ses LCR, qui correspondent aux numéros de série des certificats qui doivent être révoqués.

Avantages	Inconvénients
• L'architecture plate est très simple à gérer. • Elle peut être mise en œuvre avec des logiciels standards du marché tels que l'ICP de Windows 2000. • Elle correspond parfaitement à l'attente d'organisations qui ont peu d'applications, et une population d'utilisateurs relativement faible. • C'est l'architecture idéale pour tester la mise en œuvre des processus opérationnels d'une ICP à une échelle réduite.	• Elle peut difficilement évoluer vers de nouvelles applications qui auraient des besoins plus importants en termes de fonctionnalités des certificats. En effet, si les types d'utilisateurs de l'ICP se diversifient ou si de nouvelles applications voient le jour, cela impactera fortement les exigences de gestion des certificats et des utilisateurs. • Étant très liée à un modèle d'ICP fermé, l'architecture plate en supporte les inconvénients, à savoir qu'il est très difficile de la faire évoluer vers des domaines de confiance externe à l'ICP de base. Si Bernard souhaite, de façon impromptue, communiquer avec Zoé qui travaille pour la société ASSUR-TOUT, il aura des difficultés à établir le chemin de certification qui va bien. • En termes de sécurité, comme une architecture plate n'a qu'un seul point de certification, cela implique qu'une compromission éventuelle de la clé racine, ici celle de l'AC ASSUREX, entraînerait la révocation de tous les certificats qu'elle a émis. Tous les utilisateurs devraient alors être immédiatement informés de ne plus faire confiance à la validation du chemin de certification, et, après regénération des clés de l'AC racine, cette dernière devrait émettre de nouveaux certificats pour tous les abonnés.

Liste de certificats de confiance

L'architecture dite à liste de certificats de confiance est le système de base dans le monde des logiciels d'Internet, comme les navigateurs et les systèmes de messagerie. Elle est en quelque sorte une extension du système d'architecture plate où les utilisateurs ont dans leur navigateur plusieurs certificats de confiance. Cette architecture est celle qui est en fait utilisée par les internautes qui se connectent avec leur navigateur sur des sites Web commerçants, dès lors que la session devient sécurisée. Une session SSL est négociée entre le client et le serveur qui dispose d'une clé asymétrique pour s'authentifier vis-à-vis du client. Le plus souvent, les certificats serveurs sont émis par des AC dont les certificats racines sont déjà en natif dans la liste de confiance des navigateurs.

SSL

SSL (pour Secure Socket Layer) est un protocole de sécurité sur TCP (Transmission Control Protocol) qui permet d'établir une session en mode sécurisé avec authentification du serveur (en SSL V2) ou des deux parties, serveur et client (en SSL V3), si le client dispose de clés d'authentification et d'un certificat. Qui plus est, l'échange est chiffré pour en assurer la confidentialité. TLS (Transport Layer Security) est la version normalisée par l'IETF de SSL V3.

Il convient tout de suite d'attirer l'attention du lecteur sur le risque de dérive que présente une telle architecture et de bien insister sur ce que veut dire un certificat de confiance. Quand nous parlons de certificat de confiance dans cet ouvrage, nous faisons référence à des certificats d'AC qui ont été préalablement « évaluées comme dignes de confiance ». Cette notion sera détaillée ultérieurement dans cet ouvrage, mais contentons-nous ici de dire que les responsables de l'organisation qui base ses relations d'affaires sur la reconnaissance de certificats émis par cette AC ont fait des démarches directes ou indirectes pour valider les processus opérationnels de l'AC en question.

Or, lorsqu'un utilisateur est doté d'une machine qui dispose de logiciels Microsoft, il constate que son navigateur possède en natif une liste de certificats. Si vous disposez d'Internet Explorer (IE) 5.0, faites les actions suivantes :

- lancez IE 5.0 ;
- dans la barre d'outils, allez dans Outils/Options Internet/Contenu ;
- pressez ensuite le bouton Certificats.

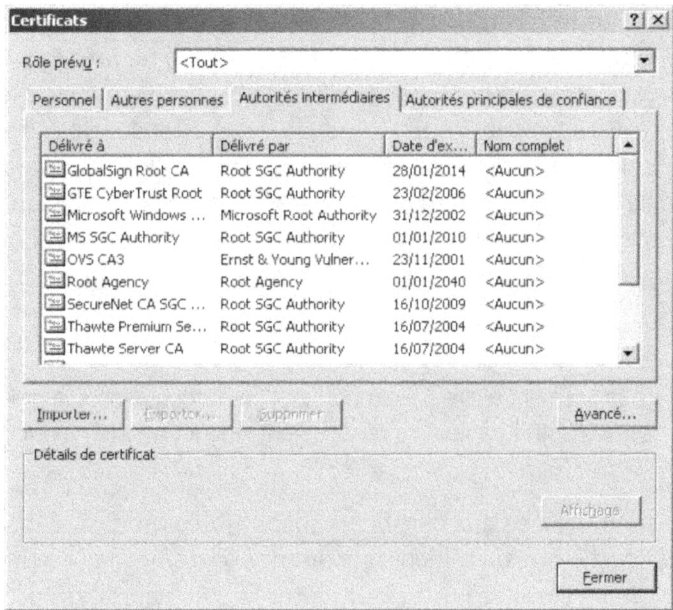

Vous découvrez alors les quatre magasins de certificats :

- personnel : qui contient vos certificats si vous vous êtes abonné auprès d'une AC ;
- autres personnes : qui contient les certificats de vos partenaires privilégiés ;
- autorités intermédiaires : qui contient les certificats des AC intermédiaires ;
- autorités principales de confiance : qui contient les certificats des AC racines auxquelles vous êtes supposé faire confiance.

Maintenant, si vous activez l'onglet Autorités principales de confiance, vous découvrez une liste de certificats au sujet desquels les sociétés commerciales qui les promeuvent ont établi un accord avec Microsoft afin que leur certificat d'AC racine soit intégré en natif dans le navigateur.

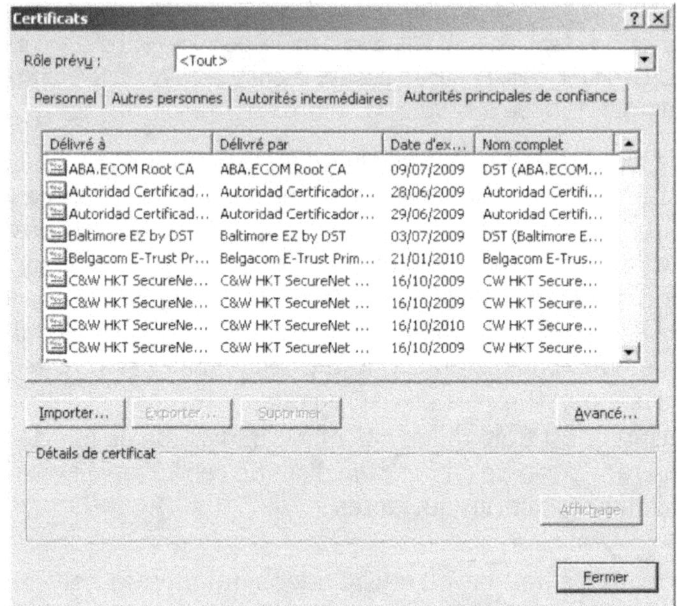

La question qui doit nous venir à l'esprit est la suivante : « Quelle confiance devons-nous accorder à ces AC qui nous sont proposées ? ». En effet, il ne faut pas confondre interopérabilité et confiance. Certes, le fait que le certificat de Verisign (par exemple) soit en natif dans le navigateur évite à tous les utilisateurs, qui vont aller sur des sites Web sécurisés par SSL à l'aide d'un certificat serveur émis par Verisign, de devoir préalablement charger le certificat racine de l'AC Verisign dans leur système. Mais cela est une facilité en termes d'interopérabilité, car très peu d'utilisateurs ont fait la démarche pour obtenir la PC de Verisign disponible sur son site Web, et rien ne dit si oui ou non ils accepteraient de lui accorder leur confiance.

> **Remarque**
>
> Verisign est pris ici uniquement à titre d'exemple car il fut historiquement le premier à être en natif dans les navigateurs de Microsoft. Les auteurs ne sous-entendent pas que Verisign ne puisse pas être de confiance.

Mais tout cela ne se limite pas aux certificats disponibles en natif dans les navigateurs. En effet, rien n'est plus facile que de télécharger sur nos systèmes les certificats racine d'opérateurs de certification, ne serait-ce que pour tester la convivialité du processus et scruter le contenu de ces certificats. Ce n'est pas pour autant que nous allons baser une relation commerciale avec une société qui obtiendrait ses certificats auprès de cet opérateur.

Une architecture à base de liste de certificats de confiance convient à un modèle de confiance où l'AAP a « accrédité » certaines ICP sur les bases de critères qu'elle s'est fixés. L'AAP communique alors à ses utilisateurs la liste des ICP qu'elle juge digne de confiance et sur la base desquels elle accepte d'établir des relations d'affaires. La consigne est donnée aux utilisateurs soit d'accepter la reconnaissance de chemin de validation ayant au plus haut niveau l'un des certificats déjà présents dans le navigateur, soit de télécharger dans celui-ci le certificat racine d'un autre opérateur.

Reprenons l'exemple précédent où Alice, Bernard et Carole sont munis de certificats signés par leur employeur ASSUREX. Certains employés d'ASSUREX doivent travailler régulièrement avec des agents de la société ASSURTOUT et les comptables d'ASSUREX doivent échanger des documents signés avec la Banque nationale du crédit professionnel (BNCP).

Après analyse de leur PC et un audit poussé, l'AAP d'ASSUREX a accrédité la société Verisign qui émet les certificats des employés d'ASSURTOUT et l'ICP interne de la BNCP. L'AAP a donc donné la consigne à ses employés de considérer le certificat racine de Verisign comme digne de confiance et leur a donné la procédure qui permet de récupérer le certificat racine de l'ICP BNCP dans leur navigateur. Tous les chemins de certification remontant à l'un des trois certificats suivants seront considérés comme valides par l'AAP (voir figure 4-3) :

- Certificat AC ASSURTEX racine,
- Certificat Verisign racine,
- Certificat BNCP racine.

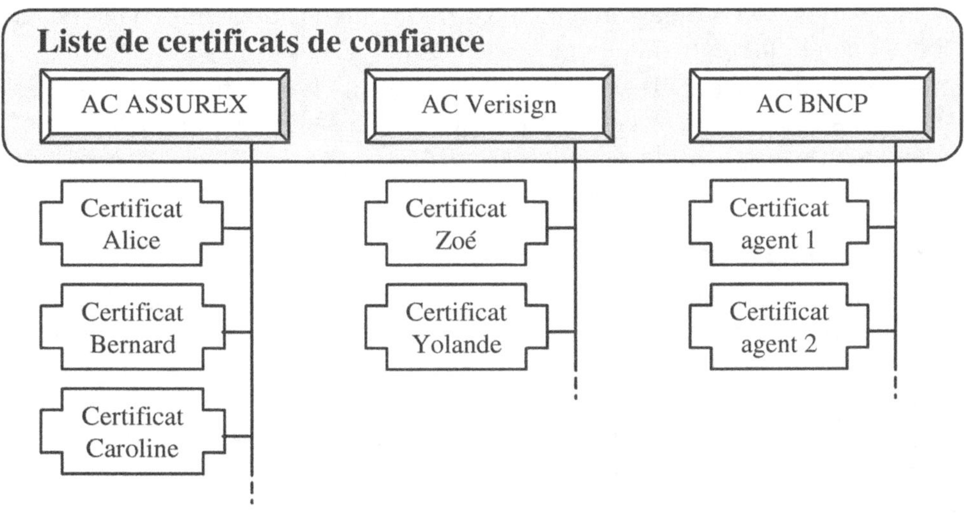

Figure 4-3. Liste de certificats de confiance

Pour contrôler complètement le domaine de confiance des utilisateurs d'ASSUREX, l'AAP devrait demander à ses utilisateurs de supprimer de leur navigateur tous les certificats présents par défaut et qui ne sont pas considérés comme étant de confiance.

Avantages	Inconvénients
• L'architecture à base de liste de certificats de confiance est certainement la plus simple à mettre en œuvre d'un point de vue technique car elle correspond aux capacités natives des serveurs Web et des navigateurs du commerce. • Le chemin de certification est simple et basé sur une multiplicité d'architectures plates. • Il n'y a pas lieu de mettre en œuvre des moyens techniques sophistiqués pour ajouter une nouvelle AC de confiance.	• La confiance dans les certificats d'AC présents dans la liste est basée sur une approche uniquement organisationnelle. • Le pilotage des utilisateurs est complexe : il est très difficile de garantir le maintien à jour de la liste dont la responsabilité incombe à chaque utilisateur du domaine de confiance. • Les utilisateurs peuvent charger des certificats d'AC à l'insu de l'AAP. • Les versions de navigateurs actuelles ont des capacités relativement limitées en termes de construction et de validation du chemin de certification, ce qui limite l'évolution d'une telle architecture vers des applications complexes. • Le maintien de la confiance passe par des audits réguliers des ICP dont l'AC est dans la liste. • En cas de compromission de l'une des AC de confiance, l'information doit être diffusée à l'ensemble des utilisateurs qui doivent supprimer le certificat correspondant de leur navigateur. Il est à la fois très difficile de garantir que tous les utilisateurs auront bien l'information et de s'assurer que tous les utilisateurs appliqueront correctement la consigne.

Les architectures évoluées

Les architectures simples que nous venons de décrire ne conviennent pas à des entreprises où les certificats sont destinés à être utilisés par plusieurs communautés d'utilisateurs, dans le cadre de multiples applications sécurisées. Comme nous l'avons déjà dit, une ICP doit pouvoir s'adapter aux besoins et à l'organisation de l'entreprise, et non l'inverse. Nous allons maintenant décrire des architectures fréquemment présentes dans les entreprises qui doivent gérer différents domaines de confiance.

Commençons par celle qui est sans doute l'architecture la plus fréquente : elle est appelée hiérarchique à cause de sa structure arborescente. La seconde que nous présenterons est nommée architecture hybride car elle est basée sur des relations croisées entre des AC d'une même hiérarchie.

Architecture hiérarchique

L'architecture hiérarchique est celle qui a été décrite originellement dans la première version de la norme X.509. Il n'y a rien d'étonnant à cela puisque la norme X.509 est un sous-ensemble de la norme X.500 qui décrit la structure des annuaires d'entreprises sous une forme arborescente. Cette structure correspond par ailleurs à l'organisation traditionnelle, pyramidale, des entreprises. La transmission de la confiance repose sur le fait que chaque niveau de la pyramide est certifié par le niveau supérieur.

Dans l'architecture hiérarchique, il existe de multiples AC qui émettent des certificats pour des communautés données d'utilisateurs ou pour des applications de sécurité données. À la base (on peut également dire au plus haut niveau) se trouve l'AC racine qui émet des certificats pour d'autres AC appelées AC intermédiaires, subordonnées ou filles. La racine doit être « implicitement » de confiance, c'est-à-dire que les niveaux inférieurs ne peuvent pas mettre en doute sa crédibilité. Ces AC peuvent à leur tour émettre des certificats pour d'autres AC qui leur sont subordonnées ou pour des utilisateurs finals. Dans une architecture hiérarchique complexe, une AC fille peut être à la fois subordonnée à une AC supérieure et être aussi supérieure à une autre AC qui lui est subordonnée. Tous les utilisateurs finals et toutes les AC intermédiaires font confiance à l'AC racine.

À l'intérieur du domaine de confiance global de l'AC racine, chaque abonné va pouvoir construire le chemin de certification d'un autre abonné du même domaine de confiance en remontant *via* les AC filles jusqu'à l'AC racine. Sur le plan technique, le certificat racine est auto-certifié, c'est-à-dire qu'il est signé par la clé privée de l'AC racine. Dans des certificats auto-signés, les champs *sujet* et *issuer* sont identiques.

Pour ajouter une nouvelle branche à l'intérieur d'une architecture hiérarchique, il suffit que l'AC racine ou une AC intermédiaire crée une biclé pour la nouvelle AC et signe le certificat correspondant. La nouvelle AC devient subordonnée à l'AC qui a émis son certificat.

Figure 4-4.
Architecture hiérarchique

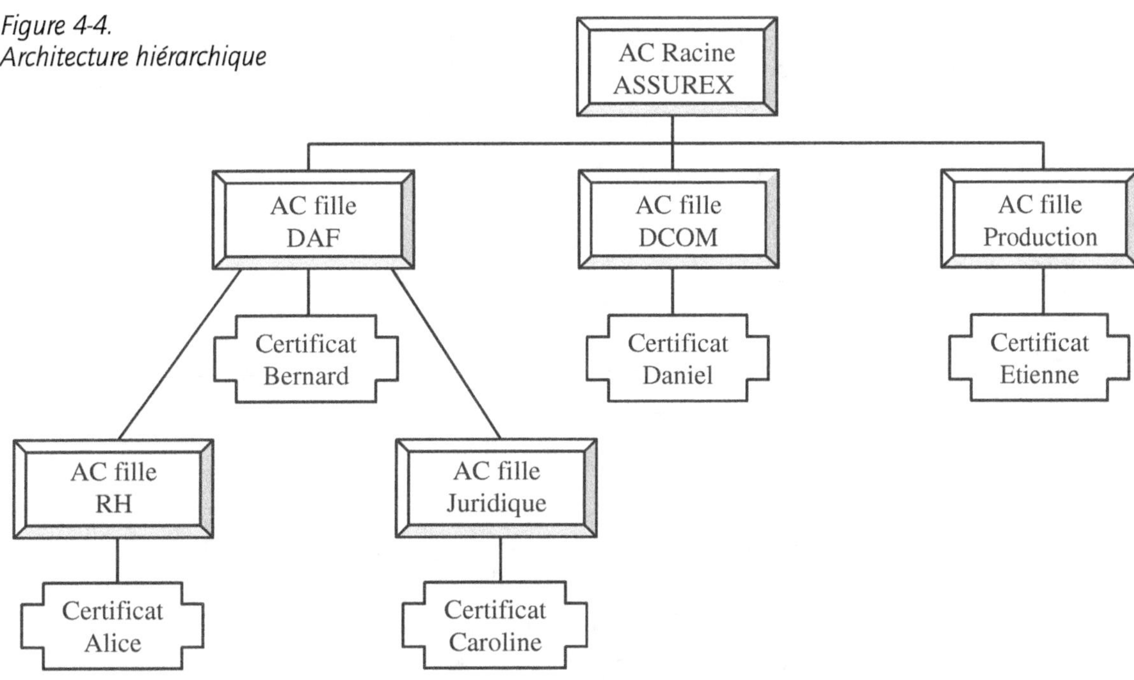

La figure 4-4 montre un exemple d'architecture hiérarchique appliqué à l'entreprise ASSUREX. L'AC racine a signé plusieurs AC filles correspondant à des directions fonctionnelles de l'entreprise. Dans cette architecture spécifique, l'AC fille de la direction administrative et financière a émis les certificats de ses deux AC filles des ressources humaines et de la direction juridique, mais elle peut également émettre directement des certificats d'utilisateur final pour les employés qui travaillent à la DAF.

Si ASSUREX veut rajouter une nouvelle branche pour son département recherche et développement, elle peut de même l'intégrer directement sous la racine ou la faire dépendre de la direction de la production (voir figure 4-5 et 4-6).

Dans le premier cas, le certificat de l'AC fille R&D sera signé par la clé de l'AC racine ASSUREX. Lorsque Alice reçoit un document signé par François, son système reconstruit le chemin de certification de la façon suivante :

<Cert_François> ➡ <Cert_AC_R&D> ➡ <Cert_AC_Racine_ASSUREX>auto-certifié

Le certificat <Cert_AC_Racine_ASSUREX> est considéré comme étant de confiance par Alice. Le chemin de certification est donc construit.

Dans l'autre cas, l'AC fille R&D sera signée par la clé de l'AC fille production. Lorsqu'Alice reçoit un document signé par François, son système reconstruit le chemin de certification de la façon suivante :

<Cert_François> ➡ <Cert_AC_R&D> ➡ <Cert_AC_Production> ➡
<Cert_AC_Racine_ASSUREX>auto-certifié

Le certificat <Cert_AC_Racine_ASSUREX> est considéré comme étant de confiance par Alice. Le chemin de certificat est donc construit.

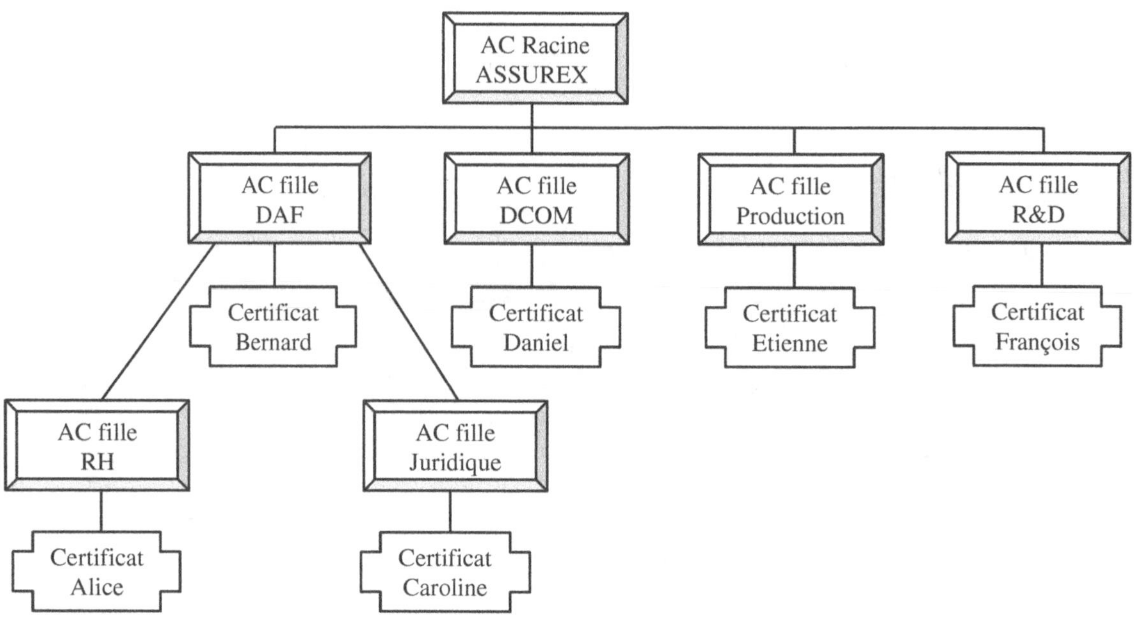

Figure 4-5. Ajout d'une AC fille sous la racine

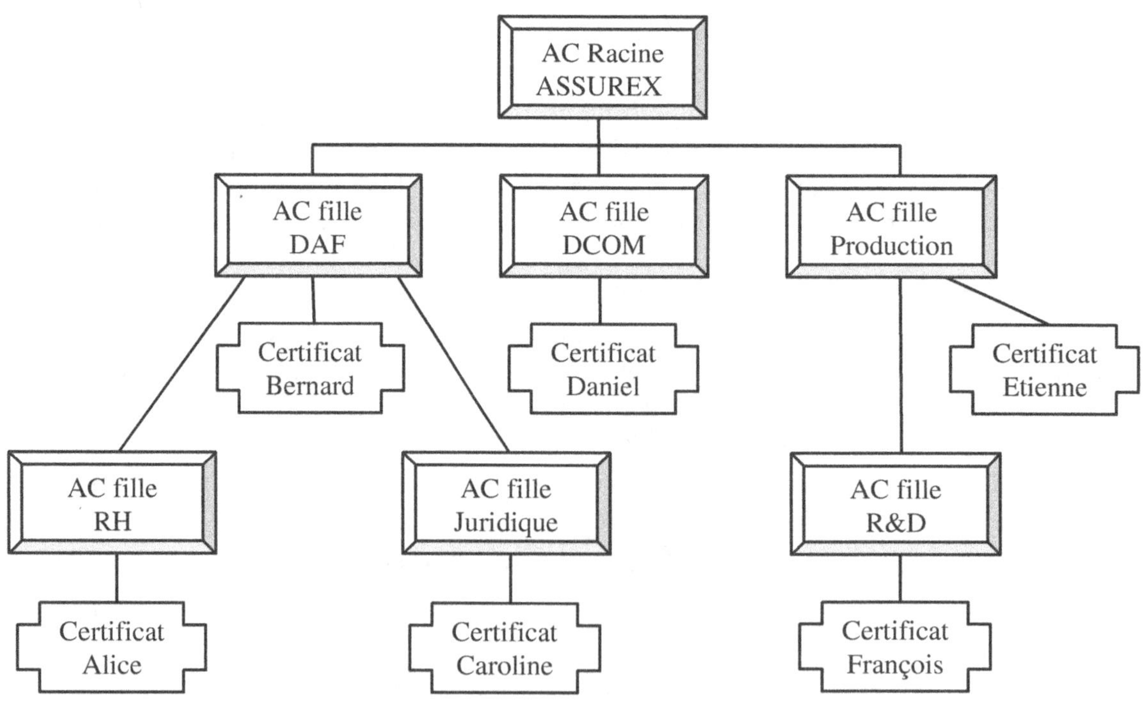

Figure 4-6. Ajout d'une AC fille sous une autre AC fille

On notera que le principe serait identique si ASSUREX faisait l'acquisition d'une autre entreprise, ici, AGMF, qui dispose elle-même d'une ICP (voir figure 4-7). Dans l'exemple présenté ci-après, AGMF est rachetée par ASSUREX ; comme cette dernière se retrouve dans une position dominante, elle peut imposer son ICP et insérer celle d'AGMF dans la sienne (bien sûr, toutes ces hypothèses forment un cas d'école et nombre de facteurs réels pourraient conduire à une conclusion inverse).

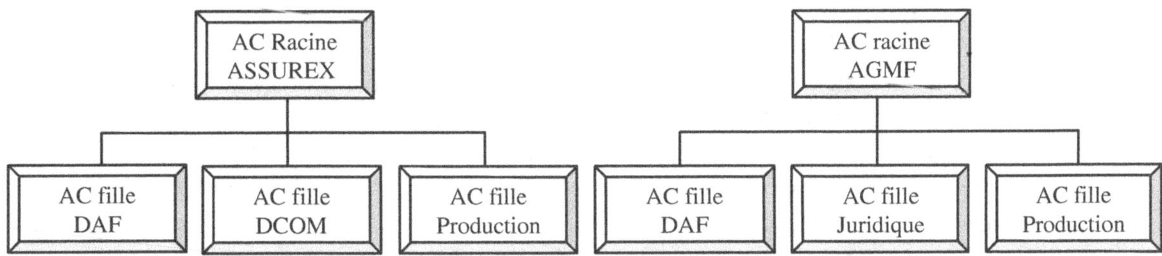

Figure 4-7. Architecture ICP avant fusion

Nous observons que, dans une première phase, l'ICP d'AGMF a été insérée dans celle d'ASSUREX (voir figure 4-8). L'ancienne AC racine d'AGMF est devenue une AC fille de l'AC racine d'ASSUREX, au même titre que les direction DAF, DCOM ou production d'ASSUREX. Pour cela, la clé publique de la biclé racine d'AGMF a été certifiée par ASSUREX, sous la forme d'un nouveau certificat d'AC fille émis et signé par l'AC racine d'ASSUREX. Tous les anciens employés d'AGMF doivent charger dans leurs machines le certificat de l'AC racine d'ASSUREX. Dès lors, tout employé d'ASSUREX sera capable de construire le chemin de certification du certificat d'un employé d'AGMF jusqu'à la racine ASSUREX.

*Figure 4-8.
Architecture ICP
après fusion phase 1*

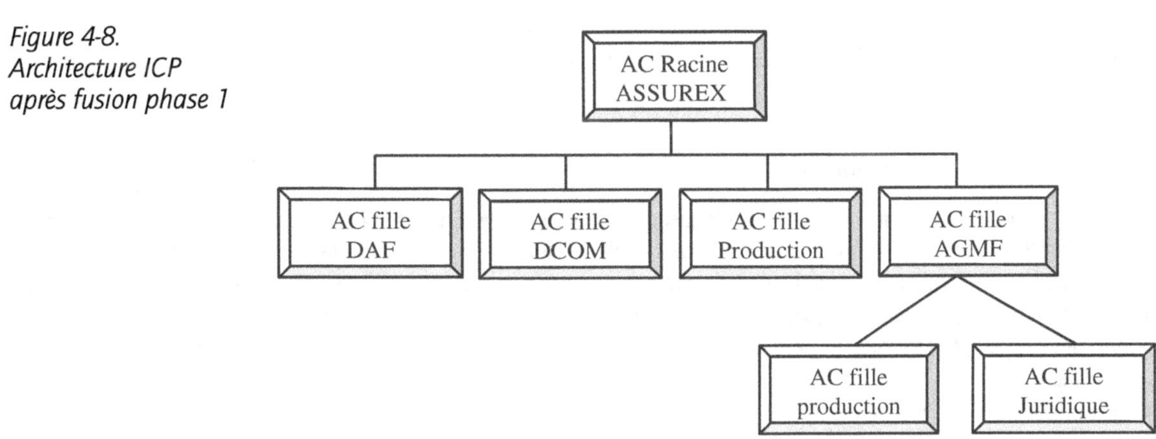

Dans cet exemple, nous pouvons remarquer que la direction DAF d'AGMF a été supprimée et qu'elle a directement fusionné avec celle d'ASSUREX. La branche juridique a pu être conservée pour diverses raisons (AGMF est peut être une filiale d'ASSUREX), et la branche production peut continuer à avoir des particularités qui tiennent à son activité et aux applications métier d'AGMF. Il est fort probable que, dans une phase 2, l'AC fille production d'AGMF devienne une AC fille de l'AC production d'ASSUREX.

Profondeur de la hiérarchie

Les deux variantes de l'exemple précédent sur l'ajout d'AC dans une ICP hiérarchique montrent que dans un cas le chemin de certification est plus long que dans l'autre. En effet, en rajoutant l'AC fille R&D sous la racine, la profondeur de cette branche de l'ICP est de 1, alors qu'en y procédant sous l'AC Production, la profondeur est de 2.

On calcule la profondeur d'une branche d'ICP en comptant le nombre d'AC filles qui figurent entre l'AC racine et le certificat d'utilisateur final. Le champ d'extension optionnel *BasicConstraints* d'un certificat d'AC indique la profondeur maximale qui peut s'ensuivre. Dans la première variante que nous avons présentée, le champ *BasicConstraints* contient la valeur 0 dans le sous-champ *pathLenConstraint*, ce qui veut dire que l'AC ne peut pas certifier d'autres AC inférieures. Dans la seconde variante, la valeur du sous-champ *pathLenConstraint* de l'AC racine ASSUREX peut être fixée à 2 ou plus.

Cette approche nous permet de constater que l'ICP ASSUREX qui a été présentée dans le paragraphe relatif à l'architecture plate a une profondeur de 0, car il n'y a pas d'ICP intermédiaire, tous les certificats d'abonnés étant émis directement par l'AC racine. En revanche, dans les exemples que nous venons de décrire, nous notons que l'ICP ASSUREX est de profondeur 2.

Vous pouvez en consulter des exemples concrets dans vos navigateurs, par exemple (en français, champs Contraintes de base/Contraintes de longueur de chemin d'accès) :

- Dans le certificat racine 'Certiposte Classe A Personne', la profondeur maximale est fixée à 3.
- Dans le certificat racine 'Class 3 Primary CA' de Certplus, la profondeur maximale est fixée à 10.
- Dans le certificat racine 'Equifax Secure Global eBusiness CA-1', la profondeur maximale est indiquée à « Aucun(e) », ce qui signifie qu'il n'y a pas d'AC subordonnée.

En théorie, la profondeur d'une ICP n'a pas de limite, puisque l'on pourrait toujours rajouter une AC fille sous une AC intermédiaire. Dans la réalité, de nombreuses raisons restreignent cette vision :

- Tout d'abord, il n'existe aucune réalité organisationnelle qui justifie de créer une ICP avec une profondeur importante.
- La construction et la validation d'un chemin de certification à grande profondeur ont un impact important sur les temps de traitement.
- La capacité actuelle des outils de validation de chemin de certification est aujourd'hui limitée.

Avantages	Inconvénients
• L'architecture hiérarchique permet de s'adapter facilement aux modifications en termes d'organisation des sociétés qui, pour la plupart, sont elles-mêmes hiérarchiques. • L'ajout de nouveaux niveaux à l'intérieur d'une ICP hiérarchique est simple dès lors que la même solution technologique est utilisée. • La construction du chemin de certification est simple pour tous les abonnés qui appartiennent, globalement, au domaine de confiance sous l'AC racine. • La stratégie de nommage peut être alignée sur l'annuaire interne de l'entreprise (s'il existe). • En cas de compromission d'une AC fille, seuls les abonnés de cette AC fille voient leur service interrompu. Tous les certificats émis par cette AC fille sont révoqués ainsi que le certificat de cette dernière. Les abonnés des autres AC peuvent continuer leurs échanges en toute sécurité. L'AC de niveau supérieur doit réémettre une nouvelle biclé de signature et le certificat correspondant à l'AC fille, qui va ensuite réémettre les clés et certificats de ses abonnés.	• En cas de modification dans l'organisation qui entraîne la suppression ou la fusion de niveaux, il est nécessaire de réémettre les certificats d'abonnés qui en dépendent. • L'architecture hiérarchique correspond à un domaine de confiance fermé où tous les abonnés font confiance à l'AC racine. Cela correspond rarement à la réalité des relations commerciales, même si des tentatives d'ICP globale sont en train de se mettre en place. • La compromission de la clé racine de l'ICP aurait des conséquences catastrophiques sur l'ensemble de la hiérarchie. • Ajouter une branche d'ICP dont la solution technologique est différente de celle de l'ICP principale peut se révéler complexe, voire se solder par un échec.

Les architectures hybrides

À partir des architectures simples que nous venons de décrire, il est toujours possible de construire des systèmes plus complexes en fonction des besoins concrets des entreprises. Par exemple, si deux sociétés doivent fréquemment valider des transactions mutuelles dans le cadre d'un accord contractuel préalable, il est possible de concrétiser cet accord par une facilité technique qui va automatiser la validation du chemin de certification entre leurs ICP respectives. Cela conduira à établir une certification croisée des AC racines. Dans d'autres cas, de multiples institutions vont souhaiter nouer des relations et, pour les simplifier, elles vont passer par un point focal qui servira de pont entre les diverses ICP. Ce sont ces architectures hybrides que nous allons présenter à présent.

Certification croisée

Préalablement à l'établissement d'une certification entre deux ICP, les AAP des deux organisations ont procédé à une étude d'impact de ce croisement. À cette fin, elles auront au moins :

- analysé leurs PC respectives, et en particulier les procédures d'enregistrement des abonnés et de révocation des certificats ;
- analysé leurs contraintes d'exploitation mutuelles et les impacts des éventuelles différences sur la continuité d'activité de leur propre ICP ;
- analysé les risques métiers et en termes de sécurité d'une telle certification croisée ;
- procédé à des audits mutuels de leurs sites d'exploitation ;
- établi un accord contractuel de reconnaissance mutuelle de leurs certificats et quant à leurs limites respectives de responsabilités.

Une fois que ces démarches ont été effectuées, leurs équipes techniques peuvent procéder aux opérations que requiert la certification croisée. Il leur faut notamment établir une relation deux à deux entre les clés publiques des racines des deux ICP.

Reprenons notre exemple des ICP ASSUREX et AGMF (voir figure 4-9). Supposons qu'elles veuillent établir une certification croisée. Pour l'instant, les abonnés d'ASSUREX possèdent le certificat racine de l'AC ASSUREX auto-certifié, <Cert_AC_Racine _ASSUREX>auto-certifié, et, de leur côté, les abonnés d'AGMF possèdent le certificat racine de l'AC AGMF auto-certifié, <Cert_AC_Racine_AGMF>auto-certifié.

Pour établir cette certification croisée, chaque AC racine doit certifier la clé publique racine de l'autre ICP. Pour ce faire, elle va émettre un certificat ayant pour sujet le nom de l'AC racine de l'autre. Ensuite, chaque AC racine va combiner cette paire (le certificat qu'elle a émis et le certificat qu'elle a reçu de l'autre) dans un attribut d'annuaire commun appelé *crossCertificatePair*. Cet attribut supporte des chaînes de certificats qui peuvent se valider dans les deux directions. L'attribut *crossCertificatePair* contient deux certificats appelés *forward* et *reverse* que l'on pourrait traduire par avant et arrière. Le sujet du certificat *forward* est l'émetteur du certificat *reverse*, et inversement. Quand l'AC ASSUREX se croise avec l'AC AGMF, dans l'attribut *crossCertificatePair* de ASSUREX, AC_Racine_ASSUREX est le sujet du certificat *forward* (AGMF en est l'émetteur), et AC_Racine_AGMF est le sujet du certificat *reverse* (ASSUREX en est l'émetteur). À l'inverse, dans l'attribut *crossCertificatePair* de AGMF, AC_Racine_AGMF est le sujet du certificat *forward* (ASSUREX en est l'émetteur), et AC_Racine_ASSUREX est le sujet du certificat *reverse* (AGMF en est l'émetteur).

Lorsqu'Alice reçoit un document signé d'Étienne, elle construit le chemin de certification de la façon suivante :

<Cert_Etienne> ➡ <Cert_AC_Racine_AGMF>
➡ <Cert_AC_Racine_ASSUREX>auto-certifié.

Figure 4-9. Certification croisée entre ASSUREX et AGMF

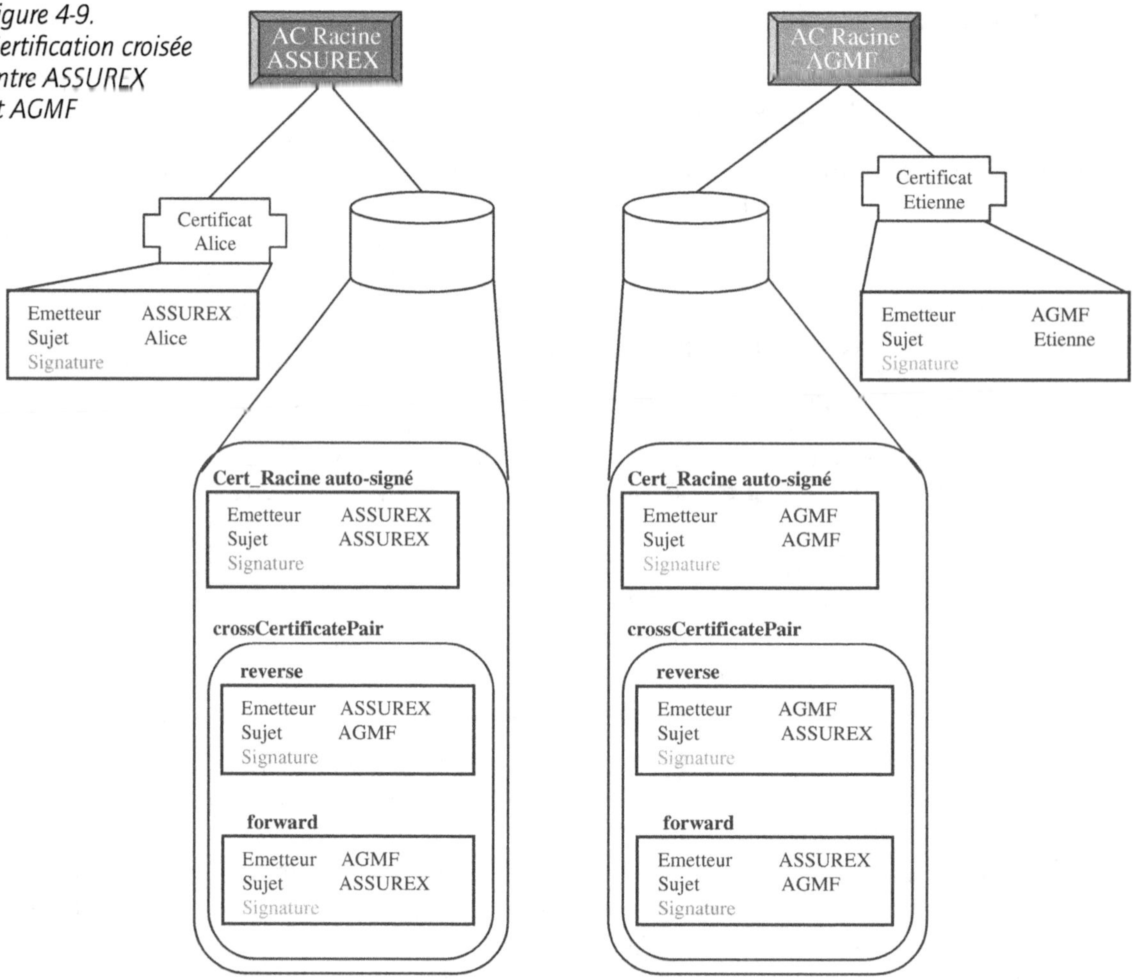

Si ASSUREX doit établir des certifications croisées avec plusieurs autres AC, la gestion du processus peut rapidement devenir complexe. Puisque la certification se fait deux à deux, le nombre de relations croisées pour n AC est de $n(n-1)/2$, qui est la formule bien connue de la somme des entiers de 1 à n. Dans la figure 4-10, le nombre d'AC est de six. Il y a donc quinze certifications croisées entre ces six AC, et par conséquent deux fois plus de certificats croisés, soit trente certificats, rien que pour l'interopérabilité des AC racines.

Figure 4-10. Certification croisée entre six AC

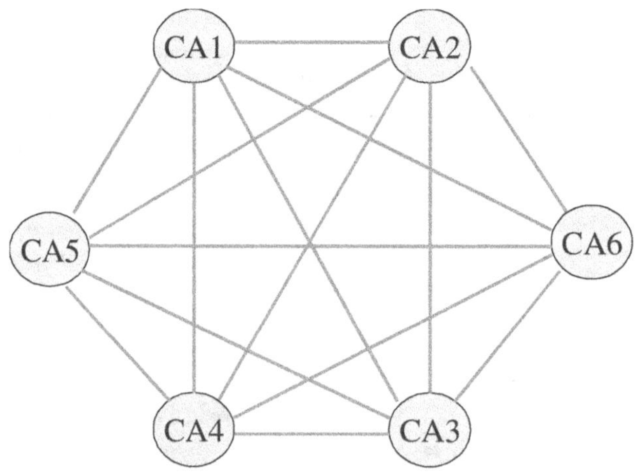

Avantages	Inconvénients
• Cette architecture est flexible. Elle permet des associations spécifiques entre AC et reflète une relation commerciale sur une confiance bilatérale. • Elle convient lorsque des organisations ont des liens commerciaux forts et fréquents. • En cas de compromission de la clé privée d'une AC, la récupération du mode opérationnel ne nécessite que la redistribution du nouveau certificat croisé aux autres AC.	• La certification croisée est assujettie à l'acceptation de la PC de l'autre AC. On parle alors de recouvrement de politique ou de « *policy mapping* ». Les AAP de chaque ICP doivent procéder à des analyses de risques et à des audits préalables à l'accord de certification croisée. • Les stratégies de recherche du chemin de certification peuvent être plus complexes que dans une architecture hiérarchique. • Comme la certification croisée se fait deux à deux, si le nombre d'AC en relation est élevé, le processus devient rapidement complexe, puisqu'il s'agit d'un processus d'ordre n^2. • Les aspects techniques de la certification croisée entre fournisseurs de technologie différents restent à vérifier et à tester.

Point focal (Bridge CA)

Le concept de point focal, traduction que nous avons donnée à l'appellation « B*ridge* CA », a été pour la première fois mentionnée dans les travaux du NIST pour le compte du gouvernement fédéral américain. L'ICP fédérale américaine, ou FPKI, est une initiative qui a pour objet de supporter d'une façon sécurisée les communications entre les agences fédérales américaines, ainsi qu'avec d'autres branches du gouvernement fédéral, ou avec les différents États, voire avec les entreprises et le grand public. Mais l'organisation fédérale américaine est loin d'être organisée d'une façon hiérarchique. De multiples initiatives d'ICP locales et décentralisées avaient déjà été lancées qui avaient apporté des bénéfices reconnus en termes de simplification des échanges et de rapidité des traitements. Néanmoins, le défi pour l'ICP fédérale américaine était de mettre en relation des projets d'agences qui utilisaient des technologies ICP de vendeurs différents dans un réseau de confiance qui serait fiable en matière d'interopérabilité.

Pour répondre à ce modèle de confiance en réseau, une solution de certification croisée semblait appropriée, cependant, au vu du nombre d'agences fédérales à connecter, cela aurait conduit à un nombre tout à fait ingérable de certificats croisés. Dans le Bridge CA, l'idée consiste en fait à créer une AC supplémentaire dont le seul rôle est d'assurer un point focal de certification croisée. Chaque AC d'agence établit une certification croisée avec ce point focal qui va la mettre de fait en relation avec toutes les AC qui y sont déjà connectées. Ce principe peut être représenté par la figure 4-11 où nous avons encore six AC mais qui, cette fois, sont croisées avec l'AC point focal.

Figure 4-11. Certification croisée avec le point focal

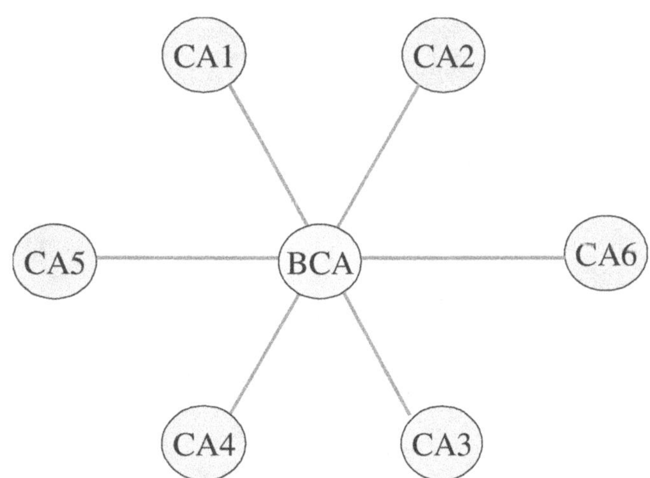

Contrairement à la certification croisée deux à deux, dans cette approche, les certifications croisées sont au nombre de six, et les certificats croisés de douze.

Avantages	Inconvénients
• Les avantages sont globalement ceux énoncés pour l'architecture en certification croisée.	• Les inconvénients sont globalement ceux énoncés pour l'architecture en certification croisée.
• Le nombre de certifications croisées redevient d'ordre n, pour n AC, puisque chaque AC ne se croise qu'avec le point focal.	• Ce scénario nécessite une attention particulière car il est relativement nouveau. Les retours sur expérience des gouvernements fédéraux américain et allemand commencent à peine à parvenir.
• Chaque AC garde son indépendance sur les choix techniques et les fournisseurs (aux spécifications d'interopérabilité près).	• Des accords d'interopérabilité doivent être partagés par l'ensemble des AAP des ICP qui souhaitent rejoindre le point focal. Des documents politiques, techniques et normatifs doivent être spécifiés pour assurer l'interopérabilité entre les différentes ICP.
• La structure du chemin de certification est la même pour tous puisque cette dernière remonte à l'AC du point focal.	

Chapitre 5

Les applications des ICP

Nous avons vu précédemment comment les certificats étaient créés et gérés par l'infrastructure ICP. Nous allons maintenant examiner comment les applications et les couches réseaux utilisent ces certificats pour sécuriser les échanges.

En première approche, quatre mécanismes de sécurité permettent d'assurer les fonctions de confidentialité, intégrité, authenticité et non-répudiation (voir figure 5-1) :

- chiffrement/déchiffrement des données,
- signature d'un message,

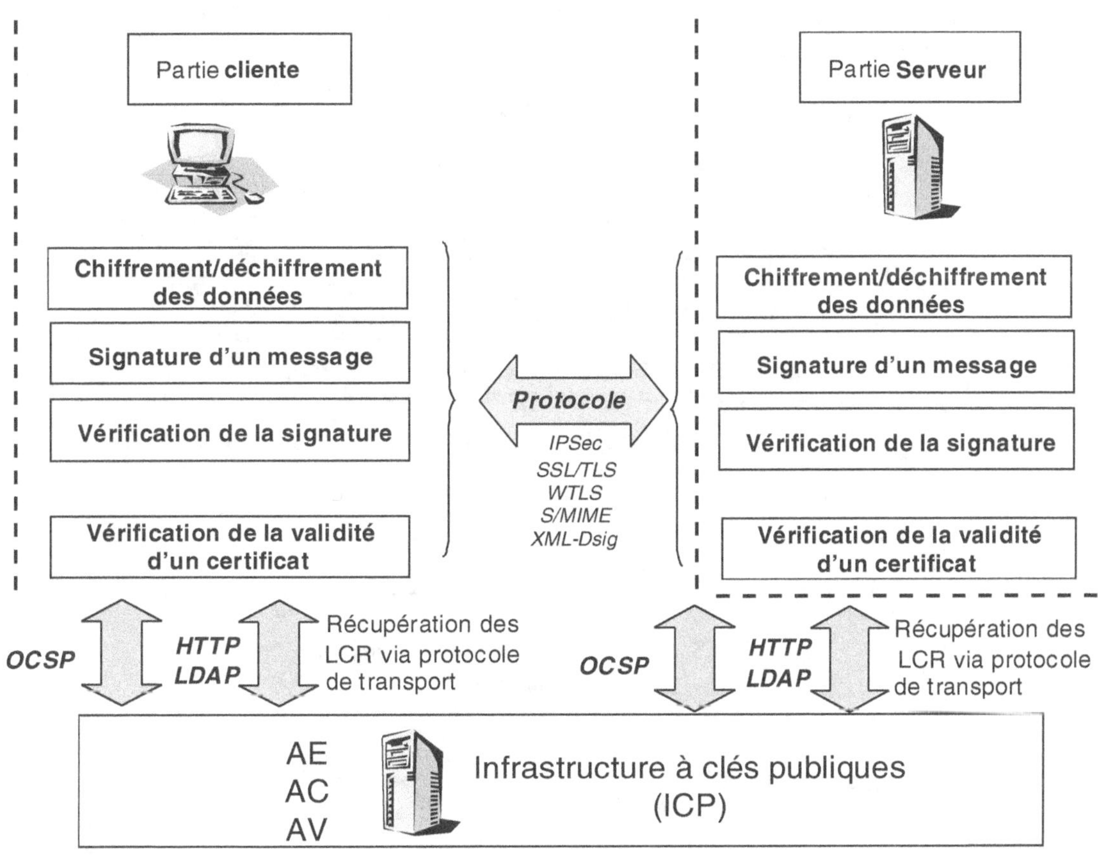

Figure 5-1. Mécanismes de sécurité et protocoles

- vérification de la signature d'un message,
- vérification de la validité d'un certificat (incluant la vérification du statut de révocation),

Les trois premiers mécanismes peuvent être mis en œuvre par un protocole d'échange sécurisé entre le client et le serveur. Le dernier mécanisme fait intervenir d'une part l'un des acteurs de l'échange et, d'autre part, l'infrastructure ICP.

Nous allons décrire dans ce chapitre les principaux protocoles sécurisés au moyen de certificats et de la cryptographie à clé publique, puis les méthodes d'intégration qui permettent aux applications d'utiliser les certificats. Nous analysons notamment les possibilités offertes par les ICP pour assurer la gestion des habilitations.

Protocoles de sécurisation des échanges

L'implémentation des mécanismes de sécurité qui s'appuient sur les certificats X.509 et la cryptographie à clé publique peut être réalisée à différents niveaux de l'infrastructure (voir figure 5-2) :

- au niveau de la couche réseau, en utilisant par exemple le protocole IPSec ;
- au niveau des couches de transport, en utilisant par exemple SSL/TLS ou WTLS ;
- directement au niveau de certaines applications, en utilisant par exemple S/MIME pour la messagerie ou XML-Dsig pour les échanges au format XML.

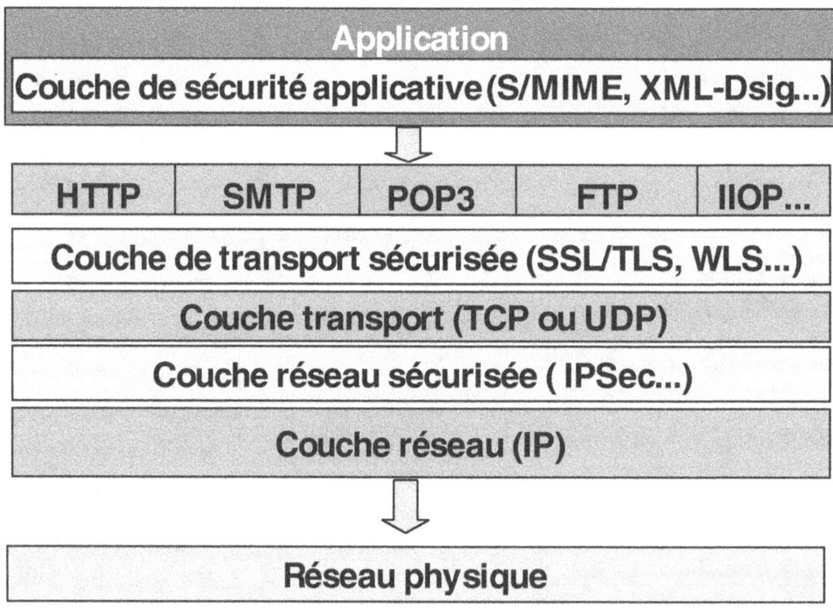

Figure 5-2. Sécurisation des couches réseaux, transport et applicatives

On notera que, par construction, les différentes couches de sécurité identifiées sont indépendantes. Il est ainsi possible d'exploiter, ou d'utiliser conjointement à des mécanismes qui se situent à des niveaux différents, l'ensemble des couches de sécurité, comme cela est illustré par la figure 5-3.

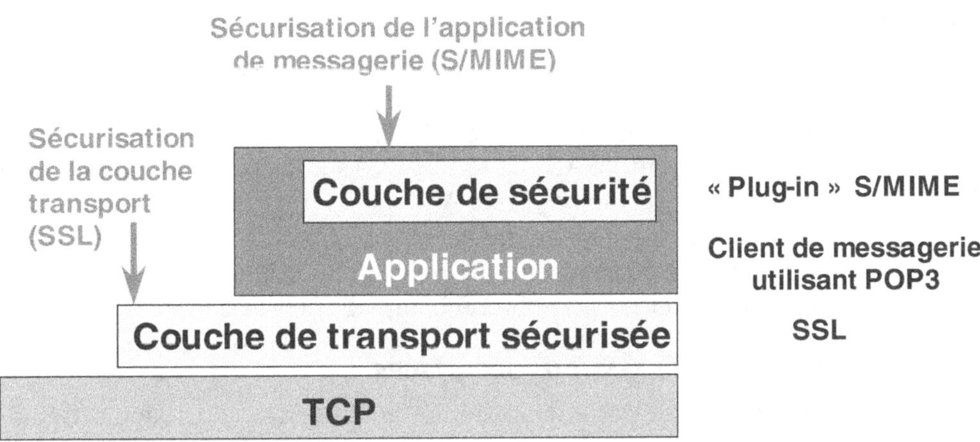

Figure 5-3. Exemple de sécurisation de la messagerie

Sécurité au niveau réseau : IPSec

Le protocole IPSec, développé sous la conduite de l'IETF, définit un ensemble de spécifications qui permettent la sécurisation (par encapsulation) des paquets IP.

Au niveau de la couche réseau, IPSec jette ainsi les bases nécessaires à la mise en œuvre de tunnels IP sécurisés ou VPN (Virtual Private Network) :

- entre 2 sites distants (VPN Lan-to-Lan),
- entre un réseau externe et le réseau interne de l'entreprise (VPN Extranet),
- entre un poste nomade et le réseau interne (VPN d'accès distant).

Dans la pratique, le protocole IPSec est largement utilisé par les solutions de VPN logicielles et matérielles, les équipements et serveurs d'accès distants, les routeurs et les pare-feu.

Pour les applications ou protocoles qui s'appuient sur la pile TCP/IP, le protocole IPSec est complètement transparent. Certains mécanismes essentiels à la sécurisation des applications ne sont donc pas assurés par IPSec, et en particulier la signature électronique à des fins de non-répudiation et l'authentification des utilisateurs finals : seuls les équipements d'extrémité au niveau réseau sont authentifiés, la confidentialité et l'intégrité des échanges entre ces extrémités étant en outre garanties.

De IP à IPSec

Le protocole IP dans sa version 4 (celle qui est très largement utilisée aujourd'hui) présente un certain nombre de faiblesses. L'authentification de l'émetteur d'un paquet IP est réalisée grâce à l'adresse IP de ce dernier, qui se trouve dans l'en-tête de chaque paquet. Cette adresse peut être usurpée assez facilement (on parle de *spoofing* d'adresse IP). Les informations échangées peuvent être modifiées car il n'y a pas de véritable contrôle d'intégrité des données. La confidentialité n'est pas intégrée dans le protocole.

L'IETF a donc travaillé depuis de nombreuses années à la définition de protocoles qui visent à améliorer la sécurité d'IP : c'est l'objet des RFC IP Security (RFC 2401 et suivantes) d'où le nom de protocole IPSec, qui décrivent des mécanismes de sécurisation optionnels pour IP version 4, et qui deviendront des fonctions natives dans la future version 6 du protocole IP.

IPSec définit principalement :

- deux protocoles d'encapsulation sécurisée dans IP : AH (Authentication Header) et ESP (Encryption Security Payload) ;
- deux structures de gestion de la sécurité par les extrémités : SA (Security Association) et SPD (Security Policy Database) ;
- des procédures d'échange et de gestion des clés : IKE (Internet Key Exchange).

Encapsulation sécurisée : AH et ESP

L'en-tête d'authentification (Authentication Header) décrit dans la RFC 2402 permet d'assurer l'intégrité et l'authenticité des paquets IP. Il fournit également en option un mécanisme anti-rejeu. Une valeur de contrôle (MAC) est calculée *via* un algorithme à clé secrète et est placée en fin d'en-tête AH. Le MAC porte sur les principaux champs de l'en-tête IP et sur la partie donnée suivant l'en-tête AH.

L'en-tête ESP (Encryption Security Payload) décrit dans la RFC 2406 assure la confidentialité, l'intégrité et l'authentification, mais uniquement sur les données transportées, contrairement à AH qui porte aussi sur les principaux champs de l'en-tête IP.

Gestion des paramètres de sessions sécurisées

Il est nécessaire de définir et de gérer des paramètres de session à chaque extrémité d'un échange IP sécurisé. Il faut notamment définir et gérer :

- les fonctionnalités mises en œuvre (authentification, chiffrement),
- le mode de chiffrement (tunnel, transport),
- les algorithmes cryptographiques utilisés, les clés et leur durée de vie,
- d'autres paramètres d'initialisation des algorithmes (IV pour DES, *Sequence Number*, pour l'anti-rejeu), etc.

L'ensemble des paramètres d'une session est nommé Security Association (SA). Chaque SA est identifiée par un nombre codé sur 32 bits : le Security Parameters Index (SPI), qui est placé dans chaque en-tête AH ou ESP, et qui permet au destinataire de déterminer comment il faut traiter le paquet.

La Security Policy Database (SPD) contient les règles à partir desquelles on peut établir comment on doit traiter un paquet entrant ou sortant, c'est-à-dire :

- s'il faut appliquer IPSec, et si oui comment (c'est-à-dire quelle SA est appliquée : AH et/ou ESP, transport ou tunnel, algorithmes cryptographiques requis…).
- s'il faut laisser passer le paquet sans appliquer IPSec,
- s'il faut rejeter le paquet.

Pour ce faire, la SPD définit un ou plusieurs critères appelés « selectors », et analyse les paquets selon ces critères, qui peuvent notamment porter sur l'adresse IP source et/ou destination, sur le type de protocole de transport utilisé (TCP, UDP…), sur les ports source et/ou destination.

Chaque interface IPSec gère sa propre SPD.

Négociation et mise en place des SA : le protocole IKE

Les Security Association sont définies soit d'une manière statique (mode « manual IPSec »), soit d'une manière automatique (mode IKE, pour Internet Key Exchange).

En mode statique, c'est un administrateur qui configure les paramètres de SA à chaque extrémité IPSec. Il doit donc notamment saisir les clés secrètes utilisées pour les opérations de chiffrement, ce qui devient vite très lourd dans un réseau important.

En mode automatique, la négociation des algorithmes de sécurité et la génération des clés secrètes sont automatisées grâce au protocole IKE défini dans la RFC 2409. L'authentification des extrémités est réalisée soit à l'aide d'une clé secrète prédéfinie (IKE pre-shared key), soit sur la base d'un échange de clés publiques RSA certifiées, c'est-à-dire sur la base de certificats X.509 v3 signés par une autorité reconnue par les deux parties de l'échange. Dans ce dernier cas, il est bien sûr nécessaire d'avoir mis en œuvre une ICP pour délivrer des certificats aux différentes extrémités des échanges IPSec. Une fois que les extrémités sont authentifiées, elles peuvent procéder à un échange sécurisé des clés secrètes requises pour les échanges ultérieurs.

Sécurité des échanges Web : SSL et TLS

Le protocole SSL en version 2 ou 3 (Secure Sockets Layer) est un protocole ouvert développé par Netscape pour permettre la sécurisation d'un canal de communication de type « socket » (couche TCP).

Le protocole TLS v1.0 (Transport Layer Security) constitue à ce jour la dernière version de SSL, officiellement standardisée par l'IETF (RFC 2246). Il faut toutefois noter que les protocoles TLS et SSL ne sont pas strictement interopérables.

Théoriquement, le protocole SSL permet la sécurisation de tout protocole applicatif qui s'appuie sur la pile TCP/IP, tels que HTTP, LDAP, NNTP, SMTP, FTP, Telnet ou encore IIOP (Internet Inter-Object Protocol). Dans la pratique, les implémentations de SSL éprouvées s'appliquent surtout à HTTP et LDAP, donnant ainsi naissance aux protocoles biens connus HTTPS (HTTP sur SSL) et LDAPS (LDAP sur SSL).

SSL offre les services de sécurité suivants :

* la confidentialité,
* l'intégrité,
* l'authentification du serveur,
* l'authentification du client (par certificat depuis la version 3).

L'implémentation native de la dernière version de SSL (version 3) par les navigateurs et serveurs Web actuels du marché fait de HTTPS le standard *de facto* de sécurisation des applications Web. Le protocole SSL est en effet implémenté dans le code du navigateur pour Internet Explorer et Netscape Communicator et par tous les principaux serveurs HTTP (Iplanet, Microsoft IIS, Lotus et Apache). Cette version 3 de SSL prévoit entre autres une authentification optionnelle du client par certificat.

SSL est aujourd'hui massivement utilisé sur Internet pour chiffrer les échanges et pour authentifier les serveurs *via* l'utilisation de certificats « serveurs ». En revanche, l'authentification des clients au moyen de certificats « clients » reste moins répandue.

Il faut par ailleurs noter que les navigateurs et serveurs Web standards n'intègrent pas toutes les fonctions nécessaires à la validation des certificats. Ainsi, l'absence de vérification complète de la chaîne de certification et celle de vérification du statut de révocation justifient l'ajout de composants logiciels complémentaires (plug-ins) sur les navigateurs ou serveurs, voire des développements complémentaires.

SSL combine simultanément l'utilisation de clés asymétriques et de clés symétriques. Il utilise un protocole de négociation qui permet, à l'aide des clés asymétriques du client et du serveur, d'établir une session qui sera chiffrée à l'aide d'une clé symétrique générée et qui n'est valable que pour cette session. Le mécanisme en est le suivant :

1. Le client envoie au serveur plusieurs informations pour définir notamment la version du protocole SSL utilisé, les paramètres de chiffrement utilisés, etc. Il envoie aussi un jeu de données qui sont générées aléatoirement.

2. Le serveur envoie ensuite au client les mêmes types d'informations, ainsi qu'un jeu de données qu'il aura lui-même généré aléatoirement. Le serveur envoie alors aussi son certificat de clé publique. Il demande éventuellement au client qu'il envoie son propre certificat si une authentification du client par certificat est requise.

3. Le client utilise les informations du certificat du serveur pour authentifier le serveur. Pour cela, il utilise les mécanismes classiques qui ont été décrits dans le chapitre consacré à la validation des certificats.

4. Le client est alors en mesure d'envoyer au serveur une « pré » clé secrète, qu'il chiffre avec la clé publique du serveur. Si le serveur a demandé une authentification client, alors le client envoie aussi un bloc de données signé, ainsi que son certificat de clé publique.

5. Si le serveur a demandé une authentification client par certificat, alors il vérifie la validité du certificat présenté par le client. Le serveur peut déchiffrer ensuite la « pré » clé secrète à l'aide de sa clé privée. Le serveur et le client réalisent une même série d'opérations pour obtenir des clés secrètes de session à partir de la « pré » clé secrète et des données aléatoires échangées précédemment.

6. Le client envoie ensuite un avertissement au serveur indiquant que les prochains messages seront chiffrés. Puis il envoie un message (chiffré cette fois) qui signifie que la phase de négociation est terminée.

7. Le serveur envoie alors lui aussi un avertissement au client qui indique que les prochains messages seront chiffrés. Enfin, il envoie un message (chiffré cette fois) qui signale que la phase de négociation est terminée.

La session SSL est ainsi complètement établie.

Les algorithmes cryptographiques utilisés peuvent varier, et sont donc négociés lors de la connexion. Si l'algorithme RSA est employé, c'est le client qui génère la « pré » clé secrète et qui l'envoie au serveur après l'avoir chiffrée avec la clé publique RSA du serveur. Si l'algorithme Diffie-Hellman est employé, le client et le serveur s'échangent leurs clés publiques. La « pré » clé secrète est le résultat de l'algorithme Diffie-Hellman appliqué à ces clés.

WTLS pour les mobiles

Le protocole WTLS (*Wireless Transport Security Layer*) correspond à l'adaptation du standard TLS au monde WAP. Il permet ainsi d'assurer les mêmes services que le protocole TLS dans le cadre d'un échange entre un terminal WAP et une passerelle WAP.

Les technologies sur lesquelles ont été développées les premières applications de sécurité pour le sans-fil sont basées sur le protocole WTLS, le module WIM et la librairie cryptographique WMLScript.

WTLS – Wireless Transport Layer Security

C'est une adaptation du protocole TLS 1.0 (version normalisée de SSL v3) qui permet de fournir la confidentialité, l'intégrité des données et l'authentification entre deux applications client-serveur. Les caractéristiques du protocole ont été optimisées pour prendre en compte les contraintes du sans-fil. Sans rentrer dans les détails, disons simplement que les négociations entre les deux applications, qui nécessitent plusieurs échanges, ont été allégées.

La sécurité est négociée entre l'équipement et la passerelle applicative de la cellule terrestre, puis une session SSL est ensuite établie entre la passerelle et le serveur Web *via* Internet. La sécurité n'est donc pas assurée de bout en bout puisqu'il y a déchiffrement sur la passerelle et que l'authentification est « rompue » (voir figure 5-4).

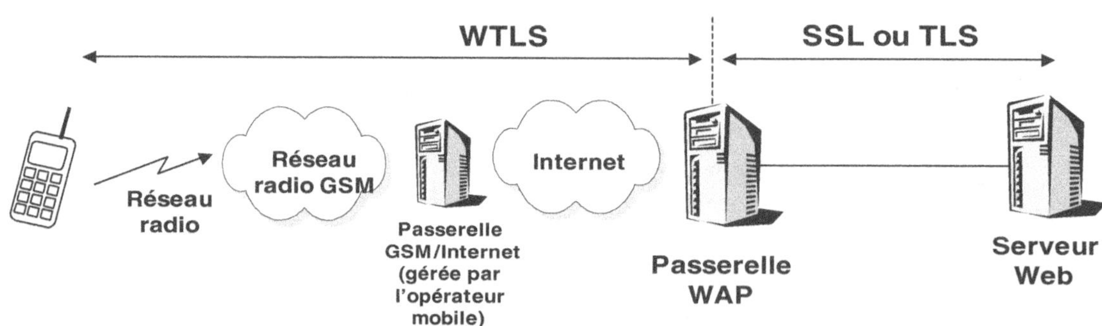

Figure 5-4. Modèle de sécurité WAP classique

WIM – WAP Identity Module

WAP est le protocole applicatif du sans-fil (Wireless Application Protocol). Il s'appuie sur les capacités du module WIM des téléphones cellulaires pour réaliser les fonctions de sécurité du protocole WTLS.

Ce module stocke et traite les informations d'identification et d'authentification de l'utilisateur telles que ses clés privées, ses certificats et le(s) certificat(s) racine. Les informations sont structurées en PKCS#15. Les algorithmes présents dans la carte WIM sont le RSA pour les opérations de création et de vérification de signature et pour chiffrer/déchiffrer une clé « paddée » en PKCS#1, et l'algorithme HMAC pour le calcul de clés de session pour le protocole SSL/TLS. Le module WIM contient deux clés privées, l'une pour l'authentification dans WTLS, l'autre pour la signature de non-répudiation. Les clés privées sont activées par deux PIN différents.

WMLScipt Crypto Library

C'est un langage de scripts proche de JavaScript qui peut être utilisé avec WML (Wireless Management Language), ou indépendamment. Cette librairie cryptographique fournit les mécanismes de sécurité pour les clients WAP. Actuellement, seule la fonction signText() est développée pour la signature d'une chaîne de caractères avec la clé de signature. Elle fournit une signature selon un format conforme à PKCS#7.

Évolution des fonctions de WTLS

De nouvelles normes apparaissent qui complètent les normes de sécurité WAP existantes. Elles ont pour intitulé « WPKI » et « WAP Certificate and CRL Profile » (« Certificats WAP » et « Profil des listes de certificats révoqués »).

WAP PKI définit un modèle d'ICP et les opérations nécessaires pour supporter WTLS et la fonction signText(). Il décrit les méthodes pour décharger les certificats racine, l'enregistrement serveur et client, et les mécanismes de délivrance de certificats. Le client WAP communique avec une ICP portail qui se comporte comme une AE pendant l'enregistrement du client. Des certificats spécifiques sont définis pour le protocole WTLS. Le WTLS-Certificat est minimisé à une taille d'environ 700 octets. WPKI suppose que le serveur possède un WTLSCertificat et que le client possède un certificat X.509.

De nouvelles normes devraient voir le jour pour faciliter le m-commerce. La nouvelle génération du WAP, appelée WAP 2.0, utilisera TLS pour la sécurité de la session afin d'assurer la sécurité de bout en bout entre l'équipement mobile et le serveur (voir figure 5-5).

> **Le m-commerce**
>
> Le m-commerce recouvre les activités relatives au « commerce mobile », c'est-à-dire la réalisation de transactions commerciales à partir de terminaux mobiles comme des téléphones cellulaires ou des assistants personnels communicants.

Plusieurs extensions ont été proposées par le groupe de travail TLS de l'IETF pour mieux prendre en compte les environnements sans-fil. Parmi ceux-ci citons :

- négociation de la taille maximale de l'enregistrement ;
- URL du certificat client ;
- indication d'une AC de confiance ;
- MAC tronqué ;
- réponse OCSP.

Le format de signature utilisé sera S/MIME (CMS) et la carte WIM pourra contenir l'identification de signataires et de certificats d'AC intermédiaires de confiance.

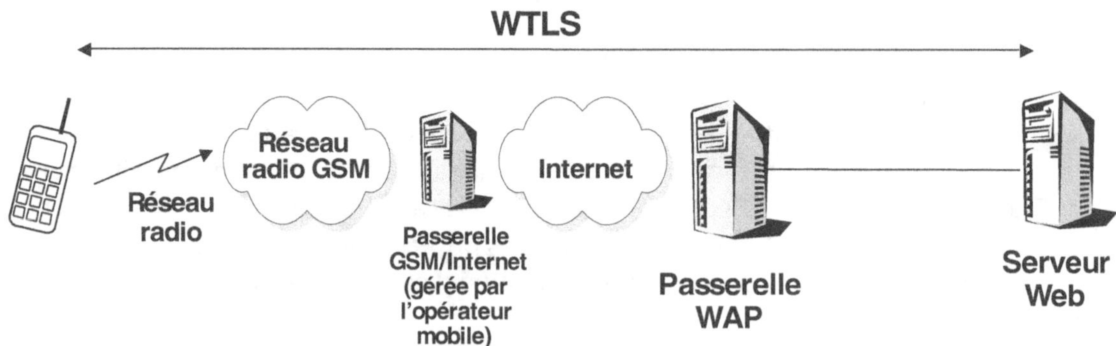

Figure 5-5. Modèle de sécurité WAP v2.0

S/MIME pour la messagerie

Le protocole S/MIME (Secure Multi-purpose Internet Mail Extension), actuellement dans sa version 3.0, définit un protocole qui ajoute la signature numérique et le chiffrement au format MIME (RFC1847), lequel format structure le corps d'un message électronique sur Internet.

S'appuyant sur les notions de signature et d'enveloppe électronique, S/MIME permet d'offrir les services d'authentification, de confidentialité, d'intégrité et de non-répudiation nécessaires à la sécurisation des applications de messageries. Plus généralement, S/MIME sécurise tout échange orienté message, comme les échanges de données informatisés (EDI). S/MIME est par exemple utilisé par certains logiciels qui réalisent la signature de fichiers HTML ou de document PDF.

Cette sécurisation des messages peut être mise en œuvre de bout en bout, c'est-à-dire entre l'émetteur du message et le destinataire, ou entre deux serveurs de messagerie d'entreprise.

Le standard S/MIME v3 comprend quatre parties :

- Cryptographic Message Syntax (RFC 2630),
- S/MIME Version 3 Message Specification (RFC 2633),
- S/MIME Version 3 Certificate Handling (RFC 2632),
- Diffie-Hellman Key Agreement Method (RFC 2631).

L'un des principaux apports de la version 3.0 (*via* la RFC 2632) de S/MIME réside en ceci que l'on peut demander au destinataire un accusé de réception signé. Cet AR constitue une preuve de bonne réception par le destinataire, que l'émetteur du message peut conserver.

Un autre apport essentiel en est la possibilité de faire appel à un « agent » qui gère la diffusion d'un même message vers plusieurs destinataires. Normalement, l'émission d'un message implique son chiffrement à l'aide d'une clé symétrique, générée par l'émetteur, puis l'envoi de ce message chiffré, accompagné de la clé symétrique en question, chiffrée par la clé publique du destinataire. S'il y a plusieurs destinataires, il faut réaliser le chiffrement de la clé symétrique autant de fois qu'il y a de destinataires. Avec la notion de MLA (Mail List Agent), il est possible d'envoyer le message chiffré et la clé symétrique chiffrée à l'agent MLA. La clé publique du MLA est alors utilisée. L'agent MLA va ensuite se charger de l'envoi du message vers les multiples destinataires, en déchargeant l'émetteur de ce travail. Ce mécanisme permet aussi de générer des gains en bande passante en positionnant judicieusement les MLA sur le réseau de l'entreprise.

XML-Dsig pour sécuriser XML

Le langage XML (eXtensible Markup Language) désigne un méta-langage à balises à partir duquel on peut définir la structure et la grammaire de document au format XML. Développé sous la conduite du World Wide Web Consortium (W3C) pour dépasser les limitations du langage HTML, le langage XML connaît actuellement un réel engouement en raison de la simplicité et de la flexibilité qu'il offre.

Pour répondre aux besoins de sécurisation des échanges B-to-B sur Internet, une initiative commune de l'IETF et du W3C a donné naissance aux spécifications XML-Dsig. Ces dernières définissent à des fins de non-répudiation les règles de syntaxe et d'élaboration de signatures électroniques pour les documents XML.

Si ces spécifications ne constituent à ce jour qu'un ensemble de recommandations du W3C, le consensus qui s'est établi entre quelques acteurs majeurs, ainsi qu'une implémentation déjà significative de cette technologie, laissent présager prochainement son passage au statut de « Draft Internet ».

Le langage XML (eXtensible Markup Language) est aujourd'hui largement utilisé pour les applications du commerce électronique. Ces applications requièrent un haut niveau de sécurité pour lesquelles les ICP offrent des solutions de confiance. Pour simplifier l'intégration des ICP et des certificats dans les applications XML, les sociétés VeriSign, Microsoft et WebMethods ont créé la spécification XKMS (XML Key Management Specification).

Avec XKMS, les fonctions de confiance résident sur le serveur accessible *via* des transactions XML. Ces fonctions sont l'authentification, la signature numérique et des services de support tels que le traitement des certificats et le contrôle de l'état des certificats. XKMS réunit les résultats de plusieurs groupes de travail du W3C (World Wide Web Consortium) que sont XML Digital Signature et XML Encryption. Cette spécification décrit des mécanismes qui permettent aux applications gérant XML de bénéficier des capacités des ICP pour sécuriser les documents échangés. Le premier objectif en est qu'un utilisateur de clé publique puisse localiser le certificat de son correspondant.

XKMS est composée de deux parties principales :

- XML Key Information Service Specification (X-KISS), qui définit les protocoles pour assurer le traitement, par un correspondant, des informations sur les clés utilisées pour une signature numérique XML, pour des données XML chiffrées ou pour d'autres usages relatifs aux clés publiques dans des applications XML.
- XML Key Registration Service Specification (X-KRSS), qui définit les protocoles pour assurer l'enregistrement d'une biclé par son propriétaire afin que cette dernière soit ensuite utilisée avec XKMS. Elle spécifie des services comme l'enregistrement, la révocation ou le recouvrement de clés.

L'interface avec les protocoles XKMS ne requiert pas d'ICP particulière mais est au contraire conçue pour être compatible avec des infrastructures telles que X.509v3, SPKI ou PGP. XKMS permet donc de réduire les délais de développement et de déploiement d'applications sécurisées basées sur XML et sur les ICP. Elle fournit une syntaxe simple pour les développeurs en évitant la mise en place de boîtes à outils spécifiques du côté client, et en ne nécessitant pas de modules additionnels propriétaires (plug-ins) pour supporter l'ICP.

Intégration dans les applications

Intégration active ou passive

Au-delà de l'exploitation de SSL qui est offerte de façon native par les navigateurs et serveurs HTTP, la sécurisation des applications à l'aide des mécanismes cryptographiques peut être menée selon trois approches.

La première consiste à utiliser une solution applicative « clés en main » proposée par les différents éditeurs de logiciels généralistes ou spécialisés dans le domaine de l'ICP.

La deuxième approche suppose que l'on ajoute à l'applicatif un module complémentaire permettant, sans modifier le code de l'application, d'utiliser les fonctions cryptographiques et les services de l'ICP. Une telle approche est qualifiée d'intégration « passive ».

La dernière consiste à intégrer les fonctions cryptographiques et d'accès à l'ICP au sein même de l'application, lors de son développement. Il s'agit dans ce dernier cas d'une inté-gration « active » de la sécurité, directement au sein du code de l'application.

Nous allons ci-après détailler ces trois approches.

Solutions applicatives « clés en main »

Dans cette approche, on utilise une application qui intègre déjà les fonctions nécessaires à la manipulation des certificats et des fonctions cryptographiques, et qui permet éventuel-lement d'accéder aux services de l'ICP pour assurer la validation des certificats (accès aux CRL notamment).

Certains produits du marché intègrent en effet de façon native les fonctions les plus simples de manipulation des certificats. C'est le cas :

- de certains clients de messagerie,
- de la plupart des serveurs Web du marché dans leurs dernières versions,
- de certains logiciels de type portails ou serveurs d'autorisation,
- de logiciels dédiés à la sécurisation du poste de travail et des données stockées sur ce dernier,
- de certains progiciels comme les ERP (SAP…), SGBD (Oracle…).

Si de telles solutions sont par nature des applications ICP compatibles, il est préférable d'en qualifier précisément le fonctionnement technique, avec les certificats produits par l'infra-structure ICP retenue.

Intégration passive

L'intégration passive consiste à intégrer les mécanismes de sécurité cryptographiques sans modification du code applicatif. Elle peut être mise en œuvre :

- par l'intégration, au sein des applications ou des serveurs, de composants logiciels complémentaires appelés « plug-ins » ou « snap-ins »,
- par insertion d'un serveur-relais (approche « reverse proxy ») entre le client et le serveur.

Les solutions techniques dans ce domaine sont proposées soit par les éditeurs de produits ICP comme Baltimore ou Entrust, ou bien par des éditeurs très spécialisés comme Secude ou Netegrity.

Intégration active

L'intégration active des mécanismes de sécurité au sein des applications s'appuie sur des kits de développement ou SDK (Software Development Kit), généralement disponibles pour les langages C/C++ et/ou Java. Ces kits fournissent aux développeurs différents niveaux d'interface de programmation (API), que l'on peut classer en trois types (voir figure 5-6) :

- des API orientées application : il s'agit de kits de développement qui permettent l'implémentation des protocoles normalisés comme SSL, TLS, S/MIME, ou encore la sécurisation des documents au format XML ;
- une API de bas niveau qui fournit des fonctions cryptographiques élémentaires comme le chiffrement, le hachage ou l'encodage ;
- une API « PKI » qui permet de rendre les services de l'ICP accessibles à l'application.

Cette dernière API permet d'une part à l'application d'exploiter l'infrastructure de confiance pour valider les certificats : elle offre ainsi les librairies clientes qui permettent par exemple de développer un client OCSP, d'accéder à l'annuaire, de récupérer et traiter les listes de révocation des certificats, ou encore de vérifier la chaîne complète de certification.

D'autre part, elle permet à une application de définir elle-même son propre protocole de sécurisation des échanges. Ce dernier s'appuie sur des fonctions ou classes qui mettent par exemple en œuvre les mécanismes de signature électronique/vérification de la signature ou de transport sécurisé des données.

Figure 5-6.
API d'intégration
« active »

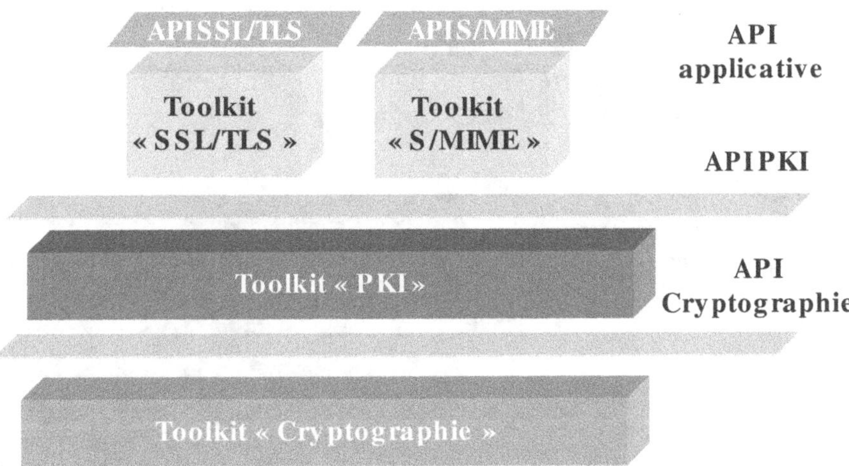

L'intégration active permet à l'application d'avoir un contrôle total des mécanismes de sécurité (instauration d'une session SSL, type des algorithmes de chiffrement, taille des clés, etc.). Cependant, cette approche peut s'avérer d'une part coûteuse en temps et en hommes ; elle induit d'autre part une certaine adhérence entre les applications développées et le kit de développement utilisé.

Nous illustrons ci-après par quelques exemples la mise en œuvre de ces mécanismes à différents niveaux :

- Tout d'abord, en décrivant comment les fonctions de gestions de certificat sont implémentées au niveau du navigateur Internet. Le navigateur Internet est en effet très souvent utilisé comme client applicatif.
- Ensuite, en décrivant trois exemples de sécurisation d'application (sécurisation de la messagerie, sécurisation d'application Web sur HTTP et signature de transactions Web).

Le navigateur Web et les certificats

Le navigateur Internet (les deux plus répandus étant Internet Explorer de Microsoft et Netscape Navigator) est un logiciel très complet. Non seulement, il s'agit d'un « interpréteur multimédia » capable d'exécuter des programmes dans différents langages (pages

HTML, contrôles ActiveX, JavaScript, applets Java, plug-ins audio et vidéo, etc.), mais il intègre aussi des fonctions de sécurité qui permettent la gestion des fonctions de cryptographie à clé publique.

Chaque navigateur dispose tout d'abord d'un générateur de biclé. Il peut gérer les protocoles PKCS nécessaires aux échanges avec une ICP pour les opérations de demande de certification de clé publique.

Chaque navigateur intègre une « base de données » interne capable de stocker les clés privées d'une manière relativement sécurisée. Si le navigateur est configuré correctement, l'activation des clés privées pour réaliser une signature implique la saisie préalable d'un mot de passe par l'utilisateur.

Chaque navigateur dispose par ailleurs d'un « cabinet » de certificats, où ces derniers peuvent être stockés d'une manière structurée, et il fournit diverses fonctions pour manipuler ces certificats, notamment pour les importer et les exporter à partir ou vers d'autres supports sous la forme de fichiers qui peuvent être protégés par mot de passe. Cela permet notamment de conserver une copie des clés privées et des certificats sur un support de type disquette, et ce dans un endroit « sûr ».

Ce cabinet de certificat stocke à la fois les certificats « personnels » des porteurs qui utilisent le navigateur, mais aussi les certificats des autorités de certifications.

Nous donnons ci-après l'exemple d'un cabinet de certificat sous Microsoft Internet Explorer version 5.0. L'écran présenté en figure 5-7 est obtenu en sélectionnant le menu « Outils -> Options Internet » et l'onglet « Contenu » :

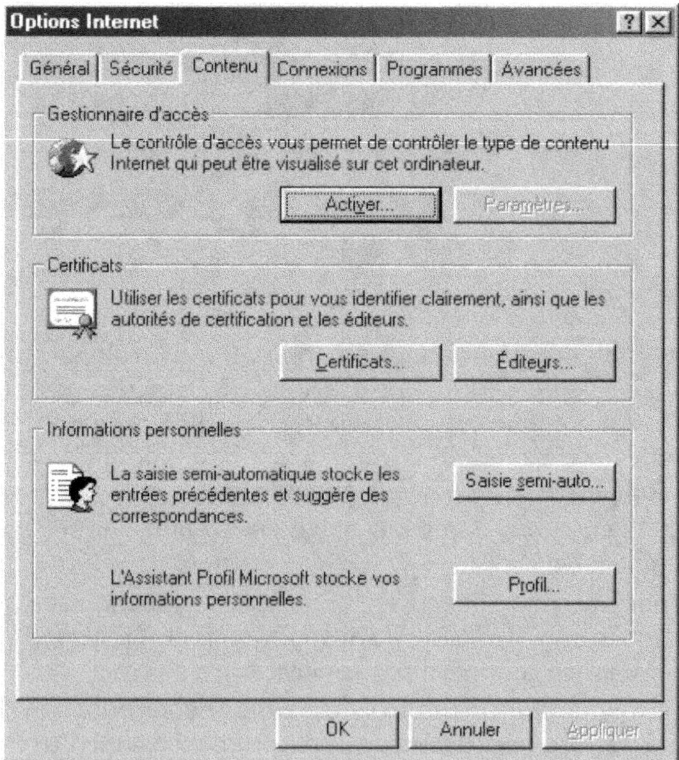

Figure 5-7.
Écran MS Internet Explorer
d'accès au cabinet
de certificats

En cliquant sur le bouton « Certificats », et en sélectionnant l'onglet « Autorités principales de confiance », on obtient la liste des certificats d'autorités de certification racines qui sont stockés dans le navigateur (figure 5-8).

Figure 5-8.
Écran MS Internet Explorer :
liste des certificats
d'autorités principales

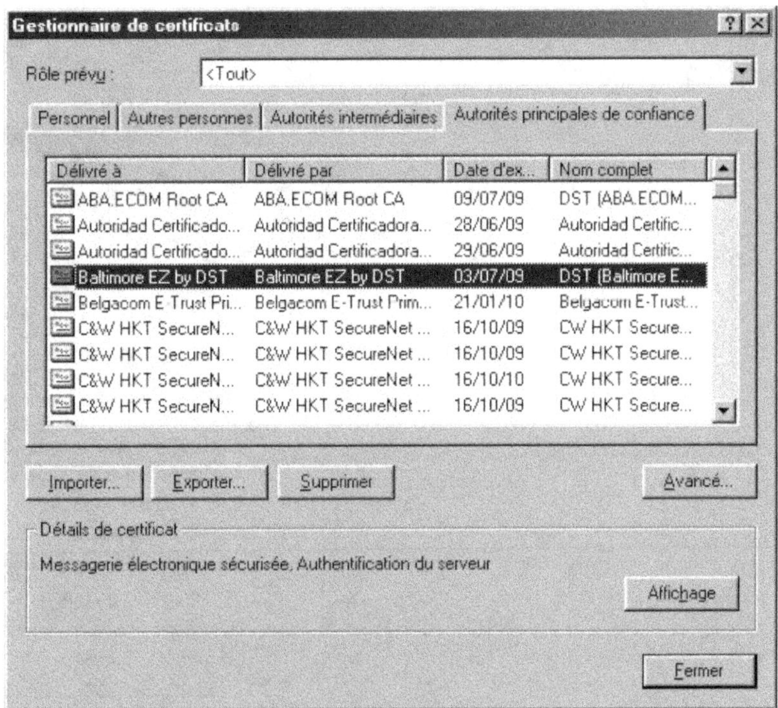

En cliquant sur le bouton « Affichage », après avoir sélectionné l'un de ces certificats, on obtient une description détaillée du certificat, avec des informations générales, des informations détaillées sur chaque champ du certificat, puis une information sur le chemin de certification. Dans le cas de certificats d'autorité racine, les certificats sont auto-signés.

L'écran présenté en figure 5-9 donne un exemple de présentation détaillée du contenu d'un certificat :

Figure 5-9.
Écran MS Internet Explorer :
champs d'un certificat

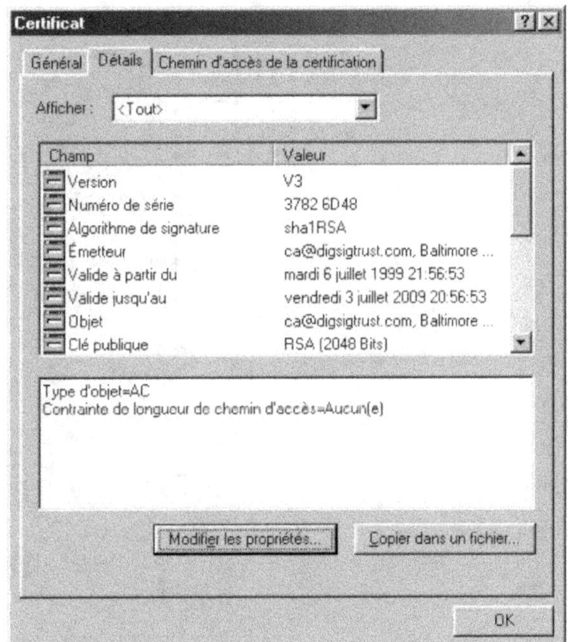

Figure 5-10
Écran MS Internet Explorer :
usages d'un certificat

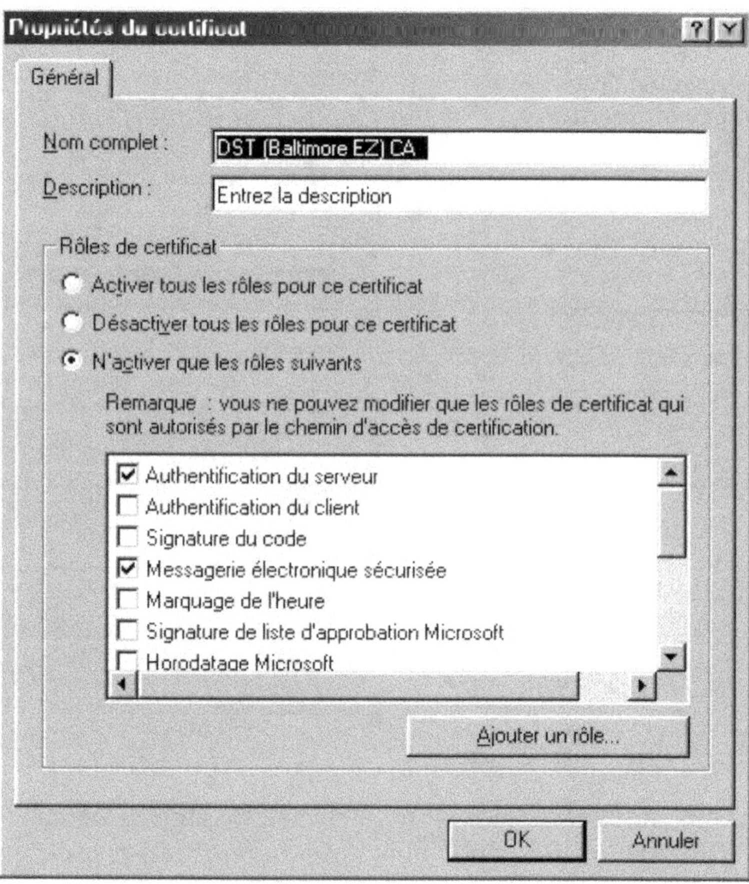

Figure 5-11.
Écran MS Internet Explorer :
options de mise en œuvre
des fonctions avancées
de gestion des certificats

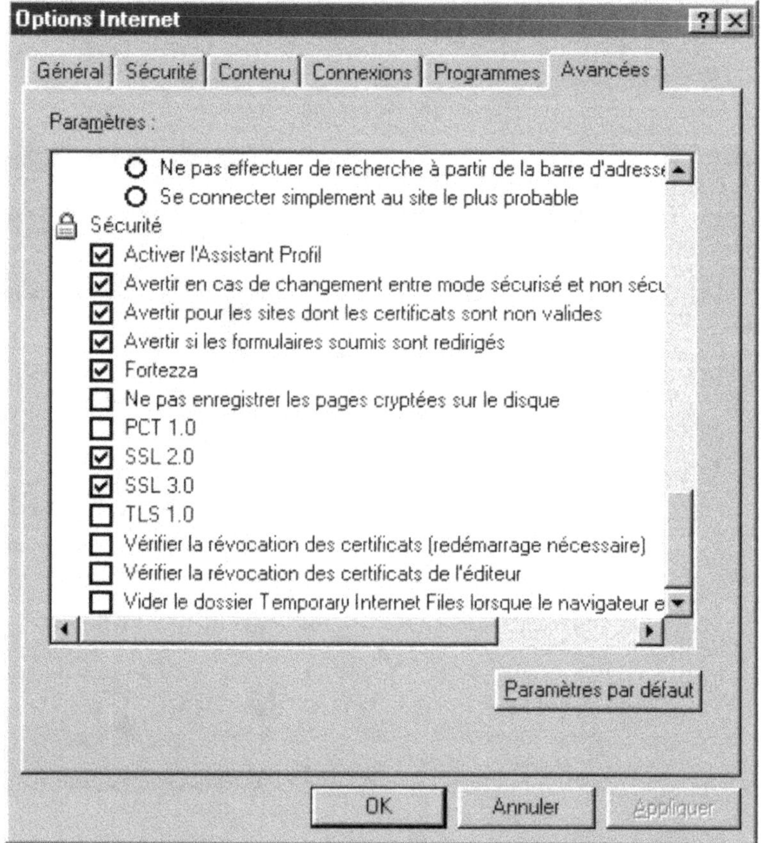

En cliquant sur le bouton « Modifier les propriétés… », on obtient des informations sur l'usage du certificat (figure 5-10).

Enfin, chaque navigateur intègre un client SSL et TLS capable de gérer les échanges sécurisés avec un serveur. L'activation de cette fonction peut être réalisée en utilisant le menu « Outils-> Options Internet », en cliquant sur l'onglet « Avancées » (figure 5-11).

Les navigateurs intègrent encore mal les fonctions de gestion de l'état des certificats (interrogation d'une autorité de validation). Ils ne disposent par ailleurs pas de fonctions adéquates pour réaliser la signature de formulaires ou de documents. Pour ce faire, il faut en passer par des produits ou des développements complémentaires.

Néanmoins, la tendance est à l'intégration progressive de fonctions de plus en plus évoluées au niveau des navigateurs.

Sécurisation de la messagerie

Une première solution de sécurisation de la messagerie consiste à chiffrer les échanges SMTP établis entre deux serveurs SMTP, en s'appuyant sur la couche de transport sécurisée TLS (RFC 2487). Cette solution présente l'avantage d'être sans impact sur le routage de la messagerie ; cependant, la non-répudiation des messages et l'authentification des utilisateurs finals ne peuvent être assurées.

Une autre solution, éventuellement complémentaire à la première, passe par l'ajout d'un plug-in sur le client de messagerie de l'émetteur et du destinataire.

Cet ajout s'avère nécessaire pour les clients qui ne disposent pas de client S/MIME intégré, tels que MS-Outlook 97, ou pour implémenter la version 3.0 de S/MIME dans le cas de clients S/MIME version 2.0. De tels plug-ins sont actuellement disponibles pour les systèmes de messagerie MS-Outlook 97/98, Outlook Express et Lotus-Notes.

Ils permettent ainsi de chiffrer et signer un message à l'aide du protocole standardisé S/MIME v2 ou v3 suivant les offres, avec consultation, dans le cas de S/MIME v3, d'une liste de révocation locale (*via* mécanismes de cache) ou distante (*via* interrogation de l'infrastructure de confiance).

Si, dans ce cas, les messages sont signés et chiffrés de bout en bout, ce qui en interdit toute lecture par les administrateurs, cette solution présente néanmoins un désavantage : elle s'oppose à la mise en œuvre des solutions de filtrage du contenu des messages ou de détection des virus (voir figure 5-12).

Pour pallier cette difficulté, la mise en place d'une passerelle S/MIME en coupure est envisageable : le principe consiste à chiffrer et/ou signer les messages sortants au niveau de la passerelle. Cette approche évite le déploiement de clients S/MIME sur chaque poste de travail en centralisant la gestion des clés S/MIME au niveau de la passerelle (voir figure 5-13).

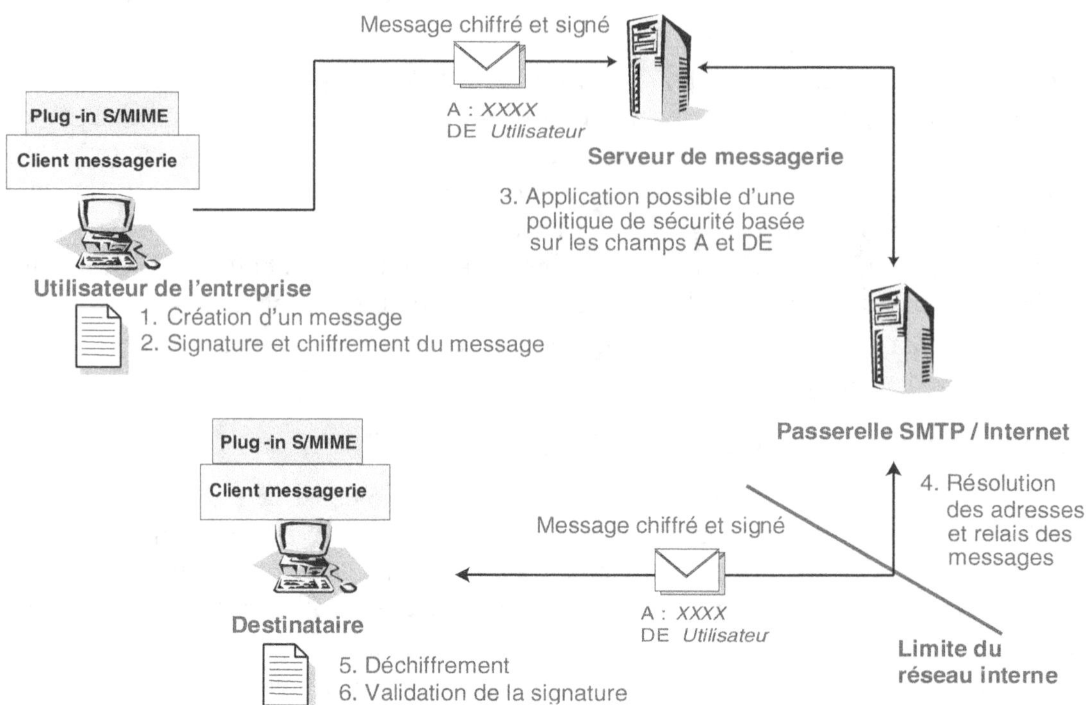

Figure 5-12. Sécurisation de la messagerie de bout en bout

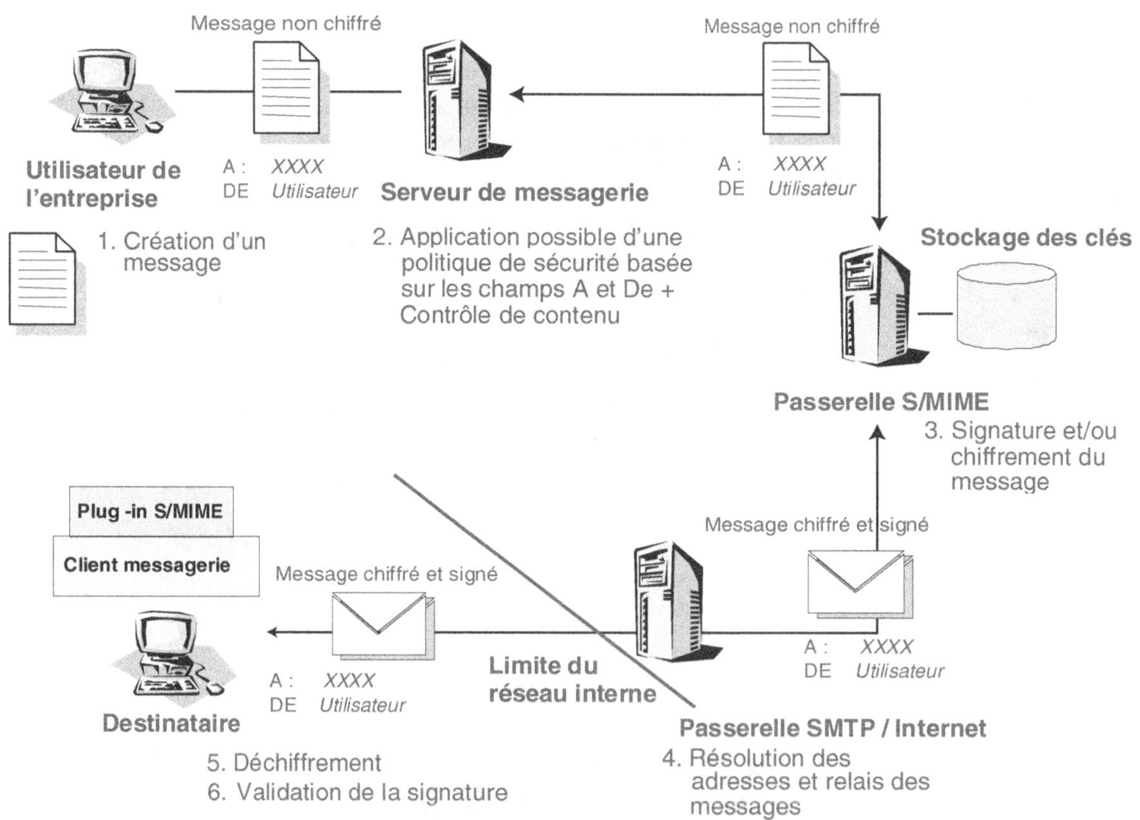

Figure 5-13. Sécurisation de la messagerie par une passerelle S/MIME

Sécurisation des applications Web

Sécurisation par ajout de plug-in (intégration passive)

Dans le cas d'une application Web, l'intégration de « plug-in » au sein du serveur HTTP et du navigateur permet de pallier les lacunes actuelles des implémentations natives de SSL.

Les modules logiciels ajoutés peuvent, selon les offres, assurer eux-mêmes des vérifications complémentaires ou bien les déléguer à un serveur central de sécurité.

Dans le premier cas, le « plug-in » ajouté sur le serveur Web joue le rôle d'un filtre d'accès au serveur HTTP, et donc le cas échéant au serveur d'application cible dans une architecture à trois niveaux. Ce plug-in « serveur » peut permettre, avant d'accéder à l'application, de valider la chaîne de certification et le statut de révocation du certificat client.

Ces différentes vérifications peuvent être effectuées *via* des échanges :

- en mode « synchrone » : utilisation du protocole OCSP (*On-line Certificate Status Protocol*) ;

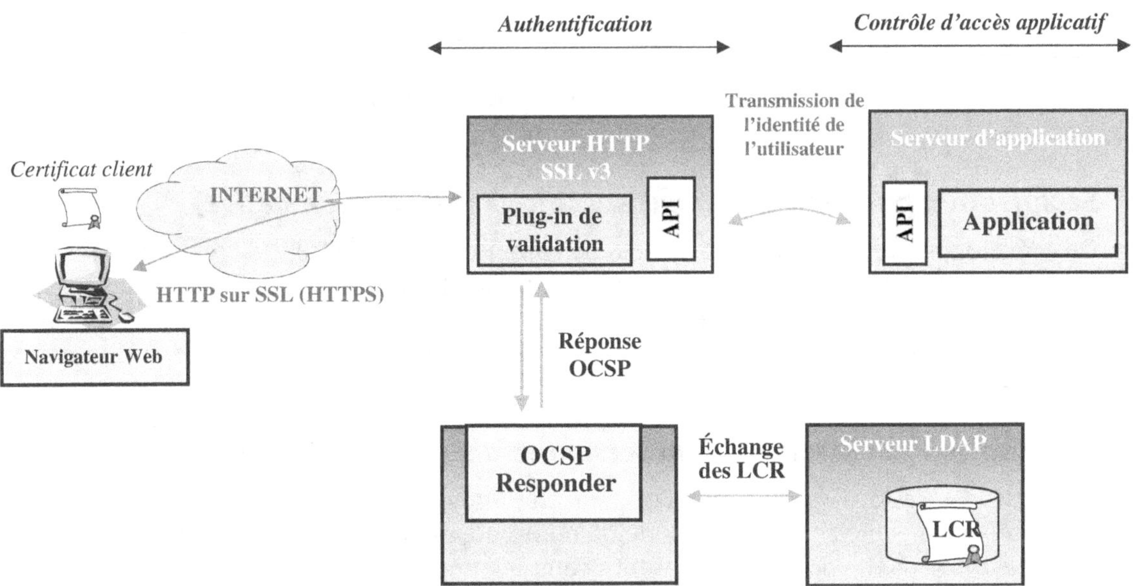

Figure 5-14. Validation en mode « synchrone »

- en mode « asynchrone » : récupération de CRL *via* un protocole de transport comme HTTP ou LDAP.

Ainsi, le processus complet d'authentification est délégué au serveur Web. Pour effectuer ses contrôles d'accès, l'application se contente de récupérer certaines données relatives à l'identité de l'utilisateur ou au certificat à l'aide d'API.

Les offres du marché proposent ce type de plug-in pour les principaux serveurs HTTP du marché : Microsoft IIS, Iplanet Entreprise Server et Apache. Le fonctionnement du plug-in client (pour navigateur) est similaire et étend donc les mécanismes de sécurité natifs des navigateurs standards (Microsoft Internet Explorer et Netscape Communicator).

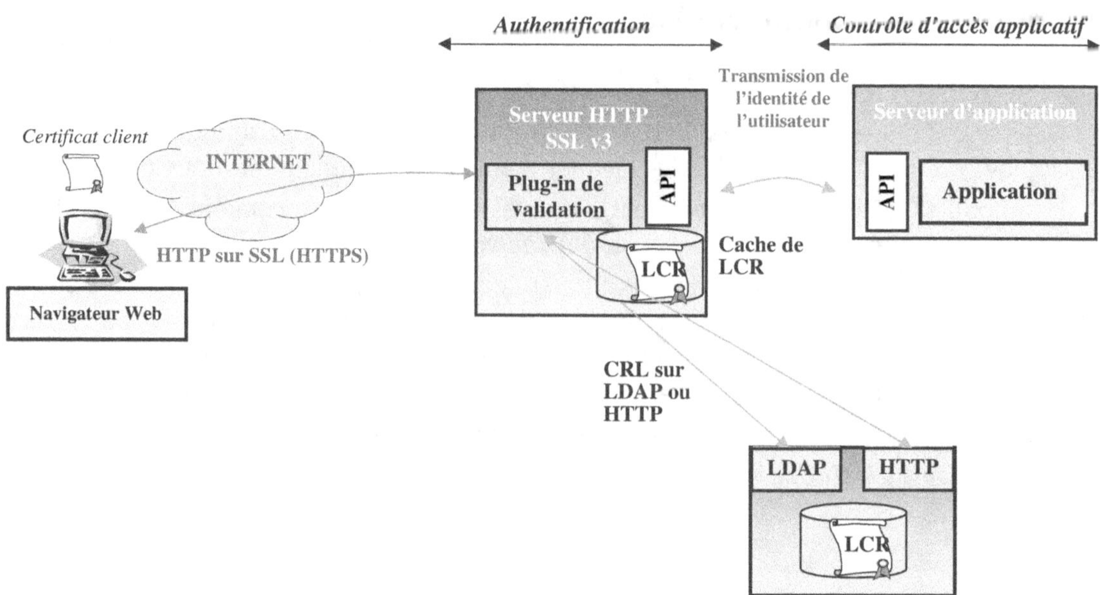

Figure 5-15. Validation en mode « asynchrone »

Sécurisation par développement spécifique (intégration active)

Des développements spécifiques au sein de l'application permettent de remplir les mêmes fonctions que celles fournies par un plug-in implanté sur le serveur Web. Dans ce cas, l'application peut assurer elle-même la gestion complète de la session sécurisée, ou effectuer exclusivement les contrôles de sécurité qui ne sont pas pris en charge de façon native par le serveur HTTP.

Sécurisation par insertion d'un serveur relais (intégration passive)

L'approche « Reverse-proxy », que l'on peut traduire en gros par « relais inversé », permet de sécuriser sans modification de code de nombreuses applications, dont les applications Web. Néanmoins, l'ajout de composants complémentaires (généralement, des agents) se révèle dans la pratique souvent inévitable.

Par construction, ce serveur relais constitue un point de passage obligé : il centralise ainsi un certain nombre de vérifications relatives au certificat présenté par le client (vérification de la signature du certificat, de l'état de révocation…), avant de relayer les flux applicatifs vers des applications ou serveurs cibles (voir figure 5-16).

Ce serveur relais peut selon les cas et les offres assurer, outre le service d'authentification, celui de SSO (Single Sign-On) pour l'authentification en une seule fois pour accéder à de multiples applications, voire de gestion centralisée des habilitations des utilisateurs.

Signature de transactions Web

La figure 5-17 donne un exemple de scénario applicatif qui intègre la signature de formulaires HTML. Dans ce scénario, l'application est répartie sur deux serveurs. Un serveur frontal WEB assure le formatage des pages HTML et la gestion de la session d'échange sécurisée *via* le protocole SSL. Un serveur applicatif gère les traitements applicatifs et assure donc la gestion des transactions, ainsi que la signature et l'archivage de ces transactions. L'ICP assure les fonctions d'autorité de validation et d'autorité d'horodatage. L'archivage des transactions reste à la charge des applications, côté client et côté serveur applicatif.

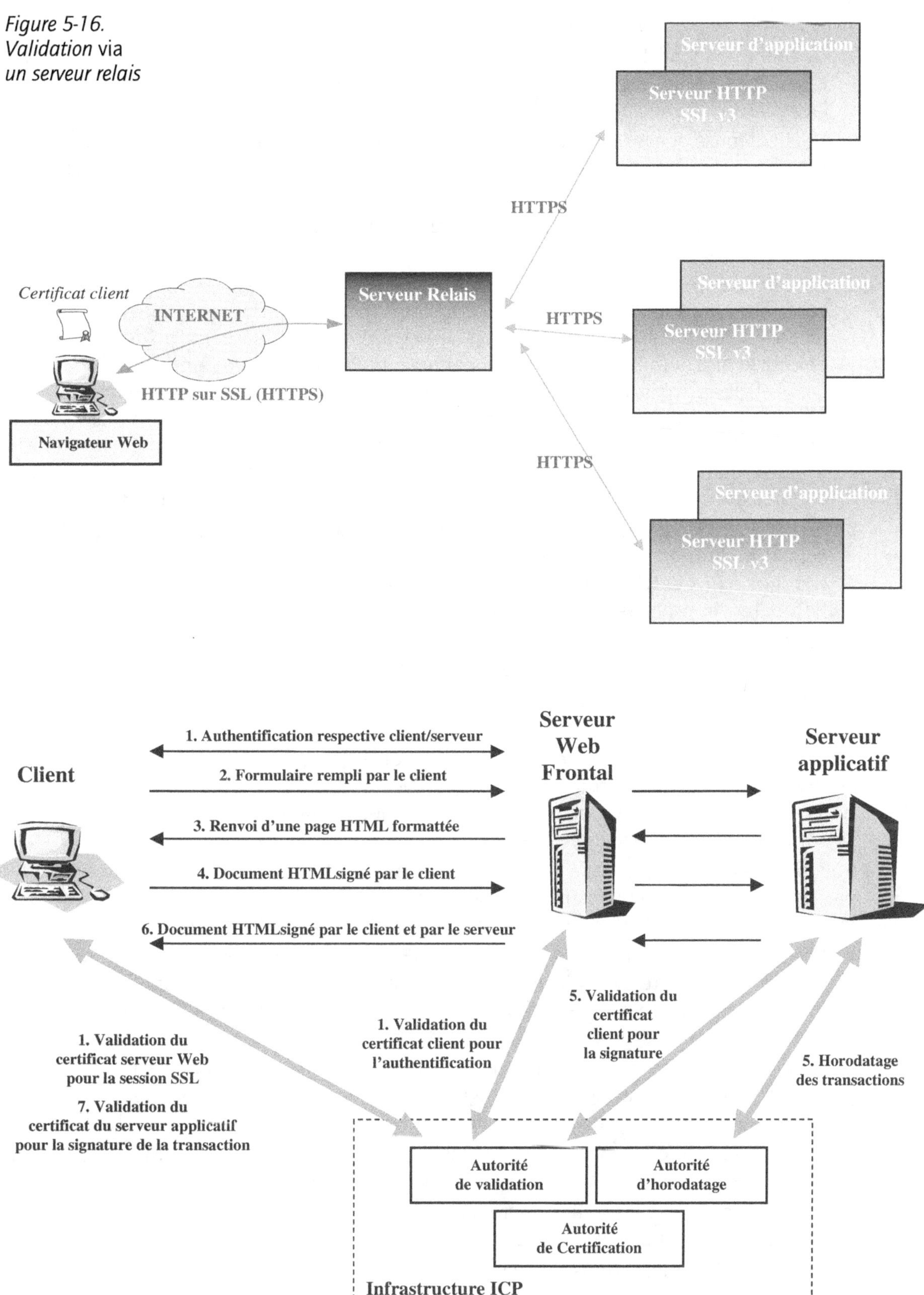

Figure 5-16.
Validation via
un serveur relais

Figure 5-17. Exemple de processus de signature de transaction Web

Cct exemple de scénario implique les opérations suivantes :

1. Le client se connecte au serveur Web. Une connexion SSL est établie. Pour cela, le client et le serveur réalisent respectivement une validation des certificats serveur et client en faisant appel à l'autorité de validation, par exemple *via* le protocole OCSP.

2. Le client renseigne les champs du formulaire HTML qui lui est présenté sur son navigateur. Il valide ou pas les virements qui lui sont proposés. Ces informations sont transmises au serveur de traitement.

3. Le serveur d'application renvoie au client une page HTML qui récapitule les choix effectués par l'utilisateur.

4. Le client a la possibilité de signer cette page, et donc la transaction. Les données signées sont celles qui sont présentées, sans équivoque possible. Pour cela, le logiciel client doit afficher à l'utilisateur le contenu exact de ce qui sera signé. L'opération de signature met en œuvre une authentification forte, par exemple avec une carte à puce contenant certificats et clés privées. L'accès aux données de la carte, nécessaire pour la signature, se fait soit par saisie du code PIN, soit par identification digitale au moyen de lecteurs dédiés. Le client peut alors éventuellement archiver la transaction qu'il a effectuée. Il soumet les données signées au serveur de traitement *via* le serveur Web. Cette opération peut être couplée avec l'opération de signature proprement dite, en fonction du logiciel client.

5. À réception des données signées, le serveur de traitement s'assure de la validité de la signature du client auprès de l'autorité de validation. Il « horodate » aussi cette transaction grâce aux services de l'autorité d'horodatage. Par ailleurs, il signe la transaction horodatée, et procède à son archivage.

6. Le serveur présente au client la transaction doublement signée. Le client vérifie la signature du serveur et un archivage est effectué sur son poste.

On doit pouvoir visualiser et vérifier les transactions *a posteriori*, à partir du serveur et du poste client.

Au travers de cette cinématique, l'authentification et la non-répudiation interviennent tout au long de la chaîne de la transaction. La preuve est constituée par l'adjonction des signatures des deux parties au document. Il est en effet préférable de gérer le document et la signature au sein d'une même enveloppe.

Pour réaliser le scénario que l'on vient de décrire, il convient d'intégrer des fonctions particulières au niveau du client et du serveur applicatif, *via* un logiciel dédié. Voici notamment les critères de choix qu'il faut prendre en compte quant à ce logiciel :

- Respect des standards PKCS#7 et/ou S/MIME (p7s, p7m) qui sont les plus répandus pour réaliser la signature. Le logiciel doit permettre une encapsulation simple de la signature et du document, typiquement dans un message S/MIME comportant un champ signature p7s. Cela est indispensable pour la constitution de la preuve et de son archivage.

  La solution doit fournir, ou permettre de fournir, le même degré de preuve que dans un contexte de signature manuscrite : stockage par les deux parties d'un exemplaire du document signé par eux deux. Le document ne doit pas résider en un endroit distinct de la signature.

- Formats supportés du document à signer : texte, formulaire, PDF, HTML, etc. Le format HTML avec évolution XML est le plus souvent demandé.

- Ergonomie du visualisateur intégré au navigateur client. Le visualisateur doit offrir une interface graphique satisfaisante et simple.

- Archivage des transactions sur le serveur.

- Stockage de la transaction signée sur le poste client.

- Possibilité de visualisation *a posteriori* des données signées avec vérification de la preuve.

- Support des signatures multiples pour l'automatisation des processus métier (*Workflow*).

- Support des CRL, voire d'OCSP. Conformité de la liste de révocation au standard de certificats X.509v3.
- Interfaçage du client avec l'infrastructure PKI : support de Microsoft Crypto API (CAPI), support du standard PKCS#11 pour l'export de certificat sur support physique, interfaçage avec les technologies de cartes à puce, etc.
- Pouvoir passer, dans le paramétrage du module d'extension (plug-in), des informations sur le certificat demandé afin de résoudre le cas que poserait la présence de plusieurs certificats dans la carte.

Pour assurer ces fonctions, nous retrouvons les scénarios d'intégration active ou passive.

- Dans la catégorie des solutions actives, nous trouvons les solutions basées sur le développement spécifique d'une applet Java, d'un contrôle ActiveX ou d'un module d'extension au navigateur de type plug-in. Voici les kits de développement qui permettraient de réaliser ces composants :
  - L'interface normalisée PKCS#11 pour accéder aux informations contenues dans la carte à puce. Ces interfaces sont fournies par exemple par la plupart des fournisseurs de cartes à puce.
  - L'interface CAPI (Cryptographic Application Programming Interface) de Microsoft, qui proposait une solution de signature de fichiers HTML. Ce produit n'est plus disponible, mais les opérations qu'il comprenait sont accessibles depuis les environnements de développement Microsoft (Visual Studio).
  - Une API de cryptographie offrant une sur-couche ou une implémentation spécifique des deux interfaces précédentes. Dans ce contexte, le kit de développement retenu serait de préférence relative à la solution carte à puce choisie.
- Dans la catégorie des solutions de type intégration passive, nous trouvons des solutions produits « prêtes » à l'emploi, mais aussi des fonctions sous forme d'applet, de plug-in ou de contrôle ActiveX, permettant de signer tout type de transactions ou de données échangées par des applications Web.

Gestion des habilitations

Les ICP et la gestion des habilitations

En théorie, il est possible, grâce aux champs « extensions » du certificat X.509 v3, d'intégrer dans les certificats des informations relatives au profil du porteur du certificat (fonction dans l'entreprise, rôle vis-à-vis de telle ou telle application, pouvoir en termes de passage de commande ou de transaction, etc.). En interprétant ces informations, les applications ont la possibilité d'accorder ou pas le droit d'accéder aux données et aux transactions associées à l'utilisateur.

En pratique, il est pourtant peu recommandé d'utiliser ces méthodes pour gérer les habilitations applicatives. En effet, le profil applicatif d'un utilisateur est appelé à évoluer fréquemment (changement de fonction, accès à une nouvelle application, etc.), ce qui impliquerait :

- soit de révoquer et recréer fréquemment des certificats pour chaque utilisateur et de les mettre à disposition sur un serveur de gestion des habilitations centralisé,
- soit de diffuser à chaque utilisateur, en plus de son certificat « d'identité », des certificats « d'attributs » pour chaque application ou pour chaque groupe d'utilisateurs.

Dans les deux cas, les opérations d'enregistrement seraient multipliées et la gestion ICP des certificats deviendrait très contraignante pour les utilisateurs.

Les certificats peuvent donc aujourd'hui, pour l'essentiel, être utilisés pour assurer l'authentification des utilisateurs, c'est-à-dire pour garantir l'identité d'un utilisateur qui se connecte à une application. La gestion des droits applicatifs et des fonctions de contrôle d'accès reste du ressort des applications et/ou de systèmes logiciels dédiés, de plus en plus souvent basés sur des annuaires LDAP.

Certains éditeurs de solutions ICP comme Baltimore ou Entrust disposent de solutions de gestion des habilitations couplées à leur ICP, mais ces dernières sont basées sur des produits distincts.

Les acteurs du marché des ICP réfléchissent actuellement au développement de solutions de gestion des habilitations basées sur l'utilisation de certificats, mais elles ne sont pour l'instant pas opérationnelles. On parle alors de certificats d'attributs.

Les certificats d'attributs

Les certificats d'attributs ont pour objet de permettre de certifier les caractéristiques d'une personne, en particulier ses rôles ou droits d'accès sans qu'elle doive modifier son certificat d'identité. La structure d'un certificat d'attributs est relativement similaire à celle d'un certificat d'identité, à la différence fondamentale qu'il ne contient pas de clé publique (voir figure 5-18).

Version	Numéro de version (version 2 pour la norme X.509, revue 2000).
Holder	Identité du porteur du certificat d'attribut.
baseCertificateID	Identifiant du porteur par référence à un certificat de clé publique (nom de l'AC et numéro de série du certificat d'identité du porteur auquel ce certificat d'attribut est associé.
entityName	Et/ou le nom du porteur.
objectDigestInfo	Et/ou une empreinte numérique d'informations liées au porteur.
issuer	Identité de l'autorité d'attribut (AA).
issuerName	Identifiant de l'AA.
baseCertificateID	Identifiant de l'AA par référence à un certificat de clé publique.
objectDigestInfo	Identifie l'AA par l'empreinte numérique d'information propre à l'AA.
signature	Identifie l'algorithme utilisé pour signer le certificat d'attributs.
serialNumber	Numéro de série unique dans le contexte de l'AA.
attrCertValidityPeriod	Période durant laquelle le certificat est considéré comme valide.
notBeforeTime	Début de période de validité du certificat d'attributs.
notAfterTime	Fin de période de validité du certificat d'attributs.
attributes (séquence d'attributs)	Ce champ contient un ensemble d'attributs qui doivent être reconnus à l'intérieur du domaine qui concerne un porteur de certificat.
issuerUniqueID	Identifie de façon unique le fournisseur du certificat d'attribut, dans le cas où le nom de ce fournisseur ne serait pas suffisant.
extensions	Permet d'ajouter de nouveaux champs à un certificat d'attributs.

Figure 5-18. Structure d'un certificat d'attributs

La norme X.509 donne la définition suivante d'un certificat d'attributs : « Un ensemble d'attributs d'un utilisateur associé à un ensemble d'autres informations, rendu non modifiable par la signature numérique utilisant la clé privée de l'autorité de certification qui l'a généré. »

Les certificats d'attributs visent principalement à permettre la gestion des privilèges d'un individu. Cette approche est décrite dans la révision de 2000 de la norme X.509. L'infrastructure de gestion de privilèges ou IGP (PMI, pour Privilege Management Infrastructure) est basée sur des autorités d'attributs (AA) qui ont pour rôle d'accorder des droits à des individus préalablement identifiés et authentifiés par leur certificat d'identité.

L'IGP permet de gérer les cas suivants :

- Le contrôle d'accès : les droits d'accès sont conférés à une personne par une AA qui gère les droits d'accès à un système donné. L'AA crée et signe un certificat d'attributs qui contient le droit d'accès accompagné d'une période de validité pour celui-ci. Par exemple, un responsable système peut accorder un droit en modification de la configuration système d'un pare-feu à un opérateur pour une fenêtre de temps d'une heure. À l'échéance de la période de validité, le certificat d'attributs devient inutilisable.

- Les capacités de non-répudiation : utilisés avec une politique de signature ou de non-répudiation, les certificats d'attributs permettent de limiter les droits des utilisateurs.

- La délégation de droits : dans certains environnements, il est nécessaire de pouvoir déléguer des droits d'action à d'autres personnes. L'exemple le plus naturel en est la délégation de signature.

- La gestion de rôles : un certain nombre de droits d'accès ou d'actions peuvent être basés sur le rôle qui est joué dans l'entreprise (acheteur, comptable, responsable système, etc.). L'AA peut alors accorder un rôle à une personne au travers d'un certificat d'attributs.

Les certificats d'attributs ne sont pas forcément émis par l'AC qui a émis le certificat d'identité. Dans une organisation simple, l'AC peut également jouer le rôle d'AA, mais les privilèges que l'on vient de décrire peuvent relever d'entités métier ou de l'organisation, et avoir peu de chance d'être réunis au sein de l'AC. Différents certificats d'attributs pourront être émis par plusieurs AA qui n'ont aucun lien entre elles. Un individu possédera alors plusieurs certificats d'attributs associés à son certificat d'identité.

Le certificat d'attributs peut être délivré pour une période courte ou longue. L'émission de certificats d'attributs de courte durée évite la gestion de listes de révocation. En effet, le récepteur du certificat d'attributs peut très bien le considérer dans le cadre d'une politique de sécurité où l'analyse des risques montre qu'il n'est pas nécessaire de vérifier la LCR des certificats d'attributs (par exemple, pour tout certificat d'attributs dont la période de validité est inférieure à quatre heures). Si les certificats d'attributs sont émis pour une durée plus longue, par exemple aux fins d'accorder un rôle, la politique du vérificateur nécessitera l'AA à maintenir une LCR spécifique.

Nous ne connaissons pas pour l'heure d'applications standards susceptibles de supporter la gestion des certificats d'attributs. Ces applications devront être construites dans une optique d'IGP selon une politique de gestion de droits bien déterminée au sein de l'organisation. Même si les aspects techniques sont loin d'être tous réglés, il nous semble que de nombreux pré-requis doivent être analysés au sein de l'organisme qui met en œuvre une IGP, et en particulier :

- Qui peut jouer le rôle d'AA ?

- Quels modèles d'IGP verront le jour ? Modèle fermé au sein d'une entreprise pour la gestion des droits d'accès, ou modèle ouvert entre plusieurs organismes ?

- Qui validera les politiques relatives à la validation des certificats d'attributs dans un modèle ouvert ?

Le principe d'IGP intéresse aujourd'hui des organismes d'État tels que le GIP pour la Modernisation des déclarations sociales (GIP MDS) qui réfléchit à un principe selon lequel des certificats d'identité pourraient être associés à des certificats d'attributs pour gérer les délégations de signature au sein des entreprises lors de l'émission de déclarations sociales dématérialisées vers l'administration.

PARTIE 2

Mettre en œuvre une ICP

Chapitre 6

Mettre en œuvre un projet ICP

Un projet ICP est en général complexe à mettre en œuvre ; en effet, de multiples volets doivent être traités en parallèle. Dans ce chapitre, nous allons décrire ces différents volets, avant de détailler les arguments en faveur ou en défaveur d'une externalisation de l'ICP. Cette analyse nous permettra aussi d'identifier les principaux postes de coûts qu'il faut intégrer dans le coût total de construction et d'exploitation d'une ICP.

Nous décrirons ensuite les différentes étapes d'un projet ICP type, en nous focalisant principalement sur les phases d'études, préalables à la construction de l'ICP. Enfin, nous aborderons les procédures d'audit, qui sont cruciales dans des contextes où l'ICP devra interopérer avec d'autres ICP, ou bien dans lesquels les certificats émis devront répondre à des exigences bien précises, décrites dans des normes ou des textes légaux.

Composantes d'un projet ICP

Comme nous l'avons souligné dans les chapitres précédents, un projet ICP ne se limite pas au déploiement de composants techniques, mais adresse de nombreux domaines (voir figure 6-1).

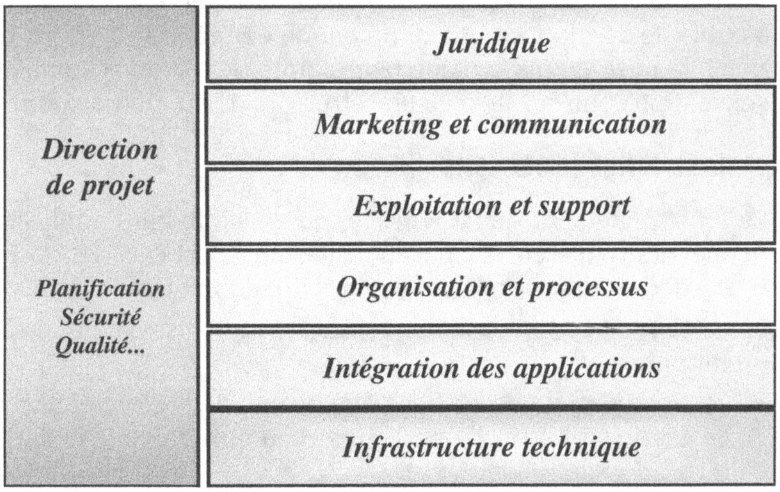

Figure 6-1.
Les composantes
d'un projet ICP

Direction de projet Planification Sécurité Qualité…	Juridique
	Marketing et communication
	Exploitation et support
	Organisation et processus
	Intégration des applications
	Infrastructure technique

Infrastructure technique

L'un des éléments clés d'un projet ICP reste bien entendu la conception de l'architecture technique, qui doit tenir compte des contraintes fortes d'interopérabilité, d'insertion dans l'existant, et de sécurité (notamment, les contraintes de sécurité physique et de disponibilité). Cette architecture vient agréger de multiples composants : matériels (serveurs, cartes cryptographiques pour les serveurs, supports cartes à puce ou token…) et logiciels (composants assurant les fonctions d'AC, d'AE, d'annuaire, de recouvrement de clés, de validation en ligne – OCSP –, d'horodatage et d'archivage, d'administration de l'infrastructure, de sécurisation de l'infrastructure…).

La compétence d'architecte se révèle cruciale pour définir les services que l'on souhaite mettre en œuvre, notamment l'architecture logique de l'ICP (nombre d'AC, organisation des hiérarchies des AC et AE, définition de l'AC racine…), et, bien sûr, pour choisir la solution produit ou service adaptée au contexte. Si c'est un opérateur de service de certification qui met en place l'infrastructure, la complexité est réduite au niveau de la mise en œuvre. En revanche, cela n'évite en rien la réflexion préalable sur les services à offrir et sur l'architecture logique de l'ICP : en cas de choix erronés ou trop orientés par les besoins à court terme, on s'expose à devoir reconstruire l'infrastructure ou à multiplier les ICP pour prendre en compte de nouveaux besoins.

Intégration des applications

Le déploiement de l'infrastructure ICP s'accompagne d'une « PKI*sation* » des applications à sécuriser, afin qu'elles puissent être en mesure d'utiliser les certificats distribués par l'ICP. Pour certains services applicatifs, comme la sécurisation de la messagerie ou le chiffrement de fichiers de données, le projet ICP peut prendre en charge l'intégration et la diffusion des modules logiciels nécessaires (généralement, des plug-ins à installer sur les postes de travail). Mais pour les applications « métier », cette intégration implique la mise à disposition d'outils de développement, ainsi que des actions de formation et de communication vis-à-vis des équipes de développement.

En fonction de la nature des vérifications nécessaires à une application (date de validité du certificat, vérification de la signature du certificat, vérification du statut du certificat en interrogeant l'ICP *via* les LCR ou OCSP, vérification de certains champs du certificat…) et de l'environnement technique de l'application, la complexité de l'intégration sera très variable. Dans certains cas, la simple installation d'un plug-in logiciel sur le serveur applicatif suffira. Dans d'autres, il faudra recourir à un développement spécifique en se basant sur une boîte à outils de développement fourni par un éditeur de solutions ICP. Pour valider ces intégrations, la mise en place d'une plate-forme de test et d'homologation des applications est souvent préconisée, ainsi qu'une structure de support aux développeurs.

Organisation et processus

Le fonctionnement de l'ICP est rendu possible par l'application de processus organisationnels, qui régissent la fabrication, la diffusion et l'utilisation des certificats. Plus largement, il faut définir des processus pour décrire de multiples tâches :

- gestion du cycle de vie des certificats (enregistrement, création, renouvellement, révocation…) ;
- gestion du cycle de vie des composants de l'ICP (création d'AE, création d'opérateurs de certification ou d'opérateurs d'enregistrement, création d'AC et Key Ceremony, révocation de clé d'AC…) ;
- gestion du cycle de vie des applications ;

- processus de support aux utilisateurs et de gestion des incidents ;
- processus d'évolution des politiques de certifications ;
- processus de suivi de la QoS, processus de facturation…

Ces processus ne doivent pas seulement être définis, décrits et documentés. Il faut aussi les mettre en place concrètement au sein de l'organisation de l'entreprise.

La réflexion sur les processus vient alimenter la rédaction de la PC et de la « Déclaration des pratiques de certification » (DPC).

Exploitation

Les composants techniques de l'ICP doivent être supervisés et exploités. Des services techniques doivent être mis en place pour assurer le suivi de la « Qualité de service », la facturation, la gestion des évolutions matérielles et logicielles…

Par ailleurs, le fonctionnement de l'ICP implique la création d'une structure de support pour les utilisateurs, qui assure le suivi des incidents et qui est en mesure d'informer et d'apporter de l'assistance aux utilisateurs des certificats.

Marketing et communication

Les volets marketing et communication sont extrêmement importants dans un projet ICP. La communication, tout d'abord, est essentielle. Elle a deux objectifs principaux :

- Un objectif d'explication. En effet, les certificats sont manipulés par les utilisateurs finals : ils sont associés à des concepts nouveaux qu'il est nécessaire d'expliquer soigneusement. Le déploiement des certificats s'appuie sur des processus qu'il faut aussi expliquer.
- Un objectif de « vente ». La communication est aussi un support essentiel à la promotion des services de l'ICP. Cette communication est tournée vers les « clients », c'est-à-dire les utilisateurs finals, mais aussi vers les directions métiers et les équipes de développement à l'intérieur de l'entreprise.

Le volet marketing est lui aussi très structurant. Il a pour objet de définir un « packaging » clair de l'offre de service proposée par l'ICP, et la tarification associée. Là encore, le lien avec les directions métiers, qui vont « intégrer » les services de sécurité de l'ICP dans des services applicatifs plus globaux, est essentiel.

Juridique et légal

Les aspects légaux ont eux aussi une grande importance, en particulier pour les projets tournés vers la fourniture de certificats à des clients ou à des partenaires externes à l'entreprise. Il faut tenir compte des contraintes juridiques pour un certain nombre de points : le stockage de données nominatives, l'horodatage et l'archivage nécessaires pour la non-répudiation, la définition des contrats d'utilisation des certificats, la définition des responsabilités des différentes parties… Ces réflexions donnent lieu à la rédaction de différents documents clés :

- PC ;
- contrats d'utilisation des certificats ;
- contrats de service en regard des applications ;
- politique d'archivage…

Elles sont plus complexes dans des contextes de projets internationaux, dans le cadre desquels il est nécessaire de tenir compte des législations des différents pays concernés.

Mise en œuvre interne ou externe de l'ICP

Les différents modèles de confiance et les architectures d'ICP ayant été présentés, il ne reste plus qu'à passer aux actes. Mais là encore, plusieurs options s'ouvrent aux entreprises. Vont-elles développer leur architecture ICP en interne ou vont-elles l'externaliser chez un opérateur spécialisé ? Parfois la question ne se pose même pas. Dans certains cas, la taille de l'entreprise ou ses moyens techniques ne lui permettent pas un choix interne. À l'inverse, dans d'autres cas, des options politiques ou sécuritaires ne laissent pas le choix à l'entreprise, et seul un développement interne est envisageable. Dans bien d'autres cas, le choix se pose, et nous proposons ci-après quelques éléments de réflexion pour l'affiner.

C'est volontairement que nous n'aborderons pas ici les aspects de responsabilités qui doivent être décorrélés des choix de mise en œuvre. Que l'exploitation des services soit réalisée en interne ou externalisée, les responsabilités de l'émetteur de certificat par rapport à ses abonnés restent les mêmes.

Les alternatives de mise en œuvre

Mise en œuvre en interne

La mise en œuvre en interne, en anglais « *insourcing* », signifie que l'entreprise est responsable de la gestion complète des processus de conception, de développement, d'installation et d'exploitation des composantes de l'ICP. Ces processus impliquent des choix sur les architectures, les outils logiciels, les ressources matérielles, humaines et financières consacrées à la gestion complète de tout le cycle de vie des clés, des certificats et des abonnés. L'ICP s'intègre alors en direct dans le système d'information (SI) existant de l'entreprise.

Externalisation

L'externalisation, en anglais « *outsourcing* », signifie que l'entreprise décide de déléguer certaines composantes de l'ICP à un opérateur externe, par exemple un fournisseur de services spécialisé, non seulement pour l'installation et la gestion des composantes, mais aussi pour l'exploitation de tout ou partie des processus de l'ICP. Nous verrons que, dans ce cas, certains processus devront être mis en œuvre directement par l'entreprise alors que d'autres peuvent être externalisés dans le cadre d'un contrat de services.

Solution hybride

Il existe une troisième solution, intermédiaire entre les deux premières, appelée hybride ou solution d'hébergement, qui consiste pour l'entreprise à être propriétaire de tout ou partie des ressources logicielles et matérielles qui constituent l'ICP, et à en faire héberger l'exploitation par une société extérieure. Dans une phase ultérieure, l'entreprise peut décider de rapatrier ses moyens en interne.

Les tendances

Nous relatons en figure 6-2 certaines prospectives d'analystes spécialisés. Une étude du cabinet Aberdeen fait apparaître que 11 % des sociétés mettant en œuvre une ICP ont choisi de l'externaliser, 29 % de la développer et de l'exploiter en interne, 43 % ont choisi une solution hybride d'hébergement, le reste des sociétés interrogées n'ayant pas encore pris leur décision.

Selon la société Identrus, une enquête qualitative a été réalisée en mars 2000 auprès d'institutions financières membres *Level 1*, c'est-à-dire directement rattachées à la racine de l'ICP Identrus ou en train de le devenir. En évoquant les leçons apprises d'un développement en

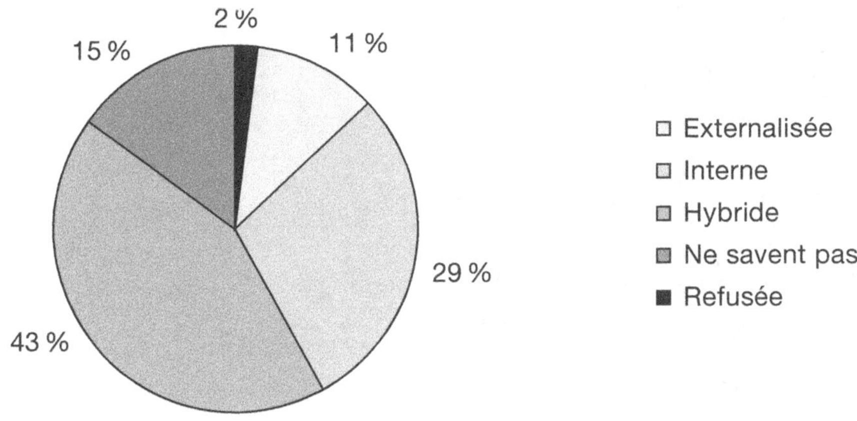

Source : Aberdeen Group, *PKI Multi-Client Study*, December 1999

Figure 6-2. Répartition des choix pour la mise en œuvre d'ICP

interne, ces dernières indiquent des problèmes de budget et de complexité supérieurs aux prévisions initiales, et ce bien que ces membres *Level* 1 soient parmi les institutions financières les plus avancées sur le plan technologique. Certains de ces membres indiquent qu'avec du recul, il aurait été préférable d'externaliser leurs moyens s'ils en avaient eu la possibilité au moment où ils se sont lancés. Identrus estime que 75 % des membres *Level* 1 choisiront une solution d'externalisation.

Éléments de choix

La suite de cette section présente de façon générique les caractéristiques qu'une entreprise ou organisation doit prendre en compte quand se pose le choix de développer et d'exploiter en interne ou d'externaliser en s'appuyant sur un PSC.

La problématique est complexe car elle peut être analysée sous plusieurs angles :

- Tout d'abord, sous l'angle des phases du plan projet ICP : celui-ci se décompose comme tout projet informatique en la conception, le développement, la mise en œuvre, l'audit. L'expression du besoin reste du ressort du donneur d'ordre, donc de l'entreprise. Selon ses ressources internes, l'entreprise peut réaliser la phase de conception elle-même ou faire appel à des consultants spécialisés. De même, selon les ressources et les compétences disponibles au sein de l'entreprise, elle pourra confier le développement et l'intégration à ses équipes informatiques internes ou lancer un appel d'offres pour procéder à un développement par un intégrateur externe. Nous verrons plus en détail la partie exploitation dans la suite de cette partie de notre ouvrage. L'audit reste bien sûr de la responsabilité de l'entreprise, sachant qu'elle peut pour cela s'appuyer sur des auditeurs internes ou sur des auditeurs indépendants externes.
- Ensuite, sous l'angle des composantes de l'ICP : les approches peuvent être différentes selon les composantes que l'on considère : l'autorité d'enregistrement (AE), l'autorité de certification (AC), l'autorité d'horodatage (AH), les services d'archivage, etc.

Les caractéristiques sous lesquelles il semble opportun d'analyser le choix entre une mise en œuvre interne et une externalisation sont les suivantes :

- Le niveau de confiance dans les services délivrés et l'assurance du niveau de sécurité :
  - la responsabilité vis-à-vis des abonnés ;
  - l'enregistrement des abonnés et le niveau de délégation de l'autorité d'enregistrement ;
  - le niveau de sécurité : authentification, confidentialité, non-répudiation, la sécurité des ressources sensibles et de leur exploitation.

- Les ressources et coûts :
  - les coûts initiaux ;
  - les coûts d'exploitation ;
  - les ressources humaines.
- Le déploiement et l'exploitation :
  - la flexibilité de l'architecture et l'intégration au système existant ;
  - les performances et la croissance ;
  - la rapidité de mise en œuvre et le déploiement.
- Les extensions aux futures applications.

Le niveau de confiance

L'autorité de certification va devoir démontrer à ses abonnés qu'elle gère leurs intérêts avec le niveau de sécurité attendu. Pour l'abonné, cela représente indirectement une garantie que les certificats qu'il reçoit vont le protéger pour ce que de droit en fonction de ce pour quoi il les a achetés. Par exemple, s'il achète un certificat qualifié auprès d'un PSC, il attend que les signatures électroniques qu'il produira aient une réelle valeur juridique.

La responsabilité vis-à-vis des abonnés

L'AC doit publier sa PC dans laquelle elle énonce les règles qui définissent le contexte dans lequel les certificats vont pouvoir être utilisés et celles relatives au cycle de vie du certificat. C'est également dans ce document que vont être énoncées les responsabilités qui incombent aux différents acteurs. De son côté, l'opérateur qui va exploiter l'ICP doit énoncer les procédures et pratiques qu'il met en œuvre pour la gestion des certificats dans la DPC. L'AC garantit à ses utilisateurs la cohérence et la validité de la PC, alors que l'opérateur s'engage sur les exigences qui figurent dans son contrat avec l'AC. Celles-ci peuvent porter sur les performances, la continuité du service, le temps de réponse, le niveau de sécurité, etc.

La notion de responsabilité sera plus largement détaillée dans la partie juridique de cet ouvrage. En tout état de cause, dans la relation entre l'AC et ses abonnés, c'est bien l'AC qui porte les responsabilités. Le projet de loi sur la société de l'information devrait stipuler les règles suivantes quant aux responsabilités de l'opérateur :

Art. 40 : « *Sauf à démontrer qu'elles n'ont commis aucune faute intentionnelle ou négligence, les personnes physiques ou morales prestataires de services de certification électronique ou fournissant d'autres services liés aux signatures électroniques sont présumées responsables du préjudice causé aux personnes qui se sont fiées raisonnablement aux certificats qu'elles délivrent.*

Elles ne sont pas responsables du préjudice causé par un usage du certificat dépassant les limites fixées à son utilisation ou à la valeur des transactions pour lesquelles il peut être utilisé, à condition que ces limites aient été clairement portées à la connaissance des utilisateurs dans le certificat.

Elles doivent justifier d'une garantie financière suffisante, spécialement affectée au paiement des sommes qu'elles pourraient devoir aux personnes s'étant fiées raisonnablement aux certificats qu'elles délivrent, ou d'une assurance garantissant les conséquences pécuniaires de leur responsabilité civile professionnelle. »

Dans le contexte du choix entre un développement en interne ou une externalisation, la notion de responsabilité doit être clairement débattue avec les juristes de l'AC qui décide de délivrer des certificats.

Notons toutefois que les AC tendent aujourd'hui à imposer aux utilisateurs finals des responsabilités excessives, en particulier si l'on compare ce qu'il en est pour les lois de protection des consommateurs (par exemple : responsabilité limitée du consommateur en cas de perte de carte de crédit ou de signature manuscrite frauduleuse). Ainsi, il est fréquent de voir que certains opérateurs exigent de leurs abonnés qu'ils signent un contrat de service où ils dégagent une grande part de leurs responsabilités quant à l'usage qui est fait des certificats qu'ils délivrent. Dans certains cas, l'opérateur n'est même pas responsable de négligences, telles que la gestion incorrecte des LCR. Cela devrait changer pour les émetteurs et opérateurs qui délivreront des certificats qualifiés puisque des règles précises sur leurs responsabilités les conduiront à respecter des exigences très contraignantes.

Argumentaire

En termes de confiance, le premier aspect à considérer dans la discussion sur le choix qui se pose quant à développer en interne ou à externaliser est la vision que l'entreprise veut donner de ses services à ses clients ou à leurs correspondants. Les sociétés qui adoptent le développement en interne recherchent en général une solution qui soit sous leur contrôle absolu, en voulant démontrer à leurs clients que la confiance est basée sur l'entière maîtrise du risque. Il y a alors une volonté politique forte, qui peut dépasser les problèmes de coût.

Les sociétés qui choisissent d'externaliser ont une approche où leur responsabilité est davantage tournée vers l'utilisation que leurs abonnés peuvent faire des certificats en tant que moyen d'accès à des services à valeur ajoutée, c'est-à-dire où leur responsabilité est centrée vers leur cœur de métier. Elles préfèrent confier la gestion des processus ICP à un opérateur spécialisé en signant avec lui un contrat de prestation de service ICP qui leur garantira une solution strictement conforme aux normes de sécurité en vigueur.

L'enregistrement des abonnés

L'autorité d'enregistrement est responsable du contrôle des informations justifiant de l'identité de l'abonné avant de transmettre la demande à l'AC pour l'émission de son certificat. L'AE se doit donc de vérifier scrupuleusement, à l'aide de justificatifs, les informations fournies par l'abonné au moment de son enregistrement. Pour cette raison, il semble préférable que l'AE soit proche de ses abonnés, au sens de la proximité géographique autant qu'au sens de la relation métier. Généralement, on trouvera du personnel administratif de l'entreprise ou de l'organisation dans le rôle du bureau d'enregistrement. Par exemple, le bureau des ressources humaines peut parfois jouer le rôle d'AE. Dans un système à très grande échelle touchant au grand public, la fonction d'AE peut être dévolue à des agents de guichet, dans des agences postales ou bancaires. Ce système peut être alors apparenté à la remise de carte bancaire avec des procédures d'enregistrement analogues à celles de la demande de carte, la remise de la carte se faisant contre signature d'un bordereau papier.

Argumentaire

Il est fortement conseillé, même en cas d'externalisation, que la composante AE reste entièrement sous le contrôle de la société qui émet les certificats. Dans bien des cas, la société connaît déjà les futurs abonnés auxquels elle va attribuer des certificats et possède des pièces justificatives sur eux (employés, clients de la banque, organisme professionnel, etc.). Il est alors plus compliqué et sensiblement moins fiable de confier cette tâche à un tiers.

Le niveau de sécurité

Certains services ou procédures méritent un niveau de sécurité renforcé. Par exemple, si un service de confidentialité avec recouvrement est mis en place, il est important de spécifier une procédure de séquestre des clés ou autre technique équivalente. Si la procédure est externalisée, il faut qu'elle présente des garanties fortes quant à la reconstruction des clés, et à la méthode de partage d'un secret entre plusieurs personnes dont au moins deux personnes de la société. En cas d'exploitation par un opérateur externe, il est impératif que ce dernier soit en mesure de reconstituer sans délai les clés concernées.

De même, pour répondre aux besoins de non-répudiation, il peut être nécessaire de mettre en place un service d'archivage ainsi qu'un service d'horodatage. Aujourd'hui, des opérateurs de confiance spécialisés rendent ces services externalisables. Cependant, comme tout service externalisé, cela a un coût d'investissement initial inférieur, mais qui peut devenir supérieur pour une utilisation à long terme.

Enfin, tout ce qui touche à la sécurité des clés cryptographiques doit pouvoir être scrupuleusement audité et prouvé à des tiers (juges, experts). À cette fin, les processus de création, renouvellement, destruction, etc., doivent être documentés, et la mise en œuvre des procédures doit être périodiquement vérifiée.

Argumentaire

En première approche, on peut penser qu'il y a plus de maîtrise dans le respect des règles lorsqu'il y a un développement en interne, mais cela n'est vrai que si la société dispose de compétences existantes, et, de surcroît, est dotée d'un bon service d'audit interne.

Paradoxalement, l'externalisation peut dans certains cas apporter plus de professionnalisme spécifique sur la protection des secrets par de meilleures procédures et une sensibilisation supérieure.

Les ressources et coûts

Lors de la mise en place d'une ICP dans des conditions optimales, il faut considérer qu'il est nécessaire de disposer de trois types d'environnements :

- un environnement d'intégration dédié aux tests en interne,
- un environnement de pré-production dédié aux tests de l'infrastructure de bout en bout avec des partenaires avant mise en exploitation (gestion du changement),
- l'environnement de production.

Nous ne détaillons ici que les considérations relatives à l'environnement d'exploitation.

Une caractéristique majeure au choix de mise en œuvre est le coût, d'une part, en termes d'investissement initial, et d'autre part en termes d'exploitation sur le long terme. Ce coût est généralement basé sur le nombre de certificats à émettre et à gérer. Nous présentons ici les caractéristiques relatives aux coûts initiaux, aux coûts d'exploitation, puis à ceux, spécifiques, qui ont trait au personnel.

Les coûts initiaux

Les coûts initiaux se composent des postes suivants (hors spécificités liées au personnel) :

- Le centre d'exploitation : il s'agit de mettre en place les locaux et l'environnement en énergie et fluides pour héberger les ressources machines et les personnels nécessaires à l'exploitation du service. Par rapport à un centre d'exploitation informatique traditionnel, l'exploitation d'une ICP requiert les spécificités suivantes :
    - des contrôles d'accès physiques renforcés : principe de zonage en pelure d'oignon pouvant aller jusqu'à un niveau 6 pour le stockage des éléments des clés racine ;

> **Pelure d'oignon**
> Cette appellation est due au fait que les zones de sécurité sont concentriques. Pour passer à une zone n, il faut obligatoirement être passé par la zone n-1. On considère respectivement que la zone 0 est le domaine public (la rue), la zone 1 l'enceinte initiale de la société (bureau d'accueil), la zone 2 la zone des bureaux, la zone 3 celle du centre informatique, etc.

    - des contrôles d'accès discrétionnaires de type biométrique ;
    - des protections contre les rayonnements compromettants (faradisation) par pièce dans la zone de l'AC.
- Le matériel : il s'agit des machines et éléments de réseau dédiés à cette infrastructure. Certains éléments sont spécifiques à une ICP :
    - les dispositifs sécurisés de stockage et de création de signature : ce sont généralement des boîtiers ou des cartes additionnelles disposant de sécurités physiques et

logiques très sophistiquées, qui résistent et réagissent aux agressions en détruisant les clés cryptographiques qu'ils contiennent ;

- le système de production et de personnalisation des supports matériels des utilisateurs finals (cartes à mémoire ou dispositifs sur port USB).

- L'infrastructure de communication : les réseaux informatiques et téléphoniques doivent fonctionner pendant la tranche horaire stipulée dans la DPC (24 h/24 en général).
- Les logiciels et en particulier l'achat des licences des logiciels ICP, annuaires, etc.
- Les coûts d'intégration : les produits du marché nécessitent un investissement non négligeable en termes d'intégration (poste d'enregistrement, annuaires, AC, cartes à mémoires, surveillance, remontée d'alertes, sauvegardes, etc.).
- Les coûts de tests et d'interopérabilité : cette charge est très importante en raison de la spécificité de certains protocoles et de la présence de nombreux filtrages (pare-feu) sur le réseau. Ces mises au point peuvent avoir un impact lourd sur la topologie de réseaux et sur le paramétrage des pare-feu.

Argumentaire

Dans la mise en œuvre interne, tous les coûts sont directement pris en charge par l'entreprise ou l'organisation, alors que dans la solution d'externalisation, seuls les investissements des composantes qu'elle souhaite garder restent à la charge de la société, comme l'AE, l'audit, etc. Lorsque l'opérateur externe utilise des moyens mutualisés, ce qui est généralement sa vocation, les autres coûts font partie des prestations achetées à l'opérateur. Si ce dernier doit mettre en œuvre des moyens spécifiques suite à des demandes particulières du client, le coût de ces adaptations peut être supérieur. Cela peut se négocier également par une solution d'hébergement de certains moyens achetés par le client.

Lorsque l'entreprise ne dispose pas préalablement de locaux d'exploitation informatique ou que ceux-ci ne présentent pas un niveau de sécurité suffisant, la solution de développement en interne peut devenir rédhibitoire car les exigences de sécurité pour la protection de l'environnement d'exploitation de la clé racine conduiraient à des investissements très élevés (surveillance, caméra, contrôles d'accès, personnel 24 h/24, etc.).

Dans une solution hybride d'hébergement, l'entreprise a la charge des matériels, des logiciels et des coûts d'intégration de la solution globale. En revanche, elle achètera les services d'hébergement et d'exploitation sécurisés à l'opérateur.

Les coûts d'exploitation

Ces coûts peuvent se répartir sur les postes suivants :

- Les charges du centre d'exploitation (loyers, énergie, assurances, etc.).
- Le coût du personnel d'exploitation : l'obligation de haute disponibilité peut amener à disposer d'équipes travaillant en roulement avec astreintes spécifiques dues aux qualifications précises sur la gestion des tâches de sécurité.
- Le coût de maintenance des moyens informatiques (matériel et logiciel) :
  - entretien traditionnel du matériel ;
  - les logiciels de l'ICP doivent être mis à jour pour faire face à des découvertes de faiblesses de sécurité ou à des évolutions fonctionnelles. En particulier, avec les nouveaux dispositifs, l'interopérabilité avec d'autres ICP et la conformité aux normes sont à étudier. Les fournisseurs de produits ICP stipulent dans leur contrat que la maintenance est basée sur un pourcentage de la valeur des logiciels déployés (15 à 20 % par an en moyenne). La maintenance s'applique également à d'autres composants de l'ICP, tels que les annuaires et les bases de données.

- Le coût des consommables : cartes à mémoire, autres supports.
- Le coût de production du certificat : ce coût correspond principalement aux règles d'enregistrement et aux coûts spécifiques d'archivage selon les termes de la PC. Ce poste peut rapidement devenir très lourd.
- Le coût du back-office : le support téléphonique pour l'aide aux utilisateurs ou pour la gestion des demandes de révocation.
- La maintenance de la documentation : la documentation est nécessaire pour supporter les exigences en matière d'audit.
- Le coût relatif à la continuité de traitement et au back-up : certains processus de l'ICP doivent être assurés en permanence, par exemple l'accès aux annuaires et le processus de révocation. Cela nécessite la mise en place de dispositifs pour assurer la continuité des traitements, soit par redondance de certaines composantes, soit par un back-up sur un site de secours.

Argumentaire

La charge relative au personnel devient vite très élevée en raison de la séparation des responsabilités dans les processus ICP et de la présence obligatoire de plusieurs personnes pour certaines tâches ou pour des raisons de réglementation du travail en poste nocturne. La solution d'externalisation peut se révéler plus économique si la société ne dispose pas préalablement de personnel d'exploitation informatique qu'elle pourrait affecter à ces tâches.

Les solutions d'externalisation fondent en général leur rémunération sur le nombre de certificats gérés et sur des services optionnels tels que le service support, l'assistance technique, les mises à jour, etc. D'une façon typique, le coût par certificat diminue quand le nombre de certificats augmente. Dans le cas d'un déploiement sur une grande échelle, ce coût peut devenir élevé (même avec des tarifs dégressifs). En solution interne, le coût de gestion du certificat est marginal (processus automatiques) ; reste alors la charge des postes d'enregistrement et la production des supports.

Relativement à la production des supports cartes à mémoire, si la société dispose déjà de moyens en interne (cas des banques), elle peut envisager une mutualisation des moyens. Si la société n'en dispose pas, il paraît peu probable qu'elle songe à internaliser cette composante.

La solution hybride d'hébergement peut permettre de se doter rapidement des locaux sécurisés et du personnel d'exploitation pour lancer le service.

Les ressources humaines

Les ressources humaines nécessaires à la mise en œuvre d'un projet ICP sont importantes et nécessitent des compétences variées. L'impact d'un développement interne ou d'une externalisation touche principalement les fonctions d'exploitation. La conception et le développement du projet ICP dans l'entreprise doivent en principe être réalisés par des équipes internes, même si une expertise externe peut être sollicitée. Si une grande partie de la conception/développement est sous-traitée, la maîtrise d'œuvre du projet doit être très solide, au risque de voir apparaître des divergences fortes entre les exigences initiales et le réalisé.

Les ressources humaines minimales pour une solution d'externalisation sont les suivantes :

- Un directeur de projet : il a un rôle décisionnaire sur les grandes orientations stratégiques du projet. Il est responsable des budgets et des objectifs métiers relatifs à la mise en œuvre de l'ICP.
- Un chef de projet : il contrôle la totalité du projet, des résultats prévus (application, services) aux résultats atteints, en passant par l'étude des critères financiers. Voici les fonctions du chef de projet :

- établir les procédures de la conduite du projet ;
- identifier toutes les ressources nécessaires (ressources tant humaines que financières et temporelles) pour garantir le bon déroulement du projet ;
- assurer le bon fonctionnement du projet selon les méthodologies de gestion choisies ;
- planifier, gérer et contrôler le projet au jour le jour ;
- contrôler le budget global du projet en s'assurant que tous les enregistrements obligatoires soient sauvegardés selon les exigences d'audit ;
- informer le comité de direction du projet (ou toutes autres personnes appropriées) périodiquement ;
- contrôler les risques durant toute la durée de vie du projet.

- Une équipe de support technique : le rôle de l'équipe technique est d'assister le chef de projet dans ses objectifs. L'équipe est en général composée de ressources internes et externes. Elle doit évaluer l'infrastructure, les services et les composants déployés par l'opérateur en fonction des exigences décrites dans la PC. Le critère principal de l'évaluation est la concordance avec les exigences énoncées dans le contrat. En particulier, les points focaux sont surtout la conformité aux normes techniques exigées, la fiabilité et la fréquence des mises à jour des LCR, la qualité du service de support et l'efficacité des nouvelles versions en regard des nouvelles normes ou plates-formes logicielles. L'expertise exigée de cette équipe technique est la connaissance précise de l'état de l'art de la technologie, la connaissance exacte des attentes de l'entreprise en termes d'applications métier, de la qualité de service, de la croissance, et des futurs programmes de développement.

- Un ou plusieurs experts juridiques : leur rôle a plusieurs facettes. D'une part, ils doivent valider les limites de responsabilité de l'entreprise vis-à-vis de ses abonnés dans tout le cycle de vie des clés et des certificats, en donnant leur avis sur la PC. D'autre part, ils doivent rédiger les termes et conditions (T&C) et le contrat de niveau de service (SLA ou *Service Level Agreement*) qui vont lier l'entreprise à ses sous-traitants pour l'exploitation des services de certification.

- Une équipe pour l'autorité d'enregistrement : lorsque l'AE est contrôlée par l'entreprise et non pas par l'opérateur, une équipe doit être prévue pour remplir cette tâche. Habituellement, c'est un personnel plus administratif que technique qui est dédié à cette tâche. Le rôle de cette équipe est de contrôler l'identification des utilisateurs selon les règles définies par l'entreprises et décrites dans la PC. Le bureau des ressources humaines peut dans certains cas jouer le rôle de bureau d'enregistrement. Parfois ce peut être du personnel de guichet dans des agences métier de l'entreprise (par exemple, pour une agence bancaire).

- Une équipe opérationnelle technique : le rôle de ses membres est d'assurer le lien entre le système d'information interne de l'entreprise et les composantes de l'ICP de l'opérateur de service de certification, autre que l'AE, et qui peuvent également être situées dans l'entreprise. Par exemple, un annuaire des LCR peut être implémenté au sein de l'entreprise. Ce peut être une copie de sauvegarde de la LCR principale, contrôlée par l'opérateur, et le personnel de l'entreprise peut être responsable de sa disponibilité. En outre, un service de support peut être maintenu en interne. Une autre raison d'avoir un support en interne peut être d'assurer la surveillance et le pilotage des problèmes que les utilisateurs peuvent rencontrer. Cela permet de fournir un retour d'information important pour le personnel technique de support et le chef du projet.

Dans le cadre d'une solution de développement et de mise en œuvre en interne, il est clair que les exigences que l'on vient de rapporter sont bien plus importantes. L'équipe opérationnelle technique a nécessairement bien plus de tâches à assumer. En particulier :

- l'intégration des produits des éditeurs de logiciels ICP des diverses composantes des services de certification (AE, AC, distribution des certificats, révocation, etc.) ;
- la fiabilité et la fréquence des mises à jour des LCR ;
- la qualité du service support dans sa totalité.

Pour accomplir ces tâches, le personnel doit avoir une bonne expertise technique par rapport aux outils spécifiques de sécurité qui sont exploités. L'équipe d'exploitation des processus ICP doit respecter des règles de production spécifiques qui peuvent être sensiblement différentes de celles qui sont habituellement appliquées dans le centre informatique.

Voici quelques-unes de ces règles spécifiques :

- Le principe de zonage des espaces de production : certains supports ne doivent pas quitter certaines zones ou, inversement, ne doivent pas s'y trouver.
- Le respect de la séparation des fonctions du personnel : par exemple, le personnel responsable des opérations de contrôle doit être différent de celui qui est responsable de l'exploitation de l'infrastructure.
- Le double contrôle de certaines opérations sensibles : tirage des clés, comptage des supports sensibles, etc.

La combinaison de ces règles peut conduire à des situations complexes. Un exemple caractéristique : la mise en production de clés sensibles doit être effectuée par au moins deux personnes qui n'ont pas le droit d'accès à la zone de génération. L'ouverture du local doit être commandée simultanément par deux autres personnes mais qui, de leur côté, n'ont pas accès aux ressources cryptographiques. Elles doivent donc leur ouvrir la porte et les accompagner à l'intérieur du local. Ensuite, les systèmes de contrôle d'accès ne laisseront sortir du local que les personnes qui y sont entrées.

Le nombre de personnes dédiées au back-office peut évoluer d'une manière significative selon le nombre d'utilisateurs et le niveau de qualité de service que l'entreprise requiert. En particulier, pour le service support (hors révocation), le temps maximal entre la demande d'un utilisateur et la résolution du problème ne devrait généralement pas excéder 48 heures. Normalement, il doit être résolu dans un délai de 24 heures. Cela peut mener à impliquer plusieurs personnes dans le service support. Évidemment, ces dispositions doivent être prises en compte par la société, à la fois dans le cas d'une mise en œuvre en interne ou lors d'une externalisation.

Argumentaire

En résumé, on considère généralement que la solution d'externalisation est mieux adaptée à de petites ou moyennes sociétés qui ne peuvent pas fournir le personnel requis pour une ICP (tant en nombre qu'en expertise). Inversement, la solution de mise en œuvre en interne peut convenir aux sociétés qui ont déjà des ressources informatiques solides et qui veulent maîtriser globalement l'ensemble des processus en acquérant la connaissance nécessaire sur cette technologie et en fournissant à leur personnel une formation adéquate pour la future gestion de l'ICP.

Dans la solution de mise en œuvre en interne, les coûts dépendent pour l'essentiel de la présence ou pas de ressources humaines qualifiées. Les sociétés sans expertise ICP en interne devront acheter des compétences de conseil de façon à s'assurer que leur ICP réponde à leur attente et que leur architecture informatique et réseau ne présente pas de faiblesses de sécurité. Dans la solution d'externalisation, les coûts de personnel seront principalement dédiés à la fonction d'enregistrement et de support (AE, révocation, etc.).

Les tâches qui devraient être maintenues en interne dans un scénario d'externalisation sont au minimum :

- la gestion du projet ICP ;
- les tests de validation et l'approbation des résultats ;
- la fonction d'autorité d'enregistrement ;
- le pilotage du déploiement ;
- le suivi du service client (niveau de satisfaction du service) ;
- l'audit du système global.

Le déploiement et l'exploitation

La flexibilité de l'architecture et l'intégration au SI existant

Il n'est pas rare qu'une société voie son organisation changer, à périmètre constant (réorganisation interne) ou par fusion/scission. L'ICP devant devenir à terme un élément central pour l'authentification, il est important que l'architecture de l'ICP sache prendre en compte ces évolutions. Celles-ci touchent en premier lieu le service d'enregistrement. Il peut donc être nécessaire de créer de nouvelles AE ou de créer des AE locales (AEL).

L'architecture ICP possède des adhérences avec le SI existant sur au moins deux aspects :

- L'annuaire : plus généralement, c'est le système qui possède les informations sur les abonnés qui vont recevoir des certificats. Le plus souvent, ces abonnés sont déjà connus de la société pour lesquels ils sont employés ou clients. À ce titre, ils existent dans une base de données du SI. Cette base peut alors être la source d'alimentation de l'annuaire des certificats. Il est donc important que l'architecture ICP possède des points d'ancrage dans le SI existant.
- La validation des certificats : que ce soit par une diffusion des LCR ou par la mise à disposition d'un serveur en ligne (ex : OCSP), l'architecture ICP doit être accessible par le SI de la société ou par ses partenaires.

D'autres éléments structurants peuvent également intervenir, comme la gestion des cartes qui supportent les clés et certificats.

Argumentaire

Lorsque l'ICP est externalisée, toute modification de son architecture (ajout d'AE, ajout d'AC filles, modification de la hiérarchie, croisement avec une autre ICP, etc.) doit être renégociée avec l'opérateur. Cela peut prendre beaucoup de temps et coûter très cher. L'externalisation devient alors un frein à la flexibilité de l'architecture.

De même, l'interaction avec le SI de la société est plus facile à assurer lorsque l'ICP est développée en interne. En particulier, le domaine réseau ICP est géré en cohérence avec les autres domaines de la société (Web, serveurs de données, adressage IP, etc.). Cela permet d'avoir une meilleure garantie quant à la surveillance du système ICP dans l'approche plus globale du SI de l'entreprise.

Les performances et la croissance

La performance est un élément fondamental au bon fonctionnement de l'ICP. Lorsque les abonnés sont nombreux, les flux d'échanges de données relatives au cycle de vie des certificats vont *crescendo*. Faibles lorsqu'il y a peu d'abonnés, ces flux peuvent s'engorger au-dessus d'un certain seuil. Les flux de création/révocation/renouvellement vont augmenter ainsi que les accès aux annuaires ou aux services de demande de statut de certificat en ligne (OCSP).

Argumentaire

Il y a du pour et du contre dans les deux choix possibles. Dans le cas de l'externalisation, les opérateurs disposent de moyens mutualisés qu'ils cherchent à optimiser. Il n'est pas certain en revanche qu'ils sachent anticiper les montées en charge, et réagir rapidement en cas de blocage. Par ailleurs, la forte montée en charge d'un de leurs clients peut avoir une influence désastreuse sur d'autres clients. En revanche, en cas de mise en œuvre en interne, la croissance des moyens informatiques doit être assumée entièrement par la société alors qu'elle est transparente en cas d'externalisation (coût au certificat).

La rapidité de mise en œuvre et le déploiement

Le critère de rapidité de mise en œuvre peut conduire à choisir l'externalisation dans la mesure où l'infrastructure matérielle et logicielle existe déjà chez l'opérateur de services. Offrir les services ICP à un nouveau client consiste le plus souvent pour l'opérateur à réutiliser des ressources existantes en les paramétrant aux besoins particuliers du nouveau client. Il reste néanmoins à celui-ci à mettre en place les moyens de son AE dans l'environnement organisationnel de sa société, et ce en fonction du type d'abonnés qu'il doit enregistrer.

Les solutions d'hébergement ou de mise en œuvre interne nécessitent de leur côté une intégration de produits ICP qui entraîne des délais de mise en production plus longs.

Argumentaire

Pour un projet d'ampleur limitée ou qui fait face à des contraintes de mise en œuvre à court délai, une solution d'externalisation présente une meilleure rapidité en matière de déploiement.

Les extensions aux nouvelles applications

L'ICP est initialement mise en place pour les besoins d'une application donnée. De nouvelles applications utiliseront ensuite les capacités des certificats qui nécessiteront certainement des adaptations, voire la création d'une nouvelle PC.

Argumentaire

L'extension de l'ICP à de nouvelles applications peut être facilement prise en compte par la société si elle maîtrise complètement son architecture, alors qu'un nouveau contrat de service doit être négocié avec l'opérateur si l'ICP est externalisée.

Composantes externalisables

Le choix de développer en interne ou d'externaliser n'est pas un choix monolithique. Dans l'un comme dans l'autre choix, certaines composantes peuvent ne pas être touchées. Par exemple, une société qui décide d'externaliser devrait conserver la fonction d'AE chez elle. D'un autre côté, une société qui a décidé de développer en interne peut s'appuyer sur un opérateur de service pour la personnalisation et la production de ses supports carte à mémoire.

Nous présentons ci-après, sous la forme d'un tableau, quelques avis sur les choix possibles pour les différentes composantes d'une ICP :

Composantes	Interne	Externe
Autorité d'approbation des politiques	Elle reste obligatoirement en interne car c'est elle qui décide des politiques et des choix majeurs concernant l'ICP.	Elle peut intégrer des consultants externes.
Autorité d'enregistrement	Elle devrait rester sous le contrôle étroit de la société qui engage sa responsabilité sur la fiabilité des contrôles d'enregistrement. Elle doit également valider les demandes de révocation.	Pour des projets de très grande ampleur touchant le grand public, l'AE pourrait être confiée à une organisation qui dispose de nombreux guichets sur le territoire (La Poste, CPAM, banques, etc.).
Autorité de certification	Elle nécessite un environnement très protégé et des compétences spécialisées. Le choix dépend de nombreux paramètres.	L'AC peut être externalisée chez un opérateur. Le choix dépend de nombreux paramètres.
Service de production de support	Uniquement si la société dispose préalablement de moyens appropriés.	Des opérateurs de fabrication et de personnalisation de cartes peuvent prendre en charge le cycle de vie de production de la carte et du code d'activation associé (PIN).
Autorité d'horodatage	Utilisation de dispositifs matériels d'horodatage synchronisés sur une horloge GPS. Ne garantit l'impartialité que par le biais d'audits indépendants. Apporte une synchronisation des éléments horodatés.	Des services fournis par des tiers de confiance d'horodatage devraient apparaître prochainement.
Service de publication	Nécessite des moyens de gestion d'annuaire.	Peut être confié à un opérateur en même temps que la gestion de l'AC.
Service d'archivage	Nécessite des moyens de gestion d'archives et de restitution de ces dernières importants.	Peut être confié à un opérateur spécialisé en archivage sécurisé.
Tiers de séquestre	Devrait rester en interne ou du moins sous un contrôle obligatoire de responsables sécurité internes. Nécessite des niveaux de sécurité importants pour obtenir l'agrément Tiers de confiance de la DCSSI.	Des opérateurs spécialisés et agréés pour gérer des conventions secrètes pour le compte d'autrui délivrent ce service.
Autorité de validation	Nécessite des moyens de gestion de règles de validation et de gestion des LCR.	Nécessite de confier en externe les règles de validation de contrôle des certificats.

Démarche de mise en œuvre

Un projet ICP peut être découpé en trois phases principales (voir figure 6-3) :
- Une phase de cadrage ou de lancement dont l'objectif est de valider l'opportunité et de définir les objectifs et le contexte de déroulement du projet.
- Une phase d'*avant-projet* ou d'*étude préalable* qui doit permettre de préciser les contours techniques et organisationnels de la solution à mettre en place (architecture technique, processus organisationnels, services offerts…).
- Une phase de *réalisation* qui va permettre le déploiement de la solution, lequel déploiement peut être réalisé à travers plusieurs paliers fonctionnels et techniques, si nécessaire.

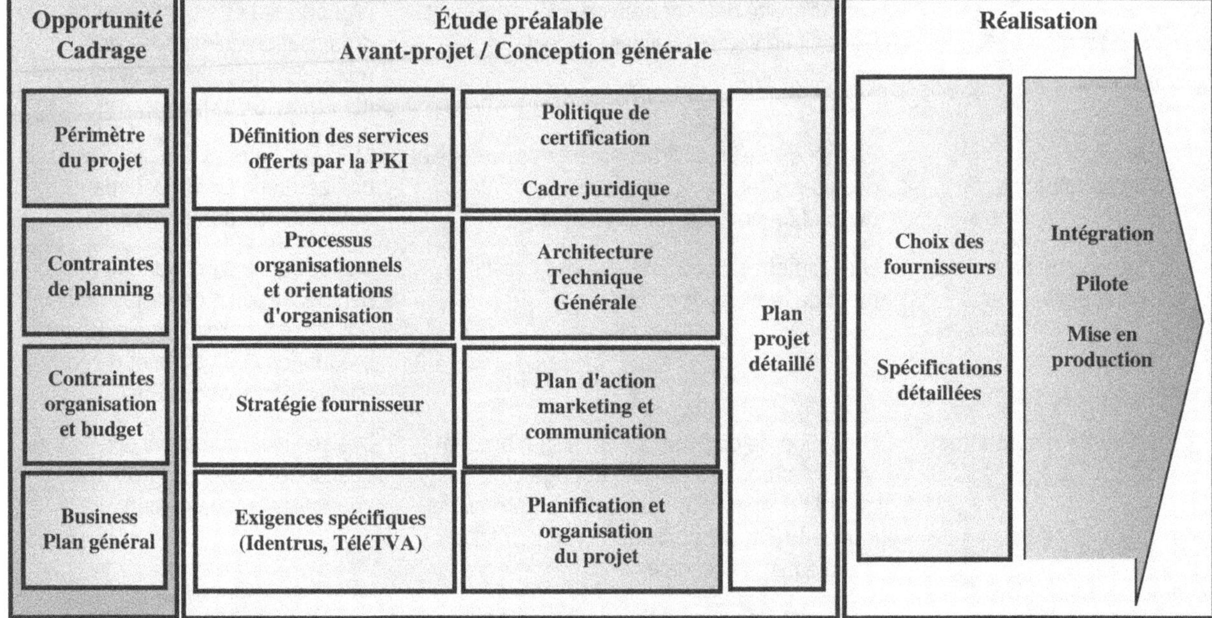

Figure 6-3. Démarche d'un projet ICP

Le contenu de ces différentes phases est présenté ci-après.

Phase de lancement

Ses objectifs sont les suivants :
- identifier et formaliser le périmètre (utilisateurs et applications cible), les contraintes et les orientations structurantes du projet,
- analyser les risques projet,
- recenser les contraintes relatives à l'existant : architecture réseaux, politique de sécurité, locaux d'exploitation potentiels, annuaires existants,
- identifier les principales contraintes légales à prendre en compte,
- définir l'organisation dans laquelle s'inscrit le projet et répartir les rôles entre les différents contributeurs,
- définir le cadre budgétaire et les moyens de financement pour l'ensemble du projet,
- aboutir dans les meilleurs délais au plan de travail pour l'étude préalable (travaux, moyens, budget et planning prévisionnels).

Phase d'étude préalable

La phase de conception générale a pour objet de préciser les orientations du projet pour aboutir à un plan projet détaillé qui va décrire :
- les étapes de mise en place de l'ICP : en effet, il est possible d'étaler dans le temps la mise en place des services de l'ICP, et/ou d'augmenter progressivement le niveau de qualité de service en fonction des applications qui vont utiliser les services de l'ICP ;

- pour chaque étape, les services qui seront offerts et l'architecture générale de la solution (architecture technique, processus organisationnels, orientations pour la mise en place du back-office, du support aux utilisateurs et aux développeurs…) ;
- les « Politiques de certification » ;
- le plan d'action « Communication » qui devra accompagner le projet.

Nous décrivons ci-après quelques-uns des points étudiés lors de la phase d'étude préalable.

Définition des services offerts

Cette définition des services devra permettre :

- de synthétiser et valider les besoins de façon à définir une solution homogène et cohérente ;
- de préciser les contours fonctionnels et techniques de la future infrastructure de confiance :
    - types de certificats gérés (gamme de certificats, supports utilisés),
    - types de procédures d'enregistrement et de diffusion des certificats,
    - services avancés proposés (recouvrement, horodatage/archivage…),
    - niveau de qualité de service à fournir…
- de déterminer le plan de mise en place des différents services : plusieurs paliers fonctionnels avec des échéances différentes pourront être définis.

Définition des processus organisationnels

Les processus peuvent être classés par grands types, les principaux étant les suivants :

- gestion du cycle de vie des certificats ;
- gestion des composants de l'ICP ;
- administration des services et suivi de la qualité de service ;
- intégration des applications dans l'ICP ;
- gestion des changements (techniques, politiques ou organisationnels).

Stratégie de consultation et choix fournisseur

Cette étape a pour objet de définir la stratégie de consultation d'une façon cohérente avec celle de mise en œuvre. Plusieurs approches peuvent être envisagées :

Pour un projet réalisé « en interne » :

- Consultations orientées produits. Dans ce cas, plusieurs éditeurs et constructeurs devront être consultés (logiciels ICP de base, autorité de validation, annuaires, cartes à puce, HSM…). Cette approche permet de garantir un choix de produit optimal par rapport aux besoins, mais les risques relatifs à l'intégration des différentes briques sont à la charge de l'entreprise.
- Consultation orientée intégrateur. L'intégrateur propose une solution complète sur la base des produits qu'il maîtrise.

Pour un projet réalisé en externe (*outsourcing*), la consultation sera orientée vers la fourniture de services de construction et d'exploitation.

Une solution mixte peut également être envisagée.

Dans tous les cas, il convient d'être très attentif à la pérennité et la « solidité » des fournisseurs des produits et services retenus, et à la disponibilité de compétences techniques qui permettent de les maîtriser.

Exigences spécifiques

Cette étape a pour but, en fonction du contexte du projet, d'étudier les exigences spécifiques à ce contexte. Par exemple, dans le cas d'un projet bancaire Identrus, il est nécessaire d'analyser l'ensemble des spécifications Identrus.

Cette étape a aussi pour objet de recenser les exigences relatives aux règles établies en termes de politique et d'organisation de la sécurité au sein de l'entreprise.

Politique de certification/cadre juridique

On doit procéder à la rédaction de la ou des politiques de certification lors de l'étude préalable. Les PC sont des éléments de référence pour la phase de réalisation. La rédaction des PC est menée avec la collaboration de juristes afin de valider les engagements de responsabilité de chaque acteur, en conformité avec la législation.

Architecture technique générale

Cette étape vise à établir les spécifications générales de la solution en termes :
- d'architecture logique de certification (nombre d'AC, hiérarchie des AC...) ;
- le cas échéant, d'infrastructure technique :
  - architecture matérielle et logicielle,
  - dimensionnement,
  - ressources réseaux nécessaires,
  - sécurisation de l'architecture,
  - mécanismes de haute disponibilité et de montée en charge.
- d'outils d'administration ;
- de packaging des kits clients ;
- d'interfaces à mettre en œuvre (par rapport aux applications et entre les briques).

Plan d'action marketing et communication

Cette étape vise à :
- identifier les différentes cibles en termes de communication (clients, utilisateurs internes, équipes de développement, réseau de commercialisation, DRH...) ;
- définir pour chaque cible les outils de communication qui seront utilisés (plaquettes, messages d'information, site Web…) ;
- définir les étapes du projet pendant lesquelles la communication sera réalisée.

Planification et organisation de la phase réalisation

Cette étape a pour objet de structurer la démarche pour la phase de réalisation. Un planning détaillé est élaboré et les structures de conduite du projet de réalisation sont mises en place.

Elle doit aboutir à la formalisation du plan projet.

Phase de réalisation

Le déroulement de la phase de réalisation d'un projet ICP est assez proche de celui d'un projet d'intégration « classique ». Les spécificités portent pour l'essentiel sur les points suivants :
- L'intégration reste délicate, en raison de l'instabilité et des difficultés d'interopérabilité entre les produits. Elle fait intervenir de multiples produits qui proviennent en général de sources différentes. Le prototypage est à conseiller pour garantir le bon fonctionnement final.

- La sécurité doit être une préoccupation permanente et majeure du projet. Il est en particulier recommandé de programmer des audits lors de certaines phases clés.
- Le volet organisationnel et communication revêt une importance particulière, parce qu'il va impliquer l'utilisateur final, les développeurs, ainsi que tous les acteurs qui seront chargés de l'enregistrement des utilisateurs et du support.
- Même s'il s'agit d'un projet d'infrastructure, un volet important a trait à l'intégration des applications : en dehors des composants de l'infrastructure ICP elle-même, il faut prévoir l'intégration de « kits clients » sur les postes de travail (lecteur de carte à puce et logiciel associé, plug-in pour la sécurisation de la messagerie…), et de « kits serveurs » pour gérer la validation des certificats au niveau de chaque application.

Les tâches qui doivent être réalisées sont les suivantes :

1. Mise en place de l'infrastructure technique ICP : deux options bien différentes peuvent être envisagées à ce niveau.

   Option 1 : *insourcing* (réalisation et hébergement en interne) :
   - consultation et sélection pour l'achat des matériels (serveurs, HSM, cartes à puce et/ou token) ;
   - consultation et sélection pour l'achat des logiciels ICP (pour les fonctions AC, AE, annuaire, OCSP, horodatage, archivage…) ;
   - éventuellement, consultation et sélection pour les dispositifs de sécurité physique (sécurisation des locaux si nécessaire) ;
   - éventuellement, consultation pour la sélection d'un intégrateur (société spécialisée pour réaliser l'intégration) ;
   - intégration technique de l'infrastructure ICP ;
   - intégration technique des moyens d'exploitation et de suivi de la qualité de service.

   Option 2 : *outsourcing* (réalisation et hébergement par un opérateur de certification) :
   - consultation et sélection d'un prestataire de services de certification ;
   - mise en place de l'infrastructure technique ICP par le prestataire de service ;
   - mise en place des moyens d'exploitation technique (supervision, sauvegarde…) et de suivi de la qualité de service.

2. Mise en place des moyens de personnalisation et de gestion des supports physiques (cartes à puce, token…).

3. Mise en place du back-office et des procédures organisationnelles :
   - mise en place des outils (techniques et documentaires) pour la gestion des dossiers clients ;
   - mise en place des outils de facturation et de reporting.

4. Mise en place de la hot-line de support aux utilisateurs (en interne, ou externalisée) :
   - sélection et mise en place des moyens techniques ;
   - mise en place des procédures.

5. Mise en place du support aux développeurs :
   - mise en place des outils de développements et d'intégration des applications ;
   - développements et intégration d'applications de « démonstration ».

6. Définition, création et diffusion des supports de communication (plaquettes, site Web de présentation…).

7. Audit de sécurité et éventuellement certification par rapport à des « labels existants ».

8. Test en pilote.

9. Mise en production et déploiement.

Les coûts d'un projet ICP

La mise en œuvre d'un projet ICP génère des coûts relativement importants.

Pour un projet interne « ciblé » dans une grande entreprise (plusieurs milliers d'utilisateurs), l'investissement nécessaire peut varier entre 500 K€ à 1 800 K€ selon les services mis en place.

Pour un projet de type « e-Business » de construction d'une infrastructure « complète » (plusieurs dizaines de milliers d'utilisateurs, services étendus, haute disponibilité, vente des certificats à des clients et partenaires externes), l'enveloppe à considérer se situe plutôt entre 2500 K€ et 8000 K€.

En effet, dans ces contextes, la part communication et marketing, la part juridique et celle relative aux travaux induits par le déploiement dans l'organisation « commerciale » de l'entreprise sont plus lourdes. De même, la construction d'une structure back-office (hot-line, support, gestion des dossiers d'enregistrement, gestion des révocations…) augmente les coûts du projet.

Le tableau présenté en figure 6-4 donne une liste synthétique des postes de coûts à prendre en compte :

Coûts de construction	Logiciels (pour les fonctions AC, AE, annuaire, OCSP, horodatage, archivage…) : de 40 K€ à 120 K€ pour les briques principales (AC, AE, annuaire), et pour 1 000 certificats environ. Sécurité physique (sécurisation des locaux si nécessaire). Études en amont (lancement, études préalables). Intégration de l'infrastructure. Mise en place du back-office et des procédures organisationnelles. Mise en place des outils de développements et d'intégration des applications. Audit de sécurité et certification.
Coûts de fonctionnement fixes	Maintenance matérielle et logicielle. Exploitation de l'infrastructure (supervision, sauvegardes, mises à jour…). Gestion des relations avec les principaux fournisseurs.
Coûts de fonctionnement variables (fonction du nombre de certificats gérés)	Usage des logiciels (fonction du nombre d'utilisateurs et/ou du nombre de transactions). Achat, personnalisation et renouvellement des cartes à puce et/ou token – Carte : 9 à 18 € par carte, – Lecteur et logiciel : 25 à 50 €, – Personnalisation carte : 10 €. Fonctionnement des processus (enregistrement, révocations, renouvellement…). Support aux utilisateurs et aux développeurs. Intégration des applications.

Figure 6-4. Coût par postes d'un projet ICP

La figure 6-5 indique une possible décomposition de la ventilation des coûts de construction, dans un projet où la carte à puce est utilisée (dans le cas contraire, la part matériels et logiciels est plus réduite) :

Les options les plus structurantes en termes de coût vont porter sur les éléments suivants :

- Type de services offerts (mise en œuvre des services avancés ou pas).
- Niveau de qualité de service et de sécurité (haute disponibilité, site de backup…).

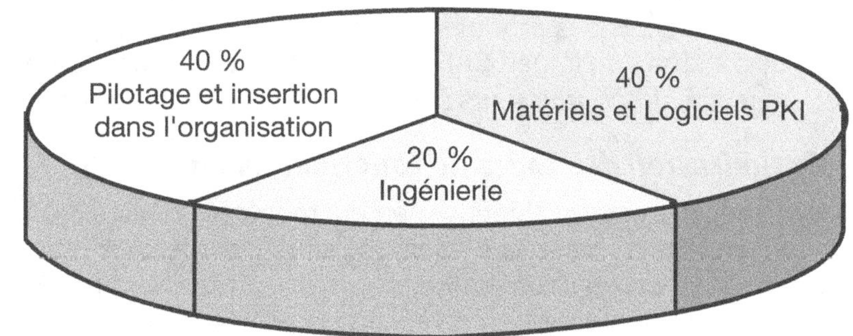

- Externalisation ou hébergement en interne :
  - l'externalisation offre en théorie les avantages d'une construction plus rapide et moins onéreuse ; en pratique, les offres d'hébergement sont encore rares et peu éprouvées ;
  - l'hébergement en interne permet de conserver la maîtrise de la « Qualité de service et du niveau de sécurité » ; il permet aussi une meilleure maîtrise des plannings et des coûts d'évolutions pour la mise en place de nouveaux services.

  Quelle que soit l'option retenue, une partie de l'infrastructure, notamment les moyens techniques du back-office, est hébergée en interne.
- Tarification des logiciels : les logiciels de type PKI présentent encore des coûts élevés, avec une répartition variable entre le coût de licence initial et le coût de licence complémentaire par utilisateur.
- Support des certificats et des clés (logiciel ou cartes à puce…) : le coût de déploiement est augmenté d'une manière significative si les certificats et les clés sont stockés sur des cartes à puce.
- Processus d'enregistrement et de remise des certificats :
  - si les processus impliquent une saisie centralisée des demandes d'enregistrement à partir de « dossiers papier », la structure back-office va être considérablement alourdie ;
  - si les processus sont fortement automatisés, avec une saisie décentralisée des demandes, les coûts seront mieux répartis ; la structure projet ne supporte pas les coûts d'enregistrement.

Optimisation des coûts du projet ICP

Optimisation des coûts de construction

Plusieurs éléments doivent être analysés avec soin pour maîtriser les coûts de construction de l'ICP, notamment :

- Comme la stratégie de mise en place des services de l'ICP est structurante, il est souvent pertinent de mettre en place dans un premier temps une infrastructure relativement simple qui permette d'ouvrir rapidement les premiers services. À partir de là, l'intégration des applications pourra réellement débuter, ainsi que la phase « d'éducation » des développeurs et des utilisateurs. Viendront ensuite les besoins plus poussés, qui impliquent l'ouverture de services plus complexes comme l'horodatage et l'archivage.
- Il est important de garantir la pérennité des investissements réalisés. Si les services sont mis en œuvre progressivement, il est en particulier nécessaire de pouvoir conserver les premières briques mises en place pour les étapes suivantes. Par ailleurs, les choix des fournisseurs doivent être réalisés avec soin. Cet objectif peut être atteint en y consacrant un effort suffisant lors de la phase d'étude préalable, qui doit être très complète et approfondie.

- Le choix de la bonne stratégie fournisseur (construction interne ou hébergement externe, choix des produits pertinents…) est crucial pour assurer la maîtrise des coûts de construction initiaux, puis du coût des évolutions. Le mode de tarification et les engagements des fournisseurs sur des tarifs stables sont très importants.

Optimisation des coûts de fonctionnement

L'examen des coûts de fonctionnement montre que le fonctionnement du back-office représente de loin la charge la plus importante. C'est le back-office qui va réaliser la saisie des demandes d'enregistrement (dans le cas de processus qui prévoient une saisie centralisée), la prise en compte des renouvellements et des révocations, la facturation des services, le reporting…

Pour maîtriser ces coûts, les processus de gestion du cycle de vie des certificats doivent être étudiés avec soin, afin de trouver le bon compromis entre le niveau de sécurité et de garantie souhaité pour chaque gamme de certificat, et le coût de fonctionnement des processus.

Chapitre 7

Documenter un projet et auditer une ICP

Documentation du projet

La mise en œuvre d'un projet ICP ne se limite pas à l'approche technologique, loin s'en faut. Il s'agit d'un projet d'entreprise qui nécessite toujours la rédaction d'un grand nombre de documents à vocation commerciale, politique, légale, opérationnelle ou technique. Certains de ces documents interviennent à un niveau politique et vont être utilisés d'une part dans les relations entre les différentes composantes de l'ICP, et d'autre part entre ces composantes et les abonnés ou avec les utilisateurs finals qui vont recevoir ces certificats. Ils décrivent en particulier les principes et les règles qui régissent l'utilisation des certificats et établissent les responsabilités des différents acteurs. D'autres documents ont une vocation interne à l'exploitation de l'ICP, comme cela est le fait de toute exploitation de système informatique complexe. Il s'agit alors de procédures opérationnelles destinées aux agents d'exploitation qui doivent disposer des consignes précises à appliquer en fonction des situations qui peuvent se présenter à eux.

Il n'est pas dans notre intention de décrire de façon détaillée l'ensemble de la documentation qui doit accompagner le développement et la mise en œuvre d'une ICP, mais plutôt de lister les documents qui nous semblent nécessaires et de nous focaliser sur certains d'entre eux, spécifiques à ce type de technologie. En l'occurrence, nous détaillerons les deux documents de référence que sont la « Politique de certification » et la « Déclaration des pratiques de certification ». Ces deux documents ont des similitudes, ne serait-ce que dans leur structure, mais ont des destinations fondamentalement différentes. Ils ont été présentés tous deux dans la norme IETF RFC 2527, *Internet X.509 Public Key Infrastructure Certificate Policy and Certification Practices Framework*. Depuis, en France, d'autres documents font référence en la matière comme le document « Procédures et politiques de certification de clés (PC²) », rédigé par le groupe *ad hoc* messagerie sécurisée de la CISSI (Commission interministérielle pour la sécurité des systèmes d'information).

> **Traductions**
>
> La PC correspond à l'appellation anglo-saxonne CP (pour Certificate Policy), et DPC correspond à l'appellation CPS (pour Certification Practice Statement).

Dans une première section, nous évoquerons les politiques et plans qui définissent les grands principes et règles régissant l'ICP, en posant les bases de légitimité aux actions qui vont être entreprises. Ensuite, nous présenterons les procédures et pratiques opérationnelles qui sont nécessaires à l'exploitation de l'ICP.

Documents de politiques

Une politique est par nature un document qui établit les grands principes et règles traduisant les exigences auxquelles l'entreprise souhaite se conformer dans la réalisation de son activité. C'est un document formel, validé et promu par la direction générale de l'entreprise, qui justifie les choix et investissements devant être faits pour atteindre les objectifs fixés. En termes simples, la politique décrit le « *quoi* », c'est-à-dire ce qui doit être fait. Par exemple, la politique de sécurité contiendra une règle qui dit que l'accès aux données sensibles doit être soumis à un contrôle d'accès discrétionnaire.

La politique ne dit pas comment on va faire pour y parvenir. En effet, différentes solutions peuvent satisfaire une même règle, l'exigence restant pour sa part inchangée. La politique devra donc être complétée de documents qui décrivent les procédures qui, quant à elles, vont exposer le « *comment* », à savoir à partir de quels mécanismes techniques ou organisationnels on va, à un moment donné, satisfaire l'exigence décrite dans la politique. De nouvelles solutions pourront alors se substituer aux anciennes sans que la règle de politique ne change.

Dans le domaine des ICP, nous avons introduit l'instance nommée autorité d'approbation des politiques (voir chapitre 2). C'est à elle que revient la charge de faire établir et de valider les différents plans et politiques qui concourent à la bonne marche de l'ICP, et que nous introduisons ci-après. C'est également à elle que revient de décider si une infrastructure opérationnelle, interne à l'entreprise ou celle d'un opérateur de service externe, convient pour supporter les exigences décrites dans les politiques et plan (par exemple : approbation d'une DPC à une PC donnée).

Politique de sécurité

Le premier document de politique qui devrait exister dans toute société gérant un système d'information est celui qui a trait à la politique de sécurité. C'est un ensemble de lois, règlements et pratiques qui régissent la façon de gérer, protéger et diffuser les biens, en particulier les informations sensibles, au sein de l'organisation. Il est propre à chaque entreprise bien que de nombreuses règles soient des règles de bon sens qui devraient se retrouver partout. En revanche, le contexte particulier d'une entreprise, son architecture de réseau ou ses choix d'organisation peuvent l'amener à personnaliser ces grands principes à partir de son analyse de ses objectifs stratégiques et des lois ou règlements propres à son activité. On dispose aujourd'hui de catalogues d'énoncés de règles qui sont reconnus par les spécialistes du domaine de la sécurité. Nous citerons pour mémoire la norme ISO 17799, *Gestion de sécurité d'information – Partie 1 : Code de pratique pour la gestion de sécurité d'information*, et le *Guide pour l'élaboration d'une politique de sécurité interne* (PSI) du SCSSI (Service central de la sécurité des systèmes d'information qui a été promu au niveau de direction sous le nom de DCSSI).

Politique de certification

La notion de PC a été introduite pour la première fois dans la version de 1997 de la recommandation X.509 de l'ITU-T. Elle a été détaillée ensuite dans le RFC 2527, en 1999, en même temps que la DPC. Les deux documents ont une présentation pratiquement identique mais leurs objectifs et leur audience sont différents. La PC s'adresse avant tout à des décideurs qui vont juger de l'applicabilité des certificats à l'usage qu'ils souhaitent en faire. Par exemple, une certaine PC décrira des certificats pour l'authentification d'utilisateurs dans une messagerie de type S/MIME. Une autre PC pourra décrire des certificats de confidentialité destinés à sécuriser les données sur un poste de travail.

Le document X.509 donne la définition suivante de la PC, définition qui a été reprise ensuite dans le RFC 2527 :

« Ensemble de règles identifié par un nom unique qui indique l'applicabilité d'un certificat à une communauté particulière ou/et un groupe d'applications qui font l'objet d'exigences de sécurité communes. Par exemple, une PC particulière pourrait indiquer l'applicabilité d'un type de certificat à l'authentification de transactions d'échange de données informatisées pour le commerce de biens dans une gamme de prix donnée. »

L'audience

L'audience visée par la PC est très large :

- Les abonnés : ils vont acheter des certificats auprès d'une autorité de certification, et doivent donc vérifier si les certificats et l'infrastructure répondent à leur besoin. Ils vont y trouver les prix du service, les obligations et responsabilités de l'AC et celles qui leur reviennent.
- Les décideurs : au-delà des abonnés individuels, ce sont les responsables d'application métier (banque, assurances, industrie, etc .) qui vont baser leurs relations de confiance sur l'utilisation de certificats ; ils doivent analyser la PC pour savoir de quelle façon sont gérés les certificats.
- Les parties en communication : ce sont ceux qui vont recevoir des documents dont la sécurité repose sur l'utilisation de certificats émis par une AC, par exemple des documents signés par un abonné de l'AC. Ils n'ont pas de lien direct avec l'AC en question mais, comme ils vont devoir se fier à ces certificats, ils devraient prendre connaissance des conditions dans lesquelles ont été émis ces certificats avant de faire confiance aux documents sécurisés au moyen de ces derniers.
- Les auditeurs : lorsqu'une ICP doit être accréditée au regard d'un référentiel de bonnes pratiques, la PC est un des premiers documents que les auditeurs vont demander à consulter. En effet, elle décrit les principes mêmes qui prévalent dans l'émission des certificats.
- Les sociétés d'intégration : dans une phase de construction de l'ICP, lors de la consultation du marché, le maître d'ouvrage devrait systématiquement joindre à son cahier des charges la ou les PC que l'infrastructure devra supporter. La PC est en cela l'expression de haut niveau des exigences qu'attend le donneur d'ordre.

Une ou plusieurs PC

Dans une organisation, il y aura en général plusieurs PC qui vont correspondre à des types différents de certificats. Un type de certificat peut être défini par son usage (signature, authentification, confidentialité, etc.) ou selon les règles d'utilisations qui régissent son cycle de vie, et en particulier les règles relatives à l'enregistrement des abonnés.

Cela concerne donc l'ensemble de la vie du certificat décrit par ailleurs dans ce document, et en particulier :

- l'enregistrement par l'AE suite à une demande d'un « client », à distance ou en face-à-face, à un guichet unique ou *via* des AE déléguées, ainsi que toutes les modalités que comprend la vérification de l'identité de la personne ;
- le mode de génération de la biclé, en local sur le poste client ou en central par l'AC, et son type de support, logiciel ou sur support physique ;
- le mode de distribution du certificat, retrait sur un Web, remise d'un support en main propre, etc. ;

- tant les conditions de révocation du certificat que les personnes habilitées à le faire, les délais de mise en liste de révocation.

Dans une société d'assurances, on trouvera par exemple une PC pour l'AC racine de la hiérarchie, qui émet des certificats pour ses AC filles, puis une PC pour chaque AC fille. La première d'entre elles émet des certificats logiciels destinés à l'authentification de clients externes dans l'établissement de sessions sécurisées par SSL. La seconde émet plusieurs types de certificats pour des utilisateurs internes, les clés privées étant contenues dans des cartes à puce, et destinées à la signature électronique et au chiffrement des données sur les postes de travail. On trouvera donc trois PC différentes dans cette société.

Dans le monde réel, deux approches sont possibles quant à la façon de rédiger des PC :

1. La première approche consiste à faire autant de PC qu'il y a de type de certificats : par exemple, la société Certinomis a publié trois PC correspondant aux trois classes de certificat qu'elle émet. Chaque PC peut être lue de façon autonome sans qu'il y soit fait référence aux autres. Il y a relativement peu de différences d'un document à l'autre, celles-ci étant figurées sous forme de texte encadré.

2. La seconde approche consiste à établir une seule PC pour plusieurs types de certificats : par exemple la PC du GIP CPS décrit plusieurs classes de certificats d'authentification et de signature dans le même document. Dans cette approche, on peut considérer que $PC = \Sigma\{PC1, PC2,..\}$.

Les deux approches sont valides. Il n'y a lieu de considérer que la facilité de lecture que présentent l'une et l'autre approche. Ce qu'il faut retenir, c'est que, dès lors que de nombreux points diffèrent dans le mode de gestion de plusieurs types de certificats, il est plus simple d'écrire plusieurs documents, en particulier pour faciliter la lecture de l'utilisateur final (l'abonné ou son correspondant). C'est typiquement le cas entre une PC de signature et une PC de chiffrement.

Comité de rédaction

La rédaction de la PC est généralement effectuée par un groupe de personnes de la société, aidé en cela par des conseillers techniques. Les personnes qui devraient participer à la rédaction sont les suivantes :

- Des responsables des applications qui vont utiliser les certificats : ce sont eux qui vont faire le lien entre les certificats, leur contenu (profil) et les applications qui vont les employer. Ils doivent avoir une vue marketing aussi bien que technique afin de prendre en compte l'analyse des risques qu'impliquerait une mauvaise utilisation des certificats par leur propriétaire. En fonction de cette analyse, ces responsables vont fixer le niveau de sécurité qui va être requis dans le cycle de vie des clés et des certificats.

- Des responsables juridiques : ils vont fixer les limites de responsabilité des différents acteurs et prendre en compte les exigences légales en fonction de l'usage qui sera fait des certificats. Cela est particulièrement vrai si le certificat doit être « qualifié » au sens de la loi sur la reconnaissance légale de la signature électronique, ou en cas de chiffrement pour la confidentialité des données.

- Des responsables des systèmes d'information : ils vont définir les niveaux d'adhérence du système d'information propre à l'ICP avec celui du reste de l'entreprise. Le cas de l'annuaire d'entreprise est un des aspects principaux qu'ils devront traiter. L'interaction avec les réseaux internes et externes de l'entreprise devra également être définie avec précision.

- Des responsables de l'exploitation : en cas d'exploitation interne de l'ICP, ce sont eux qui vont faire en sorte que les opérations se déroulent correctement, que le service soit assuré avec continuité, et qui devront disposer des consignes en cas de dysfonctionnement.

Ils seront impliqués en termes de qualification du personnel, de séparation des fonctions, de disponibilité des équipes, etc.

- Le RSSI : il devra définir les règles de sécurité propres à l'exploitation de l'ICP, mais aussi les rôles et responsabilités des personnels. Il devra également veiller à la mise en place des contrôles physiques et logiques afin de tracer et d'imputer toutes les opérations sensibles. Il contribuera également à la définition de la sécurité des locaux qui hébergeront les équipements sensibles (dispositifs cryptographiques).
- Des responsables du support : il faudra en effet définir le support pour l'aide aux utilisateurs, le support téléphonique de premier niveau, ainsi que celui qui prend en compte les mises en révocation de certificats.

Une fois rédigée, la PC doit être présentée pour validation à l'autorité d'approbation des politiques. La PC est un document à vocation publique qui doit servir de référence par rapport à l'usage qui sera fait des certificats. Elle est généralement disponible sur les sites Web des autorités émettrices de certificat.

Identification de la PC

La PC est identifiée par un nom et par un identifiant d'objet également appelé OID. En France, l'enregistrement de l'OID se fait auprès du département des technologies de l'information et de la communication de l'AFNOR. L'OID doit figurer dans le champ *certificatePolicies* du certificat. Il permet en particulier au récepteur d'un certificat de vérifier si le certificat peut être employé dans le cadre de la PC *via* laquelle il a été émis.

Organisation du document

L'organisation présentée en figure 7-1 (page suivante) est celle que l'on rencontre le plus fréquemment. Elle correspond à la structure introduite initialement dans la norme RFC2527. Il est toujours possible de choisir une autre présentation mais, lors d'un audit, il sera plus aisé pour l'auditeur d'y retrouver les informations qu'il recherche.

La PC est organisée selon les huit chapitres suivants :

- Introduction
- Dispositions d'ordre général
- Identification et authentification
- Besoins opérationnels
- Contrôles de sécurité physique, des procédures et du personnel
- Contrôles techniques de sécurité
- Profils des certificats et des LCR
- Administration des spécifications

La figure 7-1 décrit la table des matières d'une PC. Les principes et exigences couvrent toutes les composantes et acteurs de l'ICP, aussi bien l'AE, l'AC, que les composantes de support comme l'horodatage, l'archivage, et bien sûr les abonnés et les utilisateurs finals des certificats.

Introduction

L'introduction décrit le contexte général dans lequel s'applique la PC et présente la société qui prend la responsabilité d'émettre les certificats.

La PC est ensuite identifiée par un nom et un identificateur d'objet (OID) comme nous l'avons montré précédemment. Une section décrit la destination des certificats et en particulier leur usage (authentification, signature, chiffrement), ainsi que les applications auxquelles ils sont destinés. Cette section présente également la communauté d'utilisateurs qui sera détentrice des certificats ainsi que les correspondants potentiels.

Figure 7-1.
Contenu type
d'une PC

1. Introduction
    1.1. Présentation générale
    1.2. Identification
    1.3. Applications et groupes d'utilisateurs concernés
    1.4. Points de contacts
2. Dispositions d'ordre général
    2.1. Obligations
    2.2. Responsabilités
    2.3. Responsabilité financière
    2.4. Interprétation de la loi
    2.5. Honoraires
    2.6. Publication et services associés
    2.7. Contrôles de conformité
    2.8. Politique de confidentialité
    2.9. Droits sur la propriété intellectuelle
3. Identification et authentification
    3.1. Enregistrement initial
    3.2. Re-génération de certificats après expiration
    3.3. Re-génération de clés après révocation
    3.4. Authentification d'une demande de révocation
4. Besoins opérationnels liés au cycle de vie du certificat
    4.1. Demande de certificat
    4.2. Génération de certificat
    4.3. Acceptation de certificat
    4.4. Révocation et expiration de certificat
    4.5. Journalisation des événements
    4.6. Archives
    4.7. Changement de clé d'une composante
    4.8. Compromission et plan anti-sinistre
    4.9. Fin de vie d'une composante
5. Contrôles de sécurité physique, des procédures et du personnel
    5.1. Contrôles de sécurité physique
    5.2. Contrôles des procédures
    5.3. Contrôles du personnel
6. Contrôles techniques de sécurité
    6.1. Génération et installation de biclé
    6.2. Protection de clés privées
    6.3. Autres aspects de gestion des biclés
    6.4. Données d'activation
    6.5. Contrôles de sécurité des postes de travail
    6.6. Contrôles techniques du système durant son cycle de vie
    6.7. Contrôles de sécurité du réseau
    6.8. Contrôles techniques du module cryptographique
7. Profils des certificats et des LCR
    7.1. Profil du certificat
    7.2. Profil de LCR
8. Administration des spécifications
    8.1. Procédure de modification de ces spécifications
    8.2. Procédure de publication et notification
    8.3. Procédures d'approbation de la DPC

Cette section se termine par les coordonnées d'une personne ou d'un service en charge de l'administration du document. Ce sont en général les coordonnées de l'autorité d'approbation des politiques qui figurent à cet endroit de façon à assurer la pérennité du document dans le temps.

Dispositions d'ordre général

Cette section décrit les aspects légaux et contractuels qui sont sous-tendus par la PC. Elle décrit les obligations des différentes parties prenantes, à savoir d'une part les composantes internes de l'ICP et d'autre part les utilisateurs, abonnés et récepteurs de certificats. Cette section est rédigée en grande partie par des juristes car elle touche aux responsabilités des parties et aux risques encourus en cas de non-respect des obligations, y compris les responsabilités financières. Un sujet qui est parfois absent de certaines PC françaises, alors qu'il est toujours présent dans les PC anglo-saxonnes (*disclaimers*), est la limite de responsabilité que prend l'AC. En effet, il est bon de clarifier si l'émetteur des certificats s'engage ou pas sur les conséquences de l'usage qui est fait de ces certificats. Dans la majorité des cas, l'AC doit décliner sa responsabilité pour tout usage du certificat en dehors des limites prévues par la PC. Cela sera d'autant plus sensible dès lors que des certificats « qualifiés », au sens du décret de mars 2001 sur la signature électronique, mentionneront des conditions d'utilisation, notamment le montant maximal de transactions dans le cadre desquelles ce certificat peut être utilisé.

Cette section présente également les lois auxquelles se conforme la PC, même si par ailleurs, comme toute société commerciale, l'entreprise qui émet des certificats doit se conformer à toutes les lois en vigueur. Néanmoins, il est fréquent d'y voir des rappels aux lois sur la cryptographie, sur la signature électronique et sur le respect de la vie privée.

Cette section introduit ensuite les aspects relatifs aux tarifs des différents services. Nous conseillons cependant aux rédacteurs de PC de ne pas y introduire de montant car cela les obligerait à faire paraître une nouvelle version à chaque changement de tarifs. Il est plus sage de faire référence par exemple à une adresse URL d'un site Web où l'utilisateur trouvera le détail des tarifs en vigueur.

Un autre sujet important abordé est celui relatif à la publication des certificats et des LCR. On y décrit les documents qui sont publiés par l'ICP. Il s'agit en général de la PC et des différents formulaires mis à disposition des abonnés. La DPC peut ne pas être rendue publique en raison des informations sensibles qu'elle peut contenir. La fréquence de publication va également être indiquée. Bien sûr, cette section décrira comment sont publiés les certificats et les LCR, et sous quelle fréquence. En contrepartie, une sous-section peut décrire les informations qui doivent rester confidentielles, comme les clés privées, les données d'activation des abonnés et les données d'identification de ces derniers au titre du respect des données nominatives.

Un dernier sujet important de cette section est celui qui est relatif aux contrôles de conformité. On y décrit quels sont les types d'audit qui seront pratiqués et leur fréquence.

Identification et authentification

Cette section décrit la phase la plus sensible du processus de gestion des certificats puisqu'il s'agit de la procédure d'enregistrement des abonnés. C'est en grande partie en fonction des critères décrits dans cette section que les abonnés potentiels et les utilisateurs des certificats émis sous cette politique vont accorder ou pas leur confiance à l'AC. En effet, c'est en fonction du degré de contrôle exigé dans la phase d'enregistrement que les récepteurs de certificats vont décider de valider le fait que l'abonné identifié dans le certificat en est bien le propriétaire.

Examinons plusieurs situations :

- Dans cette section de la PC_ABC, il est mentionné qu'un abonné est identifié sur simple envoi d'une photocopie de sa carte de sécurité sociale à l'adresse postale de l'AE, après s'être enregistré sur le site Web de l'AE. Lors de son enregistrement sur le site Web, il a obtenu un numéro qu'il doit mentionner dans son courrier, ainsi l'AE peut faire le rapprochement entre la demande électronique et la photocopie reçue.

- Dans la PC_XYZ, cette section mentionne qu'un abonné doit se présenter physiquement à un guichet de l'AE et doit fournir les originaux d'une pièce d'identité telle qu'une carte d'identité ou un passeport en cours de validité et d'un relevé EDF certifiant une adresse fixe sur le territoire français.

Les deux procédures d'identification n'ont pas le même degré de certitude quant à la garantie d'identité de la personne qui se présente. L'objet premier du certificat étant de lier l'identité d'un individu à sa clé publique, une fois que le certificat est émis ce lien ne peut être remis en question. Dans nos exemples, à la lecture de cette section des deux PC, le récepteur d'un certificat émis sous la PC_XYZ, et après validation correcte du certificat, peut raisonnablement avoir une confiance plus grande que le certificat correspond bien à la personne mentionnée dans celui-ci. En revanche, s'il reçoit un certificat émis sous la PC_ABC, il peut décider de limiter l'usage de ce certificat à des transactions de faible risque, sa confiance dans la garantie de l'identité étant alors limitée. C'est la notion de proportionnalité des outils et des risques.

Cette section définit également selon quel formalisme va être définit le nom qui va identifier de façon unique le propriétaire du certificat. En effet, il est probable qu'au sein d'une même autorité de certification, il se trouve plusieurs abonnés qui portent les mêmes nom et prénom. Or, l'identification du propriétaire du certificat ne doit pas être ambiguë. Cette section doit prévoir les procédures de résolution de litige en cas d'homonymie de façon à clairement différencier deux porteurs de certificats.

Des sous-sections permettent de considérer le cas de l'enregistrement initial, de la regénération de clé et de certificat en routine ou suite à une révocation.

Une sous-section traite plus particulièrement du cas de l'identification et de l'authentification en cas de révocation d'un certificat. Ce point est particulièrement important car la révocation se fait à distance, le plus souvent en téléphonant à un centre d'appels chargé de prendre en compte la demande de révocation et de la transmettre à l'AC pour introduction du numéro de certificat dans la LCR. Il est donc nécessaire d'identifier clairement le demandeur de la révocation, sans quoi n'importe qui pourrait révoquer le certificat d'une autre personne avec pour effet de rendre ses signatures invalides par exemple. Pour cela, deux choses sont nécessaires :

- *Primo*, il est important de savoir qui est habilité à révoquer un certificat : bien sûr, ce peut être le porteur, mais dans le cas d'une entreprise il peut s'agir également d'un chef de service ou d'un responsable de la DRH. Cela pourrait aussi bien être le service commercial de l'AC, par exemple qui décide de suspendre ou de révoquer le certificat d'un abonné qui ne paie pas sa facture pour le service.

- *Secundo*, il faut que le demandeur de la révocation possède des éléments propres à son authentification. En l'occurrence, il s'agit principalement de pouvoir authentifier l'abonné. Il faut donc prévoir, lors de l'abonnement initial, une procédure spécifique telle que la fourniture d'un code d'identification réservé à la mise en révocation, ou l'enregistrement d'informations propres à l'abonné qu'il saurait restituer au téléphone même en cas de stress (suite à perte ou vol de son support de certificat). En général, de telles procédures consistent à demander à l'abonné lors de son enregistrement initial des informations personnelles comme le nom maternel de sa mère, la date de naissance de son premier enfant, ou le nom de sa banque.

Besoins opérationnels

Cette section décrit l'ensemble des processus du cycle de vie du certificat, y compris le processus de révocation. On considère que le processus d'enregistrement s'est effectué correctement et que les conditions préalables à l'émission d'un certificat pour un abonné donné sont remplies.

Le processus commence donc par l'émission d'une demande de certificat de l'AE vers l'AC. C'est dans cette section que l'on définira si les biclés et certificats sont gérés en logiciel ou sur support physique. En fonction de ce choix, on y décrira ensuite de façon spécifique le processus de distribution du certificat et des clés. De même, l'acceptation du certificat par son propriétaire sera très directement liée au fait que ce dernier est retiré à distance sur un site Web ou reçu par messagerie, ou encore remis en main propre à son propriétaire.

Une sous-section décrira en détail les obligations de l'AC en cas de révocation du certificat, les délais sous lesquels il est tenu de les mettre à disposition des utilisateurs externes, ainsi que la forme sous laquelle les LCR seront disponibles.

Parmi les informations importantes qui doivent figurer dans cette section se trouvent toutes les exigences auxquelles s'engagent l'AC et ses composantes afin d'assurer une exploitation sûre de son activité. Voilà pourquoi on y trouvera les règles à appliquer pour journaliser les événements, les procédures de continuité d'activité, les règles d'archivage et de sauvegarde.

Une sous-section spéciale décrira le cas extrême de compromission d'une clé d'AC, racine ou intermédiaire, ou d'une composante sensible, l'autorité d'horodatage par exemple. Un tel cas est catastrophique pour l'AC, à la fois en termes opérationnels (après révocation de la clé en question, toute vérification de chemin de certification devient impossible), et surtout d'image commerciale, car cela veut dire que toutes les protections n'ont pas été prises et que l'AC n'est plus de confiance.

Le denier sujet qui doit être décrit dans cette section est le cas d'une cessation d'activité de l'AC. Les LCR devant continuer à être disponibles pour les utilisateurs après la cessation d'activité de l'AC, il faut décrire quelles procédures sont prévues afin de les transférer vers un autre centre d'exploitation.

Contrôles de sécurité physique, des procédures et du personnel

Cette section doit décrire les exigences auxquelles doit se conformer le centre de production de l'AC. On doit y trouver les règles à suivre pour assurer la sécurité des locaux et des équipements qui y sont hébergés, les règles d'exploitation et les contrôles relatifs au personnel.

Une première sous-section traite de la sécurité physique. On y précise les règles de contrôle d'accès aux différentes zones du centre d'exploitation. Il est courant de découper le centre en zones concentriques (pelure d'oignon), chaque franchissement de zone nécessitant de nouvelles authentifications, la zone la plus sensible étant celle qui héberge les équipements cryptographiques contenant les clés de signature de l'AC. Dans les zones les plus sensibles, c'est non seulement l'entrée qui est contrôlée mais également la présence en zone (pas plus de quatre personnes par exemple) et la sortie de zone (seules les personnes ayant été identifiées comme entrantes peuvent sortir). Ces zones sont généralement placées sous surveillance constante par caméra et/ou détecteur de présence.

Les règles qui sont définies dans cette section s'appliquent aussi bien lorsque l'exploitation est réalisée en interne à l'AC que si elle est sous traitée à un opérateur externe. Dans ce dernier cas, cela devient une sorte de cahier des charges que doit respecter l'opérateur.

Les règles relatives aux contrôles physiques couvrent également tout ce qui est continuité d'alimentation des fluides tels que les circuits d'alimentation ou de refroidissement, la protection contre l'incendie ou le dégât des eaux.

Une sous-section doit décrire les contrôles procéduraux. On y trouve en particulier la définition des rôles et responsabilités des personnes ayant accès au centre et aux zones sensibles. De tels rôles peuvent être l'administrateur système, le responsable sécurité, l'auditeur système. Un exemple parmi d'autres en serait que les personnes habilitées à faire des modifications sur les équipements cryptographiques ne pourraient pas déclencher l'ouverture de la porte du local où ces équipements seraient hébergés, et inversement. Pour les opérations sur les clés d'AC ou de composante, une présence de deux personnes est obligatoire. Ce sont en la matière les règles traditionnelles de double contrôle et de séparation des connaissances qui s'appliquent.

Un autre contrôle important sur les procédures a trait à l'« éducation » du personnel. Les membres de l'équipe de production doivent être clairement informés des procédures qu'ils sont supposés mettre en œuvre. Ils doivent être sensibilisés aux risques et menaces accidentelles ou intentionnelles qui peuvent peser sur l'exploitation. Ils doivent être conscients que les règles, parfois contraignantes, qu'on leur impose ne sont pas de l'inquisition mais inhérentes à l'activité de production de certificats.

Le dernier point qui doit être abordé est le contrôle sur le personnel. Il est d'usage pour toute activité sensible telle que les ateliers fiduciaires, les centres de personnalisation de cartes bancaires, et, dans notre cas, les centres de production de certificats, que le passé professionnel et privé des personnes chargées des différents rôles et responsabilités soit analysé. Un souci provoqué par une personne instable ou une tentative de malveillance d'une personne en difficulté financière pourraient avoir des conséquences inacceptables pour l'activité du centre.

Contrôles techniques de sécurité

Cette section aborde les contrôles techniques qui viennent renforcer les contrôles opérationnels et procéduraux. Elle porte principalement sur la gestion des clés cryptographiques et des données d'activation telles qu'un mot de passe ou un PIN (*Personal Identification Number*). Indépendamment du certificat qui ne concerne que la partie publique de la biclé, cette section aborde les caractéristiques techniques de génération et de manipulation des deux parties de la biclé. Les exigences et obligations que l'on y trouve s'adressent aussi bien aux responsables de l'AC qu'aux autres composantes de l'ICP, et en particulier à l'abonné pour la protection de sa clé privée.

Une sous-section décrit les caractéristiques des algorithmes et des clés utilisés, le mode de tirage (sur le poste de l'abonné ou en central), le mode de distribution des clés privées si le tirage se fait à l'AC, le mode de protection de la clé privée (chiffrée en logiciel ou protégée dans un support physique).

C'est également dans cette section que l'on va préciser l'usage et la destination des clés. Les clés peuvent être dédiées à l'authentification dans des protocoles tels que SSL/TLS ou pour une messagerie sécurisée, pour la signature électronique légale d'actes ou de faits électroniques (non-répudiation) ou pour la confidentialité des échanges.

C'est dans cette section que l'on trouvera les exigences éventuelles de séquestre des clés privées. Autant l'AC doit garantir que les clés privées de signature et d'authentification n'existent qu'en un seul exemplaire par-devers son propriétaire, autant dans le cas de biclés de confidentialité, il doit être possible de reconstruire la clé privée de façon à pouvoir déchiffrer des données qui ont été chiffrées sous la clé publique correspondante. Dans le cas d'une entreprise, cela devient une exigence que de pouvoir déchiffrer dans certains cas extrêmes (décès, renvoi, perte de la clé privée, exigences des autorités) des données stockées sur le poste de travail d'un employé.

Une autre sous-section décrit la façon dont les données d'activation sont communiquées au propriétaire du certificat, la façon éventuelle de les modifier et les procédures à respecter en cas de perte de ces données.

Enfin, cette section décrit les contrôles techniques qu'il convient d'assurer sur les postes de travail et le réseau des composantes internes de l'ICP (AE, AC, AH, annuaire). On y trouve les règles de contrôle d'accès, de contrôle anti-virus et autres contrôles systèmes. Une sous-section y est dédiée aux équipements cryptographiques internes de l'AC et des autres composantes internes. C'est ici que doivent figurer les exigences en matière d'évaluation de la sécurité, comme la conformité à un profil de protection et le niveau d'assurance demandé (par exemple : EAL 4 selon la méthode d'évaluation « Critères Communs »).

Profils des certificats et des LCR

Cette section décrit le contenu des certificats et des LCR émis sous la PC. Elle contient deux sous-sections, l'une dans laquelle le rédacteur doit décrire les champs qui doivent être renseignés dans le certificat, l'autre qui décrit la même chose pour les LCR.

Cette description présente un par un chaque champ du certificat avec son nom, la syntaxe éventuelle des données qui y sont renseignées et les modes de gestion de ce champ. C'est là que les champs d'extension requis dans la PC seront mentionnés avec leur criticité éventuelle. Cette description permet aux utilisateurs de certificats ou aux concepteurs d'application qui souhaitent utiliser ces certificats de savoir comment les gérer. Cela est particulièrement important si l'on veut pouvoir bénéficier des capacités de certains champs pour faire du contrôle d'accès ou de la gestion des risques (voir chapitre sur la validation des certificats et la gestion de la criticité des champs).

En ce qui concerne la LCR, le rédacteur décrira la façon dont sont gérés les certificats révoqués et en particulier les adresses de LCR intermédiaires (delta CRL).

Cette section permet aux développeurs d'applications de déterminer le niveau d'interopérabilité des certificats avec leurs applications, et en particulier avec les logiciels disponibles sur les postes client. En effet, il existe encore un grand décalage entre les possibilités offertes par le paramétrage des champs du certificat et la capacité des logiciels à les gérer.

Administration des spécifications

Cette dernière section indique les fréquences de modification de la PC, qui en est en charge, comment se fait sa publication (sur site Web en général), ainsi que les procédures d'approbation d'une DPC par rapport aux exigences déclinées dans cette PC.

Conditions générales de service de l'AC

Les abonnés qui reçoivent et utilisent des certificats doivent être raisonnablement assurés que leur AC et celle de leurs correspondants sont bien de confiance. Or, il est peu probable qu'ils aient facilement accès à la PC ou encore moins à la DPC dont l'accès est souvent restreint. Même si c'était le cas, ce sont des documents relativement complexes à lire et qui s'adressent dans certains de leurs chapitres à des lecteurs initiés. En revanche, ils peuvent se baser sur une notice claire et visible produite par des spécialistes qui auront fait cette analyse et établit une attestation d'assurance raisonnable de mise en œuvre de bonnes pratiques. Les Anglo-Saxons nomment ce document PKI *Disclosure Statement*, ce qui n'est pas directement traduisible en français, expression à laquelle nous avons préféré « Conditions générales de service de l'AC » qui correspond mieux à son contenu et qui a l'avantage d'être déjà bien significatif pour les utilisateurs. C'est un document public, contrairement à la DPC.

C'est un document relativement léger qui contient les chapitres indiqués en figure 7-2.

Type de déclaration	Description des déclarations
Coordonnées de l'autorité de certification	Le nom et l'adresse de l'AC, et le nom d'une personne responsable.
Type de certificat, usage et procédures de validation	Une description de chaque classe de certificat émis par l'AC, y compris l'OID de la PC, les procédures de validation correspondantes, et toute restriction sur l'usage des certificats.
Limites de dépendance	Le cas échéant.
Obligations des abonnés	La description des obligations essentielles que doivent respecter les abonnés, comme les règles de protection de leur clé privée ou le devoir de signaler toute compromission de celle-ci.
Obligation de contrôle de l'état des certificats par les partenaires en communication	La mesure dans laquelle les vérificateurs de certificat sont obligés de contrôler l'état du certificat (révoqué, suspendu ou valide).
Limites de garanties et limitations de responsabilité	Liste des garanties prises par l'AC/AE, en particulier en ce qui concerne l'enregistrement, les dégagements de responsabilité, et les assurances éventuelles concernant la responsabilité de l'AC.
PC, DPC et autres agréments éventuels	Identification et version des documents de politique applicables.
Déclaration relative à la vie privée	Identification et version des documents applicables.
Politique de remboursement	Identification et version des documents de politique applicables.
Lois applicables et procédures de résolution de litige	Déclaration de la juridiction et des procédures de résolution de litige applicables.
Déclaration des agréments, labels de confiance et rapports d'audits	Liste des agréments gouvernementaux applicables, procédures de labellisation, qualification ou autre procédure d'audit applicable.

Figure 7-2. Contenu des Conditions générales de services de l'AC

Documents juridiques

Les documents à teneur juridique sont décrits en détail dans la Partie 3. Il s'agit en particulier des documents suivants :

- Déclaration relative à la vie privée : document par lequel l'AC s'engage sur la protection des données personnelles de ses abonnés dans le respect des règles établies par la CNIL et des lois correspondantes.
- Les contrats : en particulier, l'agrément de niveau de service, document par lequel l'AC s'engage sur un niveau de service dans le cadre de ses activités vis-à-vis de ses abonnés.

Documents opérationnels

Déclaration des pratiques de certification

La DPC est la déclaration des pratiques qu'une autorité de certification respecte dans l'émission des certificats. Cette définition issue de l'ABA (*American Bar Association, Digital Signature Guidelines: Legal Infrastructure for Certification Authorities and Electronic Commerce*, 1995), indique que la DPC va détailler la façon dont les exigences décrites dans la PC vont être mises en œuvre. La DPC décrit « *comment* » l'opérateur de l'ICP va atteindre les exigences décrites dans la PC. Dans ce document, nous ne sommes plus au niveau des principes et règles, mais à celui des moyens pour les atteindre.

L'audience

L'audience visée par la DPC est limitée aux personnes suivantes :

- L'autorité d'approbation des politiques : l'AAP doit pouvoir décider si les moyens mis en œuvre pour répondre aux exigences de la PC y satisfont. Elle fera généralement appel à des auditeurs qui établiront un rapport au regard duquel ils décideront de l'approbation de la DPC pour une PC donnée.
- Les auditeurs : ce sera un document essentiel lors de l'audit d'une ICP. Ils devront y trouver les procédures opérationnelles et les moyens techniques que l'opérateur a choisi de mettre en place pour répondre aux exigences de la PC. En cas d'externalisation de l'exploitation de l'ICP, la DPC peut devenir un document contractuel entre les parties.
- Les services opérationnels de l'ICP : la DPC n'est pas un document qui doit dormir dans une armoire. Sa vocation est opérationnelle. Elle doit être connue des opérateurs agissant sur les composantes internes de l'ICP. Ils doivent y trouver toutes les procédures à suivre en cas d'incident.

Comme la DPC peut contenir des descriptions relativement précises des protections qui sont mises en place dans l'environnement de l'ICP, l'AAP peut décider à juste titre que la DPC n'a pas vocation à être publique car sa consultation fournirait trop d'informations à des agresseurs potentiels. Une analyse des risques peut facilement justifier que la DPC ne soit diffusée de façon restreinte qu'à ceux qui ont le « droit d'en connaître », selon la formule familière du milieu militaire.

Organisation du document

On compte peu de DPC publiques pour les raisons qui viennent d'être évoquées. Les « CPS » (Certification Practice Statement) d'opérateurs américains sont le plus souvent des documents intermédiaires entre une PC et une DPC. Dès lors qu'elles sont publiques, elles correspondent à un service générique d'émission de certificat.

On peut présenter de deux façons possibles une DPC. La première consiste à rédiger un document dont la structure correspond point à point à celle d'une PC. Le rédacteur décrit ensuite les moyens techniques et organisationnels qu'il va mettre en œuvre pour répondre à chaque point précis de la PC. Le résultat est un document très volumineux qui descend à un niveau de détail très précis, comme le paramétrage de certains composants réseaux. Cette solution peut tout à fait être envisagée, néanmoins elle conduit à manipuler un document très imposant qui est soumis à de nombreuses mises à jour en raison des maintenances évolutives des composantes.

Une autre approche consiste à rédiger un document qui respecte lui aussi la structure d'une PC, mais qui décrit de façon succincte chaque procédure en pointant sur divers autres documents dans lesquels les procédures sont décrites en détail. Lors des évolutions d'une procédure, seul le document détaillé est touché, la DPC n'étant pas modifiée. Il est important de rédiger la DPC de telle sorte qu'un auditeur sache facilement faire le lien entre l'exigence décrite dans la PC, la procédure pour y répondre décrite dans la DPC et le détail de cette procédure dans le document prévu à cet effet. Il faut le cas échéant référencer dans chaque chapitre de la DPC le chapitre du RFC 2527 ou celui du document WebTrust for CA afin de faciliter le travail de l'auditeur.

Bien sûr, en cas de modification profonde d'une procédure ou des moyens appropriés pour réaliser certaines exigences, la DPC sera revue et fera l'objet d'une nouvelle version qui sera à nouveau soumise pour approbation à l'AAP.

Autres documents opérationnels

De nombreux autres documents doivent être présents et appliqués dans le centre d'exploitation de l'ICP. Pour la plupart, ce seront des éléments constitutifs de la DPC. Nous n'en mentionnerons que les principaux documents :

- plan d'assurance qualité,
- rôles et responsabilités,
- analyse des risques,
- plan de gestion des incidents,
- plan de disponibilité,
- plan de sauvegarde,
- plan de continuité.

Documents techniques

Quelques documents particuliers ont une teneur plus technique et contribuent à la spécification globale de l'ICP.

Définition de l'architecture

Ce document décrit en détail l'architecture fonctionnelle et technique de l'ICP, les différents serveurs, composants réseaux (routeurs, pare-feu, etc.), les zonages d'environnement (publics), DMZ (zone démilitarisée, privée). Ce document est à usage interne et soumis à une distribution restreinte.

Structure des OID

Les objets informatiques propres à l'ICP peuvent être identifiés de façon unique afin d'être traités automatiquement par des applications informatiques. C'est en particulier le cas des algorithmes, mais également des politiques de certification. Nous avons déjà introduit ce concept au chapitre 2 en décrivant le contrôle de la PC dans le certificat.

Voici quelques exemples parmi d'autres :

- 1.2.850.113556 est l'OID de la société Microsoft.
- 1.2.840.113556.4.2 est celui du logiciel Microsoft Word, déposé par Microsoft.
- 1.2.840.113549 est l'OID de la société RSA Data Security Inc.
- 1.2.840.113549.1.1.1 est celui de l'algorithme RSA, déposé par la société RSA.

Toute entreprise ou organisation française peut déposer un identifiant à l'AFNOR. Cet identifiant est attribué de façon croissante à partir d'un répertoire. La société La Poste possède par exemple l'identifiant numéro 8. C'est donc celui-ci :

{iso(1) member-body(2) france(250) type-org(1) la poste(8)}

La figure 7-3 illustre en conséquence le sous-arbre qui identifie La Poste :

Sous cette arborescence, La Poste a la liberté de créer différents identifiants, par exemple pour des projets, puis des subdivisions à l'intérieur de ces projets, dédiées pour certaines à des données spécifiques, des applicatifs ou de la documentation.

La structure des OID est publique puisqu'elle a vocation à être utilisée de façon non ambiguë par des applications utilisatrices.

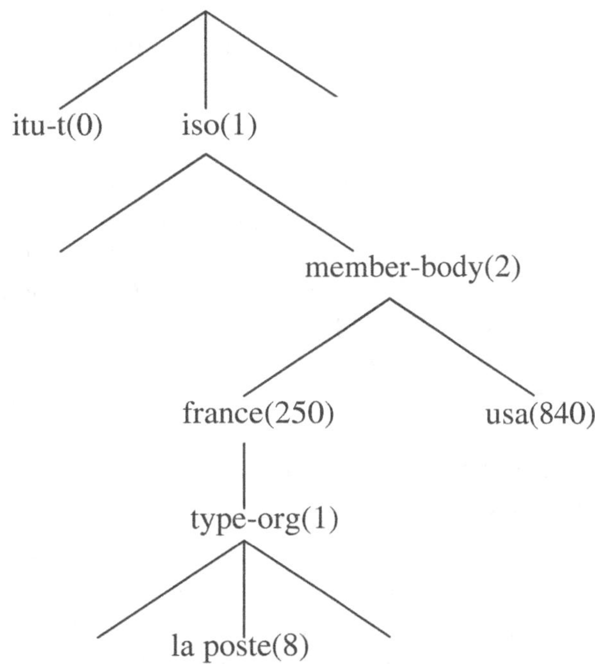

*Figure 7-3.
Arborescence de l'OID
de La Poste*

Correspondance entre PC et DPC

Relation entre PC et DPC

La PC définit le « *Quoi* » alors que la DPC décrit le « *Comment* ». La PC est bien le document central qui fait référence. C'est donc la DPC qui doit se calquer sur la PC, et non l'inverse.

Une société peut publier sa PC et lancer un appel d'offres pour lequel elle décide d'opter pour deux opérateurs de façon à ne pas être liée à un seul opérateur et ainsi faire jouer la concurrence. Chaque opérateur décrira sa DPC de façon à répondre aux exigences de la PC, peut être avec des solutions différentes. L'AAP de la société lançant l'appel d'offres va alors analyser puis, si tout est conforme, valider la conformité de la DPC de chaque opérateur à répondre aux exigences de la PC. Rien n'empêche par la suite la société de développer une autre solution en interne pour supporter la même PC.

Une même PC peut donc être supportée simultanément par plusieurs DPC correspondant à plusieurs opérateurs de certification. Tous les certificats porteront le même OID dans le champ **certificatePolicies** même s'ils sont signés par des clés d'AC différentes.

À l'inverse, un opérateur externe a pour vocation à exploiter ses ressources pour supporter plusieurs PC. Il va donc développer de multiples solutions pour des PC qui ont des exigences différentes. Cet opérateur aura alors tout intérêt à mettre en œuvre une DPC correspondant aux niveaux d'exigences les plus forts.

Relation entre PC, certificat et application utilisatrice

Le certificat peut faire mention de la politique dans laquelle il a été émis en remplissant le champ **certificatePolicies**. Cette séquence composée de structures du type [*PolicyInformation* [*policyIdentifier, policyQualifiers*]] donne une liste de politiques de certification qui s'appliquent au certificat. Ces politiques sont reconnues par l'autorité de certification (autorité légale).

Des exemples sont donnés au chapitre 3.3.1 du RFC 2527 sur l'utilisation de plusieurs OID de PC dans le champ **certificatePolicies**.

Un certificat d'abonné peut donc être utilisé dans le cadre de plusieurs politiques. On notera néanmoins que ces champs sont remplis au moment de la création du certificat par l'AC qui l'émet. Cette dernière, *via* l'AAP, doit donc valider le fait que le certificat peut être utilisé dans le cadre de PC qu'elle reconnaît. Par exemple, l'AC d'une organisation délivre un certificat à un abonné pour des rôles différents qu'il aura à jouer à l'intérieur de cette organisation, rôles pouvant correspondre à deux PC différentes.

Aujourd'hui, un certificat est généralement émis dans le cadre d'une PC donnée, c'est-à-dire pour un usage donné. Mais la tendance est bien qu'un certificat serve à de multiples usages, comme c'est le cas des certificats TéléTVA dont le MINEFI accepte (voire encourage) leur extension à d'autres usages, pour d'autres télédéclarations ou pour des usages différents de l'entreprise avec ses partenaires.

> **MINEFI**
>
> Ministère de l'industrie, de l'économie et des finances promoteur de l'initiative télédéclarations dont la première application est la déclaration et le paiement de la TVA par Internet. Le projet TéléTVA est décrit au chapitre 8.

Les différentes approches sont donc les suivantes :

- Un certificat ne peut être utilisé que dans le cadre d'une application donnée et une seule. L'application ne connaît qu'un type de certificat et se fie à l'AC émettrice du certificat.
- Un certificat peut être utilisé dans le cadre de plusieurs applications ; les différentes applications se fient à l'AC émettrice du certificat.
- Un certificat comporte dans le champ **certificatePolicies** le ou les OID des PC dans lesquelles le certificat peut être utilisé. L'analyse de l'AC émettrice intervient donc en mineur par rapport à la présence de l'OID.

Lorsqu'une application reçoit une signature, la logique de scrutation veut, outre la validation de la chaîne de confiance (voir chapitre 2, processus de validation d'un certificat), qu'elle analyse la recevabilité de cette signature dans les limites des exigences de l'application. On peut alors associer une application utilisatrice et un type de certificat, donc une PC. Par exemple, les signatures émises dans le cadre de la télédéclaration sont acceptées par l'application de la DGI dans la mesure où les certificats qui permettent de vérifier ces signatures sont émis par une autorité de certification référencée au regard de la PC-Type.

> **PC-Type**
>
> La PC-Type est une PC modèle réalisée par le MINEFI à destination des AC désirant émettre des certificats aux entreprises pour leurs télédéclarations. N'étant pas lui-même émetteur de certificat, le MINEFI a défini les spécifications des certificats qu'il accepte de recevoir, et a mis en place une procédure d'audit (référencement) des AC émettrices afin de garantir le niveau de sécurité global des applications de téléprocédures.

Plaçons-nous maintenant du côté de l'application réceptrice de certificats. Comment l'application peut-elle obtenir la garantie que le certificat est émis dans le cadre des exigences qu'elle attend ?

Première approche

L'application n'analyse que le champ *issuer* qui désigne implicitement l'AC qui a émis le certificat. Tout se passe bien si l'AC en question n'émet qu'un seul type de certificat. En revanche, si l'AC émet plusieurs types de certificats, l'application n'a pas suffisamment d'informations pour différencier les certificats les uns des autres et pourrait accepter à tort certains d'entre eux.

Certaines applications actuelles, à défaut de savoir faire autrement, se cantonnent à cette approche. Pour compenser ce manque d'intelligence de l'application et assurer néanmoins une séparation des domaines de confiance, leurs concepteurs conseillent de multiplier les AC émettrices de façon à gérer les domaines de confiance de cette manière.

Deuxième approche

L'application analyse le champ *certificatePolicies* et identifie si le certificat présenté comporte l'OID de la PC correspondant à l'application utilisatrice (éventuellement, parmi plusieurs OID présents). Si l'application sait gérer ce champ, elle peut (si l'algorithme de scrutation a été conçu pour cela) rejeter tout certificat qui ne comporte pas le bon OID, que le champ soit indiqué critique ou pas. À titre d'information, le document PC^2 de la DCSSI indique que ce champ doit être critique (au moins dans les applications interministérielles). La PC-Type V 2.0 de son côté indique également que ce champ doit être critique.

Le document normatif RFC 2527 indique pour sa part comment utiliser ce champ dans une approche ouverte, le champ étant alors non critique, ou dans une approche fermée avec le champ critique.

Troisième approche

Au-delà de l'approche précédente, l'application peut aussi gérer les certificats dans une approche « one-to-one » en gérant le nom du sujet trouvé dans le champ *subject*. L'application se réfère alors à une base de données dans laquelle se trouvent les droits d'accès du signataire et agit en conséquence.

Tendances

La tendance actuelle est à la fourniture de certificats simples, sans champs critiques, de façon qu'ils soient acceptés par le maximum d'applications. La conséquence en est qu'il n'est pas possible de gérer ces certificats pour des prises de responsabilités concernant des transactions signées.

Voici les deux tendances qui devraient s'affirmer :

- La première consistera de faire des applications très spécialisées (fermées) pour gérer des droits d'accès à des ressources. Les certificats comporteront alors des champs critiques qui devront être gérés par l'application.
- La seconde approche (type GIP-MDS) consistera à garder l'approche ouverte avec certificats simples et à gérer les droits d'accès (ou prises de responsabilité) dans des certificats d'attributs délivrés par des instances spécifiques. Encore une fois, ce sont les applications qui devront être capables de gérer les certificats d'attributs.

> **Le GIP-MDS**
>
> Le Groupement d'Intérêt Public pour la Modernisation des Déclarations Sociales prévoit l'émission des certificats de salariés pour les télédéclarations sociales vers l'administration.

Audit d'ICP

Les ICP constituent le fondement opérationnel du développement de services de confiance dans les environnements électroniques. Cela veut donc dire que les sociétés qui vont développer des applications doivent avoir pleinement confiance dans les politiques et les procédures mises en œuvre par les opérateurs de ces ICP. La question est donc de savoir à quel organisme on peut faire confiance. Avant de s'abonner auprès d'un PSC, un abonné devrait pouvoir obtenir l'assurance raisonnable, expression communément utilisée par les grands cabinets d'audit dans les attestations qu'ils délivrent pour refléter que l'usage correspond bien à ce qui est déclaré, que les procédures mises en œuvre par ce dernier correspondent bien aux déclarations qui apparaissent dans la PC. Cette assurance est très difficile à obtenir pour un abonné individuel qui, dans la plupart des cas, n'aura même pas accès à la DPC, dont une grande partie peut être considérée comme confidentielle. L'abonné pourra donc au mieux obtenir la PC relative aux certificats qu'il souhaite obtenir et à la convention générale des services de l'ICP (PDS, pour PKI *Disclosure Statement*), qui est un document public décrivant les parties publiques de la DPC.

Pour tenter de démontrer à ses futurs utilisateurs qu'il est digne de confiance, un PSC peut passer par une tierce partie de confiance telle qu'un cabinet d'audit à qui il va demander une attestation de bonnes pratiques. L'auditeur va donc être mandaté par le PSC pour réaliser un audit de tout ou partie des composantes de l'ICP. Il va réaliser ses contrôles à l'aide d'une méthode d'audit appropriée en analysant les pratiques du PSC par rapport à un catalogue de règles de bonnes pratiques correspondant à l'état de l'art.

À l'inverse, un cabinet d'audit peut être mandaté par une entreprise ou une organisation qui utilise les services d'un PSC afin de contrôler d'une part que celui-ci respecte bien les exigences énoncées dans la PC, et que d'autre part le PSC respecte bien les déclaratifs qui figurent dans sa DPC.

Un PSC peut aussi se faire auditer afin que soit établie sa conformité avec les normes pour l'émission de certificats qualifiés. Comme nous le décrivons dans la partie juridique de cet ouvrage, la reconnaissance d'une signature électronique à valeur équivalente de la signature manuscrite tient au respect de certaines caractéristiques de sécurité et en particulier au fait que les certificats soient qualifiés et émis par un CSP qualifié.

Nous décrivons ci-après quelques approches possibles pour réaliser des audits d'ICP, sachant que ce sujet est en cours de débat. En effet, un PSC a vocation à délivrer des certificats qui pourront potentiellement être utilisés à une échelle internationale. Il est donc important que l'audit soit élaboré à l'aide de méthodologie et par des auditeurs reconnus à cette échelle. Les professionnels de l'audit, en commun avec ceux des PSC, travaillent en ce début de décennie 2000 à la mise en place de schémas d'évaluation qui soient reconnus au moins à une échelle européenne, et si possible internationale, par le biais d'accords de reconnaissance mutuelle ou de conformité à des normes communes.

Audit interne ou externe

La notion d'audit peut parfois être comprise de différentes façons selon l'objectif qui en est attendu par l'organisme qui le sollicite. Dans certains cas, l'organisation qui exploite l'ICP peut se cantonner à convaincre en interne que de bonnes pratiques sont mises en œuvre. Ce peut être le cas de l'ICP interne à une organisation où le responsable de l'ICP veut apporter à sa direction générale un certain niveau d'assurance. Il s'agit alors d'une auto-évaluation (*self-assesment*) qui consiste à mesurer la fiabilité, la maintenabilité, la disponibilité, l'intégrité et la sécurité de l'ICP. Cette approche n'a de valeur qu'en interne car l'entreprise est alors juge et partie, et il est aussi peu probable qu'elle dispose parmi ses auditeurs internes des compétences spécifiques requises pour l'évaluation de la sécurité de l'environnement technique de l'ICP.

Une autre approche, plus réaliste, consiste en la réalisation d'un audit par un cabinet externe spécialisé. L'audit peut alors faire preuve d'une part d'une certaine indépendance de par la déontologie des auditeurs, et d'autre part être basé sur des compétences spécialisées dont dispose l'auditeur. Qu'il soit à but interne ou externe, l'audit permet de mettre en évidence des écarts par rapport aux bonnes pratiques, les risques que supposent ces écarts, et de proposer des évolutions pour y remédier.

Les auditeurs peuvent eux-mêmes être accrédités en fonction des règles professionnelles que requiert l'audit, telles que l'ISACA, ou par rapport à des schémas nationaux de qualité et de sécurité tels que ceux du COFRAC (Comité français d'accréditation) qui établit les règles d'accréditation des laboratoires ou cabinets d'audit habilités à réaliser des évaluations de qualité ou de sécurité.

SAS 70

L'une des méthodes que les cabinets d'audit appliquent est le SAS 70 (*Statement on Auditing Standards n°70*). Le rapport SAS 70 a été mis au point en avril 1992 par l'AICPA (*American Institute of Certified Public Accountants*) afin de présenter un état des lieux du système d'information d'une organisation à destination d'autres auditeurs. Cette méthode vise des organisations qui externalisent leur exploitation informatique pour « *exécuter des transactions et assurer leur imputabilité (et) [...] enregistrer des transactions et traiter les données associées* ». Néanmoins, la cible première du SAS 70 s'applique « *pour l'audit d'états financiers d'une entité qui utilise une société de service pour traiter certaines transactions* ».

Le SAS 70 fournit un modèle de rapport d'audit pour présenter les résultats de l'évaluation des procédures externalisées, mais sans en spécifier les objectifs ni les procédures de contrôle. Ces points doivent être établis dans une phase préliminaire avec la société auditée. Une telle méthode est générique à tout système d'information externalisé chez un prestataire de service et peut donc s'appliquer à une ICP. Il y a deux types de rapport SAS 70.

Le rapport SAS 70 de type 1 n'inclut aucun test. Il consiste en une revue de la documentation et des procédures, ainsi qu'à divers entretiens avec les personnes qui en ont la charge. Le rapport de type 1 établit seulement que :

- La documentation des politiques et procédures qui est analysée décrit les contrôles qui peuvent être pertinents dans le cadre de contrôleurs internes de l'organisation cliente de l'ICP.
- Les contrôles sont correctement conçus pour atteindre les objectifs de contrôle spécifiés dans la documentation.
- De tels contrôles ont été mis en exploitation à un moment donné dans le temps.

Le rapport SAS 70 de type 2 inclut tout ce qui apparaît dans le rapport de type 1, plus :

- La description des tests, et de leurs résultats, qui ont été réalisés sur les contrôles pour obtenir la preuve de leur capacité à atteindre les objectifs de contrôle concernés.
- La fourniture d'une assurance raisonnable que les tests se sont déroulés sur une période de temps donné (et non pas une seule fois).

Néanmoins, aucune procédure n'est mise en œuvre pour évaluer la réalité des contrôles à partir d'une organisation cliente du prestataire audité. Cette approche a montré ses limites dans le cadre de l'audit d'ICP et on lui préfère aujourd'hui l'approche WebTrust pour autorité de certification (CA *Trust*).

BS7799

L'organisme de normalisation anglais (BSI, *British Standard Institute*) a émis en 1999 la norme BS7799, *Information security management – Part 1: Code of practice for information security management*. Elle a été portée au niveau international en août 2000 par l'ISO sous l'appellation ISO 17799.

Cette norme, dont une première version a été émise en 1995, fournit un ensemble quasi exhaustif des meilleures pratiques de contrôle de la sécurité d'un système d'information. Elle s'applique à tout type d'organisation où le système d'information joue un rôle central dans ses applications métier. La version de 1999 prend en compte les nouveaux développements du domaine des technologies de l'information, en particulier celles des réseaux et de la communication.

Le BS7799 est un guide qui peut s'appliquer à la conception ou la rédaction d'une politique de sécurité des systèmes d'information, mais qui peut également être utilisé par un auditeur pour vérifier l'existence des contrôles appropriés aux objectifs de sécurité d'une entreprise.

Ce guide se veut un catalogue exhaustif des domaines à analyser. Il aborde l'ensemble des domaines suivants qui, à leur tour, sont décomposés en caractéristiques de sécurité :

- politique de sécurité ;
- organisation de la sécurité ;
- classification et contrôle des biens ;
- sécurité du personnel ;
- sécurité physique et de l'environnement ;
- gestion des communications et de l'exploitation ;
- contrôle d'accès ;
- développement des systèmes et maintenance ;
- conformité.

Ce code de pratique doit être vu comme un point de départ pour le développement d'un document, spécifique à une entreprise ou organisation donnée, qui décrit les objectifs de contrôle pouvant être appliqués au système d'information donné, par rapport à une analyse de risque qui aura préalablement été réalisée. Ce document rassemble les exigences du système de gestion de la sécurité des informations (ISMS, *Information Security Management System*).

L'avantage de cette approche tient à ce qu'elle facilite l'analyse d'un auditeur de sécurité qui évalue les contrôles de sécurité en regard des objectifs de l'entreprise et de son analyse des risques. En revanche, il est clair que le BS7799 est générique à tout système de gestion de la sécurité des informations, et pas spécifique à une ICP. C'est donc un document très utile pour analyser tout particulièrement l'environnement dans lequel sera situé l'ICP.

ANSI Standard X9.79

Le comité X9 de l'American National Standards Institute (ANSI) s'occupe de la rédaction de normes dans le domaine des services financiers. C'est l'équivalent du comité technique TC68 de l'ISO ou de son groupe miroir de l'AFNOR, la CN68.

Le groupe X9 est animé par l'American Bankers Association (ABA) et réunit, outre les représentants de banques et de réseaux bancaires, des experts de l'industrie et de grands cabinets d'audit, ainsi que des membres d'agences de sécurité américaines. Ce groupe a adopté les technologies de cryptographie asymétrique pour la protection des informations bancaires échangées ou stockées.

Afin de pouvoir démontrer la confiance qui peut être accordée aux opérateurs d'ICP, le groupe a défini des règles de bonnes pratiques d'exploitation d'ICP. Le document X9.79 a été rédigé en l'an 2000 par le groupe X9F5 animé par Rick Kastner d'Ernst & Young LLP. Il a été adopté par l'ANSI en janvier 2001 et fait l'objet en fin 2001 d'une procédure d'adoption au niveau international de l'ISO.

Le X9.79 tend aujourd'hui à devenir la norme des bonnes pratiques pour l'exploitation d'une ICP. Il présente les éléments d'une PC et du déclaratif des pratiques associées sur la base du RFC2527 de l'IETF. Il décrit ensuite les objectifs de contrôle qui doivent être appliqués pour une autorité de certification, à savoir :

- les contrôles de l'environnement d'une AC,
- les contrôles sur le cycle de vie des clés,
- les contrôles sur le cycle de vie des certificats.

L'annexe B du X9.79 établit des relations croisées avec les guides ou normes déjà existants. À ce titre, elle montre que la majorité des contrôles relatifs à l'environnement d'une AC utilisent l'approche du BS7799 que nous venons de présenter. Les autres domaines relatifs au cycle de vie des clés et des certificats font appel à des bonnes pratiques énoncées dans le corps du document X9.79, ou reprises d'autres documents tels que :

- le guide CARAT (*Certification Authority Rating and Trust*) *Guidelines: Guidelines for Constructing Policies Governing the Use of Identity-Based Public Key Certificates* du National Automated Clearing House Association (NACHA) ;
- le RFC2527 de l'IETF X509, *Public-key Infrastructure CP and Certification Practices Framework* ;
- l'ISO 15782-1, *Banking – Certificate Management – Part 1: Public Key Certificates*.

CA Trust (WebTrust for Certification Authority)

À peu près en même temps que le document précédent, les membres américains de l'AICPA (American Institute of Certified Public Accountants) et les Canadiens du CICA (Canadian Institute of Chartered Accountants), soit les équivalents du Conseil supérieur de l'ordre des experts-comptables (CSOEC) français, ont élaboré le document *WebTrust for Certification Authorities* (CA Trust), ou *WebTrust pour les autorités de certification* dans son appellation canadienne française. Le programme WebTrust n'est que l'un des services de certification offerts par les praticiens de l'audit.

Ce document est une norme d'audit des AC qui reprend les objectifs de contrôle du document ANSI X9.79, mais qui est en outre dotée d'exemples d'attestations qui visent à fournir une assurance par écrit aux commanditaires de l'audit. Il fournit un cadre de référence qui permet aux praticiens détenteurs d'une licence WebTrust d'évaluer le caractère adéquat et l'efficacité des contrôles mis en œuvre par les AC.

Pour les autorités de certification, le sceau WebTrust est la représentation graphique d'un rapport sans réserve délivré par un praticien. Le sceau figure sur la page Web de l'AC et pointe vers le rapport en question, stocké sous la forme d'une image signée sur le site de l'AICPA. Un utilisateur qui souhaite obtenir les garanties sur les pratiques de l'AC peut ainsi obtenir un avis qui provient d'un tiers de confiance indépendant.

Les critères WebTrust pour les autorités de certification se rapportent à l'un ou l'autre des trois principes suivants :
- transparence des pratiques commerciales de l'AC,
- intégrité du service (les contrôles de gestion du cycle de vie des clés et des certificats notamment), et
- contrôles sur l'environnement de l'AC.

L'annexe D présente une table de correspondance entre les critères WebTrust pour les autorités de certification et les objectifs de contrôle des autorités de certification de la norme ANSI X9.79.

Cette mise en correspondance montre que les objectifs de contrôle de l'environnement du chapitre 3 de WebTrust correspondent au chapitre B1 du X9.79, qui correspond lui-même au BS7799.

Schéma national de qualification

La directive européenne sur un cadre communautaire pour les signatures électroniques introduit la notion de PSC *accrédité* pour émettre des certificats *qualifiés* contribuant à la reconnaissance des signatures électroniques *avancées*. Dans cette phrase, chaque mot a son importance. La directive décrit l'accréditation volontaire comme :

« [… *toute autorisation indiquant les droits et obligations spécifiques à la fourniture de services de certification, accordée, sur demande du prestataire de service de certification concerné, par l'organisme public ou privé chargé d'élaborer ces droits et obligations et d'en contrôler le respect…*] ».

et un certificat qualifié comme « *un certificat qui est fourni par un prestataire de service de certification satisfaisant aux exigences visées à l'annexe II* ».

Il apparaît donc clairement que, pour se faire qualifier, le PSC va devoir satisfaire à des contrôles de conformité.

En France, le décret participant à la transposition de la directive, à savoir le décret n°2001-272 du 30 mars 2001 pris pour l'application de l'article 1316-4 du code civil et relatif à la signature électronique, parle lui de PSC « qualifié ». Quelle qu'en soit l'appellation, la conformité aux exigences reste la même (voir figure 7-4).

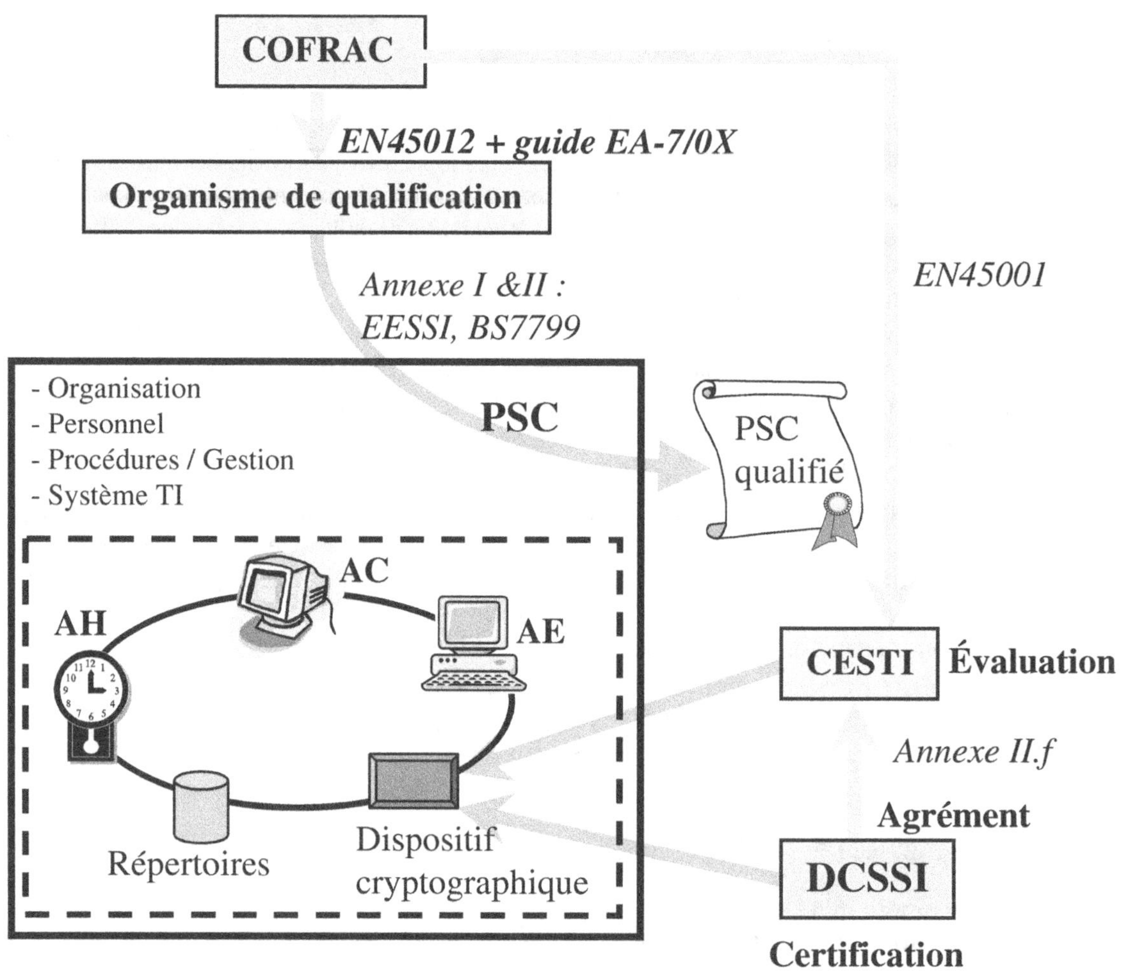

Figure 7-4. Schéma français de qualification des PSC et d'évaluation des DSCS

Au moment où nous écrivons cet ouvrage, les cinq arrêtés devant compléter le décret ne sont pas parus, et il semble qu'ils vont en fait se réduire à un décret en conseil d'État pour la définition des rôles de la DCSSI et d'un arrêté nommant le COFRAC (voir également le chapitre 9 consacré à l'approche juridique de la signature électronique). Néanmoins, en ce qui concerne le schéma volontaire d'accréditation, les réflexions actuelles laissent entrevoir l'organisation suivante :

- Un PSC sera audité par un « *organisme de qualification* » qui attestera que le PSC fournit des prestations conformes à des exigences particulières de qualité, conformément à l'alinéa II de l'article 6. Les méthodes pour auditer les PSC pourraient être le BS7799 et/ou Web-Trust en prenant comme référentiel de bonnes pratiques les normes de l'EESSI.

- Les organismes de qualification seront préalablement accrédités par une instance désignée par arrêté du ministre chargé de l'Industrie. Cette instance devrait en l'occurrence être le COFRAC (Comité français d'accréditation), association de loi 1901, chargée de certifier les organismes d'évaluation de la qualité. Cela devrait être fait au regard des normes de qualité EN45012 et du guide européen EA-7/0X.

Relativement aux dispositifs sécurisés de création de signature (DSCS), le décret précise qu'il doit être certifié par les services du Premier ministre (DCSSI) ou par un organisme équivalent d'un autre État membre de la Communauté européenne. L'évaluation préalable à la certification sera réalisée par des organismes agréés par les services du Premier ministre qui seront *a priori* les CESTI, déjà agréés pour les évaluations ITSEC ou « Critères Communs ». Ces organismes sont par ailleurs accrédités par le COFRAC au regard de la norme EN45001.

Terminologie

CESTI : Centre d'évaluation de la sécurité des systèmes d'information. ITSEC: Information Technology Security Evaluation Criteria. COFRAC : Comité français d'accréditation

Chapitre 8

Exemples d'initiatives et de projets ICP

Les projets de mise en œuvre d'ICP peuvent prendre des orientations très différentes en fonction des objectifs et du périmètre concerné. Ces projets peuvent être traités dans un environnement « autonome » et fermé. C'est le cas lorsqu'on cible une population bien définie et un bouquet d'applications bien identifié, l'ensemble formant un domaine de confiance « fermé ». D'autres projets sont réalisés en tenant compte d'un cadre réglementaire ou de spécifications particulières. C'est notamment le cas de projets dans lesquels il faut assurer l'interopérabilité et la communication de plusieurs domaines de sécurité.

Nous allons décrire dans ce chapitre quelques projets concrets de mise en œuvre d'ICP, ainsi qu'une initiative du domaine bancaire, qui appartiennent à l'une ou l'autre de ces catégories.

Le premier projet a trait à la mise en place d'une ICP destinée à délivrer des certificats qui peuvent être utilisés par les entreprises dans le cadre de leurs relations avec l'administration des impôts. La première application concrète de ces certificats est la déclaration de la TVA *via* Internet. On a tenu compte en construisant cette ICP du cadre réglementaire défini par le ministère de l'Économie, des Finances et de l'Industrie.

Le projet que l'on présente ensuite a été réalisé par le Groupement d'intérêt public « Carte de professionnel de santé » (GIP « CPS ») afin de sécuriser les échanges entre les partenaires de la sphère de la santé sociale.

Enfin, nous décrirons l'initiative bancaire Identrus, qui a pour objet de permettre aux banques de mettre en place des ICP hiérarchiquement reliées entre elles et interopérables. Les échanges commerciaux qu'entretiendront les entreprises clientes de banques différentes pourront être sécurisés grâce à cette architecture.

TéléTVA – Première application des téléprocédures

L'initiative TéléTVA s'inscrit dans la politique de modernisation entreprise par le ministère de l'Économie, des Finances et de l'Industrie (MINEFI) depuis plusieurs années. Cette modernisation, qui s'appuie sur les nouvelles technologies de l'information et de la communication, se traduit par une réduction des flux de papier au profit d'échanges dématérialisés à grande échelle : les téléprocédures. Les téléprocédures ont entre autres choses pour vocation à rendre plus souples, plus rapides et sûrs, les échanges entre le MINEFI et les contribuables.

Parmi les téléprocédures, TéléTVA désigne un ensemble de services qui permettent de déclarer et de payer la TVA grâce à un échange informatique unique avec la Direction générale des impôts (DGI). Le dispositif mis en œuvre par TéléTVA peut être utilisé pour toutes les téléprocédures du ministère qui sont destinées aux entreprises.

Dans le cas de la TéléTVA, la déclaration et l'ordre de paiement sont envoyés dans le même message. En retour, TéléTVA informe de la bonne réception de la déclaration et de la prise en compte du paiement.

Deux modalités sont offertes :

- Pour les entreprises, TéléTVA propose un dispositif simple, accessible sur Internet : l'échange de formulaires informatisés (EFI).

- Aux professionnels tels que les cabinets d'expertise comptable ou les partenaires EDI, qui établissent et transmettent un grand nombre de déclarations pour leurs clients, TéléTVA propose une procédure d'échange de données informatisé (EDI), analogue à celle qu'ils pratiquent déjà avec TDFC.

Dans le cas de télé-déclaration *via* Internet (EFI), les certificats sont employés pour mettre en œuvre l'authentification des internautes au moyen de leur signature électronique, l'intégrité des messages envoyés, leur non-répudiation par l'émetteur et le chiffrement des échanges en garantissant la confidentialité.

Les échanges EDI (TDFC et EDI-TVA) sont quant à eux sécurisés par l'emploi de réseaux et messageries spécialisés (TEDECO) et du dispositif de scellement des envois hérité du monde bancaire (protocole EDI). Ces échanges ne s'appuient pas sur les certificats et ne seront donc pas décrits ici.

Principe de fonctionnement de l'application TéléTVA

Voici le fonctionnement général de l'application TéléTVA (voir figure 8-1).

Pour souscrire au service TéléTVA, l'entreprise doit acquérir au moins un certificat référencé par le MINEFI. Un certificat référencé est un certificat qui est produit par une autorité de certification qui aura été agréée par le MINEFI, c'est-à-dire une autorité de certification qui respecte un certain nombre de principes et de règles édictées par le MINEFI.

Une fois en possession de son certificat, le représentant de l'entreprise (le télédéclarant) peut s'inscrire auprès du MINEFI, puis se connecter chaque fois que cela est nécessaire au serveur de l'application TéléTVA pour réaliser les différentes opérations relatives à la déclaration de TVA. L'application du MINEFI peut s'adresser à l'autorité de certification qui a délivré le certificat pour en vérifier la validité.

Si l'entreprise compte plusieurs déclarants de TVA, elle a la possibilité de disposer de plusieurs certificats reconnus par l'application TéléTVA. Cependant, il faut qu'une personne, le représentant principal, initie l'inscription au service, de façon qu'il puisse autoriser ensuite d'autres personnes à « télédéclarer ». Ce représentant peut même être une personne extérieure à l'entreprise, du moment qu'il a été dûment habilité par l'entreprise (voir ci-après).

Le certificat de ce représentant est désigné comme certificat primaire ou principal. Les autres sont dénommés comme certificats secondaires.

Inscription au service du MINEFI

L'inscription au service se fait uniquement par Internet. Le porteur du certificat principal doit se rendre sur le site de déclaration du MINEFI et présenter son certificat. L'application TéléTVA commence par vérifier que ce certificat fait bien partie de ceux qui sont référencés par le MINEFI et qu'il n'a pas été révoqué. TéléTVA propose ensuite à l'abonné de

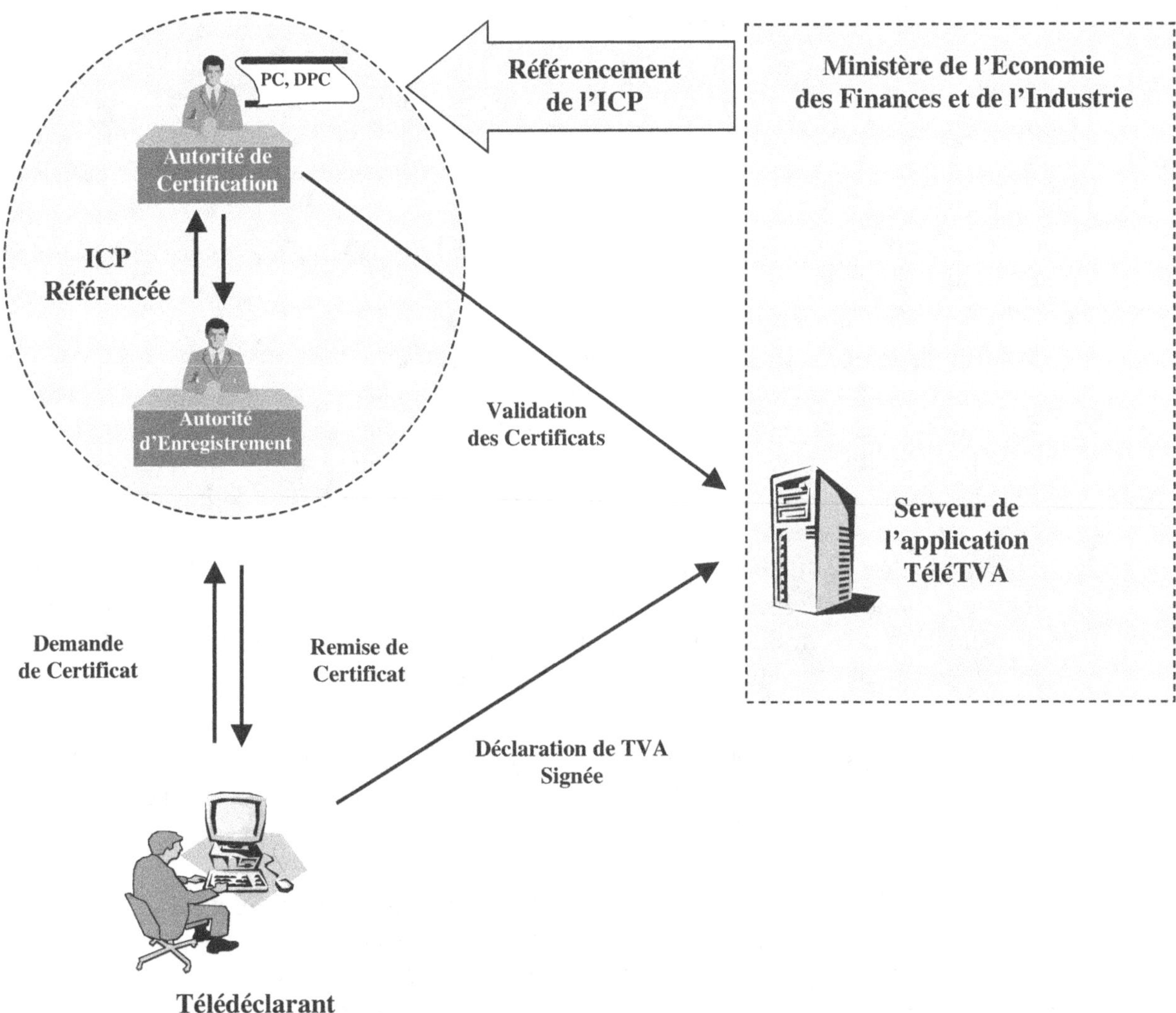

Figure 8-1. Principe général de fonctionnement de TéléTVA

télécharger et d'imprimer le formulaire de souscription au service, sur lequel figureront automatiquement les informations suivantes :

- le numéro du certificat utilisé,
- un numéro, appelé « Numéro de référence EFI ». Ce numéro doit être conservé par l'entreprise puisqu'il lui servira à accéder ensuite à ses pages personnalisées de télédéclaration sur le site du MINEFI.

Ce dossier de souscription doit être envoyé à la recette des impôts dont dépend l'entreprise, accompagné de :

- si le signataire n'est pas le représentant légal de l'entreprise, un mandat établi sur papier libre sans formalisme particulier, habilitant le signataire à agir pour le compte du représentant légal en matière de déclaration et de paiement de la TVA ;
- si le porteur du certificat principal n'est pas le représentant légal de l'entreprise, une copie du mandat l'habilitant à la représenter ;
- deux formules d'adhésion au télérèglement et deux relevés d'identité bancaire par compte (trois au maximum), dès lors que le redevable utilise la procédure de télérèglement.

Utilisation du service du MINEFI

L'entreprise peut commencer à télédéclarer son impôt dès réception de la lettre de prise en compte de la souscription, envoyée par la recette des impôts. Pour accéder à l'application, l'abonné du certificat principal doit s'identifier à l'aide de son « numéro de référence EFI », fourni au moment de son inscription, et s'authentifier par la présentation de son certificat numérique.

L'abonné a alors le choix entre trois menus : Télédéclaration et télérèglement, Consultation ou Communication.

- Télédéclaration et télérèglement :

  la saisie de la déclaration en ligne s'effectue à partir d'un formulaire pré-renseigné qui correspond à la situation fiscale du redevable. Le formulaire est « intelligent », les zones de saisie sont contrôlées, les totaux automatiques, et une aide en ligne y est associée. Il n'est pas possible de valider un formulaire tant que des anomalies sont détectées par le système mais on peut en revanche sauvegarder ses travaux sous forme de brouillons enregistrés sur le site.

  Lorsque la déclaration est complètement remplie, l'abonné choisit sur le même formulaire les comptes sur lesquels l'entreprise sera prélevée du montant de TVA. L'opération de validation du formulaire de déclaration entraîne la signature électronique de ce formulaire, et enclenche aussi le processus de télérèglement.

- Consultation :

  ce service permet à l'abonné de consulter ses télédéclarations sur les trois dernières années. Toutefois, l'ensemble des déclarations est archivé par la Direction générale des impôts pendant une période de 10 ans.

- Communication :

  l'ensemble des abonnés et des internautes peut accéder à un menu général sur la procédure TéléTVA, ainsi qu'à des informations sur la réglementation applicable en matière de TVA (nouvelles dispositions fiscales, modifications législatives).

Dès que la télédéclaration est techniquement acceptée, le serveur assure l'horodatage des déclarations, et provoque l'émission d'un avis de réception du dépôt (CDEP). Cet avis peut être consulté dans l'espace réservé à l'entreprise sur le site TéléTVA, si l'entreprise a renseigné une adresse e-mail, sinon elle peut recourir à un serveur vocal ou demander à ce que l'avis lui soit envoyé par courrier électronique. De la même manière, un certificat de prise en compte de l'ordre de paiement (CPOP) et un accusé de réception du paiement sont délivrés à l'entreprise.

Certificats secondaires

Grâce à son certificat de « principal », le représentant de l'entreprise peut autoriser d'autres abonnés à accéder au site TéléTVA pour qu'ils télédéclarent la TVA avec leurs propres certificats. Sur le site Internet du MINEFI, un espace réservé lui permet de déléguer ou d'enlever les droits de télédéclaration aux abonnés de son entreprise. En pratique, il doit inscrire le numéro du certificat de chaque personne à qui il souhaite déléguer ou enlever ses droits.

Cycle de vie des certificats d'abonnés

Lorsqu'un certificat a été révoqué par l'abonné porteur, par le représentant de l'entreprise ou par l'autorité de certification qui l'a délivré, l'abonné ne peut plus accéder à l'application du MINEFI. Il faut donc qu'il fasse une demande auprès de son autorité de certification pour se procurer un nouveau certificat.

Si le certificat révoqué est un certificat secondaire, les autres abonnés peuvent continuer à accéder à l'application et à « télédéclarer ». Il faudra toutefois que l'abonné du certificat primaire référence le nouveau certificat de l'abonné secondaire.

En revanche, la révocation d'un certificat primaire fait que plus aucun certificat secondaire de l'entreprise concernée ne peut accéder à TéléTVA. Dans ce cas, l'entreprise ne peut alors déclarer sa TVA tant qu'elle n'a pas refait la procédure d'inscription au service (nouveau numéro de référence EFI, nouveau certificat principal). De la même manière, un certificat non renouvelé n'est plus reconnu par l'application, et il faut reprendre l'ensemble de la procédure d'inscription au service.

Mise en place de l'ICP TéléTVA par une banque

L'ICP que nous allons décrire a été mise en place par une grande banque française, qui sera tout simplement désignée ci-après comme « la banque », pour délivrer des certificats dans le cadre de téléprocédures. De nombreuses banques françaises ont profité de l'initiative TéléTVA du MINEFI pour se lancer sur le marché de la certification, en se positionnant en tant qu'autorité de certification par rapport à leurs clients. En raison de leur large implantation sur le territoire national, *via* leur réseau d'agence, et profitant de leur position et de leur image sur le marché, elles peuvent en effet prétendre prendre une position forte sur le domaine de la certification.

Organisation : rôle et processus

Pour assurer le fonctionnement de l'ICP, les rôles principaux suivants ont été définis :

- *Abonné* : personne physique représentant une personne morale, qui obtient des services de l'ICP de la banque pour émettre des télédéclarations signées et chiffrées à destination des services du MINEFI, gestionnaires des téléprocédures. L'Abonné peut également être désigné sous le nom de *porteur de certificat*. Dans la phase amont de certification, il est un *demandeur* de certificat et, dans le contexte du certificat X.509, il est un *sujet*.
- *Autorité de certification* : autorité à laquelle la société cliente fait confiance pour émettre et gérer des clés, des certificats et des listes de certificats révoqués (LCR). Cette expression désigne l'entité responsable des certificats signés en son nom. Dans le cadre de cette ICP, l'AC est gérée au nom de « la Banque » par l'un de ses services centraux. Cette AC assure les fonctions suivantes :
  - mise en application de la PC téléprocédures,
  - gestion des certificats,
  - publication des listes des certificats révoqués,
  - journalisation et archivage des événements, et informations relatives au fonctionnement de l'infrastructure,
  - les certificats sont proposés sous forme logicielle. La fonction d'enregistrement des certificats est remplie par une autorité d'enregistrement (AE), distincte de l'AC qui lui est rattachée. Dans le cas de l'ICP de cette banque, les fonctions de l'AE sont remplies par une Autorité d'enregistrement centralisée et des Autorités d'enregistrement locales.
- *Autorité d'enregistrement centralisée* : l'Autorité d'enregistrement centralisée (AEC) correspond à l'entité responsable de la validation des informations fournies par les Autorités d'enregistrement locales (AEL). L'AEC est gérée par un service central de la Banque. Ses fonctions sont les suivantes :
  - contrôle, validation des *demandes de certificats et de révocations* transmises par les AEL,
  - transmission des demandes validées à l'autorité de certification pour exécution,
  - journalisation et archivage des demandes.

- *Autorités d'enregistrement locales* : les Autorités d'enregistrement locales (AEL) correspondent aux entités qui sont en relation directe avec les Abonnés et les représentants des entreprises. Dans le contexte des téléprocédures, elles correspondent à une décentralisation de la fonction « Enregistrement » auprès des agences de la Banque. Leur rôle consiste à enregistrer les demandes de certificats Téléprocédures et à vérifier que les demandeurs ou les porteurs de certificat sont identifiés, que leur identité est authentique et que les contraintes liées à l'usage d'un certificat sont remplies, tout cela conformément à la « Politique de certification ».

  Les AEL réceptionnent et vérifient, selon les critères établis par la Politique de certification, les demandes de révocation de certificats et les transmettent à l'AEC pour traitement.

- *Représentant entreprise* : personne ayant délégation sur les fonctions du chef d'entreprise pour la gestion des certificats. Le chef d'entreprise devra désigner un ou plusieurs « Représentants entreprise ». Le rôle du Représentant entreprise lui permet de demander ou de révoquer les certificats des Abonnés de l'entreprise.

Nous décrivons ci-après les principaux processus organisationnels mis en œuvre pour assurer le fonctionnement de l'ICP.

Établissement du contrat avec l'entreprise cliente et initialisation du service

L'une des AEL et un représentant légal de l'entreprise signent un contrat qui décrit les responsabilités respectives de la banque et de l'entreprise cliente. La Politique de certification est annexée à ce contrat.

Le représentant légal de l'entreprise désigne alors un ou plusieurs Représentants entreprise, qui seront notamment habilités à valider des demandes de certificat émises par des Abonnés, et qui pourront aussi révoquer les certificats des Abonnés de l'entreprise. Les informations relatives aux Représentants entreprises sont collectées par l'une des AEL. Cette collecte est réalisée par la remise *en main propre* des documents nécessaires.

Création des certificats d'abonnés

La demande de certificat pour un futur Abonné fait l'objet d'un dossier de demande sous forme « papier » qui est validé par l'un des Représentants entreprise de l'entreprise de ce futur Abonné. Le Représentant entreprise adresse alors cette demande à l'une des AEL pour vérification. Après validation, l'AEL transmet cette demande à l'AEC qui la vérifie à nouveau, puis saisit les informations correspondantes dans le logiciel approprié (c'est-à-dire le logiciel qui assure la fonction technique d'enregistrement).

Après avoir reçu la ou les demandes de certificats, l'AEC envoie trois messages électroniques :

- au Représentant entreprise pour l'informer de la mise à disposition de l'Abonné de son certificat,
- à l'Abonné pour l'informer de la mise à disposition de son certificat sur le site Internet de la Banque et pour lui communiquer son code de retrait personnalisé qui ne sera utilisé que pour cette unique action,
- à l'AEL pour l'informer de la mise à disposition du certificat à l'Abonné de l'entreprise.

  L'Abonné se connecte alors au site Internet de la Banque. Il est authentifié grâce à un « code personnel » qu'il a fourni auparavant dans le dossier de demande de certificat, et grâce au code de retrait. La génération de la biclé est déclenchée sur le poste de travail de l'Abonné. Dans le cas d'un certificat logiciel, c'est le navigateur qui réalise cette opération. La clé publique est transmise vers le site Internet de la Banque (en utilisant le protocole PKCS#10 au travers d'une session SSL permettant d'authentifier l'Abonné et de chiffrer l'échange), puis est transmise en « temps réel » à l'Autorité de certification qui génère le certificat de clé publique correspondant. Ce dernier est alors téléchargé sur le poste de travail de l'utilisateur. Celui-ci doit stocker le certificat dans le cabinet de certificat de son navigateur, avec les options de sécurité appropriées. Il doit aussi vérifier le contenu du certificat (voir figure 8-2).

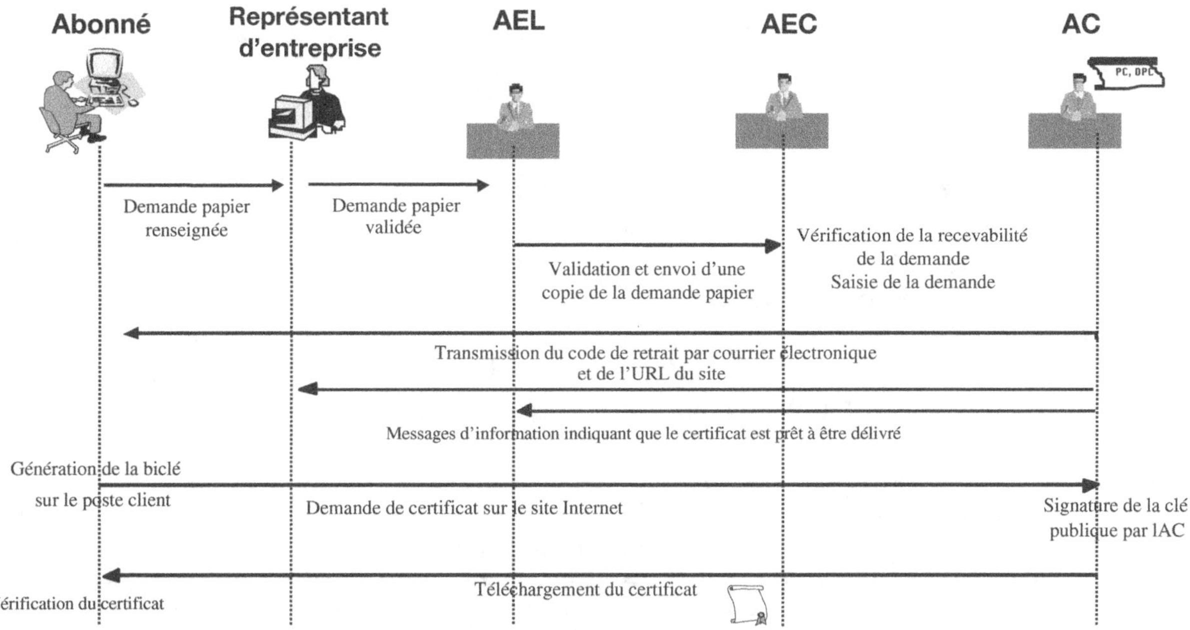

Figure 8-2. Processus d'enregistrement et de création de certificat

Si les certificats ont un support matériel (par exemple, une carte à puce), le processus est différent. Avant la connexion au site Internet pour le retrait du certificat, l'Abonné reçoit la carte à puce et les matériels (lecteur de carte) et logiciels nécessaires à son utilisation. Il reçoit aussi par courrier un code confidentiel pour activer la carte à puce.

L'Abonné est tenu d'avertir l'AEL de toute inexactitude ou défection d'un certificat dans les sept jours ouvrés, consécutifs à son retrait, afin que ce certificat puisse être révoqué et qu'un autre lui soit fourni. L'Abonné est réputé avoir accepté son certificat lorsque ce délai est dépassé, ou lorsqu'il l'a utilisé dans le cadre d'une application de la Politique de certification, ou lorsqu'il l'a vérifiée dans le cadre du service de validation du certificat offert sur le site Web de la Banque. En outre, l'acceptation d'un certificat vaut acceptation de la Politique de certification de la Banque.

Révocation des certificats d'abonnés

La révocation peut être réalisée selon plusieurs processus, en fonction de l'entité qui est à l'origine de la révocation et du moyen utilisé pour la déclencher. La révocation d'un certificat d'Abonné peut émaner de :

- l'Abonné au nom duquel le certificat a été émis,
- l'un des Représentants entreprise,
- le représentant légal (ou mandataire social) du Client (même s'il ne s'est pas désigné Représentant d'entreprise),
- l'AC émettrice du certificat,
- l'AEC ayant autorisé l'émission du certificat,
- l'AEL avec laquelle le client a établi le contrat de souscription au service de certification.

L'Abonné peut demander la révocation soit par Internet, par le support téléphonique central géré par l'AEC ou par l'intermédiaire d'une AEL.

Pour réaliser la révocation, le code personnel de l'Abonné est exigé. Des procédures particulières sont prévues en cas de perte de ce code.

Une fois la demande de révocation enregistrée et validée, l'AC révoque le certificat en faisant introduire le numéro de série du certificat et la date de révocation du certificat dans la Liste des certificats révoqués. L'Abonné, les Représentants entreprise et l'AEL sont informés par l'AC de la prise en compte de la demande de révocation au moyen d'un récépissé émis par l'AEC sous forme d'un courrier électronique.

Renouvellement des certificats d'abonnés

Les biclés sont périodiquement renouvelées afin de minimiser les risques d'attaques cryptographiques. Ainsi les biclés des Abonnés, et donc les certificats correspondants, doivent être renouvelées tous les deux ans.

Avant l'expiration du certificat, l'Abonné et son(ses) Représentant(s) entreprise(s) sont informés de la fin de vie du certificat. L'Abonné doit alors se connecter sur le site Internet de la Banque pour retirer son nouveau certificat en s'authentifiant à l'aide de son ancien certificat (utilisation de HTTP sur SSL v3 avec authentification mutuelle).

Après l'expiration du certificat, l'Abonné (ou un Représentant d'entreprise) peut solliciter une re-génération auprès du support téléphonique de la Banque. L'Abonné viendra alors retirer son nouveau certificat sur le site Internet, comme lors du retrait de son premier certificat, à l'aide des secrets convenus avec l'AC (le code personnel tel qu'il est défini lors de l'enregistrement et un nouveau code de retrait généré par l'AC et envoyé par courrier électronique).

Politique de certification

La Politique de certification établie par la Banque décrit notamment les responsabilités respectives des différents acteurs que nous avons présentés plus haut (Abonné, Représentant entreprise, AEL, AEC, AC…).

À titre d'exemple, nous citons ci-après un extrait d'une politique de certification, tiré du paragraphe « Obligations » du chapitre sur les « Dispositions de portée générale », qui décrit les obligations de l'entreprise cliente.

« Le Client est lié contractuellement avec son AEL pour l'émission de certificats aux Abonnés désignés par et sous la responsabilité du Client dûment représenté par ses Représentants entreprise. Le Client est responsable des obligations mentionnées ci-dessous qu'elles soient exécutées par les Représentants entreprise et/ou les Abonnés du Client. Le Client doit :

- désigner, sous sa responsabilité, ses Représentants d'entreprise et les personnes physiques auxquelles sera délivré un certificat,
- garantir l'authenticité, le caractère complet et à jour des informations communiquées lors de la demande de certificat ainsi que des documents qui accompagnent ces informations,
- informer sans délai l'AEL de toute modification relative à ces informations et/ou documents,
- assurer l'information des Abonnés sur les conditions d'utilisation des certificats, de la gestion des clés ou encore de l'équipement et des logiciels permettant de les utiliser,
- faire assurer l'acceptation du certificat par chaque Abonné ainsi que les vérifications préalables à cette acceptation,
- faire protéger la clé privée de chaque Abonné par des moyens appropriés à son environnement,
- faire protéger les Données d'activation (c'est-à-dire notamment le code personnel) de chaque Abonné par des moyens appropriés à son environnement,

- faire respecter les conditions d'utilisation de la clé privée et du certificat correspondant par chaque Abonné, notamment l'utilisation dans le strict cadre des applications décrites au paragraphe 1.6.1 de cette PC,
- faire demander la révocation d'un certificat dès lors qu'elle est nécessaire,
- faire informer sans délai l'AEL ou l'AEC en cas de suspicion de compromission ou de compromission de la clé privée d'un de ses Abonnés, selon les conditions indiquées en 4.4.3. »

Pour une description plus détaillée de la ventilation des responsabilités entre les entités, qui peut varier d'une politique de certification à l'autre, nous recommandons au lecteur de se connecter sur le site Internet du MINEFI (*http://www.minefi.gouv.fr*), puis à partir de ce site de se connecter sur ceux de quelques autorités de certification référencées, qui publient en général leur PC sur leur site Internet.

Gabarit du certificat

Le tableau présenté ci-après décrit le contenu des certificats produits par cette ICP, avec des exemples de valeur pour chaque champ.

Champs	Valeur	Détail valeur	Explications
Version	V3	2	Version du certificat X.509
Numéro de série	Exemple : 5116 75D5 5D11 8A90 DCBC 0E65 250D B3EF		Le numéro de série unique du certificat attribué par le module cryptographique
Algorithme de signature	MD5WithRSAEncryption		Identifiant de l'algorithme de signature de l'AC
Émetteur	CN = CA Banque OU = Infrastructure PKI O = Banque	CN = CA Banque OU = Infrastructure PKI O = Banque	Le nom de l'AC émettrice est le Distinguished Name de l'AC signant les certificats
Valide à partir du	jeudi 26 avril 2001 02:00:00	010426020000Z	Dates et heures d'activation du certificat
Valide jusqu'au	samedi 27 avril 2002 01:59:59	270427015959Z	Dates et heures d'expiration du certificat
Objet	E = pdurand@societe.fr CN = Pierre DURAND OU = SIREN – 123456789 OU = Raison sociale OU = Émis pour "CA Banque" O = SOCIÉTÉ L = Paris C = FR	E = pdurand@societe.fr CN = Pierre DURAND OU = SIREN – 123456789 OU = Raison sociale OU = Émis pour "CA Banque" O = SOCIÉTÉ L = Paris C = FR	Nom distinctif de l'entité identifiée
Clé publique	RSA(1024 bits)	3081 8902 8181 00B8 0736 0E69 16B3 38B1 A968 23BD CD1C 346B F5F7 0417 1154 168B A836 9A38 09F2 EFF5 881E 8D4F BE34 6E06 E15A EC10 8519 6D23 12B3 24AE EF5C BF74 6F54 2574 E2DE 6EEE 4CAF 709D 3CBE A273 E3E5 C862 0E7A 0FB3 8A62 0638 44CF 81D1 46B3 69A4 9700 A23C ABD5 32D6 C98C 7095 ECB7 2AD2 4010 76F9 EFAA F9A5 A889 DC4B 9BD3 6759 665D 7B02 0301 0001	Identifiant de l'algorithme d'usage de la clé publique contenue dans le certificat, et valeur de la clé publique

Champs	Valeur	Détail valeur	Explications
Contrainte de base	Subject Type=End Entity Path Length Constraint=None		

Point de distribution de la LCR	[1]CRL Distribution Point
	    Distribution Point Name:
	    Full Name:
	      URL = *http://crl.ca-banque.com/Banque/Latest-CRL*
	     URL= ldap:// ldap.ca-banque.com/ou=Infrastructure PKI,o=Banque?certificaterevocationlist?sub?objectclass=certificationAuthority		

Certificate Policies	[1]Certificate Policy:
	     PolicyIdentifier=[à compléter]
	      [1,1]Policy Qualifier Info:
	      Policy Qualifier Id=1.3.6.1.5.5.7.2.1
	      Qualifier=161C 6874 7470 733A 2F2F 7777 772E 6365 7274 706C 7573 2E63 6F6D 2F52 5041
			Identifiant de la Politique de Certification

Netscape CertType	03 02 07 80		
2.16.840.1.1 13733.6.1.9	01 01 FF		

Architecture technique

Pour des raisons évidentes de confidentialité, nous ne pouvons pas détailler ici l'architecture technique qui est mise en place dans le cadre de ce projet. Nous donnons quelques indications pour en montrer les principales orientations (voir figure 8-3).

L'architecture de certification est hiérarchique. Une première AC est utilisée à des fins de tests. Elle permet la production de certificats de tests qui peuvent être utilisés dans un cadre très limité. On se sert d'une seconde AC pour la production de certificat pour les administrateurs de l'ICP. Il s'agit notamment des certificats pour les opérateurs chargés des opérations de saisie et de validation des demandes de certificats, et de la prise en compte des révocations. Enfin,

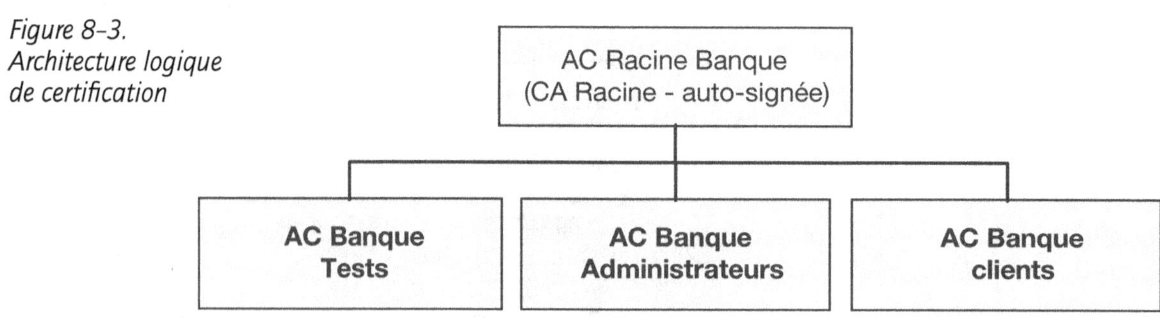

Figure 8-3.
Architecture logique
de certification

une troisième AC est utilisée pour produire les certificats destinés aux Abonnés. Ces AC sont reliées à une AC racine, dont le certificat de clé publique est auto-signé.

La figure 8-4 montre la répartition des principales fonctions de l'ICP entre les différents serveurs matériels mis en place.

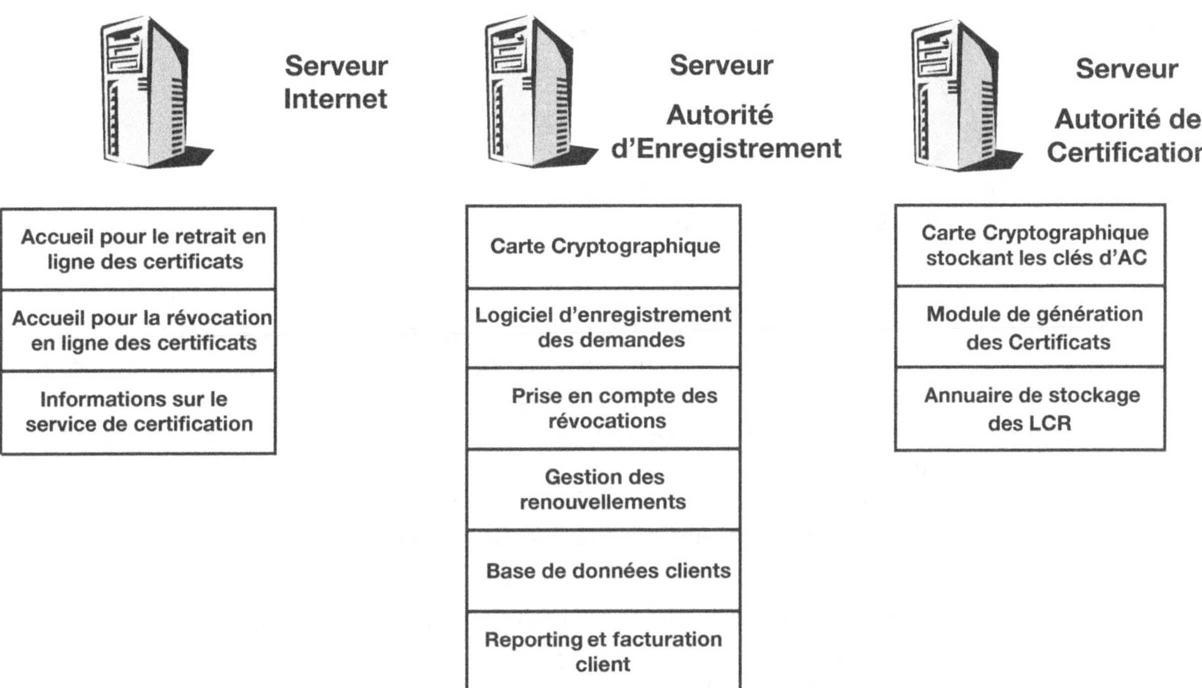

Figure 8-4. Représentation schématique de l'architecture technique

L'accès aux fonctions du serveur qui assure le rôle d'Autorité d'enregistrement est protégé. Des profils d'opérateurs différents sont paramétrés :

- opérateurs de saisie des demandes (enregistrement, révocation),
- opérateur de validation des demandes (vérification de la saisie et validation avant prise en compte effective d'une demande),
- opérateur de consultation (accès uniquement en consultation aux informations).

Les opérateurs, qui travaillent au niveau de l'AEC, disposent de certificats délivrés par l'AC administration. Ces certificats permettent de les authentifier au moment de la connexion au logiciel de gestion des abonnés.

Comme cela est souvent le cas, le logiciel livré par les fournisseurs des briques de l'ICP ne permet pas une gestion très poussée des abonnés. Il n'intègre pas de fonction de reporting sur le nombre de certificats produits, ni de fonction pour assurer la facturation. Il était par ailleurs nécessaire de gérer des informations qui ne sont pas strictement utiles pour la production des certificats (par exemple, adresse postale de l'abonné, nom du correspondant commercial qui gère l'entreprise cliente…). Un développement a donc été réalisé pour gérer ces informations en complément de la base de données initiale, fournie par l'éditeur du logiciel AE retenu.

Les LCR peuvent être consultées aux adresses indiquées dans le champ « Point de distribution de la LCR » des certificats. Les LCR sont au format dénommé « LCR VI » défini par la norme X 509 v2.

L'accès aux Listes de certificats révoqués est possible *via* un annuaire LDAP, mis en œuvre et géré par l'AC (l'accès est possible *via* le protocole LDAP ou en mode HTTP). Les deux protocoles d'accès qui sont offerts permettent de garantir une compatibilité avec la plupart des navigateurs du marché.

Le GIP « Carte de professionnel de santé »

Le GIP « CPS »

Le Groupement d'intérêt public « Carte de professionnel de santé » (GIP « CPS ») a vu le jour le 3 février 1993, suite à une initiative de l'État et d'une volonté commune des partenaires du secteur de la santé.

Il est chargé de répondre aux exigences d'identification, de sécurité et d'indépendance posées par le développement des technologies de l'information dans le domaine sanitaire et social. Le GIP « CPS » joue le rôle d'une tierce partie de confiance pour veiller à ce que seules les personnes habilitées aient accès aux informations de santé. À cette fin, il est attribué à chaque professionnel de santé une carte à microprocesseur aux couleurs du GIP « CPS », personnalisée selon la spécialité du praticien ou du personnel d'établissement. La puce de la carte contient les données relatives à ce dernier et à ses activités, et est dotée d'un co-processeur cryptographique pour réaliser les fonctions de sécurité.

Conformément à son statut, le GIP « CPS » assure aujourd'hui :

- L'émission, la gestion et la promotion de la CPS : il gère les opérations relatives au cycle de vie de chaque carte, le contrôle d'identité du porteur, assure la cohérence des visas des « autorités compétentes », l'émission des certificats et de la carte, la révocation du certificat et/ou la mise en opposition de la carte, et son renouvellement.
- L'accréditation des cartes : le GIP « CPS » est opérateur de certification pour l'accréditation des cartes afin de garantir et de certifier les données carte, les données et les clés publiques du porteur.
- Le chiffrement pour la messagerie sécurisée : le GIP « CPS » développe des services de sécurisation des échanges entre les acteurs qui possèdent des cartes de la famille CPS, comme la messagerie professionnelle, les échanges interprofessionnels entre la médecine de ville et l'hôpital, etc.

La CPS

La CPS est une carte à microprocesseur réservée d'une part aux professionnels de santé et aux auxiliaires médicaux (professions paramédicales) et d'autre part aux personnels d'établissement, non professionnels de santé, des établissements sanitaires et sociaux ou aux personnes qualifiées ayant une activité dans le secteur sanitaire et social et qui ne relèvent pas des critères d'attribution de la CPS. Elle est délivrée par le GIP « CPS » aux quatorze catégories de professionnels de santé définis par le Code de la Santé publique (médecins, pharmaciens, opticiens, sages-femmes, etc.). Grâce à la CPS, les porteurs ont accès au réseau santé social (RSS), dans le cadre de la concession de service public, réseau réservé aux professionnels de santé.

En relation avec la carte Vitale de l'assuré social, la carte CPS permet au praticien d'émettre des feuilles de soin électroniques et de les télétransmettre aux caisses d'assurances maladie. C'est l'application la plus visible et la plus connue de la CPS car elle supprime la feuille de soin papier et permet ainsi d'en raccourcir les temps de traitement et d'accélérer le remboursement à l'assuré social. Mais pour le professionnel de santé, la CPS constitue avant tout le moyen d'accéder au RSS, qui lui offre une large gamme de services qui seront mis en œuvre progressivement :

- l'échange confidentiel entre professionnels de santé sur messagerie électronique ;
- la formation et l'information : épidémiologie, veille sanitaire, pharmacovigilance, modules de formation médicale continue ;
- la télémédecine : échange de données, de résultats d'examens.

L'IGC « CPS »

Le système de gestion des certificats de clé publique des professionnels de santé et le système de carte sont intimement liés. Pour ce faire, le GIP « CPS » a mis en place son infrastructure de gestion de clé (IGC).

La carte CPS a fait l'objet de plusieurs versions de technologie. Ce premier projet français d'ampleur nationale dans l'utilisation des certificats de clé publique sur support carte à microprocesseur a dû essuyer les plâtres d'une normalisation non stabilisée. La carte CPS2 intègre un pseudo-certificat X.509 et utilise un algorithme RSA en mode propriétaire. La nouvelle version de carte CPS2bis va intégrer un certificat au format X.509 v3 produit par l'IGC du GIP « CPS », et mettra en œuvre l'algorithme RSA standard.

En tant qu'AC, le GIP « CPS » gère trois types de certificats :

- les certificats de clés de signature utilisées pour signer les messages ;
- les certificats de clés d'authentification pour un usage applicatif ;
- les certificats de clés de confidentialité servant à échanger des clés de chiffrement.

La PC pour les certificats d'authentification et de signature est disponible sur le site Web du GIP à l'adresse URL suivante : ***http://www.gip-cps/fr***. Elle concerne les certificats pour des personnes physiques. D'autres PC séparées seront publiées d'une part pour les certificats de confidentialité et d'autre part pour les certificats de serveurs.

Le GIP « CPS » joue les différents rôles d'autorités mais s'appuie sur différents opérateurs externes pour en assurer l'hébergement et l'exploitation. Il exerce les responsabilités suivantes :

- la définition des PC et leur mise en œuvre formalisée à travers une DPC ;
- la génération et la gestion des secrets maîtres de l'IGC : certificats d'AC racines et certificats d'AC intermédiaires ;
- la génération et la gestion des certificats délivrés aux utilisateurs (incluant les clés pour les certificats de signature et d'authentification fournis dans les cartes) ;
- la publication dans un annuaire des certificats valides et des LCR signées ;
- la fabrication et la gestion des supports des certificats de signature et d'authentification (cartes à puce) ;
- la journalisation et l'archivage des événements et informations relatives au fonctionnement de l'IGC.

À partir d'octobre 2001, la production des cartes CPS2 sera arrêtée et les nouvelles cartes CPS2bis, dont la durée de vie prévue sera de 3 ans, remplaceront progressivement au fil des renouvellements les cartes CPS actuellement en service, dont la durée de vie est de 2 ans. Ce remplacement en biseau est nécessaire afin de ne pas créer de goulet d'étranglement dans la production des cartes et assurer une continuité des services applicatifs.

L'enregistrement

Le GIP « CPS » exerce également le rôle d'AE par rapport aux utilisateurs, ainsi qu'envers diverses « autorités compétentes » pour le compte desquelles il assure la cohérence des informations validées ou fournies. Le rôle d'« autorité compétente » est exercé, selon le type de carte, par une ou plusieurs des autorités : les ordres, le ministère de l'Emploi et de la Solidarité (représenté par les DDASS, les DRASS, la Mission à l'informatisation du système de santé, la Direction des hôpitaux), les directeurs d'établissement ou d'organismes publics ou privés, le Service de santé des armées, le GIP « CPS ». Les « autorités compétentes » sont chargées de vérifier et de garantir l'identité et la qualité des demandeurs de cartes qui contiennent les certificats. Elles ne font pas partie de l'IGC.

La génération des biclés et l'émission du certificat

La génération des biclés est effectuée, lors de la personnalisation des cartes, par une ressource cryptographique autorisée par la DCSSI et évaluée à un niveau d'assurance EAL5 selon l'échelle des « Critères Communs ».

Critères communs

Les « Critères Communs » (CC) sont une méthode d'évaluation de l'assurance et de la sécurité des systèmes d'information. Ils s'inscrivent dans un schéma formel d'évaluation régi par décret et dont la certification est délivrée par la DCSSI, service du Premier ministre. Les CC ont été normalisés à l'échelle internationale sous le nom de ISO/IEC 15408. Le niveau EAL5 correspond à un système conçu et testé de façon semi-formelle.

Les certificats d'authentification et de signature sont générés en même temps que la carte. Pour obtenir son certificat de confidentialité, le porteur d'une carte CPS doit préalablement s'inscrire sur le serveur d'inscription du GIP « CPS ». Suite à son authentification par la CPS, le porteur génère une requête, signée par sa clé de signature. La clé privée et le certificat de confidentialité sont stockés sur le poste de travail du porteur.

La génération des certificats se fait par un boîtier de sécurité lors de la personnalisation des cartes de CPS. Les biclés d'authentification et de signature des porteurs sont renouvelées en même temps que la carte. L'identité des porteurs n'est pas re-vérifiée à cette occasion, sauf cas de révocation.

La publication

Ce service est rendu par un annuaire de type X.500, accessible par des requêtes LDAP ou HTTP, exploité par l'AC du GIP « CPS ». Les certificats sont rendus disponibles dans l'annuaire de l'IGC dès l'envoi de la CPS à son porteur.

L'abonné

L'abonné est donc un professionnel habilité, qui dispose d'une carte CPS et d'un lecteur de carte. Dans le cas de l'application SESAM-Vitale, il s'agit d'un lecteur bi-fentes qui permet de lire simultanément la carte Vitale de l'assuré social et la carte CPS du praticien. Le code confidentiel du praticien est saisi en début de journée et n'est pas redemandé tant que la carte CPS reste sur le lecteur. Les feuilles de soin électroniques (FSE) sont constituées sur le poste de travail et signées par la carte CPS dans le lecteur. En fin de journée, les lots de FSE sont signés et télétransmis vers les caisses d'assurances maladie. La caisse envoie aussitôt un accusé de réception pour confirmer la bonne transmission des FSE.

Identrus

La société

La société Identrus LLC a été créée en avril 1999 par huit banques fondatrices : ABN AMRO Bank, Bank of America, Bankers Trust (racheté depuis par Deutsche Bank), Barclays Bank, Chase Manhattan Bank, Citigroup, Deutsche Bank et HypoVereinsbank. Identrus est une société privée à but lucratif qui vise à aider les sociétés souhaitant se lancer dans le commerce électronique sur Internet à surmonter les difficultés qu'elles peuvent rencontrer dans l'établissement de l'identité de la contrepartie. Au mois d'août 2001, cinquante établissements financiers avaient déjà rejoint Identrus en tant que « Participant de niveau un » (*Level One Participant*), parmi lesquelles les banques françaises, la Caisse nationale du Crédit agricole, BNP Paribas, la Société générale et le Crédit lyonnais.

Le service proposé par Identrus a pour vocation d'instaurer la confiance dans les échanges de commerce électronique. Le terme de « confiance » autorisant plusieurs interprétations, précisons qu'il s'agit de la capacité pour une société impliquée dans une transaction de commerce électronique B2B à établir l'identité de son correspondant et à assurer l'intégrité et la non-répudiation de la transaction.

Le modèle de confiance

Identrus utilise le modèle de confiance à quatre coins (*Four-Corner Model*), prévoyant d'impliquer quatre parties (en plus de l'AC racine d'Identrus) dans le processus de validation de certificats.

Le modèle de confiance Identrus repose sur les hypothèses suivantes :

- les entreprises font confiance à leurs banques ;
- les banques sont soumises à une obligation légale de connaître l'identité de leurs clients et disposent des moyens nécessaires pour cela ;
- les banques ont l'habitude d'interagir dans le contexte des différentes transactions entre leurs clients.

Ainsi, selon le modèle d'Identrus, les établissements financiers agréés par Identrus et disposant des certificats Identrus spécifiques (*Issuer Certificates*, émis par l'AC racine) émettent les certificats numériques à leurs clients, ce qui permet à ces derniers de s'échanger des transactions de commerce électronique avec une garantie forte sur leur intégrité, sur l'identité de l'émetteur et de la non-répudiation.

Ce processus est illustré dans la figure 8-5.

Figure 8–5.
Hiérarchie Identrus

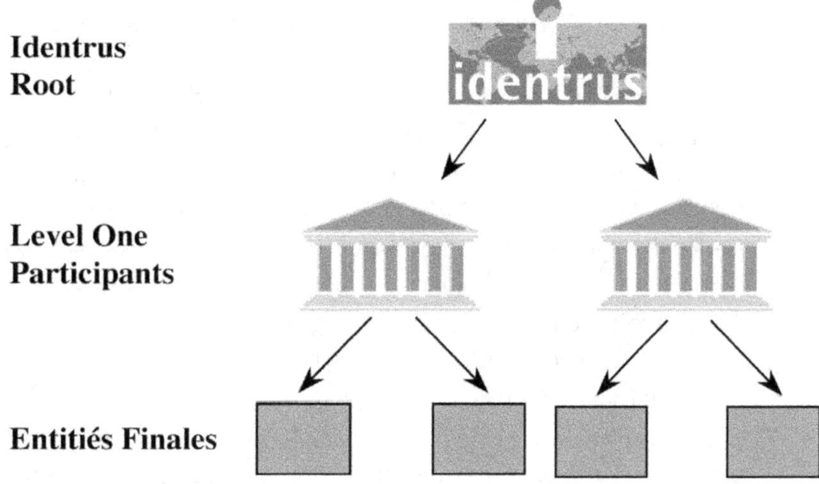

Traitement d'une validation de certificat

La validation des certificats ainsi émis se déroule comme indiqué en figure 8-6.

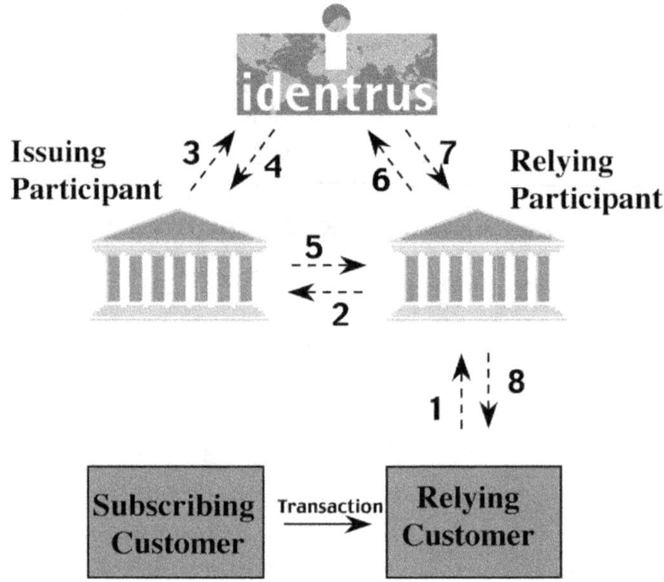

Figure 8-6.
Modèle relationnel
d'Identrus

Les acteurs suivants sont impliqués dans ce modèle :

- *Issuing Participant* : un établissement financier adhérent d'Identrus qui émet le certificat pour son client, le *Subscribing Customer* ;
- *Subscribing Customer* : un client qui obtient son certificat Identrus de l'*Issuing Participant* ;
- *Relying Customer* (client du *Relying Participant*) : le destinataire de la transaction signée et envoyée par le *Subscribing Customer* ;
- *Relying Participant* : un établissement financier adhérent d'Identrus auprès duquel le *Relying Customer* va vérifier le certificat du *Subscribing Customer* ;
- *Identrus Root* (AC racine) : la partie qui émet et valide les certificats des adhérents en utilisant sa clé privée racine. Elle possède un certificat auto-signé.

Les étapes de validation du certificat du *Subscribing Customer* sont décrites ci-après.

1. Après avoir reçu une transaction de commerce électronique de la part de son partenaire métier (*Subscribing Customer*), le *Relying Customer* adresse au *Relying Participant* une demande de statut du certificat du *Subscribing Customer*.

2. Le *Relying Participant* agit pour le compte de son client le *Relying Customer* et envoie sa demande à l'*Issuing Participant*, l'émetteur du certificat du *Subscribing Customer*.

3. Après avoir reçu cette demande, l'*Issuing Participant* s'assure de la validité du certificat du *Relying Participant* en adressant une demande à Identrus.

4. Identrus fournit à l'*Issuing Participant* le statut du certificat du *Relying Participant*.

5. Si le contrôle du certificat du *Relying Participant* est satisfaisant, l'*Issuing Participant* envoie au *Relying Participant* un message contenant le statut du certificat du *Subscribing Customer*.

6. Après avoir reçu la réponse de l'*Issuing Participant*, le *Relying Participant* demande à l'AC racine Identrus de lui confirmer la validité du certificat de ce dernier.

7. Identrus répond au *Relying Participant* avec le message contenant le statut du certificat de l'*Issuing Participant*.

8. Si le certificat de l'*Issuing Participant* est valide, le *Relying Participant* envoie au *Relying Customer* le statut du certificat du *Subscribing Customer*.

> **Remarque**
>
> Il est important de préciser qu'Identrus n'est pas impliqué dans le transport de la transaction elle-même. Seuls les certificats des banques adhérentes remontent jusqu'à la racine Identrus, la transaction elle-même se passe par Internet sans qu'Identrus ne la voit.

Les services offerts

L'infrastructure de confiance Identrus offre les deux services suivants :

- le service de validation (*Validation Service*) ;
- le service de garantie (*Identrus Warranty Service*).

Le service de validation fournit au *Relying Customer*, l'acquéreur des transactions électroniques envoyées au travers des réseaux ouverts tels qu'Internet, des moyens d'établir l'identité du *Subscribing Customer*, l'émetteur des transactions. Le fonctionnement de ce service a été décrit dans la section précédente. La garantie d'identité fournie dans le cadre de ce service est basée sur les engagements contractuels pris par les acteurs de l'infrastructure, à savoir :

- entre les clients finaux et leurs banques respectives ;
- entre les banques participant à Identrus et Identrus.

Pour assurer le respect de ces engagements, Identrus fournit les procédures de résolution des disputes (*Dispute Resolution Procedures*) entre les différentes parties prenantes de son infrastructure de confiance.

Outre ce service, Identrus a annoncé la mise en place d'un service de garantie, l'*Identrus Warranty Service* (IWS), qui fonctionnera en complément du service principal de validation de certificats. Ce service permettra au *Relying Customer* de préciser, dans sa demande de statut du certificat du *Subscribing Customer*, le montant de la garantie financière qu'il attache à la réponse de l'*Issuing Participant*. Après avoir reçu cette demande (appelée *Combined Certificate Status/Warranty Request*) avec une valeur monétaire attachée, l'*Issuing Participant* devra non seulement vérifier le statut du certificat du *Subscribing Customer*, suivant le protocole standard d'Identrus, mais aussi comparer le montant de la garantie demandée par rapport à ses limites de risque. Si ces deux contrôles produisent des résultats satisfaisants, l'*Issuing Participant* renvoie au *Relying Customer* (par l'intermédiaire du *Relying Participant*) sa réponse positive (appelée *Combined Certificate Status/Warranty Response*). S'il s'avère par la suite que la transaction associée n'était pas autorisée par le *Subscribing Customer*, l'*Issuing Participant* doit indemniser le *Relying Customer* pour le montant limité à celui de la garantie exigée.

L'utilité d'un tel service est évidente, car la vérification d'identité des partenaires commerciaux est toujours réalisée dans un contexte métier particulier avec les risques financiers inhérents associés (par exemple : la valeur de la transaction, les risques indirects en termes d'image commerciale de l'entreprise, etc.). Le service IWS permettra de mieux répartir les risques entre les banques et, en fin de compte, entre les parties impliquées dans une transaction.

L'impact potentiel sur les processus métier

L'offre Identrus permet aux entreprises de bénéficier en toute confiance des avantages du commerce électronique grâce à une garantie de preuve d'origine, de contrôle d'intégrité et de non-répudiation, attachée à chaque transaction échangée, *via* leur banque et le système global.

Par ailleurs, elle permet aux banques de jouer le rôle d'intermédiaires dans les échanges entre leurs clients, bien avant que ces échanges ne se transforment en relations de paiement, et de leur fournir des services de confiance basés sur les certificats numériques. Pour les banques, cette possibilité est particulièrement intéressante face à l'apparition de sociétés de services informatiques et de télécommunication spécialisées dans le traitement des transactions, qui disposent de moyens techniques suffisants pour devenir les concurrents des banques dans ce domaine. En offrant à leurs clients des nouvelles applications basées sur la garantie d'identité, les banques pourraient élargir le périmètre de leurs services en remontant dans la chaîne de valeur de leurs clients.

Mise en œuvre pour un membre

Le déploiement de l'infrastructure Identrus par les banques demande un investissement considérable, notamment en ce qui concerne les aspects organisationnels et applicatifs. En outre, malgré les nombreuses annonces marketing faites par les fournisseurs de produits ICP, les solutions techniques complètes compatibles Identrus et adaptables à l'existant applicatif des différentes banques n'existent pas sur le marché à l'heure actuelle.

D'une manière générale, l'avancement du déploiement de l'infrastructure Identrus par les banques dépend fortement de la disponibilité des applications qui la supportent et de leur adoption par les utilisateurs finaux, les clients des banques. L'introduction de telles applications par les banques implique une démarche commerciale délicate auprès de leurs clients et nécessite une coopération étroite avec ces derniers.

Par ailleurs, il faut noter que la mise en œuvre d'une infrastructure Identrus impose des contraintes techniques (et donc des coûts) relativement élevés. Parmi ces contraintes, nous pouvons noter :

- L'utilisation d'OCSP : la validation des certificats *Identity* doit être faite en ligne (*via* une autorité de validation OCSP) de manière à systématiquement chercher l'information de révocation à la source. Cette contrainte est très structurante car elle interdit la validation hors-ligne, rendant critique la disponibilité du serveur OCSP et impliquant des délais importants pour chaque validation (d'autant plus que jusqu'à huit validations peuvent être nécessaires pour la seule validation d'un certificat d'utilisateur final). En outre, le coût élevé des autorités de validation contribue à rendre cette obligation particulièrement contraignante.

- Le support pour la non-répudiation : chaque transaction doit être horodatée et archivée. De la même façon, chaque événement interne à l'infrastructure (création d'un certificat, révocation, etc.) doit être horodaté et journalisé. D'une manière plus globale, il apparaît que l'ensemble des directives à ce sujet corresponde plus à une obligation de moyens pour fournir un support à la non-répudiation. Si la mise en œuvre de tels moyens semble logique dans le contexte d'une prise de commande ou d'un paiement, les retombées sur la conception de l'infrastructure demeurent très importantes.

- La gestion des clés : la génération obligatoire des biclés sur un dispositif matériel dédié (pour les serveurs) ou sur carte à puce, et la nécessité de les faire opérer sur support matériel, y compris côté client de l'ICP, conduisent à l'utilisation d'un package client complexe et coûteux. Les certificats et clés des acheteurs étant distribués systématiquement sur carte à puce, cela suppose la mise en place d'un système de gestion et de personnalisation des cartes. Par ailleurs, le renouvellement « transparent » des clés et certificats n'est pas possible.

- La disponibilité, les performances et la sécurité physique : l'ensemble des composants de l'ICP doit être disponible « 365 × 24 × 7 », ce qui suppose la mise en haute disponibilité de chacun des composants, voire un plan de secours sur sinistre. De même, les exigences en termes de performances sont particulièrement élevées (temps de réponse à une requête OCSP, temps de prise en compte d'une révocation, etc.). Enfin, les exigences en termes de sécurité de l'environnement (périmètres de sécurité, détections d'intrusion, alarmes, protection électrique, contre le feu, contre le dégât des eaux…) et de contrôle d'accès physique aux composants d'infrastructure (journalisation, accréditation, séparation des tâches…) supposent également la mise en place d'une infrastructure coûteuse.

- Les tests et audits : la mise en production d'une ICP Identrus est préalablement soumise à deux séries de tests (interopérabilité et pré-production), ainsi qu'à une évaluation de conformité et à un audit. Cet impératif a des conséquences importantes sur le planning de la mise en œuvre d'une ICP Identrus. Par ailleurs, en plus de l'audit interne à réaliser annuellement, toutes les évolutions ultérieures de l'infrastructure seront soumises à l'accord préalable de Identrus, avec l'inertie que cela suppose.

À la date du mois de juillet 2001, sept grandes banques ont mis en œuvre l'infrastructure nécessaire et ont été agréées par Identrus en tant que *Level One Participants*. Identrus a ainsi autorisé ces banques à émettre des certificats à leurs clients (personnes morales) et de les utiliser dans le contexte applicatif B2B.

Ces banques sont les suivantes :

- ABN AMRO Bank (Pays-Bas) ;
- Deutsche Bank (Allemagne) ;
- HypoVereinsbank (Allemagne) ;
- Bank of America (États-Unis) ;
- Wells Fargo & Company (États-Unis) ;
- Royal Bank of Scotland (Écosse) ;
- Sanwa Bank (Japon).

Par ailleurs, chacune de ces banques a introduit une ou plusieurs applications qui s'appuient sur l'infrastructure de confiance Identrus. Le caractère local ou national de ces applications laisse supposer qu'elles n'impliquent qu'une seule banque et fonctionnent principalement selon le modèle à trois coins impliquant une banque et ses deux clients, ainsi que l'AC racine Identrus. À l'heure actuelle, nous n'avons pas connaissance d'exemples d'applications compatibles Identrus partagées par des établissements bancaires différents.

Approche juridique de l'ICP

Cette partie juridique a pour objet de présenter, sous un angle le plus pratique possible, les règles de base qu'il convient à notre sens de toujours garder à l'esprit lors de la mise en place et de l'exploitation d'une ICP. Cette présentation comprend un exposé, chaque fois que cela nous était possible, des principales problématiques auxquelles nous avons pu être confrontés dans le cadre de l'exercice de notre activité. Il ne s'agit pas ici d'alimenter des polémiques juridiques ou de développer des thèses sur tel ou tel terme technico-juridique ou article de loi.

Bien évidemment, cette partie ne peut traiter de toutes les questions juridiques que le lecteur est susceptible de rencontrer un jour. Elle n'a pas non plus vocation à fournir la solution clés en main d'un problème précis. Il s'agit tout simplement d'apporter les indispensables clés juridiques nécessaires pour appréhender le thème des ICP dans sa globalité et sous toutes ses facettes.

Des choix ont donc obligatoirement été faits quant aux thèmes abordés. Ainsi, l'accent est clairement mis sur les aspects juridiques relatifs à l'utilisation d'un système de signature électronique (chapitre 9). Les aspects intéressant le rôle des différents intervenants et les relations contractuelles qui se nouent tiennent également une place à part (chapitre 10). Enfin, la question de la protection des données personnelles est un sujet dont l'actualité va croissante et qui est très souvent mal connu, alors même qu'il s'inscrit dans la problématique des ICP et de la signature électronique (chapitre 11).

Chapitre 9

L'ICP et la signature électronique

Nous l'avons vu, les applications qui s'appuient sur une ICP sont variées : elles peuvent viser à assurer la plus haute confidentialité aux échanges de documents stratégiques, à organiser et hiérarchiser les droits d'accès à des sources d'informations sensibles, à réduire les coûts de gestion d'un service basé sur l'utilisation des documents papier, tout en garantissant un niveau de sécurité adapté.

Il est clair que chacun de ces projets comporte des spécificités juridiques propres et d'autres communes dont il nous est difficile de traiter, de façon exhaustive, dans le cadre de cet ouvrage qui est dédié avant tout, et en toute logique, à l'ICP sous son angle technique.

Par ailleurs, compte tenu de l'actualité juridique dont la presse générale et spécialisée s'est largement faite l'écho et des projets d'ICP en cours, nous avons délibérément pris le parti de nous attacher à l'ICP sous l'angle de la signature électronique. Les raisons de ce choix ne pouvaient que s'imposer à nous, comme en témoignent les références suivantes :

- directive européenne n°1999/93/CE du Parlement européen et du Conseil du 13 décembre 1999 sur un cadre communautaire pour les signatures électroniques (ci-après, désignée par la « Directive de 1999 » ou la « Directive sur la signature électronique ») [JOCE, 19 janvier 2000, L13/12 et suiv.] ;
- loi 2000-230 du 13 mars 2000 portant adaptation du droit de la preuve aux technologies de l'information et relative à la signature électronique (ci-après, désignée par la « Loi ») [JO, 14 mars 2000, p. 3968.] ;
- décret n°2001-272 du 30 mars 2001 pris pour l'application de l'article 1316-4 du Code civil et relatif à la signature électronique (ci-après, désigné par le « Décret ») [JO, 31 mars 2001, p. 5070 et suiv.] ;
- arrêt de la cour d'appel de Besançon, chambre sociale, en date du 20 octobre 2000 (cette décision est reproduite en annexe 5 de cet ouvrage) ;
- directive européenne n°2000/31/CE du Parlement européen et du Conseil du 8 juin 2000 relative à certains aspects juridiques des services de la société de l'information, et notamment du commerce électronique, dans le marché intérieur (ci-après, désignée par la « directive sur le commerce électronique ») [JOCE, 17 juillet 2000] ;
- proposition de directive du Conseil en date du 17 novembre 2000 modifiant la directive 77/388/CEE en vue de simplifier, moderniser et harmoniser les conditions imposées à la facturation en matière de taxe sur la valeur ajoutée (ci-après, désignée par la « Proposition de directive sur la facture électronique », disponible sur le site Internet de la Commission des communautés européennes).

> **Remarque**
>
> Mais, déjà en 1997, la Commission européenne adoptait une recommandation relative aux instruments de paiement électronique [Recommandation 97/489/CE de la Commission du 30 juillet 1997 concernant les opérations effectuées au moyen d'instruments de paiement électronique, en particulier la relation entre émetteur et titulaire, *JOCE* nº L 208 du 2 août 1997, p. 52-58].

Si certains parlent de révolution juridique en évoquant l'entrée en vigueur de la loi sur la signature électronique du 13 mars 2000, d'autres préfèrent employer les termes, certes plus pesés, d'évolution juridique. Révolution ou évolution, le fait est que cette loi, tant attendue, va bouleverser – et bouleverse déjà – les habitudes des consommateurs et des professionnels en suscitant une nouvelle approche des relations dématérialisées :

- d'une part, le document sous forme électronique est désormais reconnu en France à titre de preuve alors même que l'écrit papier était traditionnellement institué comme la pièce reine en matière de preuves. D'aucuns parlent même d'un véritable monopole de fait de la preuve littérale (soit de l'écrit) préconstituée ;
- d'autre part, la législation française se dote d'une définition de la signature et de la signature électronique, en reconnaissant la valeur juridique de cette dernière dès lors qu'elle satisfait à certaines conditions.

Rappelons que ce dispositif vise à mettre fin aux principaux obstacles juridiques qui entravaient en France et en Europe le développement du commerce électronique et à consacrer l'entrée effective de la France dans la société de l'information, à savoir :

- la prééminence du support papier comme preuve en matière civile ;
- l'article 1341 du Code civil qui oblige les parties à rédiger un écrit (acte devant notaires ou sous signatures privées) pour tout engagement supérieur à 5000 francs [Décret n°80-533 du 15 juillet 1980].

> **Note**
>
> Cette somme sera portée à 800 euros dès le 1er janvier 2002 [Décret n°2001-476 du 30 mai 2001 portant adaptation de la valeur en euros du montant exprimé en francs figurant dans le décret n°80-533 du 15 juillet 1980 pris pour l'application de l'article 1341 du Code civil, *JO* du 3 juin 2001].

Plus encore, si les transactions dématérialisées ne posaient pas de grandes difficultés techniques en pratique, la question de la valeur probatoire de ces documents échangés ou « signatures » demeurait quasi entière malgré une jurisprudence naissante en la matière.

Ainsi, cette Loi et le Décret d'application qui s'y rapporte constituent la toute première pierre de ce nouvel édifice juridique. C'est une première étape dans le sens où le champ d'application de ces textes reste limité au domaine de la preuve en matière de droit civil, ce qui exclut un certain nombre de situations que nous évoquerons rapidement ci-après.

Toutefois, le processus est en marche pour élargir ce périmètre et la future loi sur la société de l'information, dite « LSI », devrait prévoir d'autres cas où l'écrit sous forme électronique serait admis. On notera que ce mouvement s'accompagne de la libéralisation progressive de la cryptologie et de la mise en conformité de notre réglementation sur la protection des données personnelles avec les directives européennes en vigueur.

> **Rappel**
>
> En France, une distinction est faite entre ce qui ressort au pouvoir législatif et au pouvoir réglementaire. La loi peut être définie comme une « *règle écrite, générale et permanente, élaborée par le Parlement* » (c'est-à-dire le Sénat et l'Assemblée nationale). Un décret est une « *décision exécutoire à portée générale ou individuelle signée soit par le président de la République, soit par le Premier ministre* » (*Lexique des termes juridiques* de Raymond GUILLIEN et Jean VINCENT, 8e édition Dalloz). Les décrets sont souvent pris afin de préciser les dispositions d'une loi. Ainsi, le Décret en matière de signature électronique a été pris en vertu de la Loi du 13 mars 2000 et est venu la compléter.

Le premier élément qu'il convient à notre sens de toujours garder à l'esprit est que, sans doute pour la première fois, le juridique est intimement lié au technique, à un point presque fusionnel. En effet, pour assurer la sécurité juridique souhaitée, un dispositif technique poussé est apparu comme indispensable.

La France, suivant en cela la position (*de facto*) européenne sur la signature électronique, a choisi les techniques de cryptologie pour assurer le niveau de sécurité attendu. S'il est vrai que la loi reste neutre quant à la technologie visée, le décret est somme toute orienté sur ce point en prônant les systèmes de cryptologie asymétriques, fondés sur l'utilisation d'un certificat. Pour preuve, les « certificat électronique » et autres « dispositifs de création de signature électronique » qui côtoient les « clés cryptographiques publiques », ou encore la « sécurité technique et cryptographique » ; on ne saurait être plus explicite ! On notera que les partisans du principe de la neutralité technologique au regard du juridique n'ont pas manqué de souligner ce regrettable parti pris. Même si l'avènement d'autres technologies comme l'authentification biométrique ouvre des voies très intéressantes, nous ne connaissons pas aujourd'hui d'autres technologies que la cryptographie asymétrique qui permette de lier le contenu d'un texte aux données privées du signataire.

> **Important**
>
> Le considérant n°8 de la Directive rappelle le principe de la neutralité technologique, une signature électronique étant reconnue quelle que soit la technologie utilisée (la cryptographie asymétrique ou biométrique).

En fait, nous verrons que la majorité des problématiques qui se posent en la matière et des conséquences qui en découlent résulte de ce postulat de départ. En allant encore plus loin dans le raisonnement, nous verrons que paradoxalement nous pouvons être confrontés, d'un point de vue pratique, à un véritable cercle vicieux en allant du technique vers le juridique pour aboutir *in fine* au technique [1] !

Les projets d'ICP qui intègrent un système de signature électronique dans le respect de la réglementation applicable sont en plein essor, même s'ils en sont encore à leur début et, par conséquent, avancent à tâtons.

Le lecteur remarquera sans doute que les textes eux-mêmes ne facilitent pas la tâche. Ils sont source d'interprétations multiples, pouvant alimenter maints débats, que ce soit entre juristes ou entre professionnels de secteurs différents. Ils sont quelque peu délicats à appréhender en pratique, et c'est surtout cette démarche qui nous intéresse ici.

Pourtant, il faut bien prendre position et trancher pour tout simplement avancer. Cela implique nécessairement de disposer d'une bonne connaissance de l'historique, tant en regard de l'adoption de ces textes que des textes eux-mêmes. De surcroît, cette vision doit sans cesse être élargie et se tourner vers d'autres horizons afin de disposer d'éléments de réflexion et de comparaison pertinents. La veille des réglementations européennes ou de pays tiers constitue dès lors un atout supplémentaire.

Vous l'aurez compris, cette partie juridique suppose un petit, voire un grand, détour vers les textes qui régissent ce domaine, en commençant par l'impulsion donnée au niveau européen.

Cette démarche peut sembler fastidieuse. En fait, il n'en est rien pour celui qui reste curieux et avide de nouveaux horizons – juridiques, cette fois ! Indispensable, elle permet de se doter des clés juridiques de réflexion, tout comme le juriste doit se doter des clés techniques de réflexion pour pouvoir comprendre, partager, proposer.

C'est ainsi qu'une fois les textes « domptés », leur application pratique pourra être efficace (section consacrée à la signature électronique).

Pour que cette approche reste pratique, nous avons opté dans un second temps pour la formule des dix questions clés de la signature électronique. Cette présentation nous est apparue *in fine* correspondre aux attentes des personnes intéressées par ce sujet ou des

[1] Il est important de garder à l'esprit le postulat de départ suivant : le juridique est intimement lié au technique.

personnes directement impliquées dans la mise en place d'une ICP (voir section consacrée aux dix questions clés de la signature électronique).

Enfin, un aperçu synthétique de l'état des réglementations existantes sur la signature électronique au niveau des États membres, suivi d'un bref arrêt sur les États-Unis, permettra de disposer d'une vue d'ensemble sur le sujet (voir section consacrée à la signature électronique hors de nos frontières).

La reconnaissance juridique de la signature électronique

La directive européenne sur la signature électronique

Après maintes discussions et débats, la Commission européenne saluait, par un communiqué en date du 30 novembre 1999, l'adoption d'un nouveau cadre légal qui garantît la reconnaissance des signatures électroniques à travers toute l'Union européenne. Sa vocation n'est pas de tout régir mais de définir les lignes directrices et spécifications nécessaires en vue d'assurer un niveau minimal de sécurité et de permettre la libre circulation sur le marché intérieur. Ainsi, la Commission faisait notamment valoir que « *le nouveau cadre législatif assure la sécurité demandée par les acteurs du marché des transactions électroniques et renforce également la position de l'Union européenne face à la concurrence internationale dans le contexte d'un marché mondial* ».

Nous avons choisi de présenter les termes mêmes de la Directive en combinaison avec le Décret français puisque ce dernier s'en inspire largement et parce que cette approche nous semblait être la plus pragmatique (Le lecteur trouvera aux annexes 1 et 4 de cet ouvrage le texte *in extenso* de la Directive et une matrice juridique qui présente le Décret en combinaison avec la Directive). Nous nous attacherons dans cette section à citer les principaux éléments de cette Directive.

Quant aux autres aspects de la Directive qui ne sont pas directement liés au Décret lui-même ou qui constituent un sujet à part entière, ils seront évoqués dans les chapitres 10 et 11 de cet ouvrage qui traitent les thèmes en question : par exemple, responsabilité des prestataires (article 6) , protection des données personnelles (article 8).

Présentation des principaux éléments de la Directive

Rappel

Une directive européenne est un acte qui lie les États membres destinataires quant au résultat à atteindre, tout en leur laissant le choix des moyens et de la forme. Par exemple, la directive européenne vise à créer un cadre communautaire pour la signature électronique. Le résultat à atteindre par les États membres est la reconnaissance de la signature électronique, mais ils choisissent les moyens pour y parvenir dans leur ordre juridique interne ; ils ont une marge de liberté. Ainsi, la directive pour qu'elle puisse s'appliquer dans les États membres doit avoir été transposée dans leur droit interne. En France, il convient de se conformer aux dispositions du droit français en matière de signature électronique ; la directive peut seulement servir d'aide à l'interprétation du droit interne. Les directives ont pour destinataire les États membres, elles ne visent pas directement les individus. Elles ne peuvent donc être invoquées qu'à l'encontre de l'État, mais non à l'encontre d'un particulier ou entre particuliers. Le problème s'est posé de savoir comment on pouvait se prévaloir d'une directive lorsqu'un État n'en respecte pas l'objectif.

De manière schématique et simplifiée, les directives peuvent être invoquées en France si les principes suivants sont respectés :

Il faut distinguer si l'on se situe avant ou après le délai de transposition de la Directive (chaque directive prévoit le délai au terme duquel les États membres doivent l'avoir transposée en droit interne : c'est le délai de transposition).

• Avant l'expiration du délai de transposition, la directive peut être invoquée à l'encontre des actes réglementaires s'ils sont édictés en violation de l'objectif fixé par la directive.

• Après l'expiration du délai de transposition, la directive peut être invoquée à l'encontre de tous les actes réglementaires contraires à l'objectif, contre celui qui viole positivement l'objectif mais aussi contre le refus de prendre une mesure réglementaire requise pour la réalisation de l'objectif. Elle peut également être invoquée à l'encontre d'une loi contraire aux objectifs de la directive sur laquelle est fondé un acte réglementaire ou individuel.

Un ensemble de définitions (article 2)

La Directive précise un certain nombre de termes de base et notamment ce qu'il faut entendre par « signature électronique », « signature électronique avancée », « prestataire de service de certification ».

La reconnaissance légale de la signature électronique (article 5)

La Directive prévoit que les signatures électroniques qui répondent à certains critères – les signatures électroniques avancées basées sur un certificat qualifié et créées par un dispositif sécurisé de création de signature – ont la même valeur que les signatures manuscrites. De plus, ces mêmes signatures doivent avoir force de preuve dans les procédures judiciaires. Surtout, l'article 5-2 souligne clairement que « *l'efficacité juridique et la recevabilité comme preuve en justice ne doivent pas être refusées à une signature électronique au seul motif que :*

- *la signature se présente sous forme électronique ou*

- *qu'elle ne repose pas sur un certificat qualifié ou*

- *qu'elle ne repose pas sur un certificat qualifié délivré par un prestataire accrédité de service de certification ou*

- *qu'elle n'est pas créée par un dispositif sécurisé de création de signature.* »

Le principe de la libre circulation sur le marché intérieur (article 4)

Les produits et services relatifs aux signatures électroniques sont soumis à la législation de leur pays d'origine. Ils peuvent circuler librement.

L'absence d'autorisation préalable et l'accès au marché (article 3)

La fourniture des services de certification n'est pas soumise à autorisation préalable. Les États membres peuvent prévoir des régimes volontaires d'accréditation visant à améliorer le niveau du service de certification fourni. Des systèmes de contrôle des prestataires doivent être prévus et ils bénéficient d'une reconnaissance mutuelle entre les États membres, eu égard à leur conformité.

La responsabilité (article 6)

Des règles minimales de responsabilité des prestataires de service de certification sont énumérées. Elles seront présentées plus avant dans le chapitre 10, relatif au rôle et responsabilité des acteurs.

La protection des données personnelles (article 8)

La Directive rappelle l'application aux prestataires des règles en la matière et prévoit des exigences particulières. Elles seront étudiées dans le chapitre 11, relatif à la protection des données personnelles.

La dimension internationale (article 7)

La Directive européenne prévoit des mécanismes de coopération avec les pays tiers sur la base d'accords bilatéraux ou multilatéraux aux fins de faciliter le développement sécurisé du commerce électronique au niveau mondial.

Le Comité (articles 9 et 10)

Un Comité sur les signatures électroniques est institué aux fins d'assister la Commission, notamment en ce qui concerne les exigences et normes à adopter.

Les quatre annexes

Ces annexes fixent les exigences – et recommandations pour la quatrième annexe – quant :

- aux certificats qualifiés ;
- aux prestataires de service de certification délivrant des certificats qualifiés ;
- aux dispositifs sécurisés de création de signature électronique ;
- à la vérification sécurisée de la signature.

On notera que les États membres peuvent soumettre l'usage des signatures électroniques dans le secteur public à d'éventuelles exigences supplémentaires, sans toutefois que celles-ci constituent « *un obstacle aux services transfrontaliers pour les citoyens* » (article 3-7).

La Directive est entrée en vigueur le 19 janvier 2000. Sa mise en œuvre doit faire l'objet d'un examen dont le compte rendu devra être établi au plus tard le 19 juillet 2003. Cet examen doit notamment permettre de *déterminer s'il convient de modifier le champ d'application de la présente directive pour tenir compte de l'évolution des technologies, du marché et du contexte juridique.*

La loi française sur la preuve et la signature électronique

> *La forme réagit sur le fond : n'avoir point de droit ou en ayant un, ne pas pouvoir en établir l'existence, c'est tout un.* Vieil adage, *idem est non esse et non probari*, repris par Josserand.

La Loi du 13 mars 2000 a donc adapté notre droit afin de répondre aux exigences européennes. Elle a conduit à la modification du Code civil en son chapitre VI intitulé « *De la preuve des obligations, et de celle du payement* », lui-même inséré au sein du titre III du troisième livre relatif aux contrats ou aux obligations conventionnelles en général.

Nous avons délibérément choisi de retranscrire *in extenso* les articles du Code civil modifiés par la Loi pour une meilleure lisibilité et compréhension de son économie (les modifications apparaissent en format italique). Chaque citation est suivie d'un commentaire synthétique.

Note

On notera que la Loi est applicable en Nouvelle-Calédonie, en Polynésie française, à Wallis-et-Futuna et dans la collectivité territoriale de Mayotte (article 6).

La définition de la preuve par écrit

> Article 1316. – *La preuve littérale, ou preuve par écrit, résulte d'une suite de lettres, de caractères, de chiffres ou de tous autres signes ou symboles dotés d'une signification intelligible, quels que soient leur support et leurs modalités de transmission.*

Cette disposition est relative à la définition même de la preuve littérale ou par écrit. Les termes employés restent assez larges et souples afin d'englober toutes les situations envisageables, tant actuelles que futures. Le point important est que cette suite de signes doit avoir une signification intelligible pour l'homme (elle doit pouvoir être déchiffrée) pour se prévaloir d'une fonction probatoire.

On remarquera que la notion de preuve littérale est indépendante du support utilisé (papier, électronique, etc.) et des modes de transmission pouvant être envisagés.

La reconnaissance de la valeur probatoire de l'écrit électronique

> Article 1316-1. – L'écrit sous forme électronique est admis en preuve au même titre que l'écrit sur support papier, sous réserve que puisse être dûment identifiée la personne dont il émane et qu'il soit établi et conservé dans des conditions de nature à en garantir l'intégrité.

Cette disposition est relative à la reconnaissance de l'écrit sous forme électronique à titre de preuve sur un plan d'égalité avec l'écrit papier. Il n'y a donc pas de supériorité de l'un par rapport à l'autre.

Cette reconnaissance est admise sous réserve du respect de deux conditions cumulatives :

- l'identification : l'identification de la personne dont émane cet écrit doit être assurée. C'est ici qu'intervient la notion de signature électronique puisqu'elle permet cette indispensable identification ;
- l'intégrité : l'établissement comme la conservation de cet écrit doivent avoir lieu dans des conditions de nature à en garantir l'intégrité. La loi ne donne pas plus de précision quant aux modes de conservation de cet écrit. Nous verrons que la question de la conservation, tout comme celle relative à la création et la délivrance d'un certificat, véritable pièce d'identité du signataire, représentent – sur le plan juridique – les deux points cruciaux du schéma d'ICP.

Il est important de noter que, sous leur forme électronique, les notions d'écrit et de signature électronique sont étroitement liées. En effet, un document électronique signé *via* une signature électronique répondant à certaines exigences (voir ci-après) aura la même valeur qu'un document papier puisque cette signature permettra d'assurer les deux conditions d'identification et d'intégrité sus-mentionnées.

Le rappel du principe des conventions de preuve et le règlement des conflits de preuve littérale

> Article 1316-2. – Lorsque la loi n'a pas fixé d'autres principes, et à défaut de convention valable entre les parties, le juge règle les conflits de preuve littérale en déterminant par tous moyens le titre le plus vraisemblable, quel qu'en soit le support.

Cette disposition concerne, en dehors bien entendu des cas particuliers fixés par la loi, la validité des conventions sur la preuve (voir question clé n°2) et le règlement des conflits de preuve littérale.

Les parties peuvent aménager leurs relations au moyen de conventions sur la preuve en prévoyant par exemple la supériorité d'une forme de preuve par rapport à une autre. Si la convention concernée est valable (elles ne doivent pas par exemple être considérées comme abusives), le juge devra s'y conformer.

À défaut de cas particuliers ou de conventions sur la preuve, la Loi prévoit que le juge devra, en présence d'un conflit entre deux preuves littérales, le régler en déterminant le titre le plus vraisemblable, étant précisé que le support ne doit pas être un critère discriminatoire en soi.

La reconnaissance de l'équivalence entre l'écrit électronique et l'écrit papier

> Article 1316-3. – L'écrit sur support électronique a la même force probante que l'écrit sur support papier.

Cette disposition pose le principe de l'équivalence probatoire de l'écrit papier et de l'écrit électronique.

Même si cette disposition paraît redondante avec l'article 1316-1 précité, elle a le mérite de poser avec force le principe.

La reconnaissance juridique de la signature électronique

> Article 1316-4. – La signature nécessaire à la perfection d'un acte juridique identifie celui qui l'appose. Elle manifeste le consentement des parties aux obligations qui découlent de cet acte. Quand elle est apposée par un officier public, elle confère l'authenticité à l'acte.
>
> Lorsqu'elle est électronique, elle consiste en l'usage d'un procédé fiable d'identification garantissant son lien avec l'acte auquel elle s'attache. La fiabilité de ce procédé est présumée, jusqu'à preuve contraire, lorsque la signature électronique est créée, l'identité du signataire assurée et l'intégrité de l'acte garantie, dans des conditions fixées par décret en Conseil d'État.

Cette disposition est relative à la signature d'une manière générale et à la signature électronique plus précisément.

La signature est en fait définie par rapport à ses fonctions (on parle de définition fonctionnelle). Ainsi, deux fonctions majeures sont évoquées :

- l'identification de la personne qui signe ;
- la manifestation du consentement des parties qui signent aux obligations qu'elles souscrivent (formalisées par un contrat par exemple). Il ne faut toutefois pas confondre signature et consentement. Ce n'est pas parce qu'une personne a signé un contrat que son consentement est 100 % valable. En effet, cette personne peut avoir été victime d'un vice du consentement (voir question clé n°1). De même, cet accord entre les parties peut être remis en cause si l'une d'elle n'était pas capable, au sens juridique du terme, de contracter (mineur, majeur incapable) ou encore si la cause du contrat est illicite (par exemple, l'accord a été conclu en vue d'organiser l'exercice illégal de la médecine).

La Loi précise également en matière d'acte authentique que la signature d'un officier public confère à l'acte son caractère authentique.

S'agissant de la signature électronique, le texte consacre la validité même de celle-ci en énonçant qu'elle « *consiste en l'usage d'un procédé fiable d'identification garantissant son lien avec l'acte auquel elle s'attache* ».

Il est important de souligner qu'une signature qui répond à cette seule définition sera juridiquement reconnue. Toutefois, ce sera à celui qui s'en prévaut de prouver qu'elle consiste effectivement en l'usage d'un procédé fiable.

En principe, il s'agit du demandeur, c'est-à-dire celui qui va introduire une action pour faire reconnaître un droit dont l'existence ou le contenu est contesté par son adversaire. Il va donc supporter le risque de la preuve : ne pas arriver à apporter la preuve de sa prétention et à convaincre le juge, le doute profitant bien entendu au défendeur (en pratique, le juge demandera l'avis d'un expert en la matière comme c'est généralement le cas pour les contentieux informatiques).

Afin d'éviter de supporter le risque de la preuve, la réglementation a prévu des mécanismes de présomption qui ont pour effet de renverser la charge de la preuve. Ce sera donc au défendeur de prouver que la signature électronique n'est pas valable.

La Loi fait ainsi bénéficier ceux qui utiliseront une signature électronique qui répond à certaines exigences (celles-ci sont définies dans le Décret d'application) d'une présomption de fiabilité. Cette présomption est dite simple dans le sens où elle supporte la preuve contraire (« *sauf preuve contraire* »).

L'avantage de bénéficier de cette présomption est donc de taille d'un point de vue juridique. Techniquement et commercialement parlant, les avantages ne sont pas négligeables non plus.

L'acte authentique sur support électronique

> Article 1317. – L'acte authentique est celui qui a été reçu par officiers publics ayant le droit d'instrumenter dans le lieu où l'acte a été rédigé, et avec les solennités requises.
>
> *Il peut être dressé sur support électronique s'il est établi et conservé dans des conditions fixées par décret en Conseil d'État.*

Cette disposition est relative à la reconnaissance de l'acte authentique dressé sur support électronique.

Seul le décret d'application portant sur l'établissement et la conservation de l'acte, qui n'est toujours pas paru à ce jour, fournira les précisions nécessaires à cette reconnaissance.

Finalement et après maintes hésitations, les actes authentiques ont été inclus dans le périmètre de ce texte.

Mentions obligatoires et actes unilatéraux

> Article 1326. – L'acte juridique par lequel une seule partie s'engage envers une autre à lui payer une somme d'argent ou à lui livrer un bien fongible doit être constaté dans un titre qui comporte la signature de celui qui souscrit cet engagement ainsi que la mention, écrite *par lui-même*, de la somme ou de la quantité en toutes lettres et en chiffres. En cas de différences, l'acte sous seing privé vaut pour la somme écrite en toutes lettres.

Cette disposition porte sur les engagements unilatéraux (une reconnaissance de dette par exemple ou la livraison d'un bien fongible) et sur les prescriptions de forme qui y sont associées. Celles-ci correspondent à l'exigence d'un écrit qui doit comporter la signature de celui qui s'engage, ainsi que la mention écrite de la somme en toutes lettres et chiffres. À défaut de ce formalisme, l'acte en soi ne fera pas preuve de l'engagement (mais il pourra constituer un commencement de preuve par écrit).

Ainsi, l'expression d'origine « *de sa main* » a été remplacée par celle de « *par lui-même* » afin de ne pas constituer un obstacle à l'utilisation de la forme électronique.

> **Rappel**
> Les choses fongibles sont les « choses qui sont interchangeables les unes par rapport aux autres (par exemple : « 100 kg de blé » et « la même quantité de cette denrée ») ». (*Lexique des termes juridiques* de Raymond GUILLIEN et Jean VINCENT, *op. cit.*). On les oppose aux choses certaines.

Petit rappel fondamental

Cette Loi s'inscrit dans le champ du droit civil et vise les cas où la preuve doit être rapportée par écrit et non ceux où elle est libre, c'est-à-dire rapportable par tous moyens.

> **Important**
>
> En matière pénale, commerciale (entre commerçants) ou en droit administratif, le principe est celui de la liberté de la preuve, c'est-à-dire que toute forme de preuve peut être rapportée, l'écrit n'étant pas obligatoire.

Ainsi, cette Loi ne concerne que l'écrit exigé *ad probationem*, c'est-à-dire à titre de preuve. Elle reste sans incidence sur l'écrit exigé *ad validitatem* ou *ad solemnitatem*, c'est-à-dire lorsqu'il est exigé à titre de validité de l'acte lui-même ou à titre solennel, soit requérant un formalisme particulier (ce qui conditionne son existence même et non la preuve de son existence).

Dès lors, un certain nombre de contrats régis par le Code de la consommation sont exclus. Il en va de même pour certains contrats bancaires. Les actes de mariage comme les donations sont également tenus hors du périmètre pour l'instant.

Pour illustration, une réponse parlementaire d'avril 2001 relative au règlement des conditions de ses funérailles par un défunt précise que :

« Dans le cas où la volonté est exprimée par acte sous seing privé, cet acte doit être passé dans les formes prévues à l'article 970 du code civil, qui exige une écriture de la main même de son auteur, afin d'établir que l'acte reflète bien la volonté réelle de celui-ci et que son sens a été perçu par lui. La reconnaissance de l'écrit électronique, par la loi n°2000-230 du 13 mars 2000 portant adaptation du droit de la preuve aux technologies de l'information, et relative à la signature électronique, est sans incidence sur cette exigence de forme particulière, requise à peine de nullité. »

En ce sens, il convient de noter que la Directive en son article premier consacré au champ d'application de cette dernière précise que :

« Elle ne couvre pas les aspects liés à la conclusion et à la validité des contrats ou d'autres obligations légales lorsque des exigences d'ordre formel sont prescrites par la législation nationale ou communautaire ; elle ne porte pas non plus atteinte aux règles et limites régissant l'utilisation de documents qui figurent dans la législation nationale ou communautaire. »

Le décret d'application français relatif à la signature électronique

Le Décret du 30 mars 2001 vient compléter le dispositif juridique français sur la signature électronique et constitue une seconde étape décisive. Son adoption a été précédée d'un vaste débat public. De nombreuses contributions ont ainsi été diffusées sur Internet afin de nourrir la réflexion du législateur. Ce Décret a pour principale vocation à définir les critères que devra respecter un procédé de signature électronique pour bénéficier de la présomption de fiabilité mentionnée à l'article 1316-4 du Code civil. Douze définitions des termes majeurs forment l'article premier de ce décret. Par ailleurs, un article entier est consacré aux dispositifs de vérification de signature électronique (article 5) et des précisions complémentaires sont données quant à la qualification des prestataires de services de certification et quant à la délivrance de certificats électroniques qualifiés.

Compte tenu de la densité du texte, nous avons choisi d'en faire une présentation succincte (et non une analyse détaillée article par article) et de l'accompagner d'une matrice pratique que nous avons retranscrite en annexe de cet ouvrage. Cette matrice reprend les termes du décret quant aux conditions requises pour bénéficier de la présomption de fiabilité avec pour point de comparaison la Directive. D'ailleurs, le Décret reprend le même schéma que celui instauré par cette dernière.

Présentation générale

Le principe de la présomption de fiabilité du procédé de signature électronique est posé par l'article 1316-4 du Code civil :

« La fiabilité de ce procédé est présumée, jusqu'à preuve contraire, lorsque la signature électronique est créée, l'identité du signataire assurée et l'intégrité de l'acte garantie, dans des conditions fixées par décret en Conseil d'État. »

L'article 2 du Décret dispose :

« La fiabilité d'un procédé de signature électronique est présumée jusqu'à preuve contraire lorsque ce procédé met en œuvre une signature électronique sécurisée, établie grâce à un dispositif sécurisé de création de signature électronique et que la vérification de cette signature repose sur l'utilisation d'un certificat électronique qualifié. »

Ainsi, la présomption de fiabilité d'un procédé de signature électronique n'est accordée qu'à une triple condition, à savoir si :

- la signature électronique mise en œuvre est une signature électronique sécurisée ;
- cette signature électronique sécurisée est établie grâce à un dispositif sécurisé de création de signature électronique ;
- la vérification de cette signature repose sur l'utilisation d'un certificat électronique qualifié.

Une signature électronique sécurisée

Nous rappellerons qu'il s'agit d'une signature électronique qui satisfait, en outre, aux exigences suivantes :

- être propre au signataire ;

- être créée par des moyens que le signataire puisse garder sous son contrôle exclusif ;

- garantir avec l'acte auquel elle s'attache un lien tel que toute modification ultérieure de l'acte soit détectable.

Un dispositif sécurisé de création de signature électronique

L'article 3 du Décret précise qu'un tel dispositif est sécurisé à deux conditions, qui sont bien entendu cumulatives :

- s'il satisfait à certaines exigences tenant aux données de création elles-mêmes (uniques, confidentielles, etc.) et au contenu de l'acte à signer (absence d'altération et connaissance exacte préalable) ;

- si un tel dispositif est certifié conforme aux dites exigences par les services du Premier ministre chargés de la sécurité des systèmes d'information (après la réalisation d'une évaluation par des organismes agréés), cette seconde condition se concrétisant par la délivrance d'un certificat de conformité rendu public, ou par un organisme désigné à cet effet par un État membre de la Communauté européenne. Il convient de noter que le Décret prévoit un système de contrôle de ces évaluations et certifications par un comité directeur de la certification constitué pour la circonstance. Des arrêtés sont attendus pour préciser l'ensemble de ces points (voir ci-après), ce qui implique qu'à ce jour le dispositif instauré par le décret ne puisse encore être mis en œuvre.

Un certificat électronique qualifié

L'article 6 du Décret prévoit qu'un tel certificat électronique est qualifié à deux conditions, qui sont également cumulatives :

- s'il comporte un certain nombre d'éléments (certains obligatoires, d'autres optionnels), tels que le nom du signataire ou son pseudonyme, les données de vérification de signature électronique, la période de validité du certificat, les conditions d'utilisation du certificat, etc. ;

- s'il est délivré par un PSC électronique satisfaisant à certaines exigences qui tiennent à sa fiabilité, au service d'annuaire assuré, au système de révocation des certificats, à leur conservation, à la sécurité d'une manière générale, à certaines garanties portant sur l'identité du signataire, etc.

Il convient de préciser que le Décret prévoit un système de qualification volontaire pour les prestataires qui le désirent. Cette qualification, précédée de la réalisation d'une évaluation, leur permet d'être présumés conformes aux deux conditions sus-mentionnées. Là aussi, des arrêtés sont attendus. Leur non-publication ne bloque pas la mise en œuvre du dispositif puisque cette qualification n'est pas obligatoire même si certains estiment qu'elle le sera *de facto* pour les prestataires qui souhaitent asseoir leur position sur le marché.

Autres points à retenir

Dispositifs de vérification de signature électronique

Sous réserve du respect de sept exigences, le Décret prévoit qu'un dispositif de vérification de signature électronique puisse faire l'objet d'une certification, après évaluation, selon des procédures qui seront définies par arrêté. Cet article sur la vérification de signature électronique est fondamental selon les spécialistes en ICP qui estiment que, trop souvent, cet aspect de la question est délaissé ou du moins pas assez approfondi.

Équivalence entre certificats

L'article 8 du Décret prévoit qu'un certificat électronique délivré par un prestataire de services de certification électronique établi dans un État n'appartenant pas à la Communauté européenne a la même valeur juridique que celui délivré par un prestataire établi dans la communauté, dès lors :

- que le prestataire satisfait aux exigences du Décret (article 6 II) et a été accrédité – au sens de la Directive – dans un État membre ;
- ou que le certificat électronique délivré a été garanti par un prestataire établi dans la Communauté européenne et satisfaisant aux exigences du Décret (article 6 II) ;
- ou qu'un accord auquel la communauté est partie l'a prévu.

Nous rappellerons que ce principe d'équivalence est conforme à la Directive (article 7) :

> *« Les États membres veillent à ce que les certificats délivrés à titre de certificats qualifiés à l'intention du public par un prestataire de service de certification établi dans un pays tiers soient reconnus équivalents, sur le plan juridique, aux certificats délivrés par un prestataire de service de certification établi dans la Communauté :*
>
> *— s'il remplit les conditions visées dans la présente directive et a été accrédité dans le cadre d'un régime volontaire d'accréditation établi dans un État membre ou*
>
> *— si un prestataire de service de certification établi dans la Communauté, qui satisfait aux exigences visées dans la présente directive, garantit le certificat ou*
>
> *— si le certificat ou le prestataire de service de certification est reconnu en application d'un accord bilatéral ou multilatéral entre la Communauté et des pays tiers ou des organisations internationales. »*

Déclaration de fourniture de prestations de cryptologie

Pour les déclarations de fourniture de prestations de cryptologie (article 28 de la loi du 29 décembre 1990), le prestataire de services de certification, s'il entend délivrer des certificats électroniques qualifiés, doit l'indiquer (article 9 du Décret).

Contrôle des prestataires de services de certification

Un système de contrôle (d'office ou sur réclamation) des prestataires de services de certification est instauré par le Décret (article 9) et porte sur le respect des conditions énumérées dans la rubrique présentée ci-après relative au certificat électronique qualifié (article 6). La sanction prévue en cas de défaillance consiste en la publicité des résultats du contrôle.

> **Note**
>
> Pour des observations sur la question de la loi applicable et des risques associés, voir un article de Théo HASSLER, professeur au CEIPI et avocat, « Preuve de l'existence d'un contrat et Internet. Brèves observations à propos d'une proposition de loi » (*Petites Affiches*, n°188, 21 septembre 1999, p. 4).

En bref, quelles sont les suites attendues ?

En sa forme du 30 mars 2001, le Décret fait référence à cinq arrêtés à savoir :

- un arrêté du Premier ministre définissant les règles de l'évaluation réalisée par les organismes agréés en vue de la certification des dispositifs sécurisés de création de signature électronique (article 3) ;

- un arrêté du Premier ministre précisant les missions attribuées au comité directeur de la certification, qui définit les procédures de certification et d'évaluation des dispositifs susmentionnés (ainsi que les procédures de certification des dispositifs de vérification de signature électronique – article 5), mais aussi les procédures d'agrément des organismes d'évaluation, en déterminant leurs obligations et en fixant les conditions dans lesquelles sont présentées et instruites les demandes de certification (article 4) ;
- un arrêté du ministre de l'Industrie désignant l'instance qui délivre les accréditations aux organismes chargés des qualifications volontaires, détermine la procédure d'accréditation de ces organismes, ainsi que la procédure d'évaluation et de qualification des prestataires de services de certification électronique (article 7) ;
- un arrêté du Premier ministre définissant les règles de l'évaluation réalisée en vue de la délivrance de la qualification volontaire par les organismes accrédités (article 7) ;
- un arrêté du Premier ministre désignant les organismes publics chargés du contrôle des prestataires qui délivrent des certificats électroniques qualifiés (article 9).

Rappel

Un arrêté est une « décision exécutoire à portée générale ou individuelle émanant d'un ou de plusieurs ministres ou d'autres autorités administratives » (Lexique des termes juridiques, de Raymond GUILLIEN et Jean VINCENT, op. cit.).

Les informations obtenues début novembre 2001 laissent entrevoir que les quatre arrêtés du Premier ministre vont se transformer en un décret en Conseil d'État, accompagné d'une remise en forme du présent décret pour mise en cohérence. L'arrêté du ministre de l'Industrie devrait nommer le COFRAC comme instance qui délivrerait les accréditations des organismes de qualification. Le COFRAC est le comité français d'accréditation, association de loi 1901 sous l'égide du ministère de l'Industrie en charge de l'accréditation d'organismes d'évaluation des normes de qualité. Le COFRAC intervient dans tous les secteurs d'activité économique, de l'agroalimentaire aux technologies de l'information. Le COFRAC pourrait évaluer les organismes de qualification selon la norme EN45012.

Les organismes de qualification pourraient avoir le choix du référentiel d'audit à employer pour auditer les prestataires de certification, sous réserve que ces référentiels aient été reconnus par la DCSSI ou un autre organisme similaire. Les normes qui se dégagent pour l'audit des PSC sont WebTrust pour l'autorité de certification (voir chapitre 7) et les normes de l'EESSI relativement aux dispositifs cryptographiques.

Brèves réflexions sur l'application du Décret

Comme nous pouvons le constater, les exigences posées par le Décret pour bénéficier de cette présomption de fiabilité sont nombreuses et particulièrement poussées (voir annexe 3). L'enjeu est, il est vrai, de taille. Certains auteurs estiment que seules les infrastructures à clé publique sont aujourd'hui susceptibles de répondre point pour point à ces exigences que nous pouvons qualifier de « sophistiquées ». Pour autant, certaines formulations, imperfections de langage, voire même lacunes ou manques de précision, ne facilitent pas la tâche de l'application pratique du texte et sont déjà source d'interprétation. On relèvera à titre d'illustration les termes « *sans délai* » et « *avec certitude* » en ce qui concerne la révocation des certificats, ou encore l'obligation de conserver « *toutes les informations relatives au certificat électronique qui pourraient s'avérer nécessaire pour faire preuve en justice de la certification électronique* » (clause k du Décret).

Enfin, seule la publication des arrêtés permettra de disposer du schéma d'ensemble, et ce, sans oublier la délicate question de la responsabilité des prestataires de services de certification qui sera traitée dans le cadre de la LSI et qui risque de soulever maints débats.

Les autres textes importants

Le présent paragraphe n'a pas vocation à être exhaustif. Nous présentons ci-après les textes « annexes » qui nous semblent les plus pertinents dans le contexte technico-juridique de la signature électronique.

Les lois types de la CNUDCI

Au sein des Nations unies, la CNUDCI (Commission des Nations unies pour le droit commercial international), créée en 1966, a pour mandat de promouvoir l'harmonisation et l'unification du droit commercial international afin de supprimer les obstacles aux échanges internationaux. Dans le cadre de son mandat, la CNUDCI a élaboré deux lois types destinées à servir de modèle aux pays souhaitant adapter leur législation existante aux nouvelles implications qui résultent du développement du commerce électronique et de l'utilisation de la signature électronique, ou souhaitant adopter un tout nouveau cadre juridique en la matière.

Ainsi, dès 1996, la loi type de la CNUDCI sur le commerce électronique, qui est accompagnée d'un guide pour son incorporation, a été adoptée en vue d'aider au plus tôt les États dans ce domaine. Traitant dans sa première partie, qui est dédiée au commerce électronique en général – la seconde partie portant sur le transport de marchandises en tant que domaine particulier –, des questions de messages de données, de l'écrit, de l'original, d'échanges, de force probante, de conservation, cette loi type prévoit déjà un article 7 entièrement consacré à la signature électronique :

« 1. Lorsque la loi exige la signature d'une certaine personne, cette exigence est satisfaite dans le cas d'un message de données :

- *si une méthode est utilisée pour identifier la personne en question et pour indiquer qu'elle approuve l'information contenue dans le message de données ; et*
- *si la fiabilité de cette méthode est suffisante au regard de l'objet pour lequel le message de données a été créé ou communiqué, compte tenu de toutes les circonstances, y compris de tout accord en la matière.*

2. Le paragraphe 1 s'applique que l'exigence qui y est visée ait la forme d'une obligation ou que la loi prévoie simplement certaines conséquences s'il n'y a pas de signature. [...] »

> **Définition**
>
> Un message de données est défini comme « l'information créée, envoyée, reçue ou conservée par des moyens électroniques ou optiques ou des moyens analogues, notamment, mais non exclusivement, l'échange de données informatisées (EDI), la messagerie électronique, le télégraphe, le télex et la télécopie » (article 2a de la loi type).

Il est intéressant de noter que le guide précité relève qu'il existe plusieurs fonctions qui peuvent être remplies par la signature (identifier une personne, apporter la certitude de la participation personnelle de cette personne à l'acte à signer, associer cette personne à la teneur d'un document, attester l'intention d'une partie d'être liée par le contrat qu'elle a signé, attester le fait qu'une personne s'est rendue en un lieu donné, à une heure donnée, etc.) et que cette dernière pouvait prendre des formes variées apportant un degré de certitude différent (signature manuscrite, apposition d'un cachet, perforation, en-tête, certification par témoins, etc.). L'approche choisie par l'article 7 est celle du principe *« selon lequel, pour les messages électroniques, les fonctions juridiques essentielles d'une signature sont respectées par une méthode qui permet d'identifier l'expéditeur d'un message de données et de confirmer que l'expéditeur approuve la teneur de ce message de données ».*

Consciente de l'importance des problématiques relatives à la signature électronique et des enjeux commerciaux qui y sont attachés, la CNUDCI s'est par la suite attelée à l'élaboration d'une seconde loi type, entièrement consacrée cette fois aux signatures électroniques. Son texte définitif a été adopté le 5 juillet 2001 et son guide d'incorporation le sera dans le courant du second semestre 2001. La volonté affirmée par la CNUDCI est avant tout d'assurer une « intéropérabilité juridique (et technique) » et d'éviter des approches législatives divergentes en la matière. Sans revenir sur l'ensemble du texte, nous soulignerons simplement que, outre le rappel du principe d'égalité de traitement des techniques de signature, de sa reconnaissance entre États et des règles propres aux prestataires de services de certification, la loi type prévoit des dispositions concernant tant le signataire et les normes de conduite qu'il doit respecter que la partie qui se fie à la signature ou au certificat. Ainsi, chacun des maillons de base du processus engendré par l'utilisation de la signature électronique voit son rôle précisé.

Dans le souci d'une nécessaire harmonisation des règles sur le plan international, ces deux textes tiennent une place importante, même en l'absence de tout caractère contraignant. Force est de constater que de nombreuses législations nationales se sont inspirées des principes qui y sont inscrits. Ils constituent *in fine* une référence internationale à laquelle il nous semble particulièrement utile de se reporter.

Les travaux de l'EESSI

Parmi les initiatives qui ont été lancées en matière de standardisation, tant au niveau national, régional qu'international, nous citerons celle menée par l'EESSI (*European Electronic Signature Standardization Initiative*). Rappelons que la Directive, qui précise les conditions minimales à satisfaire en ce qui concerne les certificats, les prestataires de services de certification et autres produits de création et de vérification de signature, autorise la Commission européenne à établir et publier les références des normes généralement reconnues en matière de produits de signature électronique (article 3). Ainsi, l'activité de normalisation de l'EESSI est réalisée en liaison directe avec les critères requis par la Directive. Des représentants des autorités, des experts et acteurs du marché participent activement à cette initiative européenne. Un rapport en date de juillet 1999 constitue le premier résultat des travaux qui ont été entrepris sur ce sujet. Celui-ci s'attache avant tout aux trois points majeurs suivants, étant précisé que, pour l'instant, l'accent est clairement mis sur les technologies ICP :

- les prestataires de services de certification ;
- les produits de création et de vérification de signature électronique ;
- les conditions d'interopérabilité des signatures électroniques.

Le travail de normalisation fourni par l'EESSI est fondamental. Il constitue en quelque sorte le « reflet » technique des prescriptions de la Directive et, par voie de conséquence, des législations nationales qui la transposent. Ces normes seront nécessairement appelées à jouer un rôle de premier plan en cas de conflit porté devant les instances judiciaires.

Pour plus d'information sur l'état d'avancement de ces normes, on se reportera à l'annexe 8 de cet ouvrage.

> **Remarque**
>
> Citons également les travaux menés par l'American Bar Association (***http://www.abanet.org***) : les « Digital Signature Guidelines » de 1996 et les « PKI Assessment Guidelines » qui sont en cours de rédaction.

Les dix questions clés de la signature électronique

Cette section est consacrée aux questions communément posées par les professionnels et non-professionnels engagés dans un projet d'ICP destiné à un système de signature électronique. Les réponses apportées ont pour objectif de donner un éclairage le plus précis possible de la situation rencontrée. Nous avons également tenté par ce biais de mettre un terme à nombre d'incertitudes ou croyances erronées.

N° 1. Quel est le vocabulaire juridique de la signature électronique ?

Le principe de base en est de bien se comprendre au niveau du vocabulaire qui gravite autour des ICP et de la signature électronique. Le vocabulaire technique est celui qui est employé par les experts de la question et qui se retrouve dans un certain nombre de documents, tels que la PC type du MINEFI, ou qui émergent des différents travaux réalisés dans le cadre de groupes de réflexion. Le vocabulaire juridique est celui qui est issu de la réglementation existante, et principalement de la Loi sur la signature électronique, de son Décret d'application et de la Directive qui a été ainsi transposée. Ce vocabulaire peut aussi être celui qui est inscrit et défini par les parties dans un contrat. Le constat en est le suivant : plusieurs intervenants vont être impliqués (l'utilisateur, le technicien, le juriste, le commercial, etc.), des métiers différents vont se rencontrer, avec des *a priori* souvent bien ancrés, et vont faire face à un phénomène tout nouveau.

À titre d'illustration, la non-répudiation est une notion purement technique dans le contexte de la signature électronique. Ce terme signifie qu'une personne ne peut pas – techniquement – nier avoir signé et envoyé tel message ou document. Ce n'est pas un terme doté d'une définition juridique comparable (ce terme était employé voilà bien longtemps en droit de la famille). Les conséquences attachées à la non-répudiation sont juridiquement différentes de celles auxquelles on pourrait légitimement s'attendre. En effet, il est tout à fait possible de dire qu'une personne, qui admet qu'elle a signé tel contrat (cela ayant été techniquement prouvé), peut juridiquement objecter qu'elle n'a pas consenti à ce contrat en invoquant par exemple l'existence d'un vice du consentement (erreur, violence, dol). Dès lors, le contrat signé n'est pas valable, faute de remplir une condition de fond. Cette situation n'est pas différente de celle que l'on retrouve avec l'écrit et la signature manuscrite. En conclusion, ce n'est pas parce que le système de signature électronique utilisé permet la non-répudiation que les actes signés sont *de facto* juridiquement valables, c'est-à-dire dotés d'une valeur juridique.

> Article 1109 du Code civil : « *Il n'y a point de consentement valable, si le consentement n'a été donné que par erreur, ou s'il a été extorqué par violence ou surpris par dol.* »

Dans le même ordre d'idées, l'intégrité (l'absence d'altération du contenu) constitue une garantie technique et non juridique, la personne pouvant toujours donner sa propre interprétation du contenu d'un contrat ou bien faire valoir qu'elle n'a pas compris le sens exact de celui-ci faute d'explications claires de son cocontractant.

Rappel

Les définitions ci-après sont extraites du *Lexique des termes juridiques* de Raymond GUILLIEN et Jean VINCENT, *op. cit.*

En droit civil, l'erreur est une « appréciation inexacte portant sur l'existence ou les qualités d'un fait, ou sur l'existence ou l'interprétation d'une règle de droit ».

La violence est un « fait de nature à inspirer une crainte telle que la victime donne son consentement à un acte que, sans cela, elle n'aurait pas accepté » ; il peut s'agir de violence morale ou physique.

Le dol est une « manœuvre frauduleuse ayant pour objet de tromper l'une des parties à un acte juridique en vue d'obtenir son consentement. Par exemple, lors de la conclusion d'un contrat portant sur l'achat d'une maison, le vendeur ne mentionne pas un projet immobilier privant la maison de son ensoleillement alors que celui-ci savait que l'ensoleillement de la maison avait été décisif pour l'acheteur dans l'achat de cette maison, cette manœuvre peut être considérée comme dolosive et conduire à l'annulation du contrat ».

Mieux encore, le terme « notarisation », qui est employé à tout va, n'existe pas juridiquement parlant et n'a surtout pas de sens juridique comparable à celui qui lui est communément donné. La « notarisation » ne peut que se rapporter à un document établi par un notaire.

En définitive, il n'est sans doute pas inutile d'établir un glossaire commun en tout début de projet en prenant soin de reprendre à la lettre les définitions juridiques existantes. Ce glossaire sera par définition évolutif. Surtout, il pourra servir de référentiel aux différents contrats à conclure.

N°2. Quelle était la situation avant l'adoption de la Loi et du Décret français au regard de la signature électronique [et de l'écrit] ?

Une des questions qui revient sans cesse est la suivante : « Comment faisait-on avant ? »

Avant l'adoption de la Loi et du Décret français, la signature électronique était utilisée lorsque la preuve était libre ou dans le cadre de conventions sur la preuve lorsque l'écrit était *a priori* exigé. Ainsi, la jurisprudence française, qui avait reconnu la valeur probatoire de certaines formes d'écrits, telles que la télécopie, le télex ou la photocopie, s'était-elle également attachée à reconnaître la validité, dans le cadre de conventions sur la preuve, de l'utilisation de signatures électroniques. Dès lors, un certain nombre de situations faisant appel aux nouvelles technologies pouvaient être gérées, tout en bénéficiant d'un environnement juridique sécurisé.

S'agissant de l'écrit, nous relèverons que la jurisprudence a très vitre œuvré pour absorber le phénomène informatique en faisant en quelque sorte une application extensive des exceptions légales existantes (commencement de preuve par écrit, impossibilité matérielle de se procurer un écrit, etc.). Les tribunaux français ont reconnu que la photocopie pouvait faire preuve de l'existence d'un contrat. Ils se sont également penchés sur la question du télex. Encore récemment, la Cour de cassation a reconnu dans une décision « Descamps », en date du 2 décembre 1997, s'agissant de cessions de créance, que l'acte d'acceptation de la cession d'une créance professionnelle pouvait être établi et conservé sur tout support, y compris par télécopies, dès lors que son intégrité et l'imputabilité de son contenu à l'auteur désigné ont été vérifiées ou ne sont pas contestées, et valoir ainsi preuve écrite. La cour suprême a en ces termes répondu à la question de savoir si l'acceptation de la cession pouvait être valablement donnée au moyen d'une télécopie. Même si la jurisprudence semble reconnaître plus facilement aujourd'hui ces nouveaux supports, il n'en demeure pas moins que bien souvent ils sont simplement considérés par les juges du fond comme des commencements de preuve par écrit ou tout simplement rejetés. L'adaptation de notre réglementation était donc souhaitable sur ce point.

Illustration

Dans un arrêt en date du 28 mars 2000, la Cour de cassation a confirmé un arrêt rendu par les juges du fond qui avaient décidé, dans l'exercice de leur pouvoir souverain d'appréciation, que la preuve d'un cautionnement établi par télécopie n'était pas rapportée, le défendeur soutenant que celle-ci était un montage destiné à faire croire à l'existence d'un original qu'il n'avait pas établi.

Quant à la notion de signature électronique, elle est clairement consacrée dans une célèbre affaire « Crédicas ». Rappelons qu'en droit civil et en application de l'article 1341 du Code civil, les actes juridiques supérieurs à 5000 francs (800 euros au 1er janvier 2002) doivent être prouvés au moyen d'un écrit. Toutefois, certaines exceptions permettent d'écarter ce principe, qui constitue en vérité un réel obstacle pour le plein essor du commerce électronique et des nouvelles formes de communication. Ainsi, les parties à un acte juridique peuvent décider d'aménager entre elles les règles de preuve applicables. Ce principe issu de l'article 1341 du Code civil n'est pas d'ordre public et il est donc possible d'y déroger.

> **Rappel**
>
> L'ordre public, en droit civil, désigne le « caractère des règles juridiques qui s'imposent pour des raisons de moralité ou de sécurité impératives dans les rapports sociaux. Les parties ne peuvent déroger aux dispositions d'ordre public » (*Lexique des termes juridiques* de Raymond GUILLIEN et Jean VINCENT, *op. cit.*).

L'exemple le plus connu est celui du contrat de carte bancaire qui organise les effets relatifs à l'utilisation du code par le titulaire de ladite carte. Dans l'affaire « Crédicas », il s'agissait justement de l'utilisation du code secret d'une carte magnétique et de la reconnaissance de la validité juridique d'un tel mode de preuve au regard de l'opération effectuée par le titulaire vis-à-vis de l'établissement financier. La Cour de cassation, dans son arrêt en date du 8 novembre 1989, reconnaît la licéité des conventions sur la preuve et, par voie de conséquence, prend en compte le procédé de signature informatique choisi comme mode de preuve :

« *Attendu qu'en statuant ainsi, alors que la société Crédicas invoquait l'existence, dans le contrat, d'une clause déterminant le procédé de preuve de l'ordre de paiement et que, pour les droits dont les parties ont la libre disposition, ces conventions relatives à la preuve sont licites, le tribunal a violé les textes susvisés [articles 1134 et 1341 du Code civil].* »

Sur cette décision, un auteur fait le constat suivant (Commentaires de Georges VIRASSAMY, maître de conférences à la faculté de droit de l'Université René-Descartes, JCP G, 1990, n°46, II 21576.) :

« *Il en ressort que les parties peuvent licitement prévoir dans leur contrat par quel procédé la preuve de leurs droits pourra être faite en cas de contestation, convention qui s'imposera au juge non seulement pour ce qui est du procédé de preuve choisi, mais également quant à la force probante du procédé convenu, son pouvoir d'appréciation étant ainsi écarté.* »

Nous ajouterons qu'à notre sens, le système informatique qui sous-tend une telle opération se doit d'être techniquement fiable.

Cette situation antérieure sur l'écrit et sur la signature électronique n'était toutefois pas satisfaisante dans la mesure où il n'y avait pas d'uniformisation puisqu'il fallait faire appel à des exceptions au principe, sachant que ces exceptions pouvaient elles-mêmes se heurter à des difficultés d'application (par exemple, par rapport à la possibilité d'invoquer la théorie des clauses abusives dans les cas de conventions de preuve ou par application du principe selon lequel nul ne peut se constituer de preuve à lui-même), ou n'étaient tout simplement pas juridiquement très limpides (par exemple, le contrat de carte bancaire qui comprend une clause d'aménagement de la preuve lie le consommateur et la banque mais non le consommateur et le commerçant), ou bien encore étaient le jeu d'une jurisprudence fluctuante. Face à un tel constat et eu égard au contexte « Internet », un réaménagement de notre réglementation était donc indispensable.

> **Illustration**
>
> Nous citerons la réponse ministérielle en 1997 du Garde des sceaux sur la question de la force probante d'une télécopie : « Le Garde des sceaux, ministre de la Justice, fait connaître à l'honorable parlementaire que la valeur probante de la télécopie varie suivant les domaines dans lesquels elle est utilisée et les stipulations contractuelles des parties. En matière commerciale, la règle de la liberté de la preuve des actes de commerce à l'égard des commerçants, qui est posée par l'article 109 du Code de commerce, permet aux parties de faire la preuve du contrat par tous moyens. De même, en matière civile, les actes juridiques dont l'objet est inférieur à la valeur de 5 000 F échappent à l'exigence de la préconstitution d'un écrit à titre de preuve. Dans ces hypothèses, la télécopie peut être utilisée comme mode de preuve, mais sa valeur probante sera appréciée par le juge en fonction des garanties de sécurité et de fiabilité qu'elle présente. Pour les actes juridiques dont l'objet excède la valeur de 5 000 F, l'obligation de préconstituer la preuve par écrit et l'interdiction de prouver par témoignages ou présomptions contre et outre le contenu des écrits s'opposent à ce que la télécopie puisse être utilisée

comme mode de preuve. Cependant, les articles 1347 et 1348 du Code civil énoncent les exceptions légales qui, sous réserve de l'appréciation des tribunaux, pourraient dans certains cas être appliqués à des documents transmis par télécopie. Ainsi, lorsqu'elle émane de celui auquel on l'oppose, la télécopie pourrait être considérée comme valant commencement de preuve par écrit. Enfin, il est loisible aux parties de reconnaître conventionnellement une force probante particulière aux télécopies échangées entre elles. Les prescriptions de l'article 1341 du Code civil n'étant pas d'ordre public, cette faculté peut être utilisée même dans les cas où l'acte juridique doit normalement être prouvé par écrit. Les autres moyens de communication télématique obéissent aux mêmes principes : à défaut de stipulations contractuelles leur conférant une valeur probante déterminée, le juge apprécie souverainement s'ils offrent une fiabilité suffisante pour établir la preuve de ce qui est allégué. Les nuances relevées dans la jurisprudence s'expliquent pas ces différentes considérations. »

N°3. Quelles définitions de la signature électronique ?

Définition technique ou juridique ?

La Directive définit la signature électronique comme :

« une donnée sous forme électronique, qui est jointe ou liée logiquement à d'autres données électroniques et qui sert de méthode d'authentification ».

Le Décret définit la signature électronique comme :

« une donnée qui résulte de l'usage d'un procédé répondant aux conditions définies à la première phrase du second alinéa de l'article 1316-4 du code civil [soit, « un procédé fiable d'identification garantissant son lien avec l'acte auquel elle (la signature) s'attache »] ».

La Loi française précise que la signature nécessaire à la perfection d'un acte juridique identifie celui qui l'appose et manifeste le consentement des parties aux obligations qui découlent de cet acte.

L'approche choisie par la Directive est purement technique. Aucun effet juridique particulier n'est associé à la signature électronique dans sa définition même (ce qui n'est pas le cas, comme nous l'avons vu, dans la Loi française mais le champ d'application de la Directive est plus large que celui de la Loi). Dès lors, il nous semble que les termes de « sceau électronique » aurait été mieux approprié pour refléter la réalité de son usage.

En effet, l'emploi du terme « signature » renvoie à l'idée très forte de consentement, et donc à une notion empreinte de conséquences juridiques. La jurisprudence rappelle à ce propos que la signature, si elle a pour effet d'individualiser son auteur (identification), a également pour fonction en matière d'actes sous seing privé de traduire sa volonté de consentir à l'acte (adhésion au contenu de l'acte). Pourtant, une signature électronique dans le cadre des ICP recouvre avant tout d'autres fonctions que celle de la manifestation du consentement. Ce point est d'ailleurs flagrant lorsqu'il est question de la facture électronique (voir question clé n°5).

Pour preuve, la proposition de directive traitant de la question de la facturation électronique prend soin de préciser, dans l'exposé des motifs, que toute facture électronique devra faire l'objet d'une signature électronique pour remplir les deux conditions suivantes :

- la garantie de l'authenticité de l'origine de la facture, de manière que le destinataire de la facture soit certain que cette dernière provienne bien de son émetteur ;
- la garantie de l'intégrité du contenu des factures.

Elle ajoute que cette facture n'a pas à être signée au sens juridique du terme, les factures sur papier elles-mêmes ne devant pas porter de signature manuscrite. La signature électronique dont il s'agit ici est celle qui a un sens purement technique, sécuritaire, tel un sceau électronique.

En revanche, les effets juridiques associés à la signature électronique apparaissent clairement dans la Directive sur la signature électronique lorsqu'il s'agit d'une signature électronique avancée, basée sur un certificat qualifié, et créée par un dispositif sécurisé de création de signature (article 5). Dans ce cas, la Directive va très loin puisqu'elle lui confère la même force juridique qu'à la signature manuscrite. Cette position s'explique bien évidemment par le degré de sécurisation requis.

Pour autant, la simple signature électronique n'est pas exclue de la sphère juridique, bien au contraire. La Directive adopte une approche négative en prévoyant que son efficacité juridique et sa recevabilité comme preuve en justice ne doivent pas être refusées, notamment au seul motif qu'elle ne repose pas sur un certificat qualifié ou qu'elle n'est pas créée par un dispositif sécurisé de création de signature. La Loi quant à elle a une approche positive en prévoyant explicitement ses effets juridiques. La définition donnée dans le Décret renvoie d'ailleurs à la Loi elle-même. En définitive, la Loi française reflète une des applications de la Directive, cette dernière ayant un champ d'application beaucoup plus vaste.

Signature électronique, signature électronique avancée ou signature électronique avancée basées sur un certificat qualifié et créées par un dispositif sécurisé de création de signature ?

Combien existent-ils de sortes (ou niveaux) de signatures électroniques ? Quels sont les effets juridiques qui leur sont attachés ?

Nous avons opté pour l'existence de trois « définitions » différentes de la signature électronique, même si les avis divergent sur cette question :

- la signature électronique ;
- la signature électronique sécurisée ;
- la signature électronique sécurisée impliquant un certificat électronique qualifié et un dispositif sécurisé de création de signature électronique.

On retrouve d'ailleurs cette distinction tripartite (voire même quadripartite si on ajoute au troisième niveau de signature un degré de sécurité ou une option supplémentaire, comme l'horodatage) dans le rapport final de 1999 émis par l'EESSI. Cette distinction peut être schématisée comme dans la figure 9-1.

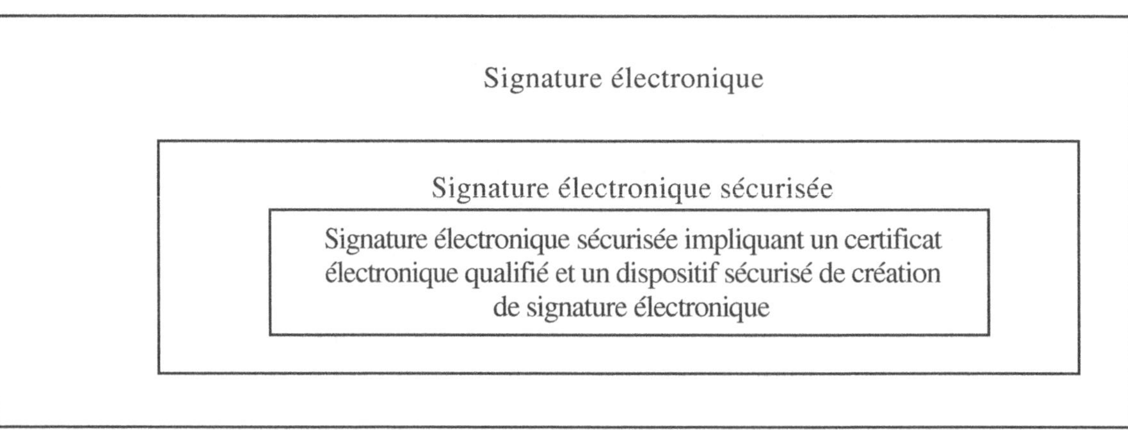

Figure 9-1. Les niveaux de signature électronique

On notera que les effets juridiques associés à ces trois notions divergent ; les deux premières n'emportent pas de présomption alors que la troisième oui. Rappelons que la Directive prévoit deux niveaux d'effets juridiques dans son article 5 : (i) équivalence avec la signature manuscrite/recevabilité comme preuve en justice et (ii) efficacité juridique/recevabilité comme preuve en justice.

Nous ajouterons un petit bémol à cette distinction mathématique en précisant que la notion de signature électronique sécurisée telle qu'elle est définie dans le Décret n'a pas de sens en soi dans la mesure où elle n'a pas d'effet propre. Elle est strictement et exclusivement utilisée ici dans le cadre (et au service) de la troisième notion. Pour autant, il n'est pas exclu qu'un futur texte fasse référence à la définition donnée par le Décret en lui conférant un effet propre. Surtout, un État membre peut très bien reprendre les termes de « signature électronique avancée » (l'équivalent de notre « signature électronique sécurisée ») et lui conférer, dans sa législation, des conséquences juridiques particulières.

Certificat ou absence de certificat ?

Certains font valoir qu'il ne peut y avoir de signature électronique avancée/sécurisée sans certificat. Le choix des trois niveaux de signature électronique, comme nous venons de l'expliciter, implique qu'un certificat n'est pas nécessairement associé à la signature électronique avancée/sécurisée. En ce sens, la proposition de directive sur la facture électronique dans son exposé des motifs (voir question clé n°5) relève, au sujet des factures transmises par voie électronique qui doivent faire l'objet d'une signature électronique avancée, que le certificat qualifié n'est pas obligatoire :

« Il restera bien entendu possible aux opérateurs qui le souhaitent de s'imposer des conditions plus sévères. Ils pourront par exemple accompagner la signature électronique avancée d'un certificat qualifié donnant ainsi à la signature électronique une valeur juridique équivalente à celle d'une signature manuscrite.[...]. La Commission considère toutefois qu'il ne doit pas s'agir là d'une obligation dans la mesure où cela constituerait une contrainte supplémentaire et coûteuse sur la facturation électronique, contrainte qui n'est pas indispensable – les factures papier elles-mêmes n'ayant pas à être signées. »

Sur cette question du certificat, quelques discordances entre les pays membres persistent encore, certains prônant la sécurité maximale (un certificat est nécessaire), alors que d'autres préfèrent éviter toute contrainte supplémentaire.

N°4. Quelles sont les principales applications concernées par la signature électronique ?

Si l'on parle d'essor du commerce électronique et d'indispensables garanties de sécurité, en particulier des paiements *via* l'utilisation de la signature électronique, cet outil ne se limite pas à cet aspect des choses et couvre d'ores et déjà des projets variés et d'ampleur différente. Nous pouvons citer à titre d'illustration les projets ou types de services suivants :

- Services « classiques » proposés par les opérateurs de services de certification de mise en place d'une infrastructure à clé publique, avec une option de signature électronique (par exemple, gestion contrôlée et sécurisée des accès à des sources d'information sensible), notamment auprès des banques et compagnies d'assurances qui souhaitent proposer de nouveaux services à leurs clients ou ré-organiser en interne les relations entre agences.
- Téléprocédures administratives ou échanges dématérialisés de formalités entre les autorités publiques (ministères, services déconcentrés, organismes publics, etc.) et leurs partenaires et usagers : par exemple, le service TéléTVA pour la télédéclaration et le télépaiement de la TVA, le service net-entreprises pour les déclarations sociales des entreprises qui associera l'utilisation de la signature électronique en 2002.

> **Remarque**
>
> Pour un aperçu bien plus détaillé sur les téléprocédures administratives, voir le dossier récent sur ce thème dans l'*Actualité juridique*, Droit administratif, 20 juillet/20 août 2001.

- Service de signature électronique *via* l'utilisation de SMS (Short Message System), fonction disponible sur les téléphones portables.
- Service de traitement des factures et des règlements.

- Dématérialisastion de documents : feuilles de soin électroniques signées par les cartes des professionnels de santé, contrat d'embauche pour les personnels employés par des sociétés de travail intérimaire, etc.

Illustration

Pour une affaire qui prête à sourire : dans une décision récente (20 décembre 2000) concernant un litige entre un dentiste et sa patiente quant au paiement d'honoraires assez élevés – plusieurs dizaines de milliers de francs – par cette dernière (elle invoquait que la feuille de soin signée du dentiste qui lui avait été remise attestait le paiement), la Cour de cassation a jugé, après avoir relevé que la patiente s'était fait remettre, sans fraude ni violence et sans dissimulation de sa véritable identité, l'original du titre qu'elle a transmis à la sécurité sociale [la feuille de soin] pour se faire rembourser, que la signature par le praticien de la feuille de soin constatait le paiement.

Nous évoquerons brièvement ici le projet « TéléTVA » qui constitue à de nombreux points de vue une première référence intéressante d'utilisation de la signature électronique. En application de la loi de finances rectificative pour 1999, les entreprises dont le chiffre d'affaires réalisé au titre de l'exercice précédent est supérieur à 100 millions de francs HT ont l'obligation de télédéclarer et télérégler la TVA à compter du 1er mai 2001, échéance repoussée au 1er septembre 2001 (il s'agit du report de la date d'application des pénalités). Ce service permet donc de déclarer et payer la TVA grâce à un échange informatique selon deux modalités différentes, au choix : un échange de formulaires informatisés *via* Internet (EFI) ou une procédure d'échange de données informatisées (EDI). Cette seconde modalité s'adresse plus particulièrement aux cabinets comptables ou aux partenaires EDI qui établissent et transmettent un grand nombre de déclarations pour leurs clients. Les télédéclarants doivent déposer au préalable un dossier de souscription et utiliser des certificats référencés dans le cadre de cette téléprocédure auprès du MINEFI. Les autorités de certification qui émettent de tels certificats doivent respecter la PC type établie par le MINEFI. Ce document central « *permet d'établir les critères de référencement de certificats utilisables pour les échanges dématérialisés des téléprocédures, entre d'une part, les clients/abonnés des ICP commerciales ou corporatives et, d'autre part, les services opérationnels du MINEFI* ». Courant octobre 2001, dix organismes disposaient de certificats référencés, parmi lesquels, Chambersign, Certplus, Certinomis, le Crédit agricole, le Crédit lyonnais, la BNP, les Banques populaires. Force est de constater que l'approche du MINEFI, qui l'indique lui-même, n'est pas limitée au service de TéléTVA, bien au contraire :

« *La signature électronique est appelée à s'imposer dans un proche avenir dans une multitude d'applications, à commencer par les transactions commerciales et financières dématérialisées (achats, commandes, paiements en ligne, etc.). Le recours à cette technologie ne doit donc pas être perçu comme une contrainte supplémentaire mais comme l'utilisation d'un outil appelé à se développer fortement. Vu le nombre d'usages auxquels il s'adresse, mais aussi la volonté clairement affirmée d'utiliser une solution d'usage général et non spécifique à l'administration des Finances, le ministère a opté pour un système de signature à clés publiques faisant appel à des autorités de certification du marché, dans un esprit d'ouverture favorisant la concurrence.* »

Bien entendu, cette approche extensive est partagée par les autorités de certification qui font référencer leurs certificats pour ce service. Dans la lignée du projet TéléTVA, l'idée est de pouvoir proposer très vite d'autres services. La sécurité technique couplée à la sécurité juridique constitue un nouvel axe stratégique pour ces entreprises. L'impulsion ainsi donnée par le gouvernement est cruciale puisqu'elle permet dès aujourd'hui le démarrage concret de nombreux projets d'ICP associés à l'utilisation de la signature électronique.

N°5. Que recouvre la proposition de directive européenne sur la facture électronique ?

La facturation électronique représente, dans un très proche avenir, une application concrète majeure de la signature électronique grâce à l'adoption d'une directive européenne qui traite spécifiquement de cette question. À ce titre, elle intéresse nombre d'entreprises et d'opérateurs de services de certification. Surtout, elle devrait devenir très rapidement, sur un plan *a minima* communautaire, la règle en détrônant la facturation papier. Nous ajouterons que, d'après l'étude Price Waterhouse & Coopers d'août 1999 qui a précédé l'adoption de ce texte communautaire, les aspects financiers ne sont pas négligeables : le coût d'une facture papier est estimé entre 1,13 et 1,65 euro alors que celui d'une facture électronique se situe entre 0,28 et 0,47 euro. Enfin, les instances européennes ont délibérément choisi d'introduire la signature électronique pour garantir la nécessaire sécurité qui doit être attachée à la facturation électronique. Leur volonté est en fait d'aller vite en favorisant *via* la facture électronique l'utilisation généralisée de la signature électronique.

> La volonté d'adopter rapidement la directive traitant de la facturation électronique s'est clairement exprimée lors du Forum VAT annuel qui s'est tenu en avril 2001 aux Canaries.

Cette directive est actuellement à l'état de proposition [Proposition de directive du Conseil modifiant la directive 77/388/CEE en vue de simplifier, moderniser et harmoniser les conditions imposées à la facturation en matière de taxe sur la valeur ajoutée en date du 17 novembre 2000] et vise d'une manière plus large à simplifier et moderniser les conditions imposées à la facturation au sein de la Communauté européenne par la création d'un cadre juridique plus harmonisé. Cette directive devrait permettre une simplification des obligations des opérateurs, surtout ceux qui ont des activités transfrontalières. En ce sens, la proposition de directive prévoit des dispositions quant au contenu des factures (liste des mentions obligatoires), quant à la possibilité de sous-traitance ou d'autofacturation.

Ce texte a également pour objectif de favoriser le développement de la facturation électronique et donc du commerce électronique, tout en prévoyant certaines assurances en termes de sécurité. En ce sens, elle consacre expressément la facturation électronique. L'article premier dispose :

« Les factures émises en application des dispositions du point a) peuvent être transmises sur un support papier ou, sous réserve que le destinataire en ait été préalablement informé avant de conclure la transaction, par moyen électronique.

En ce qui concerne les factures transmises par moyen électronique, l'authenticité de leur origine et l'intégrité de leur contenu doivent être garanties au moyen d'une signature électronique avancée au sens du point 2) de l'article 2 de la directive 1999/93/CE du Parlement européen et du Conseil.

[…]

Toute facture transmise par moyen électronique doit en outre être stockée, accompagnée de sa signature électronique avancée, par moyen électronique. »

Le principe général selon lequel une facture peut être transmise sur tout support (matériel ou électronique) est rappelé (principe de neutralité technologique). En outre, le texte prend soin de préciser qu'aucun système d'autorisation préalable ne doit exister car il constitue une entrave trop importante au développement et à la généralisation de la facturation électronique. Toutefois, la Commission reconnaît qu'il s'agit là d'un phénomène nouveau et permet aux États membres d'opter, jusqu'au 31 décembre 2005, pour un système de notification préalable.

Les principaux apports de cette proposition de directive traitant de la question de la facturation électronique peuvent être synthétisés en trois points :

- L'information préalable du destinataire : les factures pourront être transmises par moyen électronique dès lors que le destinataire en a été préalablement informé avant de conclure la transaction ; dûment informé, il ne pourra pas s'y opposer.

> **Remarque**
>
> Un récent rapport (avril 2001) pour le Parlement européen propose comme amendement que l'accord du destinataire soit requis, et non sa simple information préalable.

- Les garanties de sécurité : l'authenticité de leur origine et l'intégrité de leur contenu devront être garanties au moyen d'une signature électronique avancée au sens de la Directive européenne sur la signature électronique. La signature électronique est employée en tant qu'outil technique (sceau électronique), et non en tant qu'outil juridique.

> **Rappel**
>
> Une signature électronique avancée est « une signature électronique qui satisfait aux exigences suivantes : (i) être liée uniquement au signataire, (ii) permettre d'identifier le signataire, (iii) être créée par des moyens que le signataire puisse garder sous son contrôle exclusif et (iv) être liée aux données auxquelles elle se rapporte de telle sorte que toute modification ultérieure de données soit détectable. »

- Le stockage électronique : le stockage électronique de cette facture, accompagnée de sa signature électronique, doit être organisé, étant précisé que la notion de transmission et stockage d'une facture par « moyen électronique » est ainsi définie par « *une transmission et un stockage effectués au moyen d'équipements électroniques de traitement (y compris la compression numérique) et de stockage de données, et en utilisant le fil, la radio, les moyens optiques ou d'autres moyens électromagnétiques* ». Le rapport d'avril 2001 précité propose d'ajouter à cette définition : « *À ces fins, par "transmission", on entend également l'émission de factures par le biais d'Internet.* ». L'idée est d'inclure dans la définition de la transmission les technologies fondées sur le Web qui permettent au fournisseur d'accéder au site Web du client et d'y envoyer une facture. La durée du stockage est librement déterminée par les États eux-mêmes (en France, les durées divergent en fonction de la matière concernée : 6 ans en matière fiscale, 10 ans en matière commerciale, 3 ans en droit de la concurrence). Quant au lieu du stockage, il reste libre sous réserve du respect de deux conditions : (i) l'assujetti doit pouvoir accéder à toutes les informations ainsi stockées à tout moment et sans délai (ce qui implique de faire appel à un système de facturation électronique en cas de stockage en dehors de ses propres locaux, dans un pays tiers par exemple) et (ii) l'intégrité des données ainsi que leur lisibilité doivent être assurées durant toute la période de stockage.

Il nous semble important de préciser que dans son considérant n°6, la proposition de directive rappelle qu'il « *conviendra enfin de respecter, en ce qui concerne le stockage des factures, les conditions posées par la directive 1995/46/CE du Parlement européen et du Conseil du 24 octobre 1995 relatives à la protection des personnes physiques à l'égard du traitement des données à caractère personnel et à la libre circulation de ces données* ».

Cette reconnaissance de la facturation électronique et cette harmonisation communautaire sont indispensables, d'autant plus que la facture constitue un document particulièrement important dans les relations commerciales comme en matière fiscale. Rappelons que certains pays admettent la facture électronique sous certaines conditions d'autres pas du tout ou alors la tolère, ou encore ne disposent pas de législation sur le sujet.

> **Remarque**
>
> Dans une réponse en date du mois de mai 2000 à une question parlementaire sur la facturation électronique où son auteur faisait remarquer que « *l'administration n'admet en fait – et uniquement dans les opérations nationales – que les échanges reposant sur l'EDI, dont la lourdeur en termes d'investissement le cantonne aux rapports interentreprises* », le ministre de l'Économie, des Finances et de l'Industrie, rétorque en ces termes : « *Au demeurant et contrairement aux indications formulées par l'auteur de la question, un système sécurisé ne repose pas exclusivement sur une solution de type EDI. D'autres solutions informatiques fiables sont en effet utilisées par certaines entreprises pour respecter les obligations*

précitées. » Plus récemment, la position (non officielle) de l'administration fiscale était plus nuancée, jugeant que les nouvelles dispositions sur la signature électronique ne trouveraient pas à s'appliquer car insuffisantes pour garantir la sécurisation des échanges dans les conditions prévues par les textes. Pourtant, la proposition de directive sur la facturation électronique prévoit justement le contraire et certains projets seraient déjà bien avancés.

N°6. Quels sont les principaux avantages et inconvénients relatifs à l'utilisation de la signature électronique ?

Les avantages

L'idée est pour une entreprise ou une organisation de se retrouver parmi les premiers à offrir un service de signature électronique ou à détenir en interne un tel service. Il s'agit là de disposer d'un avantage concurrentiel fort, pour notamment faire face au développement du commerce électronique ou tout simplement améliorer encore un peu plus ses processus internes. D'un point de vue marketing, cela est comparable et l'accent est mis sur l'offre d'un service de signature électronique. Ainsi, de nombreuses banques, sociétés d'assurances et autres prestataires qui ont déposé un dossier auprès du MINEFI pour le service « TéléTVA », se sont en fait engagés par ce biais dans un processus plus vaste et à plus long terme.

Par ailleurs, compte tenu des exigences retenues, les risques de fraude concernant l'utilisation d'une signature électronique sont beaucoup plus minimes que ceux relatifs à l'utilisation d'une signature manuscrite (défaut de signature, falsification, imitation, détermination difficile, etc.). Certes, l'association de l'ICP avec la signature électronique apporte une sécurité accrue mais également des options supplémentaires, telles que la confidentialité grâce au chiffrement, constituant ainsi autant d'atouts qu'il convient de ne pas négliger [1].

En termes de coûts, les avantages sont de taille et concernent les coûts du papier et d'envoi bien entendu, mais également tous les coûts annexes. À titre d'illustration, le coût d'une facture papier serait en moyenne de l'ordre de 1,5 euros alors que celui d'une facture électronique serait réduit à 0,35 euro.

Enfin, les conséquences juridiques de l'utilisation de la signature électronique peuvent à la fois constituer des avantages et des inconvénients, tout dépend de quel côté on se situe.

[1] En pratique, il appert que la signature électronique répondant aux exigences du Décret est bien plus fiable que la signature manuscrite.

Les inconvénients

L'inconvénient majeur est qu'il s'agit d'un phénomène nouveau, juridique et très technique, autant de notions susceptibles d'effrayer les plus aguerris ! Ainsi, l'usage de la signature électronique risque d'être mal compris quant à ses conséquences. De nombreux arguments peuvent donc être invoqués par le signataire (de bonne foi comme de mauvaise foi) pour tenter de se défaire d'une signature, d'où une nouvelle forme d'insécurité juridique. Celui-ci pourra toujours tenter de remettre en cause le consentement donné et qui s'est exprimé *via* la signature ou encore invoquer un défaut de conseil du professionnel quant à l'utilisation du service de signature ou de son certificat. Une fois que ces quelques obstacles dus à ce caractère de nouveauté technico-juridique sont franchis – plus psychologiques il est vrai que matériels –, d'autres points restent à maîtriser.

Le fait que la responsabilité des intervenants, en cas de difficulté, puisse être diluée entre eux (multiplicité des acteurs et imbrication de ces derniers), et qu'elle soit assise sur une dimension technique très forte, ajoute un degré de complexité supplémentaire. De même, la mise en place d'un tel système implique une organisation interne sans faille, ce qui est toujours difficile à mettre en place, s'agissant par définition du facteur humain.

Certains estiment que le coût lié à la mise en place et à la gestion d'une ICP avec un système de signature électronique constitue en soi un inconvénient.

En définitive, la dématérialisation ou l'utilisation d'un système de signature électronique ne doit pas générer un risque nouveau (par exemple : de responsabilité, de désorganisation).

N°7. Quelle décision de justice récente aborde pour la première fois la question de la signature électronique ?

Il s'agit d'un arrêt rendu par la cour d'appel de Besançon le 20 octobre 2000, qui est reproduit *in extenso* en annexe 5 de cet ouvrage.

À l'occasion d'un litige ayant trait à un licenciement, la cour d'appel s'est prononcée sur la valeur juridique d'une forme de signature informatique. En l'espèce, la juridiction avait déclaré irrecevable l'appel interjeté dans cette affaire par l'avocat de l'une des parties. Cet avocat avait en fait utilisé une signature informatique (un code d'accès) pour signer ladite déclaration d'appel. Si la Cour rejette en toute logique l'application de la Loi sur la signature électronique, celle-ci ayant été promulguée postérieurement à l'acte de procédure précité (et faute de son Décret d'application), elle se prononce toutefois sur la fiabilité du procédé utilisé par l'avocat, en ces termes :

« *La fiabilité du procédé utilisé en l'espèce par l'avocat est au demeurant toute relative dans la mesure où le code permettant d'accéder à la signature peut être détenu par une autre personne du cabinet. L'identification de la personne ayant recours à la signature informatique est dès lors très incertaine.* »

À notre sens, cette décision ne préjuge pas de la manière dont les tribunaux appliqueront les textes sur la signature électronique en cas de litige. En revanche, elle donne d'ores et déjà une première orientation qui s'inscrit pleinement dans le panorama juridique de la signature électronique : la fiabilité du procédé utilisé est au cœur des débats.

N°8. Quels sont les acteurs majeurs et le type même de risque qui leur est associé ?

La question des acteurs intervenant dans le cadre d'un processus de signature électronique sera traitée plus largement sur le plan juridique au chapitre 10 qui est consacré au rôle et à la responsabilité des acteurs. Pour autant, un bref aperçu de ces derniers au moyen d'un tableau où est résumé le type même de risque qui peut leur être associé nous a semblé faire partie intégrante des questions clés sur la signature électronique et les ICP.

Acteurs	Risques
AUTORITÉ D'ENREGISTREMENT	Le risque est particulièrement fort. Il s'agit du tout premier maillon du processus qui permet de passer d'une situation concrète concernant une personne à une situation virtuelle d'identification et d'octroi de « droits ». Le dispositif mis en place par l'autorité d'enregistrement pour remplir son rôle est variable et dépend du risque d'erreur « acceptable » et « accepté » par rapport à la lourdeur des procédures pouvant être mises en place : présentation physique de la personne, présentation de plusieurs documents d'identification, identification à distance, etc.
AUTORITÉ DE CERTIFICATION	Cette entité est celle qui gère l'ICP (en faisant appel, dans la majorité des cas, à des tiers spécialisés pour assurer un certain nombre de fonctions particulières) et qui en est responsable. Elle constitue le point central de l'ICP en sa qualité de décisionnaire. Elle assure le lien avec les autres entités. Le risque n'est pas *a priori* caractéristique. Il se situe au niveau des choix faits par cette entité au regard de l'ICP, ainsi qu'au niveau du facteur humain, en interne (collaboration entre le service informatique, le service de la sécurité des systèmes d'information, le service juridique, la direction, le service commercial, etc.).

Acteurs	Risques
PRESTATAIRE DE SERVICES DE CERTIFICATION [au sens de la définition donnée par le décret] (avec délivrance de certificats)	Le risque ne nous semble pas différent d'un autre prestataire de services assis sur une technologie poussée. En effet, les règles de sécurité et d'organisation imposées par le Décret (si ce prestataire a choisi de respecter les prescriptions du Décret) sont suffisamment strictes pour réduire les risques inhérents à l'utilisation de ces techniques. La différence réside peut-être dans les enjeux qui découlent directement de services fournis, ceux-ci étant notamment plus perceptibles. La responsabilité de ce prestataire est d'ailleurs organisée dans la Directive et devrait se retrouver transposée dans la réglementation française (voir sur ce point la question n°10).
PRESTATAIRE TECHNIQUE (plate-forme technique par exemple ou maintenance)	Le risque n'est pas fondamentalement différent de ce qui existe aujourd'hui en matière de systèmes d'information. L'accent doit toutefois être clairement mis sur la sécurité et la confidentialité, sur les procédures d'interventions, sur les compétences et l'expérience des intervenants.
AUTORITÉ D'HORODATAGE	Le risque est variable. Il dépend de la valeur attachée à l'horodatage dans le cadre du service de signature électronique qui est proposé et/ou à ses conséquences. Par exemple, la date d'une offre peut être déterminante ou un retard peut entraîner une pénalité. Dans ces hypothèses, l'horodatage représente un risque mais qui est inhérent au service proposé.
HÉBERGEUR INTERNET	Le risque est également variable. Il est lié au service proposé par l'hébergeur et aux liens qui existent entre ce dernier et l'ICP. Il s'agit donc d'analyser ces risques au cas par cas. Les remarques relatives au prestataire technique sont transposables ici. On notera qu'il existe des règles juridiques propres aux hébergeurs (ils sont responsables pénalement ou civilement des contenus qu'ils hébergent si, ayant été saisis par une autorité judiciaire, ils n'ont pas agi promptement pour empêcher l'accès à ce contenu. De même, ils sont soumis à certaines obligations en matière de détention, conservation et communication des données d'identification des personnes qui ont contribué à la création du contenu).
SIGNATAIRE	Le risque le plus significatif est l'absence de compréhension des effets liés à l'usage de sa signature électronique, ainsi que toute faute ou négligence aboutissant à une compromission des données qu'il doit garder secrètes.
DESTINATAIRE	Toute faute ou négligence relative à la vérification de la qualité du signataire, notamment eu égard à la validité de son certificat (consultation des listes de révocation) et aux caractéristiques de celui-ci (par exemple, mention d'un montant maximal).
ARCHIVEUR	Le risque est très fort également puisqu'il s'agit du dernier maillon qui boucle le processus. De plus, le métier d'archiveur est un métier à part entière. Les questions liées à ce qui est archivé, comment, pendant combien de temps, aux procédures de restitution, etc., sont cruciales.

N°9. Quels sont les premiers réflexes à avoir et les principales règles à retenir dans le cadre de la gestion d'un système de signature électronique ?

Avant de s'engager sur la voie d'une ICP comprenant un système de signature électronique, il est important de mener une réflexion préalable poussée. Il faut prendre en compte un certain nombre de facteurs : le facteur économique, le facteur juridique et technique bien entendu, mais surtout le facteur humain, souvent source de nombreuses failles.

Comme nous l'avons indiqué précédemment, il est fondamental de parler le même langage et de comprendre le métier de chacun des acteurs internes concernés. Une implication de tous les services – le service informatique, le service de la sécurité des systèmes d'information, le service juridique, la direction, le service commercial et marketing, le service financier, etc. –, dès l'origine du projet, est de rigueur, tout comme une communication constante entre eux.

Une bonne Identification de la cible est nécessaire : s'agit-il d'un service de signature électronique pour un service interne, pour une seule société ou pour une maison mère et ses filiales ? S'agit-il d'un service pour l'externe, proposé à un public de professionnels ou de consommateurs, à un secteur d'activité particulier, réglementé peut-être ?

Il nous semble judicieux de garder, dans la mesure du possible, une maîtrise maximale de l'ICP, tout en s'entourant de l'ensemble des professionnels nécessaires pour les prestations qui sont bien spécifiques. La formation des responsables et personnel n'est pas à négliger. Surtout, il est impératif de bien encadrer contractuellement les relations avec les tiers en insistant sur les aspects sécurité et confidentialité.

Enfin, la question des assurances à souscrire doit inévitablement se poser.

N°10. Quelles sont les toutes prochaines perspectives attendues dans le cadre de la future loi sur la société de l'information ?

Nous l'avons vu, l'adoption de la Loi et du Décret français constitue une première étape dans le processus de modernisation de notre législation. La prochaine étape est celle de l'adoption de la loi sur la société de l'information. Ce texte tant attendu devrait voir le jour courant 2002.

Ce projet peut paraître disparate dans le sens où il traite de sujets aussi variés que l'accès à la communication en ligne, l'accès aux données et aux archives publiques, la liberté de communication en ligne, la responsabilité des prestataires techniques, le commerce électronique, les télécommunications, la cybercriminalité ou encore la cryptologie. Nous exposerons ici les principales nouveautés qui ont trait au thème qui nous concerne. Nous nous sommes fondés sur le projet de loi sur la société de l'information (LSI) mis en ligne sur Internet à l'issue du conseil des ministres du 13 juin 2001.

Le commerce électronique

Tout un titre III est consacré au thème du commerce électronique dont le champ d'application est défini. Le projet de loi prévoit dans un chapitre III de ce même titre des règles générales applicables aux contrats par voie électronique. Ainsi, *« lorsqu'un écrit est exigé pour la validité d'un acte juridique, celui-ci peut-être établi et conservé sous forme électronique dans les conditions prévues aux articles 1316-1 et 1316-4 et, lorsqu'un acte authentique est requis, au second alinéa de l'article 1317. Lorsqu'est exigée une mention écrite de la main même de celui qui s'oblige, ce dernier peut l'apposer sous forme électronique si les conditions de cette apposition sont de nature à garantir que la mention ne peut émaner que de lui-même ».* Certaines exceptions à ces nouveaux principes sont mentionnées dans la disposition suivante :

« Il est fait exception aux dispositions de l'article 1369-1 pour :

- *les actes sous seing privé relatifs au droit des personnes et de la famille, aux successions, aux libéralités et aux régimes matrimoniaux ;*
- *les actes soumis à autorisation ou homologation de l'autorité judiciaire ;*
- *les actes sous seing privé relatifs à des sûretés personnelles ou réelles, de nature civile ou commerciale, sauf s'ils sont passés par une personne pour les besoins de sa profession. »*

Suivent un certain nombre de règles particulières tenant principalement à l'information du cocontractant par le fournisseur d'un bien ou d'une prestation de service par voie électronique, et de ses autres obligations. Enfin, nous signalerons que le code de la consommation se voit doté d'un nouvel article L. 134-2 ainsi rédigé :

« Lorsque le contrat est conclu par voie électronique et qu'il porte sur une somme égale ou supérieure à un montant fixé par décret, le contractant professionnel assure la conservation de l'écrit qui le constate pendant un délai déterminé par ce même décret et en garantit à tout moment l'accès à son cocontractant qui lui en fait la demande. »

Rappelons qu'un grand nombre de contrats sont à ce jour exclus de la reconnaissance de l'écrit électronique. Un auteur faisait à juste titre remarquer qu'il ne s'agit pas des moindres : presque tous les contrats spéciaux conclus avec les consommateurs, le prêt à intérêt, les mandats immobilier, boursier, les cautions en matière de consommation, etc. L'idée à terme est que tous les contrats puissent être conclus de manière électronique. En ce sens, la LSI constitue une seconde étape importante.

Illustration

Dans une réponse (fin 2000) à une question parlementaire sur l'incidence de la nouvelle réglementation sur la signature électronique sur la lettre de change par relevé magnétique utilisée dans le milieu bancaire, le ministre de la Justice répond que cette forme de lettre de change ne peut obéir aux conditions de formalisme imposées par le Code de commerce, et ce, même si la loi sur la signature électronique a été adoptée. Pour autant, le garde des Sceaux ajoute qu'un aménagement de ce formalisme est effectivement nécessaire et précise qu'une lettre de change électronique, qui viendrait se substituer à la technique actuelle de la lettre de change relevé, est à l'étude. L'idée est ici de faire bénéficier le milieu bancaire des avantages et facilités offertes par le développement des technologies de l'information.

La cryptologie

Les définitions des moyens et prestations de cryptologie sont modifiées et font apparaître la notion de signature électronique. Globalement, les nouveautés se traduisent par une plus grande liberté et un renforcement corrélatif des sanctions. L'utilisation des moyens de cryptologie est libre (liberté sans distinction entre confidentialité et non-confidentialité). De même : « *La fourniture, le transfert depuis ou vers un État membre de la Communauté européenne, l'importation et l'exportation des moyens de cryptologie dont la seule fonction cryptologique est une fonction d'authentification ou de contrôle d'intégrité, notamment à des fins de signature électronique, sont libres.* » La responsabilité des fournisseurs de prestations de cryptologie comme celle des prestataires de services de certification électronique fait l'objet d'une disposition spécifique. Cette question de la responsabilité de ces entités sera traitée plus en détail dans le chapitre 10 de cet ouvrage. Enfin, le projet de loi introduit des sanctions administratives et renforce sensiblement le dispositif pénal existant.

Note

Il est intéressant de noter que la loi n°2001-1062 du 15 novembre 2001 relative à la sécurité quotidienne (*JO* n°266 du 16 novembre 2001 p. 18215) (terme prometteur !) prévoit un article L. 132-3 nouveau, inséré dans le code monétaire et financier, rédigé en ces termes : « *Le titulaire d'une carte mentionnée à l'article L. 132-1 supporte la perte subie, en cas de perte ou de vol, avant la mise en opposition prévue à l'article L. 132-2, dans la limite d'un plafond qui ne peut dépasser 400 euros. Toutefois, s'il a agi avec une négligence constituant une faute ou si, après la perte ou le vol de ladite carte, il n'a pas effectué la mise en opposition dans les meilleurs délais, compte tenu de ses habitudes d'utilisation de la carte, le plafond prévu à la phrase précédente n'est pas applicable. Le contrat entre le titulaire de la carte et l'émetteur peut cependant prévoir le délai de mise en opposition au-delà duquel le titulaire de la carte est privé du bénéfice du plafond prévu au présent alinéa. Ce délai ne peut être inférieur à deux jours francs après la perte ou le vol de la carte. Le plafond visé à l'alinéa précédent est porté à 275 euros au 1ᵉʳ janvier 2002 et à 150 euros au 1ᵉʳ janvier 2003.* »

La signature électronique hors de nos frontières

Panorama européen sur la signature électronique

La date limite de transposition étant fixée au 19 juillet 2001 (article 13 de la Directive), l'ensemble des États membres devraient à ce jour avoir transposé la Directive par l'adoption de textes nationaux.

Le tableau synthétique présenté en figure 9-2 reprend les textes adoptés dans les pays concernés. Il a été établi sur la base de recherches et d'enquêtes menées souvent dans des conditions difficiles, compte tenu notamment de la fiabilité des informations disponibles et des divergences d'approches de la question. Il est à jour de l'automne 2001 et doit bien entendu faire l'objet d'une vérification et mise à jour au cas par cas en fonction de la réglementation d'un pays en particulier.

Pays	Signature électronique	Remarques
Allemagne	Loi sur la signature électronique du 13 juin 1997 modifiée par la loi du 15 février 2001 qui a assuré la mise en conformité de la législation avec la Directive européenne.	On peut noter que la loi allemande distingue trois types de signature : la signature électronique: donnée sous forme électronique qui est jointe ou liée logiquement à d'autres données électroniques et qui sert de méthode d'authentification ; la signature électronique avancée dont la définition est celle de la directive européenne ; la signature électronique qualifiée qui doit être une signature électronique avancée basée sur un certificat qualifié valide au moment de sa création et qui avoir été créée avec un dispositif sécurisé de création de signature. La loi allemande est très proche des dispositions de la directive européenne.
Autriche	Loi du 14 juin 1999, entrée en vigueur le 1er janvier 2000 basée sur la Directive européenne.	La loi prévoit des signatures avec des niveaux de sécurité variables. Différentes classes de certificats peuvent être utilisées pour des transactions légales et commerciales. La loi prévoit un service d'horodatage. Les documents signés électroniquement sont équivalents aux documents signés manuellement, ce qui signifie qu'il existe une présomption quant à l'authenticité du contenu du document. Pour la signature électronique sécurisée, elle bénéficie d'une présomption aux termes de laquelle les conditions de sécurité sont réunies. La loi a prévu que les ressources financières minimales d'un PSC devaient être de 300 000 euros et il doit de plus obtenir une assurance de responsabilité avec une somme de 1 million d'euros assurée. La responsabilité des prestataires : la charge de la preuve pèse sur les prestataires, ils doivent prouver que le dommage survenu n'est pas de leur faute.

Pays	Signature électronique	Remarques
Belgique	Loi introduisant l'utilisation de moyens de télécommunication et de la signature électronique dans la procédure judiciaire et extrajudiciaire du 20 octobre 2000. Loi du 9 juillet 2001 fixant certaines règles relatives au cadre juridique pour les signatures électroniques et les services de certification.	Il est prévu que la révocation est opposable aux tiers à compter de l'inscription de celle-ci dans l'annuaire électronique. Responsabilité : un PSC est responsable du préjudice causé à tout organisme ou personne qui, en bon père de famille, se fie raisonnablement à ce certificat pour ce qui est notamment de l'exactitude des informations contenues et la présence, dans ce certificat, de toutes les données prescrites pour un certificat qualifié, sauf si le prestataire de service prouve qu'il n'a commis aucune négligence. La charge de la preuve pèse donc sur le prestataire. Le principe de la reconnaissance mutuelle est posé : un certificat qualifié délivré à l'intention du public par un PSC qui est établi dans un État membre de l'UE est assimilé aux certificats qualifiés délivrés par un PSC établi en Belgique.
Danemark	Loi sur la signature électronique du 31 mai 2000 conforme à la Directive européenne.	
Espagne	Décret du 17 septembre 1999 sur la signature électronique. Décret du 21 février 2000 sur l'accréditation des prestataires de service de certification.	Ce pays est souvent bien en avance sur ce sujet.
Finlande	Le gouvernement envisage l'élaboration d'une réglementation qui reconnaîtrait légalement la signature électronique.	
France	Loi du 13 mars 2000 et décret du 30 mars 2001 (qui sera complété par des arrêtés).	
Grèce	Un projet de loi est actuellement à l'étude pour transposer la Directive.	
Irlande	L'E-commerce « act » 2000 adopté en juillet 2000 transpose la Directive européenne.	
Italie	Nombreux textes sur la signature électronique : • Article 15-2 de la loi du 15 mars 1997. • Décret présidentiel du 10 novembre 1997 abrogé et remplacé par le décret 445/2000. • Décret du Premier ministre du 8 février 1999.	

Pays	Signature électronique	Remarques
Luxembourg	Loi cadre sur le commerce électronique de juillet 2000, entrée en vigueur le 8 septembre 2000.	
Pays Bas	En cours d'élaboration.	
Portugal	Décret loi du 2 août 1999.	L'entité responsable de l'accréditation des autorités de certification a été nommée en septembre 2000 par un décret-loi mais les règles d'accréditation n'ont pas encore été définies.
Royaume Uni	Electronic communications Bill entré en vigueur le 25 mai 2000. Ce texte met en œuvre certains des points essentiels prévus par la Directive européenne.	
Suède	Loi de novembre 2000 entrant en vigueur le 1er janvier 2001.	

Figure 9-2. Panorama européen sur la signature électronique

Rappel

En France, le bon père de famille est le « type de l'homme normalement prudent, soigneux et diligent, auquel se réfère le code civil pour déterminer notamment les obligations qui pèsent sur celui qui a la conservation (code civ. articles 1137, 1880, 1962), l'administration (code civ, articles 450, 1374) ou la jouissance (code civ. articles 601, 1728, 1806) du bien d'autrui en supposant chez le père de famille, érigé en modèle, la vertu moyenne d'une gestion patrimoniale avisée [...] » (*Vocabulaire juridique* publié sous la direction de Gérard CORNU, PUF, 1987).

Point sur les États-Unis d'Amérique

La Directive européenne prévoit en son article 7 des mécanismes de coopération avec les pays tiers sur la base d'accords bilatéraux ou multilatéraux aux fins de faciliter le développement sécurisé du commerce électronique au niveau mondial. La question de la reconnaissance des signatures électroniques entre États membres et États tiers reste délicate et sera vraisemblablement source d'arbitrages futurs.

Nous nous attacherons plus particulièrement ici aux États-Unis d'Amérique, sachant que d'autres États, tels que le Canada par exemple, disposent déjà d'une réglementation adaptée aux nouvelles technologies, fruit d'une réflexion déjà bien avancée sur le sujet.

Aux États-Unis d'Amérique, des réglementations ont été adoptées dans un premier temps au niveau des États. Dès 1995, l'Utah s'est doté d'une réglementation en la matière. En Californie, l'Uniform Electronic Transactions Act (UETA), entré en vigueur en janvier 2000, reconnaît la valeur juridique de la signature électronique. Il est suivi en mars 2000 de l'Electronic Records and Signature Act pour l'État de New York. D'autres États se sont de la même manière intéressés à la question en modifiant leur réglementation.

Les États-Unis d'Amérique ont récemment (30 juin 2000) adopté une législation au niveau fédéral intitulée l'« Electronic Signatures in Global and National Commerce Act », ou encore communément appelée « E-sign », dont la plupart des dispositions sont entrées en vigueur dès octobre 2000. L'objectif de ce texte est de tenter de rendre cohérentes les différentes lois étatiques. Il s'intéresse également au commerce international. On notera par ailleurs que la Commission d'uniformisation des droits étatiques américains a également adopté le « Uniform Electronic Transactions Act » (UETA).

L'approche américaine est sensiblement comparable à l'approche française, même s'il existe quelques différences notoires. Sans entrer dans les détails de cette réglementation, nous signalerons que la loi américaine ne prévoit pas « *de conditions préalables d'identification pour que la validité et l'effet contraignant de la signature électronique soient reconnus* ». De même, « *l'E-sign ne précise-t-il en aucune manière que la signature électronique manifeste l'intention d'être lié contractuellement* » |« *La signature électronique, comparaison entre les législations française et américaine* », Laurence BIRNBAUM-SARCY et Florence DARQUES-LANE, RDAI/IBLJ, n°5, 2001.|. L'aspect « certification » associé à la question de la signature électronique n'est pas non plus abordé. Enfin, force est de constater que la loi américaine traite de la situation des consommateurs aux fins d'assurer leur protection de façon efficace, ce qui n'est pas encore le cas en France (voir sur ce point la question clé n°10 sur la LSI).

Remarque

Pour des informations intéressantes sur la situation américaine, il est possible de se reporter aux travaux réalisés par l'American Bar Association (ABA) qui, dès 1996, publiait des lignes directrices sur la signature numérique et qui plus récemment s'est attachée au thème des ICP.

L'ICP : rôles et responsabilité des acteurs

Les différents acteurs qui interviennent au sein d'une ICP ont été définis en détail dans le chapitre 2 de cet ouvrage. De même, leurs rôles et missions ont été explicités d'un point de vue pratique. Notre propos n'est donc pas de revenir sur ces aspects qui ont déjà été traités.

Nous souhaitons au contraire apporter une autre vision de ces acteurs, une vision complémentaire sous l'angle purement juridique. Les questions soulevées ou les problématiques décrites s'inspirent directement des situations auxquelles nous avons pu être confrontés.

En l'absence de précédents sur les questions d'ICP et de signature électronique, notre intention est aussi de préparer au mieux le lecteur aux cas futurs qui risquent fort de se présenter. Dans cette optique, nous allons parfois procéder par comparaison. En toute logique, nous nous inspirons largement des solutions adoptées en matière informatique.

Nous évoquerons tour à tour dans une première section les principaux acteurs des ICP en précisant pour chacun d'eux les obligations qui les caractérisent et en identifiant les principales sources de responsabilité.

Dans la section suivante, nous faisons la part belle aux prestataires de services de certification électronique, et tout particulièrement à ceux qui sont visés dans le nouveau dispositif juridique sur la signature électronique.

Enfin, la dernière section traite de la contractualisation des rapports entre ces différents acteurs. Nous tenterons d'identifier quelques clauses contractuelles importantes.

Rôles, obligations et responsabilité des différents acteurs

L'Autorité de certification

C'est l'entité qui va délivrer des certificats (non pas au sens matériel du terme). Plus précisément, elle va décider d'émettre ou non un certificat (et peut également se charger de le délivrer matériellement) ou bien encore, c'est l'autorité qui – selon la norme ISO – a la confiance d'un ou plusieurs utilisateurs pour générer et assigner des certificats. L'AC décide de l'ensemble du processus de certification et en est responsable. C'est elle encore qui va établir la PC et autres documents. Comme nous l'avions indiqué précédemment, l'AC constitue le point central de l'ICP. Elle assure le lien avec les autres entités. L'AC va définir et organiser la délivrance, la révocation, la suspension, le renouvellement, etc., des certificats électroniques. On l'appelle aussi Autorité de confiance pour marquer que c'est en cette entité que le public ou la population concerné(e) peut et va faire confiance. Pour cette raison, un certain nombre d'entités ont plus que d'autres – historiquement ou dans l'inconscient collectif – le profil d'AC, comme les prestataires de services de certification reconnus, notre banque, notre compagnie d'assurances ou autres organisations et professions réglementées, dont la fiabilité est généralement admise.

À titre d'illustration, la PC type du MINEFI définit l'AC ainsi :

« Terme employé ici pour nommer l'entité interlocutrice du MINEFI responsable des certificats signés en son nom. Par commodité pour la suite de ce document, l'AC sera considérée comme le maître d'ouvrage de l'ICP. L'AC doit assurer au moins les fonctions suivantes :

- *mise en application des PC ;*
- *gestion des certificats ;*
- *gestion des supports et de leurs données d'activation si les bi-clés et les certificats sont fournis aux abonnés sur des supports matériels ;*
- *publication des certificats valides et des listes de certificats révoqués ;*
- *journalisation et archivage des événements et informations relatives au fonctionnement de l'ICP ;*
- *éventuellement fonction de séquestre.*

Pour assurer ces fonctions, l'AC peut s'organiser de la façon qui lui convient le mieux : en les prenant elle-même en charge, en les sous-traitant à un OSC ou en obtenant la collaboration d'autres entités, du moment que les accords entre les différentes parties sont clairement définis. La fonction d'enregistrement des certificats fait partie des fonctions indispensables d'une ICP. L'AC doit s'assurer qu'elle est remplie par une Autorité d'Enregistrement, distincte de l'AC avec laquelle elle collabore ou qui lui est rattachée. »

Nous ne reviendrons pas ici sur ses obligations les plus significatives qui ont été largement détaillées dans les chapitres précédents. On notera simplement qu'elle va définir des procédures – souvent très détaillées et complexes – qui seront retranscrites dans des documents, certains diffusés, d'autres pas. Sa responsabilité est dès lors fort exposée (en principe, si manquement constaté et prouvé il y a ; voir sur cette question le paragraphe consacré à la responsabilité des PSC). Enfin, sa responsabilité restera en quelque sorte globale sur l'ensemble du processus de certification, notamment au regard de la validité des certificats.

L'Autorité d'enregistrement

Selon la définition donnée par le MINEFI dans sa PC type, l'AE est :

« L'entité qui vérifie que les demandeurs ou les porteurs de certificat sont identifiés, que leur identité est authentique et que les contraintes liées à l'usage d'un certificat sont remplies, tout cela conformément à la PC. L'AE peut avoir également pour tâche de réceptionner les demandes de révocation de certificats et peut les traiter. L'AE archive les dossiers de demande de certificats et de révocation. L'AE peut être constituée d'une seule unité ou d'unités distinctes coopérant entre elles ou hiérarchiquement dépendantes. Diverses structures sont acceptables du moment qu'elles sont adaptées aux exigences de la PC en matière d'enregistrement des abonnés. Ainsi l'AE peut déléguer tout ou partie de ses fonctions à des unités de proximité (AE locales). »

L'AE a pour mission de vérifier que le demandeur a bien l'identité, les droits et la qualité qui seront indiqués dans le certificat. Elle applique les procédures d'identification définies par l'AC. Nous préférons dans ce chapitre nous en tenir à cette définition qui caractérise la mission de vérification de l'identité du demandeur, et pas à la définition trop large donnée par le MINEFI. En pratique, de nombreuses entités comme les succursales de banques ou de compagnies d'assurances, les bureaux de poste ou encore les chambres de commerce peuvent jouer ce rôle.

Cette opération d'enregistrement est déterminante.

Note

Rappelons le cas Microsoft, ainsi exposé : « *En l'espèce, le 31 janvier 2001, une personne habile se fait passer pour un employé de Microsoft et a pu, à ce titre, s'enregistrer sur le site du certificateur Verisign. Ainsi enregistrée, elle a obtenu de la firme deux certificats émis au nom de Microsoft et qui sont normalement destinés aux éditeurs de logiciels. L'intérêt de ces certificats réside dans le fait qu'ils permettent d'authentifier un programme qui est distribué par un moyen non sécurisé, Internet par exemple, et de s'assurer que celui-ci n'a pas été altéré. Ainsi, l'escroc pourrait signer au nom de Microsoft n'importe quel programme et faire télécharger à des milliers d'utilisateurs de faux programmes.* » Élisabeth JOLY-PASSANT, doctorante, « Le décret du 31 mars 2001 pris pour application de l'article 1316-4 du Code civil et relatif à la signature électronique », in Lamy, Droit de l'informatique et des réseaux, juin 2001, cahier n°137.

Comme nous l'avions indiqué dans le chapitre 9, il s'agit du tout premier maillon du processus qui permet de passer d'une situation concrète concernant une personne à une situation virtuelle d'identification et d'octroi de droits. L'AE se situe en tête du processus de certification. Elle est en charge d'identifier les demandeurs de certificats avant la délivrance de ceux-ci. Une fois cette vérification faite et le certificat délivré, les fonctions d'authentification liées à l'ICP joueront pleinement leur rôle. Toute erreur au niveau de cette étape préalable serait, d'une part, difficilement détectable – en tout cas rapidement – , d'autre part, pleinement préjudiciable.

Les obligations de l'AE dépendent principalement de ce qui lui aura été assigné par l'AC. C'est en effet l'AC qui va définir les procédures à suivre par l'AE. Le degré de sécurité sera calqué sur le degré de vérification choisi. Le curseur de vérification se situe entre un degré très fort de vérification qu'est par exemple le recours à un notaire ou la fourniture d'informations biométriques et un degré très faible de déclaration par téléphone ou *via* Internet.

Dans la figure 10-1 l'axe définit la fiabilité de l'identification.

Figure 10-1.
Schéma représentatif
de différents types de
vérification possibles

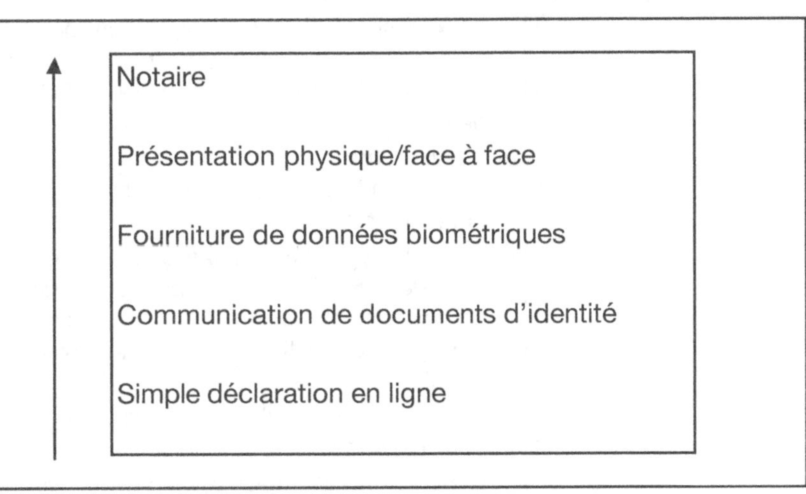

Ces différentes solutions peuvent bien entendu être combinées. Le type d'informations demandées ne doit pas non plus être négligé. Ainsi, afin de réduire les risques d'homonymie, il est fortement recommandé de demander la communication d'un deuxième prénom.

Le choix des procédures se traduit en fait par un juste équilibre entre leur faisabilité concrète (y compris, commerciale et psychologique) et les risques qui y sont associés.

Prenant pour exemple le greffe du tribunal de commerce de Paris (***http://www.greffe-tc-paris.fr***) et la télétransmission de documents de sociétés, un auteur faisait justement remarquer que la présentation physique de la personne reste une situation minoritaire, compte tenu de son inadaptation à la réalité du terrain et des contraintes qui en découlent (même si le risque est de ce fait réduit) :

« Pour exemple, le Greffe du tribunal de commerce de Paris qui prévoit dans le cadre de sa procédure de télétransmission de documents de société que les utilisateurs doivent venir personnellement – munis de leur carte d'identité – au guichet se faire remettre le certificat de signature électronique – c'est un code confidentiel – au guichet du greffe. Ils peuvent également le recevoir à leur domicile par un huissier de justice. C'est l'idéal mais c'est une situation minoritaire sur les réseaux destinés à organiser des transactions électroniques entre des personnes qui peuvent ne pas se connaître et/ou qui vont utiliser un outil virtualisé. » (Claude RETORNAZ, juriste en propriété intellectuelle et professeur associé à l'UIT-I de Grenoble, « Les "noces" du droit et de la technique : présentation du décret du 30 mars 2001 relatif à la signature électronique », in Cahiers Lamy, Droit de l'informatique et des réseaux, n°136, mai 2001.)

Pour une illustration du rôle de l'AE et du degré d'identification choisi, nous avons présenté, sous la forme d'un tableau (figure 10-2), une synthèse des éléments fournis par la

Informations	Documents	Procédures
Les informations suivantes doivent figurer dans la demande de certificat : – le nom d'abonné à utiliser dans le certificat, – la clé publique, – la preuve de l'autorisation d'associer certains attributs à un certificat, – les données personnelles d'identification.	L'autorité d'enregistrement acceptera seulement les demandes de certificat appuyées par des dossiers constitués de pièces justificatives fiables telles que : • *Pour les certificats individuels :* une demande écrite signée par le demandeur ; – deux justificatifs d'identité sous la forme de copies *certifiées conformes* selon les règles de la législation française (*fiche individuelle d'état civil*, photocopie *certifiée conforme* du permis de conduire, de la carte d'identité, etc.) ; – deux justificatifs de domicile sous forme de photocopie (dernière facture d'électricité, de téléphone, dernier avis d'imposition, dernier bulletin de salaire, etc.). • *Pour une entreprise :* – une demande écrite signée par le chef d'entreprise ou son représentant ; – un mandat signé par un représentant de l'entreprise désignant la personne physique à qui le certificat doit être délivré. Ce mandat doit être signé pour acceptation par la personne physique bénéficiaire ; – un exemplaire des statuts de l'entreprise portant signature de ses représentants ; – une pièce portant le numéro SIREN de l'entreprise (extrait K-bis ou Certificat d'identification au Répertoire national des entreprises et de leurs établissements) ; – deux justificatifs d'identité de la personne physique mandatée sous la forme de copies certifiées conformes selon les règles de la législation française (*fiche individuelle d'état civil*, photocopie certifiée conforme du permis de conduire, de la carte nationale d'identité, etc.).	L'autorité d'enregistrement doit vérifier l'authenticité des pièces justificatives et l'exactitude des mentions qui établissent l'identité de l'abonné ou de l'entreprise. Lorsqu'un abonné demande un certificat, l'AE doit effectuer les opérations suivantes : – établir l'identité du demandeur ; – vérifier l'autorisation des attributs demandés ; – s'assurer que le demandeur a pris connaissance des modalités applicables pour l'utilisation du certificat ; – obtenir la clé publique du demandeur ; – dans le cas d'une biclé de chiffrement, s'assurer que le demandeur possède la clé privée correspondante.

Figure 10-2. Tableau descriptif de la procédure d'enregistrement dans la PC type du MINEFI

PC type du MINEFI dans le cadre du service TéléTVA. Nous attirons l'attention sur le fait qu'en raison des relations préalables entre les déclarants et ses propres services, le MINEFI a délibérément allégé le niveau d'exigence de la procédure d'enregistrement. Le seuil défini par le MINEFI doit être considéré comme le seuil minimal.

Par ailleurs, le dossier de référencement des certificats externes comprend un certain nombre de questions relatives à l'AE, qui sont à renseigner par le demandeur au référencement, notamment :

- Quelles sont les pièces justificatives exigées par l'AE pour établir l'identité d'un utilisateur ou d'une entreprise ?
- Quelles sont les vérifications effectuées par l'AE sur les pièces fournies ?
- L'abonné doit-il se présenter physiquement à l'AE ?
- Le formulaire de demande de certificat est-il différent pour un certificat individuel ou un certificat d'entreprise ?
- Quelles sont les informations obligatoires dans les formulaires de demandes de certificat ?

Pour des raisons de confidentialité, nous n'avons pas pu exposer ici, à titre de comparaison, d'autres exemples d'AE.

> **Remarque**
>
> Le lecteur trouvera d'autres exemples sur les sites Internet des sociétés qui ont fait référencer leurs certificats auprès du MINEFI dans le cadre du service de TéléTVA (Certplus, Certinomis, ChamberSign, etc.)

Nous soulignerons simplement que les choix, tant au niveau des informations et documents demandés que des procédures mises en place, restent fort variés : un seul ou plusieurs documents d'identité, existence d'un face-à-face ou simple déclaration en ligne, recours à un notaire, etc. Le Décret sur la signature électronique ne donne malheureusement pas plus d'indices, notamment quant au degré minimal de sécurité requis. Il se contente de préciser que le PSC doit vérifier l'identité – et la qualité (il peut s'agir de la qualité de mandataire d'une entreprise ou de celle résultant d'une profession réglementée.) – de la personne à laquelle un certificat électronique est délivré « *en exigeant d'elle la présentation d'un document officiel d'identité* ». On regrette presque que le terme « présentation » ait été choisi. Certains pourraient considérer qu'une présentation physique de la personne fût *de facto* nécessaire. Une telle interprétation n'est pas exclue. Pourtant, la Directive reste plus large puisqu'elle parle simplement d'une obligation de vérifier l'identité, sans plus de précision. Il nous semble que l'interprétation large soit celle à retenir, c'est-à-dire que la présentation physique de la personne n'est pas en soi une obligation réglementaire mais une option que le PSC peut librement choisir d'inclure dans ses procédures d'enregistrement. Tout dépend en fait du niveau de confiance recherché.

> **Note**
>
> Dans sa première mouture, le projet de décret, dans son article 6, 2, d, reprenait la disposition de la Directive européenne en ces termes :
>
> « Ce certificat électronique doit être fourni par un prestataire de services de certification électronique qui :
>
> (d) vérifie, par des moyens appropriés, l'identité et, le cas échéant, les qualités spécifiques de la personne à laquelle un certificat électronique est délivré [...] »

Une autre question à laquelle nous avons été confrontés est celle de la vérification par l'AE – en pratique – des pièces et documents présentés. Quel est le degré de contrôle qui est demandé à l'AE ou exigé d'elle ? Doit-elle vérifier l'authenticité des pièces présentées et la véracité des informations fournies ? Pourrait-on lui reprocher de ne pas avoir détecté une fausse pièce d'identité ou des incohérences importantes dans les éléments d'identification présentés ? Faut-il prévoir une formation particulière des personnels chargés de ces procédures ? Autant de questions dont nous n'avons pas les réponses. Nous estimons en tout cas qu'une erreur grossière (c'est-à-dire celle que commettrait tout bon père de famille) devrait entraîner la mise en cause de sa responsabilité.

À titre de comparaison quant au rôle et à la responsabilité de l'AE, l'analyse du rôle et de la responsabilité du notaire dans sa fonction d'identification (soit la vérification de l'identité des personnes qui se présentent à lui pour une opération juridique donnée) constitue à notre sens un bon exemple.

Rappel

« Le notaire est placé, selon une formule qui a fait fortune, dans la position d'un témoin privilégié dont l'attestation a, aux yeux de la loi, une valeur exceptionnelle » (Maître Alain Peloni, notaire, article consacré à la responsabilité civile du notaire, RFC, n°303, sept. 1998).

Un auteur précise, quant aux vérifications d'identité dont les notaires ont la charge afin d'assurer une sécurité maximale aux actes qu'il rédige, que « *l'article 5 du décret du 26 novembre 1971 dispose que l'identité, l'état et le domicile des parties, s'ils ne sont pas connus du notaire, peuvent être établis par tout document justificatif. En pratique, ces documents justificatifs sont la carte d'identité, le passe-port, au besoin complétés par une autre pièce telle une quittance de loyer. S'il est impossible de produire des documents justificatifs, la certification de l'identité des parties peut être assurée par deux témoins mais ce procédé est rarement utilisé* »(Yves LETARTRE, maître de conférences à l'Université de Lille II, « *La responsabilité du notaire, principes et illustrations* », JCP *notariale et immobilière*, n°50-51, 17 décembre 1999.).

En fait, le notaire est garant de l'identité. Si le notaire n'a pas procédé aux nécessaires vérifications, sa responsabilité pourra être engagée. Il lui appartiendra de démontrer qu'il a fait ces vérifications car la charge de la preuve lui incombe. Dès lors, si le notaire n'assure pas cette sécurité en matière d'identification, il est susceptible de voir sa responsabilité engagée de plein droit, la jurisprudence étant de plus en plus stricte sur ce point. Il doit donc procéder à un minimum de diligences. Par comparaison, l'autorité d'enregistrement aurait, elle aussi, une responsabilité de plein droit quant à la vérification de l'identité du signataire (informations et documents fournis), la charge de la preuve serait donc renversée et ce serait à elle de montrer qu'elle a été suffisamment diligente, d'autant plus lorsqu'il s'agit de la délivrance d'un certificat permettant à la personne de signer électroniquement des documents, et donc, dans de nombreux cas, de s'engager juridiquement. L'analogie entre la fonction de notaire et d'autorité d'enregistrement doit certes rester limitée dans le sens où le notaire est un officier public, statut auquel est attaché un certain nombre de conséquences, notamment en termes de fiabilité.

Nous sommes d'avis que l'AE doit vérifier l'identité de la personne à laquelle elle délivre un certificat et garder les preuves qui s'y rapportent, en prenant toutes les précautions possibles en fonction (i) des risques encourus, (ii) des contraintes auxquelles elle se trouve parfois confrontée, notamment en termes de faisabilité commerciale ou financière. Bien entendu, plus les diligences de l'AE sont poussées, plus le risque juridique est faible.

Les opérateurs de services de certification/prestataires techniques

Ils ont été évoqués plus avant au sein de cet ouvrage. Ce sont des opérateurs qui assurent des prestations techniques nécessaires au processus de certification. Celles-ci peuvent être variées et porter par exemple sur la fourniture d'une plate-forme technique hautement sécurisée et de services associés. Ces prestations sont souvent de nature cryptographique. La PC type du MINEFI définit, dans le cadre de son service TéléTVA, de manière assez circonscrite, les opérateurs de services de certification en ces termes :

« *Composante de l'ICP disposant d'une plate-forme lui permettant de générer et émettre des certificats auxquels une communauté d'utilisateurs fait confiance.* »

La responsabilité des opérateurs de service de certification la plus forte se situe au niveau des moyens matériels et humains de sécurité mis en place. L'organisation interne doit également être sans faille. Les opérateurs doivent pouvoir être contrôlés et audités. Leur responsabilité est somme toute classique (sauf situation particulière, régie par un régime de responsabilité spécifique) et tient principalement à la preuve de la survenance d'une défaillance technique. Elle peut être calquée sur la responsabilité des prestataires informatiques.

Les prestataires d'archivage

Le prestataire d'archivage, ou encore appelé tiers archiveur, est communément défini comme une entité chargée pour le compte de tiers d'assurer la conservation de documents ou autres données, qu'ils soient sous forme papier ou sous forme électronique. Comme nous l'avons indiqué, l'archivage représente une fonction majeure dans le processus de certification. Il s'agit du dernier maillon de l'ICP qui permet de garder trace et donc de rapporter la preuve.

L'archivage est un métier à part entière. Il est donc conseillé, compte tenu de l'importance de cette phase du processus et afin d'assurer un niveau de confiance maximal, de sous-traiter cet aspect à un tiers spécialisé en prévoyant un encadrement contractuel adapté à la situation rencontrée (voir ci-après le paragraphe consacré aux contrats). Les obligations du tiers archiveur découleront de l'accord conclu. Ce mécanisme a pour effet de créer un report de responsabilité du PSC vers ce spécialiste. Or, on le sait, les conséquences liées à un manquement aux obligations d'archivage représentent, en termes de responsabilité, un risque juridique très fort.

Pour plus de détails, nous renvoyons le lecteur au *Guide de l'archivage sécurisé* du 12 juillet 2001 à la rédaction duquel de nombreux experts ont collaboré. Le guide de la MTIC relatif à l'archivage et aux téléprocédures, intranets et sites Internet, en date du 29 janvier 2001, apporte également un éclairage intéressant sur cette question.

Les autorités d'horodatage

La fonction d'horodatage est indissociable des ICP. L'autorité d'horodatage est généralement définie comme « *un tiers de confiance qui génère une marque de temps afin de montrer qu'une donnée existait à un moment donné* ». En dehors des situations propres aux ICP où un horodatage est de rigueur pour certaines fonctions, il conviendra de déterminer les cas où il serait aussi nécessaire d'avoir recours à ce service ou de le proposer à la population concernée (horodatage de l'échange de documents ou d'actes sous seing privé par exemple).

> **Note**
>
> Rappelons que le Décret sur la signature électronique ne réglemente pas l'horodatage. La question est toutefois évoquée s'agissant de la délivrance et de la révocation d'un certificat : le PSC doit veiller à ce que la date et l'heure de délivrance et de révocation d'un certificat électronique puissent être déterminées avec précision.

Il ne faut pas en effet minimiser l'importance de la date en droit, ce que nous avons déjà précisé au chapitre 2. Un auteur d'une étude récente sur la question de la date des actes sous seing privé énonce à titre introductif que :

« *Tout bien considéré, la date est un mécanisme juridique qui repose entièrement sur la conception que l'on a généralement du temps en droit. Intervenant pour marquer l'ordre respectif de deux actes ou événements, pour caractériser une antériorité ou séparer ce qui vient avant, « le passé », de ce qui se situe après, « le futur », le temps est un instrument de classement des droits. Le privilège de l'antériorité permet alors d'assurer la stabilité des situations juridiques en accordant préférence à ce qui est antécédent, en reconnaissant supériorité à l'ancienneté. La date devient donc cette donnée essentielle qui fixe l'origine première d'un droit ; ce que confirme l'adage " premier en date, préférable en droit "*. » (Sylvain MERCOLI, docteur en droit, « Incer-

titudes sur la date des actes sous seing privé (de l'écrit papier à l'écrit électronique) »,
Petites Affiches, n°26, 6 février 2001, p. 4 et suiv.)

S'agissant des actes sous seing privé, nous signalerons simplement que l'article 1328 du
Code civil dispose que « *les actes sous seing privé n'ont de date contre les tiers que du jour où ils ont été
enregistrés, du jour de la mort de celui ou de l'un de ceux qui les ont souscrits, ou du jour où leur substance
est constatée dans les actes dressés par des officiers publics, tels que procès-verbaux de scellé ou d'inventaire* ».
Ainsi, pour opposer un acte aux tiers, il est nécessaire de prouver l'existence d'une de ces
trois circonstances : l'enregistrement de l'acte, la mort de l'une des parties ou la constata-
tion de la substance de l'acte dans un acte authentique. On emploie alors les termes de
« date certaine » de l'acte (qui n'est d'ailleurs pas forcément une date exacte).

Force est de constater que les nouvelles dispositions sur la preuve et la signature électronique ne traitent pas de cette question de la date, laissant ainsi le dispositif actuel de
l'article 1328 inchangé et pleinement applicable aux écrits sous forme électronique. C'est
donc à juste titre que ce même auteur termine sa présentation de la sorte : « Or, *si la signature
engage pleinement son auteur, la date certaine fixe aux yeux des tiers le jour de l'efficacité de l'acte ainsi sous-
crit. On s'étonne donc que la date continue d'exciter si peu la curiosité des juristes, alors même qu'il s'agit là,
on l'a vu, d'une mention capitale...* »

Un autre point à définir dans le cadre des ICP sera celui du fuseau horaire choisi et de la
forme dans la mention de la date.

Quant à la responsabilité de l'autorité d'horodatage, elle est en fait inhérente au service
proposé. Elle sera toutefois variable – « quantitativement » parlant – en fonction de
l'importance attachée à la datation. L'horodatage peut en effet être déterminant : une erreur
dans l'horodatage ou un défaut d'horodatage peut avoir des conséquences juridiques catas-
trophiques (parfois même insoupçonnables à l'origine). Inversement, mais les hypothèses
il est vrai sont très rares, l'horodatage peut constituer une simple valeur ajoutée à un
service, sans réelle portée juridique. Au demeurant, nous retiendrons que la date reste
toujours un élément central en droit (validité, preuve, opposabilité aux tiers, etc.). Des
exemples concrets pourraient être l'envoi d'une déclaration administrative ou des paris sur
Internet. Nous estimons qu'il est plus prudent, sur un plan juridique strict, de recourir à un
prestataire spécialisé dans le domaine. Le besoin légitime de confiance et la règle selon
laquelle on ne peut se constituer de preuve à soi-même militent en ce sens.

Note

Pour une autre étude sur le sujet, voir « La preuve de la date dans les télécommunications : machines à
affranchir, télex et fax », Ernest Emmanuel Frank, docteur en droit, président de chambre honoraire à la
Cour de cassation, *in Administrer*, juin 1995.

Le titulaire du certificat/l'abonné/le signataire

L'abonné d'un service fourni *via* une ICP n'a pas d'obligations particulières autres que celles
relatives d'une manière classique au certificat délivré (voir dans les chapitres précédents et
ci-après nos commentaires sur le signataire) et au service en lui-même, ces dernières étant
traduites dans le contrat qui le lie au prestataire dudit service. Nous évoquerons donc ci-après
le cas du signataire.

Dans notre législation, le signataire est donc toujours une personne physique qui agit soit
en son nom propre, soit au nom de la personne qu'il représente. Par exemple, le directeur
commercial d'une entreprise pourra être habilité par cette dernière à signer électroniquement
en son nom. La définition donnée par le décret met fin à un débat lancé sur la possibilité (nouvelle) pour les personnes morales de disposer d'une signature. La question était
restée ouverte. Il est vrai que le juridique n'est sans doute pas prêt encore à suivre sur ce
chemin la technique, qui permet à une personne morale de signer électroniquement.

Définition du signataire	Référence
Toute personne physique, agissant pour son propre compte ou pour celui de la personne physique ou morale qu'elle représente, qui met en œuvre un dispositif de création de signature électronique.	Article premier, troisièmement, du Décret sur la signature électronique
Toute personne qui détient un dispositif de création de signature et qui agit soit pour son propre compte, soit pour celui d'une entité ou personne physique ou morale qu'elle représente	Article 2, 3, de la Directive européenne sur la signature électronique
Une personne qui détient des données afférentes à la création de signature et qui agit soit pour son propre compte, soit pour celui de la personne qu'elle représente	Article 2, d, de la loi type de la CNUDCI sur les signatures électroniques

Dans le cadre du service TéléTVA, l'abonné est défini dans la PC type du MINEFI en ces termes :

« *Entité, personne morale, personne physique ou entreprise, qui obtient des services de l'AC pour émettre des télédéclarations signées et/ou chiffrées à destination des services du MINEFI gestionnaires des téléprocédures. L'abonné peut également être désigné sous le nom de porteur de certificat. Dans la phase amont de certification il est demandeur de certificat et dans le contexte du certificat X 509 il est un sujet .*»

La Directive comme le Décret ne prévoient pas d'obligations à la charge du signataire, se contentant de le définir.

L'abonné au service TéléTVA a quant à lui pour obligations, le « *devoir moral* » de :

- communiquer des informations justes lors de la demande de certificat ;
- protéger sa clé privée par des moyens appropriés à son environnement ;
- protéger ses données d'activation ;
- respecter les conditions d'utilisation de sa clé privé et du certificat correspondant ;
- informer sans délai l'AE ou l'AC en cas de compromission de sa clé privée.

Ajoutons que « *la relation entre l'abonné et l'AC ou l'AE est formalisée par un engagement de l'abonné visant à certifier l'exactitude des renseignements et des documents fournis* ».

La loi type de la CNUDCI parle quant à elle de « *normes de conduite du signataire* » et précise, dans l'hypothèse où des données afférentes à la création de signature peuvent être utilisées pour créer une signature ayant des effets juridiques, que celui-ci :

« *a) prend des dispositions raisonnables pour éviter toute utilisation non autorisée de ses données afférentes à la création de signature ;*

b) sans retard injustifié, utilise les moyens fournis par le prestataire de services de certification conformément à l'article 9 de la présente loi, ou fait d'une autre manière des efforts raisonnables, pour aviser toute personne dont il peut raisonnablement penser qu'elle se fie à la signature électronique ou qu'elle fournit des services visant à étayer la signature électronique si :

(i) il sait que les données afférentes à la création de signature ont été compromises ; ou

(ii) il estime, au regard des circonstances connues de lui, qu'il y a un risque important que les données afférentes à la création de signature aient été compromises ;

c) prend, lorsqu'un certificat est utilisé pour étayer la signature électronique, des dispositions raisonnables pour assurer que toutes les déclarations essentielles qu'il fait concernant le certificat durant son cycle de vie ou devant figurer dans le certificat sont exactes et complètes. »

Le texte ajoute enfin, mais cela va sans dire, que le signataire assume les conséquences juridiques de tout manquement à ces exigences.

Nous ne reviendrons pas ici sur le détail des obligations du signataire, porteur d'un certificat. On notera simplement que sa principale obligation (outre celle liée à la fourniture d'informations exactes lors de la phase de demande de certificat) est de garder secrète sa clé privée et de prévenir immédiatement l'AC ou toute autorité désignée à cet effet en cas de compromission de sa clé, ou de doutes sérieux ou forts soupçons quant à une éventuelle compromission. La jurisprudence rendue en matière de carte de paiement associée à l'utilisation d'un code confidentiel devrait vraisemblablement éclairer cette question en cas de litige porté devant les juridictions.

Le destinataire/la partie se qui se fie au certificat ou à la signature

On verra, sans trop s'attarder sur cette question, que le destinataire, ou encore nommé « partie se fiant au certificat ou à la signature » si l'on se place du côté de la signature électronique, est sujet au respect de certaines obligations, non négligeables en pratique.

Définition	Référence
Une personne qui peut agir sur la base d'un certificat ou d'une signature électronique	Article 2, f, de la loi type de la CNUDCI sur les signatures électroniques

Dans le cadre du service TéléTVA, les utilisateurs de certificats sont les services du MINEFI gestionnaires des téléprocédures. Ils ont comme obligations :

- Le respect de l'usage pour lequel un certificat a été émis lorsque cet usage a été déclaré critique.
- La vérification de la signature numérique de l'AC émettrice du certificat, et le cas échéant de la chaîne des certificats jusqu'à sa racine.
- Le contrôle de la validité des certificats (date de validité et statut de révocation).

De son côté, la loi type de la CNUDCI dispose que :

« Une partie se fiant à une signature ou à un certificat assume les conséquences juridiques découlant du fait qu'elle s'est abstenue :

a) de prendre des mesures raisonnables pour vérifier la fiabilité d'une signature électronique ou,

b) Si une signature électronique est étayée par un certificat, de prendre des mesures raisonnables pour :

– vérifier que le certificat est valide ou qu'il n'a pas été suspendu ou révoqué ;

– tenir compte de toute restriction dont le certificat ferait l'objet. »

En résumé, le destinataire est soumis à quatre obligations significatives :

- vérifier les conditions d'utilisation du certificat (par exemple, mention d'un montant maximal pour des transactions) ;
- vérifier la signature de l'AC émettrice ;
- vérifier la date de validité du certificat ;
- vérifier le statut de révocation du certificat *via* la LCR (et également le statut de suspension du certificat).

Le respect de l'usage du certificat peut constituer une question sensible. Encore faut-il que cet usage soit clairement exprimé. Or, les subtilités juridiques sont parfois traîtresses. Le respect de la date de validité du certificat ne devrait pas *a priori* soulever de difficulté. De même, la vérification de la signature de l'AC émettrice et du chemin de signatures n'appellent pas de notre part d'observations particulières.

Quant à la révocation, il appartient à la personne qui compte se fier à un certificat de vérifier au préalable que celui-ci n'a pas été révoqué en consultant à cet effet la LCR. Rappelons que l'AC est tenue de publier cette LCR qui doit répondre à certains critères, notamment en termes de disponibilité. Notre souci juridique ici tient à une question de preuve, encore et toujours. Supposons qu'il existe un différend sur le certificat à un temps donné, le destinataire invoquant qu'au moment où il a consulté la LCR, celui-ci n'était pas révoqué, l'AC en charge affirmant le contraire. L'un tentera de prouver que la LCR n'était pas à jour, l'autre que celle-ci était bien à jour mais que le destinataire n'a pas rempli son obligation de consultation. La preuve pour chacun des faits allégués peut être délicate à établir.

Il nous semble que le destinataire devrait pouvoir obtenir la preuve qu'il a bien rempli son obligation de consultation à un temps t. Le fait que, dans le cadre de la signature électronique, la Directive prévoie que c'est au PSC de prouver qu'il n'a commis aucune négligence si on invoque un manquement de sa part dans l'enregistrement de la révocation du certificat, ne nous semble pas suffisant. La trace de la consultation (avec mention de la révocation ou non du certificat concerné et des informations temporelles) constitue un élément de confiance supplémentaire pour le destinataire. Cette position pourrait être transposée à d'autres obligations et se traduire par la délivrance d'une sorte d'attestation de vérification.

Point sur les prestataires de services de certification électronique

Définition

Parmi les prestataires de services de certification, on retrouve en pratique différentes entités qui ont des rôles et responsabilités distinctes, telles que l'AC, l'AE, les autorités d'horodatage, les archiveurs, les opérateurs de certification, les prestataires de services de publication (pour la LCR par exemple), et autres prestataires intervenant dans le cadre du processus de certification ou ayant des activités en matière de signature électronique. Le PSC se situe donc au cœur d'une infrastructure à clé publique. Au sein des textes qui traitent de la signature électronique, les PSC sont définis d'une manière particulièrement large, ce qui permet d'inclure facilement l'ensemble des acteurs sus-mentionnés :

Définition	Référence
Toute personne qui délivre des certificats électroniques ou fournit d'autres services en matière de signature électronique	Article premier, onzièmement, du Décret sur la signature électronique
Toute entité ou personne physique ou morale qui délivre des certificats ou fournit d'autres services liés aux signatures électroniques	Article 2, 11, de la Directive européenne sur la signature électronique
Une personne qui émet des certificats et peut fournir d'autres services liés aux signatures électroniques	Article 2, e, de la loi type de la CNUDCI sur les signatures électroniques

Remarque

Pour simplifier l'exposé que l'on en fait et éviter toute confusion sur l'emploi de ce terme, nous parlerons de PSC « SE » pour marquer qu'il s'agit des PSC définis et dont il est fait état (obligations/responsabilité) dans les textes communautaires et français traitant des signatures électroniques.

Obligations significatives (comme pour les sociétés de service et d'ingénierie en informatique)

Nous ne reviendrons pas ici sur les obligations des PSC qui ont été décrites dans le corps du présent ouvrage et qui varient en fonction du rôle assigné à l'entité concernée. Toutefois, nous souhaitons attirer l'attention sur une obligation générale d'information que nous retrouvons classiquement dans de nombreux secteurs, et notamment dans le domaine de l'informatique. Compte tenu du thème traité (les ICP) et de son futur prometteur, il nous a semblé indispensable d'exposer brièvement, à titre de comparaison, les principaux tenants et les aboutissants de cette obligation générale. En effet, les situations rencontrées et les solutions retenues par les juges à l'époque des premiers balbutiements de l'informatique (décisions datant des années 1970) comporteront vraisemblablement des similitudes flagrantes avec la situation des ICP. En effet, les ICP représentent un domaine de très haute technicité, souvent associé à des conséquences majeures (c'est le fameux tandem technico-juridique formé avec la signature électronique) et, qui plus est, a vocation à se généraliser très rapidement maintenant. Nous ferons également un point sur les obligations propres au PSC SE telles qu'elles sont issues du Décret français.

Obligation d'information

Obligation classique

Dans les faits, le manquement à cette obligation classique d'information est l'argument le plus souvent invoqué devant les tribunaux dans le cadre de litiges qui apparaissent, soit entre prestataires informatiques et particuliers, soit entre les partenaires d'un même projet portant sur la mise en place d'un système d'information. Or, compte tenu de la très forte technicité des projets d'ICP (informatique + cryptologie), de leur complexité (organisation, procédures), de la multiplicité des intervenants et acteurs – d'horizons variés–, et enfin des buts poursuivis (authentification, intégrité, confidentialité, signature électronique, etc.), une telle obligation a pleinement vocation à s'appliquer entre les acteurs de l'ICP et par rapport à la population concernée. Nous ne doutons pas qu'elle sera en l'espèce particulièrement renforcée. Le seul bémol que nous pourrions apporter tiendrait à la nouveauté du phénomène, et donc à l'aléa qui s'ensuit et qui, par définition, serait « accepté » de part et d'autre.

Les parties liées par la mise en œuvre d'un système informatique ont des obligations respectives, tant pendant la phase pré-contractuelle que pendant la phase contractuelle. Comme nous l'avons précisé, la plus significative est l'obligation d'information du prestataire ou fournisseur.

Les obligations pesant sur le fournisseur

Les obligations qui pèsent sur le fournisseur d'un système informatique sont de trois ordres :

- une obligation de renseignement ;
- une obligation de mise en garde ;
- une obligation de conseil.

La première consiste dans la fourniture de renseignements sur les fonctionnalités, les qualités (performances, compatibilité, par exemple), les inconvénients des matériels et logiciels proposés. Il a été jugé que le constructeur devait non seulement fournir des renseignements exacts, mais encore des renseignements susceptibles d'être compris par l'utilisateur. Dans une autre affaire, les magistrats ont considéré que le fournisseur s'était correctement acquitté de son obligation de renseignements dans la mesure où, chargé de la transposition de programmes sur ses propres matériels, il avait indiqué à l'utilisateur que le développement et la maintenance seraient pratiquement impossibles dans le cadre de la formule retenue. Enfin, la communication de l'information doit être loyale, c'est-à-dire faite de bonne foi, et les informations doivent être communiquées en temps utile.

La seconde obligation prescrit au fournisseur d'attirer l'attention de ses clients sur les risques liés à une informatisation, les difficultés qu'ils seront amenés à rencontrer, les problèmes d'environnement. Elle implique la nécessité d'informer l'utilisateur sur différents points, comme les incompatibilités entre l'ensemble informatique fourni et les besoins présentés, l'existence de difficultés lors du démarrage et la nécessité de démarrer en gardant l'ancien système en parallèle, la nécessité d'une période de rodage plus ou moins longue, etc. Cette obligation apparaît très dépendante des situations d'espèce et, pour être satisfaite, devra être appréciée en fonction des circonstances. L'exigence de mise en garde implique de la part du fournisseur plus que de simples recommandations orales ou écrites : il doit être insistant et précis. La mise en garde devra être active : cette exigence pouvant aller jusqu'au refus de s'engager pour des travaux impropres à leur destination. Enfin, l'obligation de mise en garde peut être assez étendue puisqu'elle peut aller jusqu'à imposer au fournisseur l'obligation de prévenir le client de l'importance de la conclusion de contrats accessoires au contrat en cause, comme celui de maintenance ou d'assistance technique.

La troisième obligation – celle de conseil – va plus loin encore puisqu'elle impose au fournisseur de rechercher les besoins de ses clients, leur donner des conseils sur les solutions envisageables et les services accessoires nécessaires (formation, maintenance), et de leur proposer un système qui réponde à leurs besoins, voire de lui suggérer la formation spécifique de certains membres de son personnel, ou l'embauche d'autres personnes. La solution proposée par le professionnel doit être adaptée à l'attente de l'utilisateur, et le fournisseur commet une faute en n'y répondant pas, notamment lorsqu'il propose des prestations qui se situent en deçà ou au-delà de ce seuil. Le professionnel devra participer à l'expression et à la mesure des besoins du client. Ainsi, dans le cas où l'utilisateur aura insuffisamment exprimé ses besoins, le fournisseur devra lui-même effectuer l'analyse préalable en recherchant les priorités et les objectifs à atteindre. Dans une décision Olivetti rendue en 1979, les juges du fond ont précisé que « *il appartenait à la société Olivetti, surtout en l'absence de tout conseil spécialisé, d'aider le cabinet Saillot à exprimer ses besoins, de les interpréter et de procéder à une étude approfondie qui lui aurait permis, compte tenu de la clientèle manifestement importante de l'utilisateur, de recenser " les applications " et de proposer un matériel et des méthodes de traitement adaptés* » (mais cet arrêt est à nuancer car la résolution du contrat a été prononcée aux torts partagés des parties, compte tenu de l'absence de définition par l'utilisateur de ses besoins réels et des objectifs à atteindre).

Le débiteur de l'obligation d'information est en règle générale le fournisseur, sauf dans l'hypothèse d'une pluralité de partenaires, la coexistence de plusieurs partenaires pouvant, dans ce cas, être une source d'amoindrissement de leurs responsabilités respectives. L'étendue de l'obligation de conseil s'apprécie au regard de la qualité des parties contractantes et peut se trouver atténuée ou renforcée en fonction du degré de compétence de l'utilisateur. Dans une affaire concernant l'informatisation d'une entreprise, les juges avaient ainsi reconnu que « *le client... avait depuis 1975 l'expérience personnelle des difficultés inhérentes à toute informatisation d'une entreprise* ». L'obligation d'information du technicien ne saurait être une obligation de résultat car un important aléa, tenant au rôle du client dans sa participation au projet, reste présent. La Cour de cassation a déjà, à plusieurs reprises, expressément relevé que le devoir de conseil se limitait à une obligation de moyen.

Historiquement, dans les années 1970, la jurisprudence s'est tout d'abord montrée assez sévère à l'encontre du fournisseur en prononçant la résolution du contrat à ses torts exclusifs, en raison d'un manquement grave du professionnel à son obligation de renseignement et de conseil envers un acquéreur non technicien, puis cette tendance s'est estompée, sans toutefois s'inverser complètement, avec la prise en compte des obligations de l'utilisateur et de ses compétences acquises en matière informatique. Pour quelques exemples de décisions rendues en faveur du prestataire :

- Le devoir de conseil n'avait pas été méconnu et l'utilisateur avait agi avec légèreté en ne fournissant pas une correcte expression de ses besoins, en s'abstenant de donner des renseignements qui auraient pu être utiles.

- L'obligation d'informer le client de l'existence de produits concurrents ne fait pas partie de l'obligation de conseil.
- Il ne peut être reproché au fournisseur de n'avoir pas conseillé un équipement apte à répondre à des conditions d'utilisation qui n'étaient pas entrées dans les prévisions des parties.

Les obligations de l'utilisateur

L'obligation générale de collaboration qui pèse sur l'utilisateur se décompose en deux obligations distinctes :

- l'obligation de définir et exprimer clairement ses besoins ;
- l'obligation de participer à la définition et à la mise en œuvre du projet.

Quel que soit le niveau de compétence de l'utilisateur en informatique, il lui incombe de procéder à l'analyse puis à l'expression de ses besoins réels et des résultats qu'il compte atteindre par l'informatisation de son entreprise, et ce, afin de permettre au fournisseur de lui proposer la solution informatique adéquate. Si l'utilisateur est un profane, cette obligation d'analyse et d'expression sera atténuée par le devoir d'information du fournisseur qui se trouve, quant à lui, corrélativement accru. L'utilisateur est fautif s'il s'abstient de préciser à son fournisseur une exigence particulière, par exemple relative à la tenue de sa compatibilité ; ce sont donc des logiciels standards qui lui ont été livrés. On notera cependant que l'obligation de l'utilisateur est atténuée lorsque le fournisseur dispose d'une compétence particulière ou lorsqu'il connaît déjà les besoins en cause. Quant au recours à un conseil extérieur, celui-ci n'est pas obligatoire mais, en ne le faisant pas, l'utilisateur peut méconnaître son obligation de définir et exprimer clairement ses besoins.

La collaboration de l'utilisateur suppose que celui-ci se porte en cocontractant responsable et s'implique activement dans l'exécution du contrat informatique ; l'utilisateur ne doit pas assister passivement à la mise en place du système commandé et doit notamment assister aux démonstrations, interroger son fournisseur, quant aux éléments qui pourraient lui échapper, faciliter à ce dernier l'installation du système informatique et s'abstenir d'apporter sans cesse des modifications au projet initial. Le client doit ainsi avoir un comportement actif et curieux, et ne peut reprocher au fournisseur un défaut d'information lorsque lui-même pouvait obtenir cette information ou était réputé l'avoir eue. Il lui revient de demander des explications lorsque certains éléments lui échappent. La responsabilité de l'utilisateur pourra être encourue s'il a contribué à l'échec partiel de l'installation par son manque de coopération. Enfin, c'est à l'utilisateur que reviennent les choix essentiels que sont le recours plus ou moins opportun à l'informatique, l'organisation interne et l'accueil de la solution.

La permanence du devoir de conseil et de collaboration à la charge des deux parties

L'obligation d'information qui pesait sur le fournisseur lors de la phase précontractuelle continue à peser sur lui lors de la phase contractuelle, tandis que l'obligation corrélative à la charge du client de collaborer se poursuit également une fois que surgissent des difficultés. Le fournisseur a également le devoir de mettre à la disposition de l'utilisateur la documentation, les manuels d'exploitation sans lesquels la mise en œuvre des applications et l'utilisation des matériels seraient difficiles, sinon impossibles. L'absence ou la pauvreté de cette documentation est un grief souvent invoqué par le client.

Les causes possibles d'atténuation de la responsabilité du fournisseur

L'obligation de conseil du fournisseur peut être atténuée, voire supprimée, dans un certain nombre de cas de figure. Nous en présentons dans ce tableau (figure 10-3) quelques illustrations.

Cause possible	Illustration
Le client est un utilisateur averti	Justifiée par les différents niveaux de savoir et de savoir-faire des parties, l'obligation de conseil est fortement atténuée lorsque l'entreprise utilisatrice dispose par exemple d'un service informatique. *« Considérant qu'il n'est pas démontré que la société ICL ait à se reprocher des manquements à l'obligation de conseil pesant sur elle en sa qualité de fournisseur du matériel; qu'au demeurant, avant de signer les conventions litigieuses, en 1977, la société Douez et Lambin, qui disposait d'un personnel qualifié et qui, pour l'avoir déjà utilisé, connaissait parfaitement les caractéristiques et les performances du matériel comme son adéquation aux impératifs de sa gestion, avait en mains toutes les données techniques et comptables lui permettant d'établir de façon précise le calcul de la rentabilité de ce procédé technique et juridique qui lui avait été proposé compte tenu certes de l'évolution de l'informatique, mais aussi et surtout en raison des soucis d'économie qu'elle avait manifestés; qu'il faut donc retenir que la convention dont il s'agit a été conclue en toute connaissance de cause par la société Douez et Lambin »* (CA Paris, 5e ch., 16 décembre 1982, aff. Douez et Lambin, c. ICL).
L'utilisateur a été guidé dans son acquisition par un conseil spécialisé	Si le recours à un conseil extérieur ne constitue en aucune façon une obligation, on note cependant une tendance des tribunaux à considérer que, en ne faisant pas appel à une aide extérieure, l'utilisateur méconnaît son obligation d'information (même si dans le même temps le fournisseur a méconnu son devoir de conseil). Dans ce cas de figure, les tribunaux opèrent un partage de responsabilité. Dans l'affaire suivante, les juges ont apprécié l'étendue de l'obligation de conseil du fournisseur au regard de la qualité des parties contractantes. En effet, l'obligation de conseil à la charge du vendeur dépend d'une part de la capacité de ce dernier à l'exécuter (vendeur spécialisé ou non), mais surtout, d'autre part, de l'importance du besoin de conseil de l'acquéreur. *« S'il n'était pas contesté en l'espèce, que Général Diffusion était un véritable profane de l'informatique, il était par ailleurs établi que cette dernière avait été guidée dans son acquisition par un conseil spécialisé, lequel avait non seulement participé au choix des logiciels défaillants, mais avait en outre procédé à leur installation : dès lors, Général Diffusion, assistée d'un conseil, ne pouvait prétendre n'avoir en rien concouru à la réalisation de son propre dommage. »* Il a également été jugé que la responsabilité du fournisseur dans une opération d'informatisation pouvait être écartée quand le client avait préalablement pris conseil d'une société spécialement qualifiée.
L'engagement du client en connaissance de cause des risques	Un client n'est pas fondé dans sa demande de dommages intérêts à titre de réparation pour le trouble de jouissance qu'il aurait subi durant la période de mise au point de l'ensemble informatique qui lui a été livré en raison des dysfonctionnements constatés dès lors qu'il est relevé qu'il avait passé commande à son cocontractant d'une liste de matériels sans aucun cahier des charges – en considérant vraisemblablement que son expérience antérieure de l'utilisation de l'informatique lui permettait de définir lui-même la configuration du matériel convenant à ses besoins – et sans demander au préalable une étude personnalisée effectuée par un technicien ou un ingénieur très qualifié ; étude dont le coût aurait renchéri de manière substantielle son investissement. Il en est déduit que le contrat ainsi passé ne comportait pas pour le fournisseur, même implicitement, l'obligation de conseil touchant notamment à l'adéquation au matériel commandé du disque dur externe et du logiciel précédent. Il s'agit dans cette espèce d'un risque que le client a pris délibérément et qu'il doit par conséquent assurer d'autant que le prix qui lui a été consenti était très compétitif. Il ne pouvait par conséquent escompter, au-delà de la fourniture et de la livraison du matériel, la réalisation de prestations connexes de haut niveau, sauf à la demander expressément et à en payer le prix (T. com., 9 déc. 1996, F. Develay c/Sté Alexandre William Setruck).

Figure 10-3. Tableau des causes possibles d'atténuation de responsabilité du fournisseur/prestataire

On notera que le caractère tardif des reproches formulés par l'utilisateur a également été considéré comme une cause d'atténuation possible de la responsabilité du fournisseur.

Cette approche de l'obligation d'information en matière informatique permet de disposer d'un aperçu comparatif des cas qui pourraient se rencontrer dans le cadre de litiges entre acteurs d'une ICP et la population cible, ou entre ces acteurs eux-mêmes, ainsi que des problématiques et solutions qui s'y rapportent.

Obligation particulière

L'article 6, II, o, du Décret sur la signature électronique dispose qu'un PSC doit :

> *« Avant la conclusion d'un contrat de prestations de services de certification électronique, informer par écrit la personne demandant la délivrance d'un certificat électronique :*
> *a) des modalités et des conditions d'utilisation du certificat ;*
> *b) du fait qu'il s'est soumis ou non au processus de qualification volontaire des prestataires de service de certification électronique mentionnée à l'article 7 ;*
> *c) des modalités de contestation et de règlement des litiges. »*

Cette obligation représente une sorte d'extension de l'obligation générale d'information qui incombe tout naturellement au prestataire de services de certification en sa qualité de professionnel proposant une prestation de service, telle que nous venons de la présenter. D'un point de vue pratique, cette obligation pourra prendre la forme d'un document d'information transmis à l'intéressé.

Cette obligation se situe à deux niveaux :

- Celui du contenu du document : il doit comprendre *a minima* les modalités et conditions d'utilisation du certificat, mentionner si l'entreprise concernée est soumise ou non au processus de qualification volontaire, et, enfin, les modalités de contestation et de règlement des litiges. Nous ajouterons que ce document, tout en restant particulièrement précis, doit être rédigé dans un langage clair et accessible.
- Celui de la communication du document : elle doit avoir lieu avant la conclusion du contrat. Il semble que le choix d'une communication concomitante soit exclu, le but poursuivi étant de permettre à la personne intéressée de prendre pleinement connaissance des conditions essentielles relatives au service proposé. Surtout, l'entreprise concernée devra aménager la preuve de cette communication afin d'éviter toute contestation sur ce point. Le Décret prévoit d'ailleurs que l'information doit être « par écrit ». Paradoxalement, l'application de notre nouvelle réglementation reconnaissant la valeur probatoire de l'écrit sous forme électronique sera nécessaire si la communication est effectuée par moyen électronique.

En pratique, la diffusion de la PC en tant que document d'information ne peut véritablement répondre à l'obligation qui découle de l'article précité. Il est aisé de constater qu'une PC est un document complexe, technique et lourd (en moyenne 50 pages !). Maîtriser un tel document pour un « bon père de famille » n'est pas chose facile. Une adaptation de ce document sous la forme d'une vulgarisation est indispensable afin de (i) répondre efficacement à l'obligation sus-mentionnée et (ii) disposer d'un document explicatif pouvant faire partie intégrante du contrat à signer avec l'abonné pour l'accès au service de signature électronique (la déclaration des usages de l'ICP a parfois vocation à jouer ce rôle).

Ce document pourra en effet être utilement joint en annexe du contrat. Le corps du contrat fera donc référence à cette annexe importante, ce qui évitera de l'alourdir inutilement. De plus, si le service est proposé *via* un site Internet ou si l'entreprise dispose d'un site Internet d'informations, il sera intéressant pour cette dernière de diffuser sur son site un document accessible à tous, simples particuliers ou professionnels.

Enfin, on peut se poser la question de l'utilité d'une telle disposition dans le sens où l'obligation « classique » d'information a vocation à jouer de toute façon. Doit-elle pour autant porter sur tous les éléments mentionnés dans cet article ? Rien n'est moins sûr. Or, cela va mieux en le disant clairement dans le texte. L'apport d'une telle disposition consisterait-il alors à prévoir une information *a minima* et par écrit ? Soulignons que cette obligation spécifique ne doit pas avoir pour conséquence de masquer l'obligation générale d'information. Un tel effet pervers serait préjudiciable pour la personne intéressée et surtout contraire au but poursuivi par le législateur.

Obligations posées dans le cadre de la signature électronique

On rappellera que pour qu'un certificat soit qualifié il doit notamment être délivré par un PSC répondant à un certain nombre d'exigences, qui sont retranscrites dans le tableau ci-après afin d'en avoir une meilleure lisibilité (pour une comparaison avec les dispositions de la Directive européenne, nous renvoyons le lecteur à la matrice sur la signature électronique qui figure à l'annexe 4 de cet ouvrage) :

Description	Référence (Décret sur la signature électronique)	Remarques
Obligations quant au contenu des certificats délivrés : ils doivent comporter les éléments mentionnés au §I de l'article 6 du Décret sur la signature électronique	article 6, I	Voir notamment le paragraphe consacré à la responsabilité des PSC et aux cas des certificats incomplets
Obligation de faire preuve de la fiabilité des services de certification électronique fournis	Article 6, II, a)	Cette obligation de fiabilité est formulée d'une manière large. Elle a le mérite de s'imposer en tant que principe général et de s'appliquer directement aux services (ce sont eux qui doivent être fiables) et non aux PSC (comme c'est le cas dans la Directive) ou aux moyens – systèmes, procédures, ressources humaines – utilisés par les PSC (Loi type de la CNUDCI). Il sera plus facile, objectivement parlant, de prouver que le service n'est pas fiable plutôt que de prouver que le PSC ne l'est pas.
Obligation d'assurer un service d'annuaire des certificats	Article 6, II, b)	Un auteur faisait remarquer que la formulation de cet article tendait à faire croire que ce service n'est fourni qu'au profit des personnes titulaires d'un certificat et ne comporte que les demandes de certificats.
Obligation d'assurer un service de révocation	Article 6, II, c)	Via ce service, le titulaire du certificat doit pouvoir le révoquer « sans délai » et « avec certitude ». Les termes employés sont particulièrement forts. Cela s'apparente à une obligation de résultat.

Description	Référence (Décret sur la signature électronique)	Remarques
Obligation de précision quant à la détermination de la date et l'heure de la délivrance du certificat comme de sa révocation	Article 6, II, d)	Un système opérationnel d'horodatage doit donc être mis en place. *Quid* alors de l'adage selon lequel on ne peut se constituer une preuve à soi-même ? Le recours à un tiers s'imposerait donc.
Obligation d'employer du personnel qualifié (connaissances, expérience et qualification nécessaires)	Article 6, II, e)	On retrouve souvent cette obligation au sein d'accords contractuels portant sur la mise en place d'un système informatique. L'expérience sera somme toute la condition la plus difficile à remplir compte tenu de la nouveauté du phénomène et du faible nombre de personnes travaillant sur les ICP.
Obligation d'appliquer des procédures de sécurité appropriées	Article 6, II, f)	Cela va presque de soi.
Obligation d'utiliser des systèmes et produits comportant une garantie (sécurité technique et cryptographique) quant aux fonctions assurées par ceux-ci	Article 6, II, g)	RAS
Obligation de prévenir toute falsification de certificat	Article 6, II, h)	Le terme « prévenir » souligne l'obligation de mettre en place une organisation et des procédures permettant d'éviter en amont, et d'une manière efficace, toute falsification.
Obligation de garantie quant à la confidentialité des données de création de signature	Article 6, II, i)	Cette obligation majeure se retrouvera bien entendu dans le contrat conclu entre le PSC (quand celui-ci fournit les données de création) et le titulaire du certificat.
Obligation de veiller à la correspondance entre données de création de signature et données de vérification de signature	Article 6, II, j)	Le terme « veiller » laisse libre cours à toute interprétation possible.
Obligation de conservation des informations relatives au certificat *« qui pourraient s'avérer nécessaires pour faire la preuve en justice de la certification électronique »*	Article 6, II, k)	Voir nos observations dans le paragraphe consacré au contrat d'archivage
Obligation d'utiliser des systèmes de conservation des certificats comportant certaines garanties (personnel habilité, détection de modification, etc.)	Article 6, II, l)	Voir nos observations dans le paragraphe consacré au contrat d'archivage
Obligation de vérifier l'identité et la qualité du titulaire du certificat (et de conserver des justificatifs)	Article 6, II, m)	Voir nos observations dans les paragraphes consacrés à l'autorité d'enregistrement
Obligation de vérifier l'exactitude des informations contenues dans le certificat et la correspondance entre données de création et données de vérification	Article 6, II, n)	Voir nos observations dans le paragraphe consacré à la responsabilité

Description	Référence (Décret sur la signature électronique)	Remarques
Obligation préalable et écrite d'information sur : a) les modalités et conditions d'utilisation du certificat ; b) mention de la soumission ou non au processus de qualification volontaire ; modalités de contestation et de règlement des litiges	Article 6, II, o)	Voir nos commentaires ci-avant. Le terme « litige » peut recouvrir plusieurs situations allant de la simple réclamation à l'action en justice.
Fourniture des informations (utiles) citées ci-avant aux personnes se fondant sur un certificat électronique	Article 6, II, p)	Cette obligation nous semble assez floue quant à sa mise en œuvre pratique. Il faudrait éviter tout « dérapage » ou abus.
Le PSC, qui entend délivrer des certificats électroniques qualifiés, doit l'indiquer dans sa déclaration de fourniture de prestations de cryptologie.	Article 9	

Remarque

Nous ne traiterons pas dans le cadre de cet ouvrage la question du régime juridique applicable en matière de cryptologie. Tout un dispositif juridique régit cette matière et il convient en tout état de cause de s'y reporter eu égard au thème traité. La LSI doit sur ce point réviser le régime existant dans le sens d'un assouplissement des règles. On notera que la question de la responsabilité des prestataires de cryptologie ferait l'objet d'une disposition spécifique (article 39 du projet de loi sur la LSI) : «*Sauf à démontrer qu'elles n'ont commis aucune faute intentionnelle ou négligence, les personnes physiques ou morales fournissant des prestations de cryptologie à des fins de confidentialité sont présumées responsables, nonobstant toute disposition contractuelle contraire, du préjudice causé aux personnes leur confiant la gestion de leurs conventions secrètes en cas d'atteinte à l'intégrité, à la confidentialité ou à la disponibilité des données transformées à l'aide de ces conventions.* »

S'agissant de la solvabilité et crédibilité des PSC, la Directive européenne prévoit, dans son annexe II, qu'ils doivent disposer « *des ressources financières suffisantes pour fonctionner conformément aux exigences prévues par la présente directive, en particulier pour endosser la responsabilité de dommages, en contractant, par exemple, une assurance appropriée* ». Cette obligation, qui nous semble aller de soi, ne se retrouve pas dans le décret français. Cette absence de précision quant aux garanties financières pourrait se révéler préjudiciable, tant pour les intéressés que pour les PSC « sérieux », dans un contexte où l'introduction concrète de la signature électronique reste encore fragile. Afin de compléter le dispositif actuel, la LSI devrait introduire une nouvelle disposition, rédigée en ces termes dans le projet de loi :

« *Elles [les personnes physiques ou morales prestataires de service de certification électronique ou fournissant d'autres services relatifs aux signatures électroniques] doivent justifier d'une garantie financière suffisante, spécialement affectée au paiement des sommes qu'elles pourraient devoir aux personnes s'étant fiées raisonnablement aux certificats qu'elles délivrent, ou d'une assurance garantissant les conséquences pécuniaires de leur responsabilité civile professionnelle.* »

On rappellera que des arrêtés devraient compléter ce dispositif. Enfin, il appartient aux PSC de respecter les règles générales et spécifiques qui ont vocation à régir la question de la protection des données à caractère personnel (voir chapitre 11).

Responsabilité

Droit commun

Comme l'indiquait très justement le professeur de droit Jourdain, dans un ouvrage consacré aux principes de la responsabilité civile, le droit commun de la responsabilité civile reste complexe. Notre propos ne sera donc pas – et ce serait, en toute honnêteté, difficilement réalisable ici – d'exposer l'ensemble de ces concepts juridiques qui représentent tout un pan de notre droit. Pour faire très simple et très court, nous pouvons dire que la responsabilité civile est fondée sur l'équation suivante : la preuve d'une faute, d'un préjudice et d'un lien de causalité entre les deux :

$$\frac{\text{PRÉJUDICE + FAUTE}}{\text{LIEN DE CAUSALITÉ}} = \text{RESPONSABILITÉ}$$

Rappel

Citons pour mémoire l'article 1382 du Code civil : « Tout fait quelconque de l'homme, qui cause à autrui un dommage, oblige celui par lequel il est arrivé, à le réparer. »

Il est vrai que nous voyons de plus en plus de dispositions, notamment dans le domaine des technologies de l'information, qui dérogent au droit commun, créant de véritables régimes particuliers de responsabilité (voir par exemple la situation des fournisseurs d'accès ou des hébergeurs Internet). Nous aurons bientôt, si nous n'y prenons garde, un florilège de responsabilités spécifiques.

Dispositif particulier

Un régime particulier de responsabilité est institué pour les PSC qui délivrent des certificats qualifiés au public. Des règles minimales de responsabilité des prestataires de service de certification sont énumérées dans la Directive européenne. Elles seront en principe transposées dans notre réglementation nationale dans le cadre de la LSI (le considérant 22 de la Directive sur la signature électronique dispose que « *les prestataires de service de certification fournissant des services de certification au public sont soumis à la législation nationale en matière de responsabilité.* »).

La Directive comme le projet de loi sur la « LSI » prévoient un système comportant un principe de responsabilité assorti de limites. On signalera par ailleurs que les dispositions relatives aux clauses abusives contenues dans notre Code de la consommation s'appliquent aux contrats conclus entre les consommateurs (les « abonnés ») et les PSC.

Le principe de responsabilité

On notera simplement que, d'après la Directive, le PSC est garant de l'exactitude des informations inscrites dans le certificat, plus précisément de l'exacte correspondance entre celles-ci et celles fournies par le signataire, et ce, au moment de la délivrance du certificat (cette notion temporelle est importante et un horodatage s'impose). Les contrats d'abonnement à un service de signature électronique comportent d'ailleurs une disposition sur l'obligation du titulaire du certificat quant à la fourniture d'informations exactes au PSC et son information immédiate en cas de modifications ou autres changements. Quant à la question des LCR, nous l'avons déjà évoquée plus haut.

Le projet de loi ne vise pas quant à lui de cas précis concrets. Il se contente d'aménager une modalité de responsabilité des PSC, à savoir une présomption de responsabilité de ces derniers. Le PSC est présumé responsable, ce qui le place dans une position bien moins avantageuse. La charge de la preuve est ici inversée. Cette présomption sera écartée si le PSC peut prouver qu'il n'a pas commis de faute intentionnelle ou de négligence.

Directive européenne	Projet de loi LSI
Article 6	**Article 40**
1. Les États membres veillent au moins à ce qu'un PSC qui délivre à l'intention du public un certificat présenté comme qualifié ou qui garantit au public un tel certificat soit responsable du préjudice causé à toute entité ou personne physique ou morale qui se fie raisonnablement à ce certificat pour ce qui est de : a) l'exactitude de toutes les informations contenues dans le certificat qualifié à la date où il a été délivré et la présence, dans ce certificat, de toutes les données prescrites pour un certificat qualifié ; b) l'assurance que, au moment de la délivrance du certificat, le signataire identifié dans le certificat qualifié détenait les données afférentes à la création de signature correspondant aux données afférentes à la vérification de signature fournies ou identifiées dans le certificat ; c) l'assurance que les données afférentes à la création de signature et celles afférentes à la vérification de signature puissent être utilisées de façon complémentaire, dans le cas où le PSC génère les deux types de données, sauf si le PSC prouve qu'il n'a commis aucune négligence. **2.** Les États membres veillent au moins à ce qu'un PSC qui a délivré à l'intention du public un certificat présenté comme qualifié soit responsable du préjudice causé à une entité ou personne physique ou morale qui se prévaut raisonnablement du certificat, pour avoir omis de faire enregistrer la révocation du certificat, sauf si le PSC prouve qu'il n'a commis aucune négligence. **3.** Les États membres veillent à ce qu'un PSC puisse indiquer, dans un certificat qualifié, les limites fixées à son utilisation, à condition que ces limites soient discernables par des tiers. Le PSC ne doit pas être tenu responsable du préjudice résultant de l'usage abusif d'un certificat qualifié qui dépasse les limites fixées à son utilisation. **4.** Les États membres veillent à ce qu'un PSC puisse indiquer, dans un certificat qualifié, la valeur limite des transactions pour lesquelles le certificat peut être utilisé, à condition que cette limite soit discernable par des tiers. Le PSC n'est pas responsable des dommages qui résultent du dépassement de cette limite maximale. **5.** Les dispositions des paragraphes 1 à 4 s'appliquent sans préjudice de la directive 93/13/CEE du Conseil du 5 avril 1993 concernant les clauses abusives dans les contrats conclus avec les consommateurs[*JOCE* L95 du 21 avril 1993, p. 29 et suiv.]	Sauf à démontrer qu'elles n'ont commis aucun faute intentionnelle ou négligence, les personnes physiques ou morales prestataires de service de certification électronique ou fournissant d'autres services liés aux signatures électroniques sont présumées responsables du préjudice causé aux personnes qui se sont fiées raisonnablement aux certificats qu'elles délivrent. Elles ne sont pas responsables du préjudice causé par un usage du certificat dépassant les limites fixées à son utilisation ou à la valeur des transactions pour lesquelles il peut être utilisé, à condition que ces limites aient été clairement portées à la connaissance des utilisateurs dans le certificat. Elles doivent justifier d'une garantie financière suffisante, spécialement affectée au paiement des sommes qu'elles pourraient devoir aux personnes s'étant fiées raisonnablement aux certificats qu'elles délivrent, ou d'une assurance garantissant les conséquences pécuniaires de leur responsabilité civile professionnelle.

Figure 10-4. Tableau des textes européen et français

Les limites à la responsabilité

La Directive, tout comme le projet de loi, prévoit deux sortes de limites, l'une relative aux limites d'utilisation fixées dans un certificat, l'autre à la valeur limite des transactions pour lesquelles le certificat peut être utilisé (la seconde situation pourrait d'ailleurs, à notre sens, être directement comprise dans la première). Ainsi, le PSC ne saurait voir sa responsabilité recherchée si le certificat est utilisé au-delà de ce qui est prévu ou si la valeur de la transaction dépasse la valeur maximale permise. Ce système reste vrai si tant est que ces limites soient « *discernables par des tiers* », ou encore « *aient été clairement portées à la connaissance*

Principe : cas de responsabilité	Exceptions
Au moment de la délivrance du certificat, les données contenues dans celui-ci sont inexactes ou le certificat ne comporte pas toutes les données prescrites (il est incomplet)	Preuve de l'absence de négligence du PSC
Au moment de la délivrance du certificat, le signataire ne détenait pas les données afférentes à la création de signature correspondant aux données afférentes à la vérification de signature fournies ou identifiées dans le certificat (défaut d'assurance du PSC à ce sujet)	Preuve de l'absence de négligence du PSC
Dans le cas où le PSC génère ces deux types de données, les données afférentes à la création de signature et celles afférentes à la vérification de signature ne peuvent pas être utilisées de façon complémentaire (défaut d'assurance du PSC à ce sujet)	Preuve de l'absence de négligence du PSC
L'enregistrement d'un certificat révoqué n'a pas été fait	Preuve de l'absence de négligence du PSC

Figure 10-5. Synthèse de l'article 6 de la Directive européenne

Principe : présomption de responsabilité	Exceptions
Présomption de responsabilité pour tout préjudice causé aux personnes qui se sont fiées raisonnablement aux certificats délivrés	Preuve de l'absence de faute intentionnelle Preuve de l'absence de négligence

Figure 10-6. Synthèse de l'article 40 du projet de loi « LSI »

des utilisateurs dans le certificat ». Ces termes n'apparaissent pas à nos yeux juridiquement clairs (discernables !). Pourtant, l'élément important de ces limites se situe bien à ce niveau. Il s'agit là du pivot. Gageons que les juristes sauront faire preuve de précision dans les certificats afin d'éviter toute confusion et de couper court à toute interprétation possible.

Contractualisation des rapports entre les différents acteurs

En guise d'introduction à ce paragraphe, nous citerons – sous la forme d'un tableau (figure 10-7) – les propos d'un auteur qui tente de définir la part entre le réglementaire et le contractuel au regard de différents types de situations qui peuvent se rencontrer (Claude RETORNAZ, article précité) :

Nous pouvons constater que la part du contractuel par rapport au réglementaire n'est pas négligeable. Elle doit mériter toute notre attention.

Stratégie du contrat

Le contrat répond à une véritable stratégie. Avant, pendant, après, toutes les phases ont leur importance. Sa rédaction et les documents qui s'y réfèrent sont cruciaux. Dans le cadre des ICP, une place importante est laissée aux contrats de sous-traitance et aux contrats d'externalisation (ou d'*outsourcing*), notamment pour l'archivage et l'horodatage (voir sur

Descritption de la situation	Part du contractuel/ part du réglementaire
L'emploi des cartes individuelles, banque, santé	Part du réglementaire prépondérante
Les échanges inter-entreprises, les réseaux professionnels en mode « extranet »	Part du contractuel (conventions de preuve) prépondérante
Le commerce électronique avec les consommateurs où une des parties, logiquement le fournisseur ou le producteur, prendra l'initiative de mettre en place un système d'authentification dont les niveaux de sophistication et de fiabilité seront de son seul fait	Part du contractuel prépondérante
L'établissement de relations de nature contractuelle entre des personnes non présentes qui ne se sont pas authentifiées directement, qui suppose une identification externe sécurisée (exemple : achat sur une place de marché, un ordre de bourse d'enchère)	Part du contractuel prépondérante
Les téléprocédures avec les diverses administrations fiscale, sociale et judiciaire, sans oublier les soumissions aux marchés publics	Part du réglementaire prépondérante

Figure 10-7. Tableau sur la répartition entre le réglementaire
et le contractuel d'une situation donnée

cette question le chapitre 6 de cet ouvrage). De même, les contrats spécifiques sont plus courants que les contrats type.

Nous ferons ici un petit arrêt sur la clause de réversibilité qui constitue l'un des points majeurs des contrats d'*outsourcing*. L'idée qui sous-tend cette clause est que le prestataire s'engage, en cas d'expiration ou de résiliation du contrat, pour quelque motif que ce soit, à assurer l'ensemble des opérations permettant au client de reprendre – ou faire reprendre –, sans difficulté, les prestations assurées par le prestataire (il s'agit le plus souvent de l'exploitation d'un service particulier). Le début (qui doit précéder la fin du contrat), la fin (comprenant une marge de manœuvre – une sorte de « service après-vente ») et la teneur des opérations de réversibilité, selon des étapes précises, doivent être organisés, en mentionnant notamment la répartition des tâches entre les parties. Il n'est pas inutile d'assortir ces obligations de pénalités en cas de manquement. Les modalités financières afférentes à ces opérations de réversibilité doivent bien entendu être prévues.

La technicité du domaine concerné, associée à la nouveauté du phénomène, impliquent qu'une attention toute particulière soit portée à la rédaction des accords contractuels, à laquelle les techniciens et responsables en sécurité doivent participer, dès le début des négociations.

Typologie des contrats

Quels contrats rencontre-t-on communément dans le cadre d'une ICP ?

- le contrat de mise en œuvre et de gestion d'une ICP (projet d'ICP) ;
- le contrat de prestations techniques ;
- le contrat d'archivage ;
- le contrat d'horodatage ;
- le contrat de fourniture de services de certification (délivrance et gestion de certificats, et autres services optionnels) ;

- le contrat d'abonnement à un service (de signature électronique par exemple) ;
- le contrat d'assurances.

Nous ne pouvons pas dans le cadre de cet ouvrage détailler chacun des contrats sus-mentionnés. Nous avons choisi de faire quelques brèves observations sur le contrat d'archivage (ce qui nous permettra en même temps de faire un point sur cette question) et le contrat d'abonnement à un service de signature électronique. On notera par ailleurs que les contrats portant sur la mise en place et la gestion d'une ICP s'apparentent fortement à ceux relatifs aux projets d'informatisation d'une entreprise.

Le contrat d'abonnement à un service de signature électronique

Compte tenu de la nouveauté de la matière, de sa technicité intrinsèque et des conséquences importantes qui résultent de l'utilisation d'un service de signature électronique (l'abonné va pouvoir s'engager juridiquement), ce contrat d'abonnement doit être clair, précis et accessible. Il doit rester court dans la forme. Les obligations tant du prestataire que de l'abonné doivent être détaillées et explicites (les obligations de confidentialité, celles quant à la communication d'informations et de pièces justificatives pour la phase d'identification, celles relatives à la délivrance du certificat, etc.). Il nous semble que les effets liés à l'utilisation d'une signature électronique doivent être rappelés brièvement (pourquoi pas dans le préambule…).

Le contrat d'archivage

Nous nous plaçons ici côté client. Le client doit avant tout définir précisément ses besoins d'archivage, ce qui n'est pas une mince affaire. Il peut bien entendu se faire aider par le prestataire mais ce dernier ne saurait le remplacer dans la définition exacte de ses besoins, surtout en cette matière. Il est donc au préalable indispensable que les questions de fond relatives à l'archivage soient clairement posées. Les réponses qui y seront apportées seront traduites sous forme d'obligations contractuelles.

Pourquoi archiver ?

L'obligation d'archivage peut résulter d'une obligation prescrite par loi. Par exemple, le Décret sur la signature électronique prévoit que le PSC doive conserver les caractéristiques et références des documents présentés pour justifier de l'identité et de la qualité du titulaire du certificat. Cela peut aussi résulter d'une volonté dès parties à la conclusion d'un acte ou du choix délibéré d'une personne.

> **Note**
>
> La Directive européenne sur le commerce électronique du 8 juin 2000 prévoit, dans les contrats passés avec les consommateurs, que le prestataire de services doit indiquer, au titre des informations à fournir avant que le destinataire ne passe sa commande, si le contrat est archivé ou non par le prestataire (celui-ci une fois conclu) et s'il est accessible ou pas (article 10).

Que faut-il archiver ?

Dans le cadre de l'ICP (notamment associé à un système de signature électronique), on retrouvera des éléments aussi variés que la biclé de signature électronique, le certificat, la PC, la DPC, les contrats conclus avec d'autres prestataires dans le cadre de l'ICP, les LCR, les copies des pièces justificatives d'identité et de qualité (plus exactement, « *les caractéristiques et références des documents présentés pour justifier de cette identité et de cette qualité* »)|article 6, II, m, du Décret], toutes les informations qui pourraient se révéler nécessaires pour faire la preuve en justice de la certification électronique(article 6, II, k, du Décret ; pour information, la Directive prévoit que le PSC doit « *enregistrer toutes les informations pertinentes concernant un certificat qualifié pendant le délai utile, en particulier pour pouvoir fournir une preuve de la certification en justice. Ces enregistrements peuvent être effectués par des moyens électroniques* »), les données à caractère personnel, etc.

Quant aux documents échangés et signés entre le titulaire d'un certificat et le destinataire, il faudra définir qui a la charge de les conserver.

Pendant combien de temps faut-il archiver ?

La durée de conservation est propre à chaque élément, document ou information concerné, et dépend de la situation rencontrée. Elle peut varier en fonction du but poursuivi, des contraintes légales (voir les prescriptions en droit de la preuve par exemple) ou des obligations contractuelles souscrites. De plus, ces durées varient d'une législation à l'autre, ce qui rend encore plus critique l'analyse de cette question.

On notera que les durées légales elle-mêmes sont fluctuantes : cela peut-être 10 ans pour le délai de prescription des actes entre commerçants, 30 ans en principe en matière civile (mais parfois 10 ans ou 20 ans – en matière immobilière par exemple) ou encore 5 ans (actions en paiement des salaires) ou 3 ans dans le domaine de la santé (feuilles de soin électroniques). En matière d'actes authentiques, la durée de conservation est traditionnellement de 100 ans ! La durée peut aussi être illimitée, ce qui est une véritable contradiction.

Le choix d'une durée n'est pas évident. L'important est que ce choix et les risques associés soient clairement identifiés et, si besoin, portés à la connaissance des intéressés afin qu'ils puissent le cas échéant prendre en temps utile des mesures adaptées.

Comment faut-il archiver ?

Les autres caractéristiques de l'archivage (organisation des sorties d'archives, personnel habilité, plan de secours, etc.) n'appellent pas d'observations particulières de notre part, mais doivent être clairement précisées dans le corps du contrat, ainsi que les coûts associés.

On soulignera toutefois que le Décret sur la signature électronique (article 6, II, l, du Décret. Voir pour comparaison l'article l de l'annexe II de la Directive européenne) impose certains critères aux systèmes de conservation pour celle des certificats. Ces systèmes doivent notamment garantir que :

- L'introduction et la modification des données sont réservées aux seules personnes autorisées à cet effet par le prestataire.
- L'accès du public à un certificat électronique ne peut avoir lieu sans le consentement préalable du titulaire du certificat.
- Toute modification de nature à compromettre la sécurité du système peut être détectée.

On n'oubliera pas que le prestataire devra fournir garanties et assurances, notamment en termes de sécurité et d'intégrité. Les contrats proposés sont bien souvent encore à l'heure actuelle des contrats type qui ne nous semblent pas adaptés aux situations rencontrées dans le cadre des ICP et de la signature électronique.

Clauses essentielles dans le contrat

Nous avons énuméré dans la figure 10-8 les quelques clauses qui nous sont apparues essentielles dans le cadre des contrats que nous avons pu rencontrer ou rédiger en matière d'ICP (quel que soit d'ailleurs le contrat concerné). Nous avons dû faire un choix pour les besoins de notre exposé ; cette liste ne saurait bien évidemment être exhaustive. Cette énumération est accompagnée de quelques observations.

Clause	Remarques
PRÉAMBULE	Cette partie du contrat est toujours quelque peu délaissée. Pourtant, en pratique, le préambule est très souvent un élément du contrat utilisé en cas de litige pour interpréter l'intention des parties. Il permet à l'une et l'autre des parties (selon le rapport de force) d'insister sur le contexte qui a entouré la conclusion du contrat et de mettre l'accent sur certains aspects qui ne seront pas (ou ne pourront pas être) traités par la suite dans le corps même du contrat.
DÉFINITIONS	La clause relative aux définitions doit être rédigée avec soin. Il ne faudra pas oublier que certains termes ont une signification juridique propre (voir les définitions issues du Décret sur la signature électronique), et, par conséquent, un régime juridique associé. Le glossaire des termes utilisés dans le cadre de l'ICP pourra utilement servir ici.
PÉRIMÈTRE CONTRACTUEL	Il s'agit ici de définir clairement les obligations respectives des parties et d'éviter tout « vide » dans la répartition des rôles. Parfois, il n'est pas inutile d'exclure expressément certaines prestations. Toutefois, cette pratique peut avoir des effets pervers : tout ce qui n'a pas été exclu serait alors compris ? Nous recommandons fortement de travailler cette clause avec les personnes qui ont une connaissance parfaite des prestations à réaliser ou besoins à satisfaire (*a priori* ce sont les personnes qui interviennent directement au sein de l'ICP).
SÉCURITÉ	Cette clause est fondamentale, à tout point de vue. Il faut bien entendu que les obligations en termes de sécurité soient clairement stipulées. Il peut être renvoyé à un référentiel (normes techniques en vigueur), si possible à joindre en annexe. Cette clause ne doit pas pour autant être statique. Elle doit pouvoir appréhender les situations futures et aménager les évolutions.
CONFIDEN-TIALITÉ	Elle doit si possible être réciproque. Il ne faudra pas oublier des aménagements à cette obligation, notamment pour répondre à d'éventuels besoins de publicité (interne ou externe) de l'entreprise.
AUDIT	L'audit doit être organisé. Cette clause est selon nous primordiale. Elle précisera notamment la partie qui assumera les frais de l'audit et les conséquences en cas de rapport d'audit « négatif ». On notera que le dossier de référencement de certificats externes du MINEFI comprend tout un paragraphe sur ce sujet.
PROPRIÉTÉ INTELLEC-TUELLE ET INDUSTRIELLE	Nous avons cité cette clause car le MINEFI dans le cadre du service TéléTVA évoque cette question. Elle ne nous semble pas comporter des spécificités en matière d'ICP (garanties classiques et propriété des droits). L'important sera de ne pas oublier de traiter du statut de la documentation.
PROTECTION DES DONNÉES PERSONNELLES	Une clause en la matière doit être prévue, tout particulièrement vis-à-vis du sous-traitant (qui est amené à traiter des données à caractère personnel pour le compte du responsable du traitement). C'est d'ailleurs une obligation qui est prévue dans la directive européenne « données personnelles », qui fera l'objet d'une transposition dans notre réglementation nationale. Ainsi, le contrat liant le sous-traitant au responsable du traitement doit comporter l'indication des obligations incombant au sous-traitant en matière de protection de la sécurité et de la confidentialité des données (notamment, préciser qu'il doit prendre toutes précautions utiles, au regard de la nature des données et des risques présentés par le traitement, pour préserver la sécurité des données, et notamment empêcher qu'elles ne soient déformées, endommagées ou communiquées à des tiers non autorisés), et aussi prévoir que le sous-traitant ne peut agir que sur instruction du responsable du traitement. Il n'est pas inutile de rappeler qui est le propriétaire des données et des fichiers.

Figure 10-8. Tableau des quelques clauses essentielles du contrat

RESPON-SABILITÉ/ ASSURANCES	Les responsabilités des parties doivent être définies. Les limitations de responsabilité sont souvent de rigueur. Attention toutefois à leur validité et réelle portée. La mention de la souscription d'une police d'assurances doit être prévue, tout comme l'obligation de maintenir en vigueur cette « assurance » pendant toute la durée du contrat (et pour les obligations qui subsistent) et de communiquer sur demande la copie de l'attestation d'assurances.
RÉSILIATION/ FORCE MAJEURE	Résiliation : il faut pouvoir sortir à tout moment (prévoir les cas de résiliation) et le plus aisément possible du contrat. Cette clause ne doit pas être rédigée à la légère (voir également ci-avant la question de la réversibilité). Force majeure : La notification du cas de force majeure à l'autre partie doit être rapide. Le délai de « suspension » sera en principe assez court.
NON-SOLLICITATION	Les « recrues » en matière d'ICP se faisant rares, nous conseillons fortement de prévoir une obligation minimale à respecter en la matière, assortie d'une pénalité.
SUIVI DU CONTRAT	Cette clause, un peu atypique, permet aux parties d'organiser le contrôle du respect de leurs obligations respectives, et principalement le suivi de la réalisation des prestations. En pratique, elle a l'avantage d'obliger les parties à communiquer régulièrement entre elles. Les difficultés dans la phase d'exécution du contrat seront donc traitées en temps utile et sous la forme d'une collaboration constructive.
ANNEXES	Elles sont aussi importantes que le corps du contrat lui-même. Il ne faut pas les négliger surtout dans des domaines aussi techniques. La PC, la DPC, voire le CPS (ou des extraits de ces documents), ont tendance à figurer systématiquement en annexe des contrats, allant même jusqu'à les vider complètement de leur contenu. Cette pratique répandue nous semble risquée dans la mesure où ces documents sont forts complexes et donc difficiles d'accès. De même, ils sont parfois source de confusion quant à la définition des obligations des parties (leur rédaction est axée sur la description d'une situation donnée). Leur portée, d'un point de vue juridique, (engagement) pourrait s'en trouver limitée.

Figure 10-8 (Suite). Tableau des quelques clauses essentielles du contrat

Illustration

Pour un exemple de clause vis-à-vis du sous-traitant : « D'une manière générale et aux fins d'exécution des missions qui lui sont confiées, la société XXX s'engage à (i) n'agir que sur seule instruction écrite de la société YYY, (ii) assurer la protection des données personnelles et traitement y afférents qui lui sont confiés, conformément à la réglementation française applicable en la matière (notamment la loi n°78-17 du 6 janvier 1978), et (iii) à prendre toutes précautions utiles afin de préserver la sécurité des informations et notamment d'empêcher qu'elles ne soient déformées, endommagées ou communiquées à des tiers non autorisés et plus généralement à mettre en œuvre les mesures techniques et d'organisation appropriées pour protéger les données à caractère personnel contre la destruction accidentelle ou illicite, la perte accidentelle, l'altération, la diffusion ou l'accès non autorisés, notamment lorsque le traitement comporte des transmissions de données dans un réseau, ainsi que contre toute forme de traitement illicite, étant précisé que ces mesures doivent assurer, compte tenu de l'état de l'art et des coûts liés à leur mise en œuvre, un niveau de sécurité approprié au regard des risques présentés par les traitements et la nature des données à protéger. »

Nous pouvons enfin légitimement nous interroger sur la valeur juridique des différents documents qui gravitent autour de l'ICP : PC, DPC, procédures de sécurité, etc. S'ils entrent dans le champ contractuel, ils ont alors la même valeur que le contrat lui-même. Dans le cas contraire, ils peuvent servir à interpréter le contrat ou les relations établies entre les parties. On signalera que d'autres documents auxquels nous pensons moins (courriers, comptes rendus de réunion, documents commerciaux, notes manuscrites, etc.) sont souvent utilisés dans le cadre d'un procès. Il ne faut donc rien laisser au hasard (dans la mesure du possible).

Chapitre 11

L'ICP
et la protection des données personnelles

Nous avons déjà évoqué la question de la protection des données personnelles en insistant sur le fait que celle-ci est souvent laissée pour compte dans le cadre de projets d'ICP, faute d'une réelle connaissance et maîtrise des textes applicables. Or, cet aspect juridique du projet est important, d'autant plus que les données personnelles dont il s'agit sont telles qu'elles requièrent souvent un degré de protection accru, notamment en termes de sécurité. C'est la raison première pour laquelle nous avons souhaité dédier tout un chapitre à cette question.

Ainsi, il est ressorti de nos expériences respectives, plus spécifiquement dans le cadre du service TéléTVA développé par le MINEFI ou encore eu égard à la rédaction des contrats portant sur la mise en place et la gestion d'une ICP, que cette question et son importance étaient souvent mal comprises. Il s'avère pourtant que cet aspect juridique des ICP tient une place particulière et non négligeable – ce dont nous ne doutions pas. En atteste, l'extrait suivant du dossier de référencement des certificats externes remis par le MINEFI aux entités qui souhaitent faire référencer leurs certificats dans le cadre du service de TéléTVA. Parmi les questions posées dans le cadre du dossier à remettre, on relève la suivante :

« 2.1.2.5 *Les fichiers contenant des données nominatives font-ils l'objet d'une déclaration à la CNIL ?* » [Partie Autorité d'enregistrement – Critères d'identification, d'authentification, d'enregistrement – Enregistrement].

Les dossiers qui sont présentés au MINEFI doivent d'ailleurs être accompagnés de la déclaration de traitement de données nominatives faisant l'objet d'un dépôt auprès de la Commission nationale de l'informatique et des libertés (ci-après, la « CNIL », *http://www.cnil.fr*), cette autorité s'attachant tout particulièrement aux déclarations qui sont effectuées dans le cadre de cette procédure, compte tenu de leur caractère novateur. Nous verrons qu'un certain nombre de problématiques se posent et que les solutions ne sont pas toujours évidentes. Si la CNIL n'a pas encore tranché officiellement sur ces cas parfois délicats – la nouveauté du phénomène l'explique –, elle s'y attelle activement avec les toutes premières déclarations déposées dans le cadre du projet TéléTVA ou d'autres services faisant notamment appel à la signature électronique.

L'effervescence technique et juridique autour de la signature électronique se révèle être la deuxième raison qui nous a portés vers ce choix. Il n'a fait que renforcer notre volonté de traiter le thème général de la protection des données personnelles, tout en insistant sur les spécificités relatives aux ICP et à la signature électronique. Rappelons que la Directive européenne sur la signature électronique consacre tout un article à la protection des données personnelles (article 8) .

« 1. *Les États membres veillent à ce que les prestataires de service de certification et les organismes nationaux responsables de l'accréditation ou du contrôle satisfassent aux exigences prévues par la directive 95/46/CE du Parlement européen et du Conseil du 24 octobre 1995 relative à la protection des personnes physiques à l'égard du traitement des données à caractère personnel et à la libre circulation de ces données.*

2. Les États membres veillent à ce qu'un prestataire de service de certification qui délivre des certificats à l'intention du public ne puisse recueillir des données personnelles que directement auprès de la personne concernée ou avec le consentement explicite de celle-ci et uniquement dans la mesure où cela est nécessaire à la délivrance et à la conservation du certificat. Les données ne peuvent être recueillies ni traitées à d'autres fins sans le consentement explicite de la personne intéressée.

3. Sans préjudice des effets juridiques donnés aux pseudonymes par la législation nationale, les États membres ne peuvent empêcher le prestataire de service de certification d'indiquer dans le certificat un pseudonyme au lieu du nom du signataire. »

Dans le même sens, la proposition de directive sur la facture électronique rappelle à juste titre dans son avant-dernier considérant qu'il « *conviendra enfin de respecter, en ce qui concerne le stockage des factures, les conditions posées par la directive 95/46/CE du Parlement européen et du Conseil du 24 octobre 1995 relative à la protection des personnes physiques à l'égard du traitement des données à caractère personnel et à la libre circulation de ces données* ».

La troisième raison qui nous a poussés à aborder d'une manière large le thème de la protection des données personnelles tient aux chantiers juridiques en cours. En effet, la modernisation de notre législation et son adaptation aux progrès technologiques, dont il est fait référence depuis quelques temps maintenant, portent également sur ce thème. Tant attendu par les acteurs du marché, surtout dans les milieux concernés par les nouvelles technologies et Internet, le projet de loi (ci-après le « Projet de loi ») [Projet de loi relatif à la protection des personnes physiques à l'égard des traitements de données à caractère personnel et modifiant la loi n°78-17 du 6 janvier 1978 relative à l'informatique, aux fichiers et aux libertés, enregistré à la présidence de l'Assemblée nationale le 18 juillet 2001, mis en distribution le 24 juillet 2001, texte disponible sur le site : ***http://www.legifrance.gouv.fr***] relatif à la protection des personnes à l'égard des traitements de données à caractère personnel, modifiant notre loi du 6 janvier 1978 et transposant la directive européenne dite « Données personnelles » (ci-après, la « Directive européenne ») [Directive 95/46/CE du Parlement européen et du Conseil, du 24 octobre 1995, relative à la protection des personnes physiques à l'égard du traitement des données à caractère personnel et à la libre circulation de ces données, JOCE n°L281 du 23 novembre 1995, p. 31 et suiv.], vient enfin de voir le jour. Il est clair que l'actualité juridique confirmait ici encore notre parti pris.

L'exposé des motifs du Projet de loi, tel qu'il a été présenté par le ministre de la Justice courant juillet 2001, décrit en ces termes l'exigence – devenue urgente – de transposition du texte européen dans notre législation interne et l'effort nécessaire de modernisation de cette dernière :

« *La première [exigence] tient à la nécessité d'intégrer en droit interne la directive 95/46/CE du 24 octobre 1995 relative à la protection des personnes physiques à l'égard du traitement des données à caractère personnel et à la libre circulation des ces données, que la France a largement contribué à inspirer. [...]. La seconde exigence a trait à la nécessité de tirer, plus de vingt ans après l'adoption de la loi informatique et libertés, un bilan de son application, en l'adaptant aux bouleversements très importants qu'a connu depuis 1978 la place tenue par l'informatique dans la société contemporaine. Nul ne peut contester que le paysage qu'offre celle-ci s'est fondamentalement modifié avec des facteurs tels que la très large diffusion de la micro-informatique, la multiplication des télétransmissions et le développement d'Internet, lequel entraîne, sur un certain nombre de points, une internationalisation des problèmes.* »

Sur le fond et en quelques mots, les modifications attendues peuvent être synthétisées ainsi (les commentaires de la CNIL sur le Projet de loi sont disponibles sur son site Internet) :

- renforcement des droits fondamentaux des personnes dont les données personnelles sont traitées ;
- renforcement des obligations pesant sur les responsables des traitements de données à caractère personnel ;
- nouveaux pouvoirs institués pour la CNIL ;
- réorganisation des formalités préalables à accomplir pour les traitements de données à caractère personnel ;
- prise en compte du caractère international des traitements de données.

On notera d'ores et déjà que le Projet de loi insère un nouvel article dédié à la signature électronique (article 33 nouveau).

Enfin, la réelle prise en compte dans le cadre des projets d'ICP de ces aspects de protection des données personnelles et donc de la vie privée répond tout simplement, outre les aspects légaux, à une logique purement commerciale. Certains parlent même d'un véritable joker concurrentiel (voir par exemple les chartes ou politiques de protection des données personnelles qui fleurissent sur les sites Internet). C'est notre quatrième raison. Il ressort en effet de nombreuses études et sondages réalisés sur le thème du commerce électronique que les principales inquiétudes des utilisateurs d'Internet concernent la question de la sécurité des transactions et la crainte de voir leurs données personnelles faire l'objet de traitements, d'utilisations non maîtrisables, voire préjudiciables. De plus, ces analyses font état du fait que ce besoin légitime de confiance ne saurait être satisfait en l'absence d'une réglementation adaptée, assortie de sanctions en cas de manquement. Jean Frayssinet, professeur de droit à l'université d'Aix-Marseille III, consultant en droit de l'informatique et auteur de nombreux articles et ouvrages en la matière, faisait justement remarquer que *« l'absence d'un niveau satisfaisant de protection des données personnelles, aussi bien technique que juridique, constitue un frein au développement [...] du commerce électronique »*.

En postulat de départ, il convient de bien maîtriser les notions clés qui régissent cette matière. Cette étape préalable est indispensable afin de passer sans trop de difficulté de la théorie juridique à la pratique ; cela fera l'objet de la première section de ce chapitre. La présentation synthétique du dispositif juridique constitue ensuite le cœur de ce chapitre. Cette dernière permet d'appréhender au mieux les règles applicables et les problématiques qui découlent de la mise en place d'une ICP. Nous ferons bien entendu un point sur les grandes spécificités des ICP, sachant qu'il n'existe pas de règles propres sur ce sujet même, outre le cas à part de la signature électronique. Nous verrons que les aspects liés à la sécurité seront traités en priorité. Dans un souci pédagogique, nous tenterons d'exposer un exemple de déclaration CNIL rédigée à partir d'un cas fictif. L'objet de cette approche n'est pas de retranscrire *in extenso* une déclaration modèle. Nous terminerons cette étude par un bref détour chez nos amis européens.

Afin d'anticiper au mieux les changements réglementaires à intervenir et d'être conformes aux principes édictés au niveau européen, nous avons délibérément choisi de présenter et de comparer, dans la mesure du possible, les dispositions de la Directive européenne, « Données personnelles », et celles du Projet de loi.

Important

Nous ne traiterons pas ici de la question du secret des correspondances qui est régie par un certain nombre de dispositions sectorielles (ni du thème des contenus illicites, des interventions des autorités judiciaires ou administratives ou bien encore du secret professionnel). Le droit au respect du secret des correspondances est avant tout garanti par la convention européenne des droits de l'homme et des libertés fondamentales, au titre du principe du respect de la vie privée des personnes. Le droit au respect du secret des correspondances est protégé également par l'article L 32-3 du Code des postes et télé-communications (voir, dans le même esprit, l'article L 32-1 du Code des postes et télécommunications). Le Code pénal (articles 432-9, 226-15, et articles 226-1 et 226-2) contient les dispositions clés qui régissent cette question. En matière civile, l'article 9 du Code civil dispose que : «*Chacun a droit au respect de sa vie privée.* » Ce principe a d'ailleurs valeur constitutionnelle et doit être gardé à l'esprit. Ces textes entraînent, d'une manière générale, l'obligation pour les opérateurs d'assurer l'intégrité des messages transmis et de garantir la neutralité de leurs services vis-à-vis du contenu des messages transmis et de l'accès à ces derniers. Pour une illustration en matière de courriers électroniques, une décision du tribunal correctionnel de Paris en date du 2 novembre 2000, qui avait reconnu que «*l'envoi de message électronique de personne à personne constitue de la correspondance privée*», a rappelé que l'interception des correspondances n'est permise que dans des cas très précis et qu'en l'espèce les prévenus avaient commis le délit de violation de correspondance par personne chargée d'une mission de service public, prévu et puni par l'article 432-9, alinéa 2 du Code pénal.

L'énumération de ces textes a vocation à vous informer mais surtout à vous sensibiliser sur les nécessaires précautions à prendre. Cet aspect ne doit pas être négligé car il peut avoir un impact en matière d'ICP et plus particulièrement eu égard aux services proposés *via* cette ICP. Force est de constater que nous avons tendance à estimer que l'ICP reste techniquement neutre. Si besoin, il conviendra de mettre en place les moyens et procédures nécessaires (au niveau technique, organisationnel, humain et contractuel), comme cela peut être fait par les opérateurs de télécommunications par exemple, afin que les principes sus-mentionnés soient respectés.

Préalable

La loi n°78-17 du 6 janvier 1978 relative à l'informatique, aux fichiers et aux libertés (ci-après, la « Loi de 1978 »), dite « loi informatique et libertés », et ses décrets d'application, régissent les activités de collecte, de traitement, de transmission, etc., de données nominatives. On notera par ailleurs que la Convention du Conseil de l'Europe du 28 janvier 1981 pour la protection des personnes à l'égard du traitement automatisé des données à caractère personnel est également applicable. Quant à la Directive européenne du 24 octobre 1995 précitée, bien qu'elle soit entrée en vigueur le 25 octobre 1998, elle n'a toujours pas été transposée en France. La Commission européenne a d'ailleurs décidé d'engager en janvier 2000 une action en justice contre cinq États membres, dont la France, pour non-notification des mesures de transposition nationales de la Directive. Le Projet de loi que nous avons évoqué en introduction de ce chapitre a pour principal objet de transposer les dispositions européennes issues de la Directive.

Rappel

Le délai de transposition de la Directive étant expiré (elle est entrée en vigueur en 1998), un particulier pourrait s'opposer à l'application de normes nationales contraires aux dispositions de celle-ci conformément au principe de l'effet direct des directives.

Note

Une directive européenne traite plus particulièrement du secteur des télécommunications [Directive 97/66/CE du 15 décembre 1997 concernant le traitement des données à caractère personnel et la protection de la vie privée dans le secteur des télécommunications, *JOCE* L024 du 30 janvier 1998, p. 1-8]. Pour information, la France a été récemment condamnée (arrêt du 18 janvier 2001) en manquement pour non-transposition de la directive de 1997 concernant la protection des données personnelles dans le secteur des télécommunications. On notera que, dans le cadre de la LSI, de nouvelles dispositions en matière de protection des données à caractère personnel seront insérées dans le Code des postes et télécommunications.

Il convient avant tout de préciser dans quelle mesure cette réglementation a lieu de s'appliquer, tant du point de vue général que de celui d'une ICP. Schématiquement, dès lors que des données nominatives concernant des personnes physiques sont collectées – ce qui en général constitue la première action réalisée sur des données –, en France, et même de l'étranger, il faut avoir le réflexe juridique « données personnelles », et peu importe que ces données fassent ou non l'objet d'un traitement ultérieur (celui-ci pouvant être manuel ou informatisé).

Pour être tout à fait précis sur cette question de l'application de la loi française, nous nous référerons au Projet de loi qui précise que la loi s'applique « *aux traitements automatisés de données à caractère personnel, ainsi qu'aux traitements non automatisés de données à caractère personnel contenues ou appelées à figurer dans des fichiers, à l'exception des traitements mis en œuvre pour l'exercice d'activités exclusivement personnelles, lorsque leur responsable remplit les conditions prévues à l'article 5* ». Ce nouvel article 5 vise les cas où le responsable est établi sur le territoire français ou lorsque qu'il a simplement recours à des moyens de traitement situés sur le territoire français, à l'exclusion des finalités de transit par la France ou un autre État membre. Ce dernier cas vise bien entendu l'hypothèse où le responsable n'est établi ni en France ni dans un autre État membre.

Pour faire simple, le postulat de départ peut prendre la forme de l'équation suivante :

$$\frac{\text{données personnelles} + \text{traitement (dès la simple collecte)}}{\text{personnes physiques}} = \text{Loi de 1978}$$

Pour bien maîtriser cette réglementation, il est donc indispensable de connaître les notions clés (éléments déclencheurs et éléments moteurs). Ces derniers seront brièvement exposés ci-après, avant d'aborder le corps de cette législation et les spécificités relatives aux ICP.

Les notions clés

L'esprit même de cette réglementation, tant nationale qu'européenne, mérite toute notre attention. En effet, comprendre les raisons qui la sous-tendent permet d'interpréter les textes eux-mêmes, et ce, en totale adéquation avec leur objectif premier. L'article premier de la loi de 1978, qui reste d'ailleurs inchangé par le Projet de loi, est en lui-même fort parlant :

« *L'informatique est au service de chaque citoyen… Elle ne doit pas porter atteinte ni à l'identité humaine, ni aux droits de l'homme, ni à la vie privée, ni aux libertés individuelles ou publiques.* »

Quant à la Directive de 1995 :

« *Les États membres assurent, conformément à la présente directive, la protection des libertés et droits fondamentaux des personnes physiques, notamment de leur vie privée, à l'égard du traitement des données à caractère personnel.* »

Données nominatives, données personnelles, données à caractère personnel

Note préalable

Nous emploierons indifféremment les termes de « donnée nominative », « donnée à caractère personnel » ou encore « donnée personnelle ». La même règle vaut pour le terme « traitement » évoqué ci-après.

L'article 4 de la Loi de 1978 définit les données nominatives comme :

> *« …les informations qui permettent, sous quelque forme que ce soit, directement ou non, l'identification des personnes physiques auxquelles elles s'appliquent, que le traitement soit effectué par une personne physique ou par une personne morale ».*

À titre d'exemple, sont considérés comme des données nominatives, le nom, l'adresse, l'adresse électronique, l'adresse IP, les « cookies » ou autres programmes informatiques permettant d'identifier un individu ou son ordinateur, le numéro de compte bancaire, les numéros de cartes de crédit, le numéro de sécurité sociale, le numéro du permis de conduire, le numéro de téléphone, la photographie ou le dessin d'une personne, etc. Dans le cadre des projets d'ICP, on retrouve des données classiques relatives à l'identité et à l'identification d'un individu, mais également des données caractéristiques telles que les informations liées au certificat, la clé privée et la clé publique.

La Directive du 24 octobre 1995 définit les données à caractère personnel comme :

> *« … toute information concernant une personne physique identifiée ou identifiable ("personne concernée") ; est réputée identifiable une personne qui peut être identifiée, directement ou indirectement, notamment par référence à un numéro d'identification ou à un ou plusieurs éléments spécifiques, propres à son identité physique, physiologique, psychologique, économique, culturelle ou sociale ».*

La doctrine considère que la définition donnée par la directive est compatible avec celle donnée par la loi de 1978 et la Convention européenne de 1981. Nous ajouterons que le Projet de loi emploie désormais les termes de « donnée à caractère personnel » qu'il définit ainsi :

> *« … constitue une donnée à caractère personnel toute information relative à une personne physique identifiée ou qui peut être identifiée par référence à un numéro d'identification ou à un ou plusieurs éléments qui lui sont propres ».*

Remarque

L'article 2 de la Convention européenne du 28 janvier 1981 définit les données à caractère personnel comme *« toute information concernant la personne physique identifiée ou identifiable ».*

À partir du moment où l'information peut être rattachée à la personne concernée (recoupement, accumulation d'indices), la condition d'identification est remplie. Ce rapport peut être direct ou indirect (les données nominatives sont soit directement nominatives, soit indirectement nominatives). Peu importe que la donnée ne soit pas rapportée à un individu à l'origine, dès lors qu'un recoupement potentiel existe, la Loi de 1978 a vocation à s'appliquer. C'est ici qu'intervient notamment l'esprit même de cette loi qui a pour objet la protection de la vie privée et des libertés individuelles. Ce n'est plus le cas lorsque la donnée est rendue anonyme, c'est-à-dire lorsqu'elle ne peut plus être reliée à un individu déterminé ou déterminable. Il est vrai que la notion de donnée indirectement nominative est parfois difficile à cerner.

Attention

Il ne faut pas confondre les termes « donnée à caractère personnel » avec ceux de « donnée secrète » ou « donnée confidentielle » : une donnée à caractère personnel peut être publique et une donnée confidentielle peut ne pas être une donnée rattachée ou rattachable à un individu.

Le cas des données indirectement nominatives

L'exemple le plus significatif tient à l'attribution d'un numéro lié à un individu, *via* une carte de paiement par exemple :

Cas n°1

Une première entreprise octroie à ses clients une carte de paiement pour effectuer des achats dans des magasins de grande consommation. Cette carte est dotée d'un numéro qui lui est propre. Chaque client doit au préalable signer un contrat avec cette entreprise pour la délivrance de cette carte de paiement. Il est clair que cette entreprise, qui réalise d'ailleurs des traitements informatiques statistiques sur les types d'achats effectués, détient des données directement nominatives sur ses clients, puisque celles-ci se rapportent à une personne directement identifiée : identité du client, numéro de carte bancaire, type de produits achetés, date et heure d'achat, montant, etc. En revanche, si une seconde entreprise effectue des traitements informatiques à partir de la seule collecte du numéro de carte de paiement et des achats effectués, les données concernées sont indirectement nominatives pour cette dernière (elle ne connaît pas l'identité du client). Toutefois, *via* le numéro de carte (qui constitue en fait une sorte de numéro d'identification), il sera possible de retrouver l'identité de la personne puisque le lien peut être établi grâce au contrat préalablement signé, ce dernier comportant ces deux données : identité du client et numéro de carte de paiement.

Ce risque de recoupement peut être interprété de façon large puisque la CNIL a considéré que des éléments extérieurs (à l'exclusion bien entendu de l'identité de la personne), ne permettant pas *a priori* l'identification de cette dernière, pouvaient permettre de la rendre identifiable. Par exemple, la CNIL a rendu une délibération dans le cas de statistiques établies sur les interruptions volontaires de grossesse [CNIL, 10e rapport 1989, p. 182 et suiv.]

Cas n°2

La déclaration établie par les personnes concernées, à l'exclusion de l'identité de la patiente, comportait des renseignements socio-démographiques et des données médicales relatives aux antécédents de grossesse, à la date de l'intervention, à la durée d'hospitalisation, aux complications postopératoires, à l'année et au lieu de naissance, à la nationalité, à la profession, au département de résidence et la commune de résidence, etc. La CNIL a considéré que ces données étaient indirectement nominatives et qu'elles devaient en conséquence bénéficier de mesures de protection adéquates afin d'en garantir la confidentialité et d'éviter tout détournement de finalité et toute divulgation d'informations.

Le considérant 26 de la Directive précise que, pour déterminer si une personne est identifiable, il convient de considérer l'ensemble des moyens susceptibles d'être raisonnablement mis en œuvre, soit par le responsable du traitement, soit par une autre personne, pour identifier ladite personne. Ce même considérant ajoute que « *les principes de la protection ne s'appliquent pas aux données rendues anonymes d'une manière telle que la personne concernée n'est plus identifiable* ».

En outre, la nature des données est également un critère important à prendre en compte au regard des principes qui sous-tendent la réglementation sur la protection des données personnelles. La CNIL estime notamment que la nature des données recueillies ainsi que la population visée justifient l'adoption de mesures particulièrement protectrices des droits et libertés [7e Rapport d'activité de la CNIL, 1986, p. 225].

On rappellera que la Loi de 1978 s'applique exclusivement aux données nominatives relatives aux personnes physiques et non aux personnes morales. Cependant, lorsque des données concernent des personnes morales, la Loi de 1978 s'applique si les noms et prénoms ou toute autre information à caractère personnel sur les dirigeants, les actionnaires, les partenaires, le personnel, sont collectés.

La première étape importante dans le cadre de tout projet d'ICP est d'identifier l'ensemble des données nominatives qui seront dans un premier temps collectées puis traitées, sans oublier celles qui sont indirectement nominatives. Une liste exhaustive doit être établie et fera l'objet d'une annexe détaillée dans le cadre de la déclaration préalable à effectuer auprès de la CNIL (voir la troisième section).

Traitements automatisés d'informations nominatives, traitement de données à caractère personnel

L'article 5 de la Loi de 1978 définit les traitements automatisés d'informations nominatives comme :

> *« ... tout ensemble d'opérations réalisées par les moyens automatiques, relatif à la collecte, l'enregistrement, l'élaboration, la modification, la conservation et la destruction d'informations nominatives ainsi que tout ensemble d'opérations de même nature se rapportant à l'exploitation de fichiers ou de bases de données et notamment les interconnexions ou rapprochements, consultations ou communications d'informations nominatives ».*

Quant à la Directive européenne :

« ... toute opération ou ensemble d'opérations effectuées ou non à l'aide de procédés automatisés et appliqués à des données à caractère personnel, telles la collecte, l'enregistrement, l'organisation, la conservation, l'adaptation ou la modification, l'extraction, la consultation, l'utilisation, la communication par transmission, diffusion ou toute autre forme de mise à disposition, le rapprochement ou l'interconnexion, ainsi que le verrouillage, l'effacement ou la destruction » (article 2 de la Directive).

La définition du terme « traitement » est volontairement large afin d'englober le maximum de situation et notamment la simple collecte de données. Cette définition ne soulève pas de difficulté particulière. On notera toutefois, même si cela peut paraître surprenant, que les fichiers manuels sont également soumis au respect de certaines dispositions de la Loi de 1978 (article 45 de la Loi de 1978).

> **Remarque**
> La Loi de 1978 parle de fichiers non automatisés ou mécanographiques autres que ceux dont l'usage relève du strict exercice du droit à la vie privée.

Pour information, le Projet de loi définit en ces termes les traitements de données à caractère personnel :

« ... toute opération ou ensemble d'opérations portant sur de telles données, quel que soit le procédé utilisé, et notamment la collecte, l'enregistrement, l'organisation, la conservation, l'adaptation ou la modification, l'extraction, la consultation, l'utilisation, la communication par transmission, diffusion ou toute autre forme de mise à disposition, le rapprochement ou l'interconnexion, ainsi que le verrouillage, l'effacement ou la destruction ».

Dans le cadre de la mise en œuvre d'une ICP, vous serez forcément confrontés, d'une manière ou d'une autre, à un traitement de données (tout particulièrement, au niveau de l'autorité d'enregistrement qui a pour mission de récolter un certain nombre d'éléments d'identification du porteur du certificat).

Enfin, il faut noter que le Projet de loi exclut les activités de stockage automatique et temporaire de données – activités propres aux fournisseurs d'accès Internet et autres opérateurs de télécommunications –, en précisant que :

« Les dispositions de la présente loi ne sont pas applicables aux copies temporaires qui sont faites dans le cadre des activités techniques de transmission et de fourniture d'accès à un réseau numérique, en vue du stockage automatique, intermédiaire et transitoire des données et à seule fin de permettre à d'autres destinataires du service le meilleur accès possible aux informations transmises. »

Les autres termes moteurs

D'autres termes auxquels il est fait usage au sein de cette législation ont leur importance. Nous les citerons afin que vous puissiez disposer d'un mini-glossaire de base. La Loi de 1978 ne donne pas de définition de ces termes. Cet oubli sera vraisemblablement « réparé » – pour certaines de ces notions – avec l'adoption prochaine des nouvelles dispositions transposant la Directive européenne.

Responsable du traitement

La jurisprudence, confortée par la doctrine de la CNIL, considère comme responsable du traitement ou plus communément appelé « maître du fichier » (ces deux notions étant très proches), celui qui décide de la création du fichier, c'est-à-dire qui a le pouvoir de définir le contenu, la structure, les finalités, les conditions de gestion et de communication des données.

> **Note**
>
> Il a été jugé que « possèdent la qualité de déclarant toutes personnes physiques ou morales qui ont le pouvoir de décider la création d'un fichier informatique même s'il sous-traite (sic) l'exploitation du traitement automatisé » (T. corr. Versailles, 23 sept. 1986).

Selon le Projet de loi, il s'agit, sauf désignation expresse par les dispositions législatives ou réglementaires relatives à ce traitement, de « *la personne, l'autorité publique, le service ou tout autre organisme qui, seul ou conjointement avec d'autres, détermine ses finalités et ses moyens* ».

À titre de comparaison, la Convention du Conseil de l'Europe du 28 janvier 1981 définit le maître du fichier comme :

« *... la personne physique ou morale, l'autorité publique, le service ou tout autre organisme qui est compétent selon la loi nationale, pour décider quelle sera la finalité du fichier automatisé, quelles catégories de données à caractère personnel doivent être enregistrées et quelles opérations leur seront appliquées* ».

Sous-traitant

Le sous-traitant sera la personne qui procède à des opérations matérielles, techniques, de gestion du fichier ou du traitement automatisé. Si l'opération envisagée fait appel à un sous-traitant, il doit être mentionné dans la déclaration CNIL. Par ailleurs, il est d'ores et déjà intéressant de noter que la Directive prévoit, dans un article à part, le respect par ce dernier de règles en matière de sécurité (voir la section suivante).

La Directive européenne avait pris soin de le définir simplement comme « *la personne physique ou morale, l'autorité publique, le service ou tout autre organisme qui traite des données à caractère personnel pour le compte du responsable du traitement* ». Le Projet de loi, dans la lignée de la Directive, parle quant à lui de « *toute personne traitant des données à caractère personnel pour le compte du responsable d'un traitement* ».

Tiers

Ce terme, défini dans la Directive européenne, désigne « *la personne physique ou morale, l'autorité publique, le service ou tout autre organisme que la personne concernée, le responsable du traitement, le sous-traitant et les personnes qui, placés sous l'autorité directe du responsable du traitement ou du sous-traitant, sont habilités à traiter les données* ».

Destinataire

Ce terme, défini dans le Projet de loi (ainsi que dans la Directive), désigne « *toute personne habilitée à recevoir communication de ces données autre que la personne concernée, le responsable du traitement, le sous-traitant et les personnes qui, en raison de leurs fonctions, sont chargées de traiter les données. Toutefois, les autorités légalement habilitées, dans le cadre d'une mission particulière ou de l'exercice d'un droit de communication, à demander au responsable du traitement de leur communiquer des données à caractère personnel ne constituent pas des destinataires* ».

Le dispositif juridique

Dans un souci de clarté et afin de respecter notre volonté d'exposer cette réglementation de la manière la plus pragmatique possible, nous avons opté pour une approche globale sous la forme de cinq questions de fond :

* Quelles sont les principales restrictions aux traitements envisagés ?
* Quels sont les grands principes à retenir, les obligations à remplir et droits à respecter ?
* Quelles règles s'appliquent en cas de transfert de données à l'étranger ?
* Quelles sont les formalités à accomplir ?
* Quelles sont les sanctions auxquelles on s'expose ?

Au sein de chacune de ces sous-sections, les aspects propres aux ICP (et à la signature électronique), tels que nous avons pu les rencontrer, seront évoqués. Bien entendu, l'ensemble des problématiques ne peut être abordé ici puisque chaque projet d'ICP comporte, par essence, ses spécificités. C'est pour faire face à ce constat que nous avons pris soin de présenter la réglementation applicable dans son ensemble (le régime général), ainsi que ses futurs changements, notre objectif étant de permettre à toute personne engagée dans un projet d'ICP d'appréhender les situations diverses qui peuvent se présenter. Il s'agira donc de faire une application des règles énoncées.

Quelles sont les principales restrictions aux traitements envisagés ?

Avant la mise en œuvre de l'ICP, impliquant un certain nombre de traitements de données nominatives, il convient de vérifier scrupuleusement si tout est véritablement permis. Cet aspect juridique est partie intégrante de la phase de faisabilité du projet d'ICP et se traduit par l'identification des contraintes juridiques. La Loi de 1978 prévoit un certain nombre de restrictions de principe que nous évoquons ci-après.

Collecte par moyen frauduleux, déloyal ou illicite

La collecte de données opérées par tout moyen frauduleux, déloyal ou illicite est interdite (article 25 de la Loi de 1978). Un des cas les plus fréquents où un responsable du traitement peut être confronté à cette restriction est celui de la collecte indirecte de données. Il convient dans cette hypothèse de vérifier l'origine des données lorsqu'elles ont été collectées indirectement auprès d'un tiers et de prendre toutes les précautions qui s'imposent : vérifications auprès de la CNIL (cette possibilité est offerte par l'article 22 de la Loi de 1978), information des personnes concernées, garanties contractuelles de ce tiers, notamment sur l'exactitude et la mise à jour des données, vérifications quant aux restrictions de principe (données sensibles par exemple), etc. Nous préciserons que la Directive tout comme le Projet de loi, s'agissant de la signature électronique, ne prévoient pas la possibilité de collecte indirecte, sauf consentement explicite de l'intéressé (« *Sauf consentement exprès de la personne concernée, les données à caractère personnel recueillies par les prestataires de services de certification électronique pour les besoins de la délivrance et de la conservation des certificats liés aux signatures électroniques doivent l'être directement auprès de la personne concernée* [...] »).

Établissement de profil, raisonnements informatiques

« *... Aucune décision administrative ou privée impliquant une appréciation sur un comportement humain ne peut avoir pour fondement un traitement automatisé d'informations donnant une définition du profil ou de la personnalité de l'intéressé* » (article 2 de la Loi de 1978).

« *Toute personne a le droit de connaître et de contester les informations et les raisonnements utilisés dans les traitements automatisés dont les résultats lui sont opposés* » (article 3 de la Loi de 1978).

Ces dispositions se retrouvent plus spécifiquement dans le cadre d'opération de *scoring* ou de profilage, notamment dans le secteur bancaire ou dans celui des assurances. Le cas qui pourrait par exemple concerner l'ICP (article 3 précité) serait celui de la révocation automatique du certificat au moyen d'un programme qui traite de sa durée de validité.

Données sensibles/données relatives à des infractions, condamnations et mesures de sûreté

La collecte de données nominatives faisant apparaître, directement ou non, les origines raciales, les opinions politiques, philosophiques ou religieuses, les appartenances syndicales ou les mœurs des personnes (données dites « sensibles ») est interdite, sauf accord exprès de l'intéressé et hormis quelques exceptions (article 31 de la Loi de 1978).

Dans le même ordre d'idées, la collecte de données nominatives concernant les infractions, condamnations ou mesures de sûreté est interdite, sauf cas particuliers des juridictions, autorités publiques et personnes morales gérant un service public (article 30 de la Loi de 1978).

La Directive européenne comporte des dispositions analogues. Il ne devrait pas exister ici de difficulté quant aux ICP.

Utilisation du répertoire national d'identification des personnes physiques (RNIPP)/NIR/numéro de sécurité sociale

Un décret est nécessaire pour être autorisé à utiliser ce répertoire, notion qui englobe par extension le numéro de sécurité sociale. Ce numéro constitue en fait un identifiant unique, stable, dont le traitement généralisé serait source de danger pour les libertés individuelles et la vie privée.

L'article 18 de la Loi de 1978 dispose donc que « *l'utilisation du répertoire national d'identification des personnes physiques en vue d'effectuer des traitements nominatifs est autorisée par décret en Conseil d'État pris après avis de la commission* » (voir également l'article 27 nouveau du Projet de loi).

L'une des situations que nous avons rencontrées dans un projet d'ICP concernait non pas le traitement du numéro de sécurité sociale mais le traitement (collecte et conservation) des numéros de référence et date de validité des documents demandés à l'intéressé pour justifier de son identité dans le cadre de la demande de certificat. L'idée poursuivie était de disposer en interne sous forme d'un fichier d'un maximum d'informations afin d'éviter les sorties de documents auprès de l'archiveur, ces opérations ayant bien entendu un coût non négligeable. Parmi ces pièces justificatives figuraient la carte d'identité, le passeport ou encore le permis de conduire. Peut-on légalement (voire légitimement) collecter et conserver ces informations ? Rappelons que le Décret sur la signature électronique prévoit en son article 6, II, m, qu'un PSC doit satisfaire aux exigences suivantes :

« *Vérifier, d'une part, l'identité de la personne à laquelle un certificat électronique est délivré, en exigeant d'elle la présentation d'un document officiel d'identité, d'autre part, la qualité dont cette personne se prévaut et conserver les caractéristiques et références des documents présentés pour justifier de cette identité et qualité.* »

L'obligation de conserver les caractéristiques et références des documents présentés pour justifier de l'identité de l'intéressé justifie-t-elle la collecte et la conservation des numéros de référence et date de validité des documents d'identité ? Compte tenu de la nouveauté des questions liées à l'adoption du décret, nous avons préféré recueillir l'avis de la CNIL sur ce point (réponse en cours).

Opposition légitime de la personne concernée

Toute personne physique a le droit de s'opposer, pour des raisons légitimes, à ce que des informations nominatives la concernant fassent l'objet d'un traitement, étant précisé que ce droit ne s'applique pas aux traitements limitativement désignés dans l'acte réglementaire prévu à l'article 15- cette exception vise le cas du secteur public uniquement - (article 26 de la Loi de 1978).

La Directive prévoit également dans un article 14 que toute personne concernée a droit de s'opposer (i) au traitement de données à des fins de prospection, ce qui rejoint la doctrine de la CNIL en la matière, ainsi (ii) qu'à la communication des données à des tiers à des fins de prospection commerciale. Pour mémoire, nous rappellerons que la CNIL considère que la personne doit avoir la possibilité de s'opposer à ce que ses données soient cédées à des tiers (système d'option avec une case à cocher) ou même utilisées à des fins de prospection, justifiant ainsi d'un motif légitime.

Nouveauté : les intérêts légitimes justifiant la mise en œuvre d'un traitement

Le Projet de loi, conformément au principe posé par la Directive européenne (article 5), énumère les intérêts légitimes qui justifient la mise en œuvre d'un traitement, ce qui n'est pas le cas sous l'empire de la loi actuelle. Ainsi, l'article 7 nouveau prévoit :

« Un traitement de données à caractère personnel doit, soit avoir reçu le consentement de la ou des personnes concernées, soit être nécessaire :

1° au respect d'une obligation légale à laquelle le responsable du traitement est soumis ;

2° ou à la sauvegarde de la vie de la ou des personnes concernées ;

3° ou à l'exécution d'une mission de service public dont est investi le responsable ou le destinataire du traitement ;

4° ou à l'exécution, soit d'un contrat auquel la personne concernée est partie, soit de mesures précontractuelles prises à la demande de celle-ci ;

5° ou à la réalisation de l'intérêt légitime poursuivi par le responsable du traitement ou par le destinataire, à condition de ne pas méconnaître l'intérêt ou les droits et libertés fondamentaux de la personne concernée. »

Quels sont les grands principes à retenir, obligations à remplir et droits à respecter ?

Un certain nombre de principes doivent être respectés par le responsable du traitement lui-même, voire également par le sous-traitant. Ces principes se traduisent par des obligations à remplir, ce qui implique la mise en place d'une organisation interne, adaptée à la gestion minutieuse de chacune de ces obligations. Dans le cadre des ICP, les principes les plus importants sont à notre sens ceux qui sont relatifs à la finalité du traitement ainsi que ceux qui ont trait à la confidentialité et à la sécurité des données.

La finalité du traitement

Le responsable du traitement a l'obligation de respecter la finalité déclarée du traitement automatisé (qui peut être décomposée en sous-finalités). Le principe de finalité est fondamental. Il représente le cœur même des problématiques juridiques liées aux traitements de données à caractère personnel. En pratique, il faut sans cesse se poser la question suivante : ce qui va être fait dans le cadre du traitement est-il bien conforme à la finalité de celui-ci ?

La Directive précise d'ailleurs que les données doivent être « *collectées pour des finalités déterminées, explicites et légitimes, et ne pas être traitées ultérieurement de manière incompatible avec ces finalités* » (article 6). Ce principe est repris dans le Projet de loi avec un article 6 nouveau.

À titre d'illustration, nous retrouvons des finalités aussi diverses que la gestion d'une ICP, l'offre d'un service de signature électronique, la réalisation de statistiques anonymes, la mise en œuvre d'opérations commerciales et autres offres promotionnelles, la diffusion d'une lettre d'information…

Nous avons pu nous rendre compte à quel point la question de l'utilisation des données à des fins de prospection commerciale était importante. Bien souvent les entreprises (plus précisément leur service commercial) souhaitent utiliser dans le cadre d'opérations marketing toutes les données récoltées sur les individus (pour les commerciaux, toutes les données sont précieuses). Or, si ces informations ont été légitimement recueillies dans le cadre de la mise en œuvre de l'ICP et à cette fin (celles inscrites dans le certificat par exemple), elles ne sauraient être utilisées pour une autre finalité qui lui est étrangère (sauf accord exprès et éclairé de l'intéressé bien entendu). De plus, cette utilisation peut se heurter au droit d'opposition reconnu à la personne concernée, que nous évoquons brièvement ci-après.

Dans le même ordre d'idées, la Directive européenne sur la signature électronique ne manque pas de préciser, s'agissant de la délivrance et la conservation des certificats, que « *les données ne peuvent être recueillies ni traitées à d'autres fins sans le consentement explicite de la personne intéressée* ».

En résumé, les données utilisées pour l'ICP ne devraient pas *a priori* pouvoir être utilisées pour d'autres finalités, sauf bien entendu s'il est avéré qu'elles sont identiques.

Les caractéristiques des données à caractère personnel

Les données collectées doivent être pertinentes, adéquates et non excessives au regard de la finalité du traitement, exactes et mises à jour. Le maître du fichier a l'obligation de correction et de mise à jour des données nominatives en vertu de l'article 37 de la Loi de 1978, et doit accomplir cette obligation au niveau des tiers détenteurs des données en vertu de l'article 38. La Directive européenne précise d'ailleurs que toutes les mesures raisonnables doivent être prises pour que les données inexactes ou incomplètes soient effacées ou rectifiées (article 6).

L'information de la personne concernée

En application de l'article 27 de la Loi de 1978, la personne concernée par la collecte de données nominatives doit être informée :

- du caractère obligatoire ou facultatif des réponses ;
- des conséquences à son égard d'un défaut de réponse ;
- des personnes physiques ou morales destinataires des informations ;
- de l'existence d'un droit d'accès et de rectification.

Il est à noter que ces prescriptions doivent notamment être mentionnées lorsque des informations nominatives sont recueillies par voie de questionnaire ou de formulaire d'inscription. Les personnes concernées par ce type de collecte doivent être informées de leurs droits, tels qu'ils sont susmentionnés, et ce, au plus tard lors de la collecte. Cette information doit être faite sur tous les supports papier concernés mais également sur tout support électronique, par exemple lorsqu'il s'agit d'une inscription en ligne *via* le réseau Internet. L'information devant être procurée à la personne concernée par la collecte peut être formulée comme suit :

> Conformément à l'article 27 de la loi « Informatique et Libertés » du 6 janvier 1978, nous vous informons que la communication des données personnelles vous concernant est [facultative] [obligatoire] [et conditionne la prise en compte de votre demande de certificat]. Le défaut de communication de ces données aura pour conséquence de ne pas nous permettre de traiter votre demande. Conformément à l'article 34 de la loi précitée, vous disposez d'un droit d'accès et de rectification aux données vous concernant auprès de la société XXX [coordonnées]. Ces informations ne feront pas l'objet d'une communication à des tiers, hors les cas nécessaires aux opérations liées à votre demande de certificat (par exemple, le sous-traitant de XXX, à savoir la société TTT).

Afin de renforcer la protection de la personne concernée, qui se traduit avant tout par une information claire, transparente et en temps utile sur les opérations de traitement de ses données personnelles envisagées par le responsable du traitement, la Directive (articles 10 et 11) prévoit de nouveaux principes qui ont vocation à être intégrés dans la nouvelle loi (article 32 nouveau) :

- en cas de collecte directe auprès de la personne concernée, cette dernière devra également être informée de (i) l'identité du responsable du traitement et, le cas échéant, de son représentant (ce qui ressortait déjà logiquement de l'application de la Loi de 1978 sans être explicitement mentionné), (ii) de la finalité poursuivie par le traitement auquel les données sont destinées, (iii) de l'identité même du ou des destinataires des données et, enfin, (iv) des droits qu'elle détient (son droit d'accès et de rectification mais également son droit d'opposition) ;
- en cas de collecte indirecte auprès de la personne concernée, le responsable du traitement ou son représentant devra fournir à cette dernière les informations énumérées ci-avant dès l'enregistrement des données ou, si une communication des données à des tiers est envisagée, au plus tard lors de la première communication des données.

Nous signalerons pour information que cette volonté de transparence, qui caractérise cette réglementation, se traduit également par la possibilité qui est laissée à l'intéressé de prendre connaissance auprès des services de la CNIL de l'existence des traitements déclarés ou autorisés. Ainsi, l'article 22 de la Loi de 1978 (article 31 nouveau du Projet de Loi) dispose :

« La commission met à la disposition du public la liste des traitements, qui précise pour chacun d'eux :

- *la loi ou l'acte réglementaire décidant de sa création ou la date de sa déclaration ;*
- *sa dénomination et sa finalité ;*
- *le service auprès duquel est exercé le droit prévu au chapitre V ci-dessous [Droit d'accès] ;*
- *les catégories d'informations nominatives enregistrées ainsi que les destinataires ou catégories de destinataires habilités à recevoir communication de ces informations.*

Sont tenus à la disposition du public, dans les conditions fixées par décret, les décisions, avis ou recommandations de la commission dont la connaissance est utile à l'application ou à l'interprétation de la présente loi. »

Les droits d'accès et de rectification de la personne concernée

En application des articles 34 et suivants de la Loi de 1978, la personne concernée dispose d'un droit d'accès et de rectification. Le texte même précise les modalités selon lesquelles ces droits peuvent être exercés. Une redevance peut d'ailleurs être demandée par le responsable du traitement à la personne qui fait valoir son droit d'accès (fixée à 30 francs fin 2001). Ces principes sont repris dans les articles 39 et suivants nouveaux issus du Projet de loi.

L'exercice de ce droit a un impact direct sur l'organisation interne du responsable du traitement. Ce dernier doit en effet mettre en place des procédures propres à répondre, dans les conditions posées par la loi, aux demandes des personnes fichées. Surtout, il doit conserver la trace de toute action liée à l'exercice de ce droit.

Le droit d'opposition de la personne concernée

Ce droit, qui figure parmi les restrictions possibles au traitement, a été évoqué dans le précédent paragraphe. Son respect par le responsable du traitement implique une gestion adaptée de ses fichiers et traitements où sont enregistrées les données à caractère personnel (mention de l'opposition de la personne avec une alerte automatique par exemple). Il est vrai que cette gestion est souvent synonyme de lourdeur et peut parfois se heurter à des contraintes purement techniques.

Nous retranscrivons simplement le texte du Projet de loi (article 38 nouveau) :

« Toute personne physique a le droit de s'opposer, pour des motifs légitimes, à ce que des données la concernant fassent l'objet d'un traitement. Elle a le droit de s'opposer, sans frais, à ce que les données la concernant soient utilisées à des fins de prospection, notamment commerciale, par le responsable actuel du traitement ou celui d'un traitement ultérieur. Les dispositions du premier alinéa ne s'appliquent pas lorsque le traitement répond à une obligation légale ou lorsque l'application de ces dispositions a été écartée par une disposition expresse de l'acte autorisant le traitement. »

La confidentialité et la sécurité

Le responsable du traitement a une obligation de protection de la sécurité et de la confidentialité des données en vertu de l'article 29 de la Loi de 1978. Dans le même sens, la Directive prévoit deux articles distincts, le premier traitant de la confidentialité (article 16) et le second de la sécurité (article 17). Ces articles sont éclairés par le considérant 46 de la Directive qui prévoit que :

« … la protection des droits et des libertés des personnes concernées à l'égard du traitement de données à caractère personnel exige que des mesures techniques et d'organisation appropriées soient prises tant au moment de la conception qu'à celui de la mise en œuvre du traitement, en vue d'assurer en particulier la sécurité et d'empêcher ainsi tout traitement non autorisé ; il incombe aux États membres de veiller au respect de ces mesures par les responsables du traitement ; ces mesures doivent assurer un niveau de sécurité approprié tenant compte de l'état de l'art et du coût de leur mise en œuvre au regard des risques présentés par les traitements et de la nature des données à protéger ».

Le Projet de loi fait également une place à part à ce principe. L'exposé des motifs précise d'ailleurs qu'il n'est pas exclu que des décrets, faisant état de prescriptions techniques particulières, soient adoptés pour certaines catégories de traitements afin de garantir la sécurité des données. Compte tenu de l'importance de cette question, eu égard au thème des ICP, nous avons reproduit *in extenso* ces trois références dans le tableau (page suivante) :

Il est clair que cette obligation est au cœur des problématiques des ICP. Elle est par définition particulièrement forte(voir également sur ce sujet les lignes directrices régissant la sécurité des systèmes d'information édictées en 1992 par l'OCDE). Pour autant, il n'est pas aisé de cerner avec précision le type de sécurités techniques et organisationnelles à mettre en œuvre – en plus de ce qui existe déjà au sein de l'ICP – pour respecter l'obligation de sécurité telle qu'elle est présentée par la loi. Nous évoquerons ci-après un certain nombre de références et d'indices qui permettent d'avoir une idée plus précise de la question. En tout état de cause, la CNIL s'est bien gardée d'élaborer un document écrit qui décrive les mesures concrètes de sécurité qu'il convient en général de mettre en œuvre. Nous avons toutefois remarqué que le niveau de sécurité des ICP était suffisant dans la quasi-totalité des cas, seules de légères adaptations s'étant avérées nécessaires.

Loi de 1978	Directive de 1995	Projet de loi de 2001
Article 29	Articles 16 et 17	Article 5 (articles 34 et 35 nouveaux)
Toute personne ordonnant ou effectuant un traitement d'informations nominatives s'engage de ce fait, vis-à-vis des personnes concernées, à prendre toutes précautions utiles afin de préserver la sécurité des informations et notamment d'empêcher qu'elles ne soient déformées, endommagées ou communiquées à des tiers non autorisés.	• *Confidentialité des traitements* : Toute personne agissant sous l'autorité du responsable du traitement ou celle du sous-traitant, ainsi que le sous-traitant lui-même, qui accède à des données à caractère personnel, ne peut les traiter que sur instruction du responsable du traitement, sauf en vertu d'obligations légales. • *Sécurité des traitements* : **1.** Les États membres prévoient que le responsable du traitement doit mettre en œuvre les mesures techniques et d'organisation appropriées pour protéger les données à caractère personnel contre la destruction accidentelle ou illicite, la perte accidentelle, l'altération, la diffusion ou l'accès non autorisés, notamment lorsque le traitement comporte des transmissions de données dans un réseau, ainsi que contre toute autre forme de traitement illicite. Ces mesures doivent assurer, compte tenu de l'état de l'art et des coûts liés à leur mise en œuvre, un niveau de sécurité approprié au regard des risques présentés par le traitement et la nature des données à protéger. **2.** Les États membres prévoient que le responsable du traitement, lorsque le traitement est effectué pour son compte, doit choisir un sous-traitant qui apporte des garanties suffisantes au regard des mesures de sécurité technique et d'organisation relatives aux traitements à effectuer et qu'il doit veiller au respect de ces mesures. **3.** La réalisation de traitements en sous-traitance doit être régie par un contrat ou un acte juridique qui lie le sous-traitant au responsable du traitement et qui prévoit notamment que : – le sous-traitant n'agit que sur la seule instruction du responsable du traitement ; – les obligations visées au paragraphe 1, telles que définies par la législation de l'État membre dans lequel le sous-traitant est établi, incombent également à celui-ci. **4.** Aux fins de la conservation des preuves, les éléments du contrat ou de l'acte juridique relatifs à la protection des données et les exigences portant sur les mesures visées au paragraphe 1 sont consignés par écrit ou sous une autre forme équivalente.	Le responsable du traitement est tenu de prendre toutes précautions utiles, au regard de la nature des données et des risques présentés par le traitement, pour préserver la sécurité des données et notamment empêcher qu'elles ne soient déformées, endommagées ou communiquées à des tiers non autorisés. Des décrets, pris après avis de la Commission nationale de l'informatique et des libertés, peuvent fixer les prescriptions techniques auxquelles doivent se conformer les traitements mentionnés au 1° et au 5° du II de l'article 8. Les données à caractère personnel ne peuvent faire l'objet d'une opération de traitement de la part d'un sous-traitant, d'une personne agissant sous l'autorité du responsable du traitement ou de celle du sous-traitant, que sur instruction du responsable du traitement. Est regardée comme sous-traitant, au sens de la présente loi, toute personne traitant des données à caractère personnel pour le compte du responsable d'un traitement. Le sous-traitant doit présenter des garanties suffisantes pour assurer la mise en œuvre des mesures de sécurité et de confidentialité mentionnées à l'article 34. Cette exigence ne décharge pas le responsable du traitement de son obligation de veiller au respect de ces mesures. Le contrat liant le sous-traitant au responsable du traitement comporte l'indication des obligations incombant au sous-traitant en matière de protection de la sécurité et de la confidentialité des données et prévoit que le sous-traitant ne peut agir que sur instruction du responsable du traitement.

D'une manière générale, la mise en œuvre de moyens et procédures de sécurité (pare-feu, moyens de cryptage) doit être adaptée aux risques présentés par le traitement et doit tenir compte de la nature des données à protéger, sur le plan technique et au niveau organisationnel (réseau Internet, type de donnée collectée, personnes habilitées à avoir accès aux données, tiers destinataires des données, flux à l'étranger, contrat écrit avec les sous-traitants et clauses adaptées, etc.).

La CNIL a émis des recommandations sur ce sujet dans sa délibération n°81-094 du 21 juillet 1981 qu'il convient de prendre en compte. La doctrine de la CNIL sur les problématiques relatives à Internet comporte également des références et doit être respectée s'il y a lieu.

Conformément à cette délibération, il appartient aux détenteurs ou utilisateurs de fichiers nominatifs de prendre, sous leur responsabilité, préalablement à toute mise en œuvre d'une application informatique, compte tenu de la finalité du traitement, du volume des informations traitées et de leur degré de sensibilité au regard des risques d'atteinte à la personne humaine, les mesures générales de sécurité nécessaires, concernant le contrôle de fiabilité des matériels ou logiciels et la capacité de résistance aux atteintes accidentelles ou volontaires extérieures ou intérieures (incendie, inondation, alimentation électrique, vol, détournement, destruction d'informations) en étudiant particulièrement l'implantation géographique, les conditions d'environnement, les aménagements des locaux et de leurs annexes.

La CNIL recommande :

- que l'évaluation des risques et l'étude générale de la sécurité soient entreprises systématiquement pour tout nouveau traitement informatique, et réexaminées pour les traitements existants ;
- qu'un effort d'information et de sensibilisation auprès des catégories professionnelles concernées les motive dans le sens d'une participation accrue à l'application des mesures de sécurité retenues ;
- qu'un soin tout particulier soit apporté à définir les dispositions destinées à assurer la sécurité et la confidentialité des traitements et des informations, à les consigner dans un document de référence, à les tenir à jour et à veiller de manière permanente à leur respect ;
- que les responsabilités des personnels participant au respect des mesures de sécurité soient clairement définies ;
- que des actions concertées entre les pouvoirs publics, les groupements professionnels d'utilisateurs, les constructeurs, les sociétés d'ingénierie et les fournisseurs de matériels et de logiciels concourent à préciser les sécurités offertes, à les garantir contractuellement, et à œuvrer dans le sens d'une amélioration générale de la sécurité, qui doit être prise en considération dès la conception des produits matériels ou logiciels.

Enfin, la déclaration CNIL ordinaire et ses annexes procurent des indications fort utiles. Rappelons que la Loi de 1978 prévoit expressément que la déclaration doit préciser les dispositions prises pour assurer la sécurité des traitements et des informations et la garantie des secrets protégés par la loi.

Le formulaire mentionne les questions suivantes, étant précisé qu'une annexe spécifique relative à la confidentialité et à la sécurité doit être jointe :

- Existe-t-il des dispositions destinées à assurer la sécurité et la confidentialité des traitements et des informations ?
- Sont-elles consignées dans un document ?

> **Remarque**
>
> Dans le cadre des ICP, elles seront forcément consignées dans la PC et la DPC. Il n'est d'ailleurs pas inutile de joindre en tant qu'annexe à la déclaration un extrait significatif de ces documents.

- Le secret de certaines des informations traitées fait-il par ailleurs l'objet d'une protection légale ?

Quant à l'annexe, elle doit spécifier les moyens prévus pour assurer :

- la sécurité physique du matériel et le contrôle de l'accès physique aux informations ;
- les solutions de secours, s'il y a lieu ;
- le contrôle de l'accès logique au système informatique à partir de terminaux et, notamment, la technique utilisée pour identifier les utilisateurs à distance ; cette technique devra être décrite en détail si le système informatique est accessible par l'intermédiaire d'un réseau commuté ;
- les types de personnel habilités aux divers accès.

Enfin, on peut citer à titre d'exemple la recommandation de la CNIL n°87-001 du 20 janvier 1987 portant recommandation sur les traitements automatisés des certificats de santé de jeunes enfants mis en œuvre par les départements, qui énonce les mesures de sécurité suivantes :

- Les fichiers doivent être conçus de façon à permettre la séparation des données relatives à l'identité des personnes et des renseignements médicaux.
- L'accès à ces fichiers doit être contrôlé par un système d'identification et d'authentification individuel des utilisateurs, placé sous la responsabilité du médecin chef du service de protection maternelle et infantile.
- Les informations traitées ne peuvent faire l'objet d'aucun rapprochement, interconnexion ou mise en relation systématique, sauf accord de la CNIL.
- Une fois par an, les informations nominatives utilisées pour le traitement des certificats de santé des enfants doivent être détruites, quel qu'en soit le support, lorsque l'enfant atteint l'âge de 6 ans.

Cette recommandation est intervenue dans un domaine particulier qui est celui de la santé pour lequel l'obligation de sécurité est renforcée, étant donné le caractère sensible des informations traitées. Néanmoins, cette recommandation met en lumière l'importance de limiter l'accès aux fichiers et la durée de conservation, ainsi que l'interdiction des interconnexions.

L'ensemble des illustrations et indices que nous venons de présenter doivent permettre au responsable du traitement de mettre en place les mesures de sécurité qui répondent aux contraintes légales susmentionnées et qui soient adaptées aux particularités des ICP. D'une manière générale, les points suivants devraient faire l'objet d'une attention toute particulière :

- les moyens de sécurité physiques et logiques à mettre en place et la vérification régulière de ces mesures de sécurité ;
- les autorisations, habilitations et contrôles d'accès ;
- le plan de secours ;
- le cahier des procédures de sécurité et la mise à jour régulière du cahier ;
- l'information et la formation du personnel, ainsi que leur sensibilisation aux aspects juridiques ;
- la nomination d'un responsable de la sécurité ;

> **Remarque**
>
> De plus en plus d'entreprises choisissent de nommer un détaché à la protection des données personnelles. Cette nouveauté est d'ailleurs prévu dans la Directive.

- le recours à des engagements de confidentialité et de respect des règles de sécurité ;
- la présence de clauses contractuelles spécifiques « sécurité » dans les contrats avec les fournisseurs, sous-traitants ou autres tiers.

La durée de conservation des données

Le responsable du traitement est tenu de respecter la limitation de la durée de conservation des données nominatives en vertu de l'article 28 de la Loi de 1978 (Sauf cas des traitements à des fins historiques, statistiques ou scientifiques [disposition introduite par la loi n°2000-321 du 12 avril 2000 relative aux droits des citoyens dans leurs relations avec les administrations (Loi Zucarelli)]. Voir sur ce point l'article 36 nouveau.), qui doit être proportionnée par rapport à la finalité du traitement. La directive reprend d'ailleurs ce principe fondamental en précisant que les données doivent être conservées sous une forme permettant l'identification des personnes concernées pendant une durée qui n'excède pas celle qui est nécessaire à la réalisation des finalités pour lesquelles elles sont collectées ou pour lesquelles elles sont traitées ultérieurement. Ce principe est repris dans le Projet de loi (article 6 nouveau).

> **Important**
> La durée de conservation des données doit être proportionnelle à la finalité du traitement.

Ce principe bien compréhensible du « droit à l'oubli » se heurte pourtant aux exigences propres aux ICP : comment constituer une preuve et en même temps oublier/détruire ? Un certain nombre de données doivent être conservées sans qu'il y ait *de facto* une durée particulière qui y soit associée. Bien entendu, il peut arriver que la durée de conservation soit quasi évidente dans le sens où la finalité du traitement implique une durée de conservation précise. C'est ce qui semble ressortir des projets TéléTVA où la durée préconisée par le MINEFI et la CNIL (de manière verbale) est de 10 ans.

Rien n'est moins sûr lorsque le service proposé est un service de signature électronique « général » et non spécifique. En effet, toute durée pourrait juridiquement parlant se justifier aisément : 3 ans, 10 ans, 30 ans ? De plus, ce principe du droit à l'oubli semble se heurter au Décret français sur la signature électronique qui prévoit que le PSC doit « *conserver, éventuellement sous forme électronique, toutes les informations relatives au certificat électronique qui pourraient s'avérer nécessaires pour faire la preuve en justice de la certification électronique* ». Que signifie faire la preuve en justice de la certification électronique ? Et quelles informations doivent être conservées à cet effet ?

Afin d'éviter d'entrer dans des débats sans fin et en attendant la position de la CNIL, une solution transitoire consisterait à mentionner une durée fixe maximale, tout en précisant que cette durée peut varier en fonction des obligations légales qui incombent au responsable du traitement.

Les formalités à accomplir

Parmi les obligations du maître du fichier figure celle des formalités à accomplir. Cet aspect de la réglementation est traité ci-après dans un paragraphe à part et fait l'objet d'une illustration. Nous soulignerons toutefois l'importance de ces formalités qui, en dehors du fait qu'il s'agit de répondre à une obligation légale assortie de sanctions pénales, permettent au responsable de bien appréhender les traitements réalisés dans le cadre de son ICP et de maîtriser la réglementation applicable en la retranscrivant, à chaque fois que cela est nécessaire, sous forme de procédures internes et de clauses contractuelles insérées dans les accords conclus avec des tiers.

Les contrats à conclure

Nous l'avons évoqué au chapitre 10, des clauses relatives aux aspects que présente la protection des données personnelles doivent être prévues dans les différents contrats à conclure, soit qu'il s'agisse d'une obligation légale directe (voir le cas du sous-traitant), soit qu'il s'agisse d'un aménagement contractuel indispensable pour se prémunir contre toute réclamation ou action fondée sur un manquement aux règles applicables.

Le cas particulier de la protection des données à caractère personnel et de la signature électronique

Rappelons que la directive européenne sur la signature électronique consacre tout un article à la protection des données personnelles (article 8) :

> *« 1. Les États membres veillent à ce que les prestataires de service de certification et les organismes nationaux responsables de l'accréditation ou du contrôle satisfassent aux exigences prévues par la directive 95/46/CE du Parlement européen et du Conseil du 24 octobre 1995 relative à la protection des personnes physiques à l'égard du traitement des données à caractère personnel et à la libre circulation de ces données.*
> *2. Les États membres veillent à ce qu'un prestataire de service de certification qui délivre des certificats à l'intention du public ne puisse recueillir des données personnelles que directement auprès de la personne concernée ou avec le consentement explicite de celle-ci et uniquement dans la mesure où cela est nécessaire à la délivrance et à la conservation du certificat. Les données ne peuvent être recueillies ni traitées à d'autres fins sans le consentement explicite de la personne intéressée.*
> *3. Sans préjudice des effets juridiques donnés aux pseudonymes par la législation nationale, les États membres ne peuvent empêcher le prestataire de service de certification d'indiquer dans le certificat un pseudonyme au lieu du nom du signataire. »*

Ainsi, un dispositif particulier strict est institué pour ce qui concerne les signatures électroniques :

- les données personnelles ne sont recueillies qu'auprès de la personne concernée ou avec le consentement explicite de cette dernière ;
- les données personnelles ne sont recueillies que dans la mesure où cela est nécessaire à la délivrance et à la conservation du certificat ;
- les données personnelles ne peuvent être recueillies ou traitées à d'autres fins que la délivrance et la conservation du certificat, sauf consentement explicite de la personne intéressée ;
- le PSC peut indiquer un pseudonyme dans le certificat au lieu du nom du signataire.

Le Projet de loi a intégré une nouvelle disposition (article 33 nouveau) pour prendre en compte les spécificités de la signature électronique :

« Sauf consentement exprès de la personne concernée, les données à caractère personnel recueillies par les prestataires de services de certification électronique pour les besoins de la délivrance et de la conservation des certificats liés aux signatures électroniques doivent l'être directement auprès de la personne concernée et ne peuvent être traitées que pour les fins en vue desquelles elles ont été recueillies. »

Note

On notera que le paragraphe 3 de la disposition européenne traitant des pseudonymes n'a pas été repris dans le Projet de loi. Le but poursuivi par la Directive est de préserver, *via* le pseudonyme, l'identité de personnes identifiées au moyen d'un certificat. Les autorités compétentes dans le cadre de leurs missions pourront bien entendu avoir accès à l'identité réelle.

Il ressort de l'exposé des motifs du Projet de loi que *« cette disposition spécifique est, de par les garanties pour les personnes qu'elle requiert, plus exigeante que le droit commun correspondant à la directive du 24 octobre 1995 »*. Il est vrai que cette disposition déroge au régime général. On remarquera toutefois que le futur texte prévoit des « échappatoires » (*via* le système du consentement explicite du fiché) qui risquent sans doute de ruiner les efforts de protection recherchés à l'origine.

L'exposé des motifs ajoute simplement que :

« Dans le domaine sensible et très nouveau des services de certification électronique, elle prévoit en effet que les prestataires délivrant au public et conservant les certificats liés aux signatures électroniques ne peuvent recueillir ou traiter des données à caractère personnel si ce n'est directement auprès de la personne concernée ou avec le consentement de celle-ci, et dans la seule mesure où le recueil de ces données est nécessaire à la finalité de délivrance et de conservation de tels certificats. »

Pour clore ce paragraphe, nous dirons que la confiance de la personne concernée par un traitement de données à caractère personnel est la résultante de quatre principes de base que sont la pertinence, la transparence, la sécurité et le choix.

CONFIANCE = PERTINENCE + TRANSPARENCE + SÉCURITÉ + CHOIX

Quelles règles s'appliquent en cas de transfert de données à l'étranger ?

Chaque fois que des données personnelles « sortent » de France et sont donc expédiées vers un ou plusieurs pays étrangers, il faut se poser la question des flux transfrontières de données, et ce, quelles que soient la forme de cette transmission, sa finalité (exécution du contrat de sous-traitance, cession de données, échange de données, etc.), ou quels que soient les éventuels destinataires desdites données.

L'article 24 de la Loi de 1978 prévoit que les flux transfrontières de données nominatives peuvent être soumis à autorisation préalable ou être réglementés selon des modalités fixées par décret en Conseil d'État. Ce décret n'a jamais été adopté. À l'époque de l'adoption de la Loi de 1978, les flux transfrontières de données étaient rares. Le dispositif mis en place par la Loi de 1978, certes bancale, n'empêche pas les transferts à l'étranger, la CNIL ayant pris soin d'étudier au cas par cas les situations rencontrées. La CNIL peut en quelque sorte « interdire » ou limiter un transfert de données nominatives (c'est-à-dire estimer qu'une autorisation préalable est nécessaire). À cet égard, elle prend en considération le niveau de protection du pays destinataire, la nature des données transférées, la finalité du traitement, etc.

Lorsque l'État destinataire est un État membre de l'Union européenne, aucun problème ne se pose puisqu'en principe l'État concerné dispose d'une législation harmonisée, donc protectrice. En pratique, la CNIL effectue une analyse au cas par cas et peut soumettre le maître du fichier et son cocontractant étranger (en cas de cession, licence, échange) à la signature d'un contrat par lequel le cocontractant s'engage à respecter les dispositions de la Loi de 1978. De même, la CNIL demande à ce que des moyens de sécurité appropriés soient mis en œuvre.

On rappellera que la déclaration effectuée auprès de la CNIL doit préciser l'existence d'un tel flux transfrontière de données et que certaines informations doivent être fournies à cet égard (article 19 de la Loi de 1978). Enfin, dans l'hypothèse où le maître du fichier est à l'étranger, ce dernier doit avoir un représentant en France.

Il ressort de ce qui précède que le système actuel des transferts de données à l'étranger (hors États membres puisque ces derniers sont censés disposer d'une législation protectrice comparable) fonctionne principalement *via* la mise en place d'accords contractuels entre les entités française et étrangère concernées et sous l'œil averti de la CNIL qui a élaboré en la matière – et depuis plusieurs années maintenant – toute une doctrine.

Le nouveau dispositif qui résulte de la transposition de la Directive européenne dans notre législation nationale doit être évoqué brièvement puisqu'il préfigure les situations qui se rencontreront de plus en plus demain. Pour information, les articles 25 et 26 de la Directive européenne ainsi que les articles 68 à 70 nouveaux de la Loi de 1978 constituent les textes de référence qui traitent de cette question. Plutôt que de décrire l'ensemble du nouveau dispositif, nous avons choisi de présenter, sous forme synthétique (figure 11-1), ses principales caractéristiques, c'est-à-dire celles qui sont aisées à appréhender et qui feront sans nul doute l'objet d'une application pratique très courante.

Nature	Description	Référence
PRINCIPE	Le transfert de données à caractère personnel vers un État n'appartenant pas à la Communauté européenne ne peut avoir lieu que si le pays destinataire n'assure pas un niveau de protection suffisant de la vie privée et des libertés et droits fondamentaux des personnes à l'égard du traitement envisagé. Pour apprécier le niveau de protection, les critères à prendre en compte sont notamment les suivants : • Les dispositions en vigueur dans cet État, les mesures de sécurité qui sont appliquées, les caractéristiques propres au traitement (finalités, durée), la nature des données, leur origine et destination.	Article 68 nouveau Article 25 de la Directive européenne
APPLICATION	La Commission européenne a reconnu que la Suisse et la Hongrie bénéficiaient d'un niveau de protection adéquat. Après examen, le Canada et l'Australie n'ont pas été reconnus comme bénéficiant d'un niveau de protection adéquat. Quant aux États-Unis, le transfert est autorisé pour les entreprises ayant adhéré aux principes du Safe Harbor. Début novembre, on dénombrait plus de 100 entreprises adhérentes, parmi lesquelles Baxter International Inc., DoubleClick Inc., Hewlett Packard, Intel, Microsoft Corporation, Sybase Inc., TRUSTe, BMW Group, Yamaha Music Interactiv, etc.	Décision 2000/518/CE de la Commission du 26 juillet 2000 relative à la constatation, conformément à la directive 95/46/CE du Parlement européen et du Conseil, du caractère adéquat de la protection des données à caractère personnel en Suisse [*JOCE*, L218 du 25 août 2000, p. 1 et suiv.]. Décision 2000/519/CE de la Commission du 26 juillet 2000 relative à la constatation, conformément à la directive 95/46/CE du Parlement européen et du Conseil, du caractère adéquat de la protection des données à caractère personnel en Hongrie [*JOCE*, L218 du 25 août 2000, p. 4 et suiv.]. Avis 2/2001 du 26 janvier 2001 sur le niveau de protection garanti par la loi canadienne sur la protection des renseignements personnels et les documents électroniques. Avis 3/2001 du 26 janvier 2001 sur le niveau de protection garanti par la loi australienne « Privacy Amendment (Private Sector) Act 2000 ». Décision 2000/520/CE de la Commission du 26 juillet 2000 relative au Safe Harbor [*JOCE*, L218 du 25 août 2000, p. 7 et suiv.]
EXCEPTION	Le transfert peut quand même avoir lieu si la personne concernée a consenti au transfert des données.	Article 69 nouveau Article 26 de la Directive européenne

Figure 11-1. Transferts de données à caractère personnel vers les États n'appartenant pas à la Communauté européenne

EXCEPTION	Le transfert peut quand même avoir lieu si celui-ci est nécessaire à l'exécution d'un contrat entre le responsable du traitement et l'intéressé, ou de mesures précontractuelles prises à la demande de celui-ci.	Article 69 nouveau Article 26 de la Directive européenne
EXCEPTION	Le transfert peut quand même avoir lieu si celui-ci est nécessaire à la conclusion ou à l'exécution d'un contrat conclu ou à conclure, dans l'intérêt de la personne concernée, entre le responsable du traitement et un tiers.	Article 69 nouveau Article 26 de la Directive européenne
EXCEPTION	Le transfert peut quand même avoir lieu sur décision d'autorisation de la CNIL (ou dans les cas de traitements liés à des activités de souveraineté de l'État, après décret en Conseil d'État pris après avis motivé et publié de la CNIL), étant précisé que des garanties peuvent être fournies au moyen de clauses contractuelles appropriées.	Article 69 du Projet de loi Article 26 de la Directive européenne

Figure 11-1. (Suite). Transferts de données à caractère personnel vers les États n'appartenant pas à la Communauté européenne

Remarque

La Commission européenne a publié en juillet 2001 des clauses contractuelles type adoptées dans une décision du 15 juin 2001 [*JOCE* L118 du 4 juillet 2001, p. 19 et suiv.].

Point sur le « Safe Harbor »

Pour que la protection des données personnelles puisse être considérée par la Commission européenne comme adéquate aux États-Unis au sens de la Directive, le ministère du Commerce américain a élaboré les principes de la sphère de sécurité (les principes du « Safe Harbor ») complétés et précisés par les questions souvent posées. Ces principes ont été reconnus par la Commission européenne comme assurant une protection adéquate par une décision du 26 juillet 2000. Ces principes n'ont pas un champ d'application général. Ils sont exclusivement destinés aux organisations américaines recevant des données à caractère personnel en provenance de l'Union européenne et dans la mesure où ces entreprises américaines relèvent de la compétence de la Federal Trade Commission ou du Department of Transportation, ce qui exclut notamment les établissements financiers ou les sociétés de télécommunications.

Le principe est celui de l'adhésion volontaire des entreprises à ces principes, nul n'est obligé d'y adhérer. Les principes posés par le Safe Harbor reprennent pour l'essentiel ceux de la Directive européenne : notification (les entreprises adhérentes s'engagent à informer les personnes concernées de la finalité du traitement et des usages possibles des données collectées), choix (les entreprises s'engagent à offrir aux personnes concernées la faculté de s'opposer à un usage des données qui serait incompatible avec les finalités ayant présidé à la collecte et le droit de s'opposer à la communication des données à des tiers pour un autre usage que la finalité initiale), droit d'accès (les entreprises reconnaissent le droit d'accès des personnes concernées), droit de rectification et de suppression des données inexactes, transfert ultérieur (pour divulguer des informations à un tiers, les organisations sont tenues d'appliquer les principes de notification et de choix), sécurité et intégrité des données (les entreprises doivent s'engager à assurer la sécurité du traitement et l'intégrité des données). Afin d'assurer le respect de ces principes par les entreprises adhérentes, il est prévu des procédures de vérification de la sincérité des déclarations des entreprises et des possibilités de recours pour les personnes concernées par les violations.

Dans le cadre du projet TéléTVA, certains ont fait valoir que la CNIL n'était pas encore prête à accepter, compte tenu de la nouveauté du phénomène et des enjeux qui y sont attachés, que les traitements de données effectués soient en plus assortis d'un transfert à l'étranger. Toutefois, il faut rester prudent quant à la position de la CNIL sur cette question.

Quelles sont les formalités à accomplir ?

Le traitement de données nominatives envisagé doit faire l'objet d'une déclaration préalable auprès de la CNIL par le responsable du traitement (article 16 de la Loi de 1978). Il est à noter que chaque traitement doit faire l'objet d'une déclaration distincte. Si l'opération envisagée fait appel à un sous-traitant, il doit être mentionné dans la déclaration CNIL. Dans certains cas, le maître du fichier peut se prévaloir d'une norme simplifiée (article 17 de la Loi de 1978) et ne remplir en conséquence qu'une déclaration simplifiée. À titre d'illustration, des normes simplifiées existent pour les fichiers prospects/clients (norme simplifiée n°11) ou encore pour les listes d'adresses ayant pour objet l'envoi d'informations (norme simplifiée n°15).

La déclaration doit préciser (article 19 de la Loi de 1978) :

- la personne qui présente la demande et celle qui a pouvoir de décider la création du traitement ou, si elle réside à l'étranger, son représentant en France ;
- les caractéristiques, la finalité et, s'il y a lieu, la dénomination du traitement ;
- le service ou les services chargés de mettre en œuvre ce dernier ;
- le service auprès duquel s'exerce le droit d'accès ainsi que les mesures prises pour faciliter l'exercice de ce droit ;
- les catégories de personnes qui, en raison de leurs fonctions ou pour les besoins du service, ont directement accès aux informations enregistrées ;
- les informations nominatives traitées, leur origine et la durée de leur conservation ainsi que leurs destinataires ou catégories de destinataires habilités à recevoir communication de ces informations ;
- les rapprochements, interconnexions ou tout autre forme de mise en relation de ces informations ainsi que leur cession à des tiers ;
- les dispositions prises pour assurer la sécurité des traitements et des informations et la garantie des secrets protégés par la loi ;
- si le traitement est destiné à l'expédition d'informations nominatives entre le territoire français et l'étranger, sous quelque forme que ce soit, y compris lorsqu'il est l'objet d'opérations partiellement effectuées sur le territoire français à partir d'opérations antérieurement réalisées hors de France.

Enfin, le maître du fichier peut mettre en œuvre le traitement envisagé dès réception du récépissé délivré par la CNIL. Cependant, il n'est exonéré d'aucune de ses responsabilités par la délivrance de ce récépissé : « [...] *Cette déclaration comporte l'engagement que le traitement satisfait aux exigences de la loi. Dès qu'il a reçu le récépissé délivré sans délai par la commission, le demandeur peut mettre en œuvre le traitement. Il n'est exonéré d'aucune de ses responsabilités* » (extrait de l'article 16 de la Loi de 1978). Les délais de délivrance du récépissé sont en principe de l'ordre d'un mois à compter du dépôt de la déclaration, nonobstant toute particularité que la CNIL pourrait relever et qui aurait pour conséquence d'allonger ce délai.

Dans le cadre des modifications législatives attendues, les formalités devraient faire l'objet d'un remaniement complet. Elles seront en principe simplifiées. Un auteur dénombrait la présence dans le Projet de loi de sept régimes distincts (articles 22 et suivants nouveaux). Nous ferons grâce au lecteur d'une telle présentation, qu'il soit rassuré !

Quelles sont les sanctions auxquelles on s'expose ?

La Loi de 1978 édicte un certain nombre de sanctions pénales (délits et contraventions) en cas de non-respect de ces dispositions. C'est en principe le responsable du traitement qui sera pénalement responsable. Toutefois, la complicité du sous-traitant ou d'une autre entité pourrait selon le cas être envisagée. Il est à noter que les personnes morales peuvent également être responsables pénalement. Notons que le dispositif pénal actuel, dans le cadre du Projet de loi, est renforcé dans le sens où de nouvelles sanctions ont été créées (en cas de transferts de données à l'étranger par exemple). Toutefois, il est procédé à un abaissement du niveau des sanctions.

À titre d'exemple, nous en citons quelques-unes dans le tableau suivant :

Description	Sanction	Référence
Collecte frauduleuse, déloyale ou illicite	maximum de cinq ans d'emprisonnement et 2 000 000 francs d'amende	Article 226-18 du Code pénal
Non-respect de la finalité déclarée	maximum de cinq ans d'emprisonnement et 2 000 000 francs d'amende	Article 226-21 du Code pénal
Non-respect du droit d'opposition	maximum de cinq ans d'emprisonnement et 2 000 000 francs d'amende	Article 226-18 du Code pénal
Absence de déclaration, même par négligence	maximum de trois ans d'emprisonnement et 300 000 francs d'amende	Article 226-16 du Code pénal
Absence de précautions en matière de sécurité des données	maximum de cinq ans d'emprisonnement et 2 000 000 francs d'amende	Article 226-17 du Code pénal
Non-respect de la durée	maximum de trois ans d'emprisonnement et 300 000 francs d'amende	Article 226-20 du Code pénal
Traitement de données sensibles sans l'accord exprès de l'intéressé	maximum de cinq ans d'emprisonnement et 2 000 000 francs d'amende	Article 226-19 du Code pénal
Utilisation du RNIPP sans autorisation	maximum de cinq ans d'emprisonnement et 2 000 000 francs d'amende	Article 42 de la Loi de 1978
Entrave à l'action de la CNIL	maximum de un an d'emprisonnement et 100 000 francs d'amende	Article 43 de la Loi de 1978

Rôle et pouvoirs de la CNIL

Relativement au rôle et aux missions de la CNIL, sans entrer dans une présentation et analyse détaillées de ce pan de la réglementation, nous signalerons que le Projet de loi prévoit, dans un nouvel article 11, la possibilité pour la CNIL de se prononcer, soit sur des projets de codes de déontologie, soit sur des produits et des procédures qui tendent à la protection des personnes (labellisation par exemple) qui lui seront soumis par des organismes professionnels regroupant des responsables de traitements. Il n'est pas exclu que la CNIL ait à se prononcer sur des codes ou règles applicables en matière d'ICP et de signature électronique. Une telle initiative serait en tout cas louable.

Quant aux pouvoirs de la CNIL, le Projet de loi les maintient et les renforce. La disposition la plus novatrice est celle qui traite de la création d'un véritable pouvoir de sanction pécuniaire :

« Le montant de la sanction pécuniaire prévue au I de l'article 45 est proportionné à la gravité des manquements commis et aux avantages tirés de ce manquement. Lors du premier manquement, il ne peut excéder 150 000 euros. En cas de manquement réitéré, il ne peut excéder 300 000 euros ou 5 % du chiffre d'affaires […] » (article 46 nouveau).

Exemple type d'une déclaration de traitement de données nominatives

Cette section a pour objet de familiariser le lecteur avec une déclaration CNIL en visualisant un modèle fictif et en disposant ainsi d'une trame de travail. L'exemple donné ne doit pas être retenu en tant que tel sur le fond puisqu'il s'agit d'un cas fictif qui n'a pu par définition être validé en pratique et qui peut donc comporter des incohérences. La déclaration se matérialise par un formulaire auquel sont jointes des annexes numérotées (voir ci-après). Le numéro affecté à l'annexe correspond en fait au numéro du paragraphe du formulaire, (par exemple : l'annexe 5 est liée au paragraphe 5 du formulaire), étant précisé que certains paragraphes n'ont pas besoin d'être complétés par une annexe. Le formulaire en lui-même ne devrait pas soulever de difficultés majeures. Nous l'avons placé en annexe 7 de cet ouvrage pour ne pas trop alourdir cette partie du chapitre. En pratique, ce sont les annexes qui sont à joindre au dit formulaire qui devront mériter toute l'attention. Le lecteur trouvera donc ci-après les annexes d'un exemple de déclaration portant sur un traitement fictif. Compte tenu de la place qui nous était impartie, nous avons axé cet exemple sur la présentation et description des points essentiels, les autres étant juste cités – avec la mention « à compléter » – pour information. Pour une meilleure compréhension, nous suggérons au lecteur de se reporter à la notice explicative établie par la CNIL qui a pour objet d'aider les responsables de traitement à remplir leurs déclarations CNIL.

Exemple de cas

Afin d'échanger en toute sécurité des informations commerciales stratégiques avec ses principaux clients, la société XXX a mis en place un service de signature électronique partagé, fondé sur une infrastructure à clé publique qu'elle gère elle-même. Ce service est accessible *via* un site Internet dédié et hébergé sur un serveur de la société XXX (ci-après, le Service de signature électronique). Par ailleurs, la société XXX fait appel à un prestataire technique, la société TTT, auquel elle sous-traite un certain nombre de prestations techniques.

Nous présentons ci-après les annexes 5, 7, 8, 12.1, 12.2, 13, 14 et 16 (ainsi que, pour information, l'annexe 10 relative aux transferts de données à l'étranger) :

- annexe 5 : service chargé de la mise en œuvre du traitement ;
- annexe 7 : finalité principale du traitement ;
- annexe 8 : service auprès duquel s'exerce le droit d'accès ;
- annexe 12.1 : fonction du traitement ;
- annexe 12.2 : caractéristique du traitement ;
- annexe 13 : sécurités et secrets ;
- annexe 14 : tableau des catégories d'informations traitées et des destinataires ;
- annexe 16 : cession, interconnexion, mise en relation, rapprochement ;
- annexe 10 : transmissions de données entre le territoire français et l'étranger.

ANNEXE 5 : SERVICE CHARGÉ DE LA MISE EN ŒUVRE DU TRAITEMENT

N.B. : Il faut compléter l'indication des lieux d'implantation des moyens centraux et périphériques utilisés pour le traitement. Il serait opportun de fournir un schéma explicatif sur les relations entre ces différents sites.

Sites d'implantation

Moyens centraux :
Société XXX

    Adresse : 12, rue de la République, 92000 LA DÉFENSE
    Tél. : 01.33.66.99.XX
    Fax. : 01.33.66.99.XZ
Moyens périphériques :
Société TTT
    Adresse : 3, rue de Lyon, 92000 LA DÉFENSE
    Tél. : 01.22.44.88.TT
    Fax. : 01.22.44.88.TZ

ANNEXE 7 : FINALITÉ PRINCIPALE DU TRAITEMENT

N.B. : Cette annexe doit être complétée afin d'indiquer précisément l'historique du traitement et les objectifs recherchés par son informatisation.

Historique et objectifs du traitement

La société XXX est une société qui a été créée en 1970 dont l'activité principale consiste en la fabrication et la vente sur le territoire français de marchandises de haute technologie dans le secteur des compétitions automobiles. Son objet social est, d'une manière plus large, **« à compléter »**

La société XXX souhaite proposer à ses principaux clients un service de signature électronique partagé, fondé sur une infrastructure à clé publique et accessible *via* site Internet dédié, disponible à l'adresse URL **« à compléter »** et hébergé dans ses locaux aux fins d'échanger des informations commerciales (ci-après, le Service de signature électronique) **« à compléter »**.

Dans le cadre du Service de signature électronique, la société XXX est amenée à :

- gérer, d'une manière générale, ledit Service ;
- gérer l'ICP, soit principalement les actions relatives au certificat : demande de création, révocation, renouvellement – conservation, publication, etc.

Cette activité nécessite la collecte et le traitement d'un certain nombre de données à caractère personnel et qui portent, pour les besoins de la présente déclaration, sur les personnes physiques (dans la majorité des cas, ce sont les représentants d'une personne morale) étant autorisées à utiliser ledit Service.

La collecte des données personnelles auprès des intéressés a lieu *via* un formulaire en ligne et un dossier papier à retourner complété à la société XXX. La liste des pièces justificatives demandées pour la délivrance du certificat est la suivante : **« à compléter »**

Le contrat passé entre la société XXX et ses partenaires comprend des dispositions en matière de protection des données personnelles, à savoir : ***insérer la clause spécifique***

La société XXX a mis en place un accord contractuel avec son sous-traitant technique (la société TTT) en prévoyant des engagements forts en termes de confidentialité et de sécurité, conformément à la réglementation française et aux principes issus de la directive européenne du 24 octobre 1995 relative à la protection des personnes physiques à l'égard du traitement des données à caractère personnel et à la libre circulation des données (articles 16 et 17). ***insérer la clause spécifique***

S'agissant du site Internet en lui-même, une déclaration CNIL Internet distincte a été déposée et les recommandations émises par la CNIL sur les sites Internet sont respectées.

La société XXX s'est en outre engagée à respecter les principes suivants, tels qu'issus de la Directive 1999/93/CE du Parlement européen et du Conseil du 13 décembre 1999 sur un cadre communautaire pour les signatures électroniques :

- les données personnelles ne sont recueillies qu'auprès de la personne concernée ou avec le consentement explicite de celle-ci ;
- les données personnelles ne sont recueillies que dans la mesure où cela est nécessaire à la délivrance et à la conservation du certificat ;

- les données personnelles ne peuvent être recueillies ou traitées à d'autres fins que la délivrance et à la conservation du certificat, sauf consentement explicite de la personne concernée.

En outre, la société XXX s'engage à se conformer aux recommandations de la CNIL qui sont ou seront émises en la matière.

Les objectifs recherchés par son informatisation

Les objectifs recherchés sont, hormis la gestion du Service de signature électronique, de :
- faciliter les démarches des clients en leur proposant un service en ligne, rapide et sûr ;
- mieux gérer la diffusion des informations commerciales stratégiques.

La législation relative à la fourniture de prestations de services (notamment la législation applicable à la signature électronique) constitue le fondement juridique de ce traitement.

ANNEXE 8 : SERVICE AUPRÈS DUQUEL S'EXERCE LE DROIT D'ACCÈS

N.B. : *Cette partie doit être complétée afin d'indiquer les modalités associées à l'exercice du droit d'accès.*

Mesures administratives et techniques prises pour faciliter l'exercice du droit d'accès

La société XXX s'assure que :
- Le site Internet *via* lequel le Service de signature électronique sera fourni comporte ses coordonnées (adresse, téléphone, fax, etc.) permettant ainsi de la contacter, à chaque fois que cela est nécessaire. La société XXX a rédigé une politique sur la protection des données personnelles des utilisateurs, en libre accès et consultable en ligne, explicitant notamment les modalités d'exercice du droit d'accès.
- Toutes les éventuelles opérations d'envoi d'information (dans le strict cadre de la finalité du traitement) contiennent ses coordonnées (adresse, téléphone, fax, etc.) permettant ainsi de la contacter.

Les demandes des personnes intéressées sont communiquées au service informatique de la société XXX qui se charge d'y répondre dans les conditions traduites ci-après.

Connaissance par les intéressés

Lorsque des informations nominatives sont recueillies par voie de questionnaires/formulaires (écrit ou oraux) les personnes sont informées du caractère facultatif ou obligatoire des réponses, des conséquences à leur égard d'un défaut de réponse, des personnes morales destinataires des réponses et de l'existence d'un droit d'accès et de rectification. De même, l'identité du responsable du traitement et des destinataires est rappelée. Les finalités dudit traitement sont également précisées.

Les données collectées le sont d'une manière directe :

à partir de formulaire d'inscription en ligne au Service de signature électronique rempli par les intéressés.

Mention légale insérée en bas du formulaire :

« Conformément à l'article 27 de la loi " Informatique et Libertés " du 6 janvier 1978, nous vous informons que la communication des données personnelles vous concernant, dans le cadre de ce formulaire d'inscription, est obligatoire afin de permettre à la société XXX, responsable du traitement, de procéder à votre inscription au service de signature électronique et de gérer ce service. Le défaut de communication de ces données aura pour conséquence de ne pas nous permettre de procéder à votre inscription à notre service. Conformément à l'article 34 de la loi, vous disposez d'un droit d'accès et de rectification aux données vous concernant auprès de notre service informatique [coordonnées]. Ces informations ne feront pas l'objet d'une communication à des tiers, hors le cas de notre prestataire technique, la société TTT. »

Par ailleurs, des données à caractère personnel sont également recueillies lors du dépôt du dossier d'inscription qui inclut une demande de certificat puisqu'un certain nombre de documents à fournir par l'intéressé sont requis (pièces justificatives).

Les données collectées le sont d'une manière indirecte :

aucune donnée personnelle n'est collectée auprès d'un tiers, soit de manière indirecte. Dans l'hypothèse où des données personnelles devaient être collectées auprès de tiers, le consentement préalable explicite et écrit de la personne sera toujours requis.

Moyens prévus pour la communication des informations aux intéressés

À la demande écrite de l'intéressé, les informations nominatives le concernant peuvent lui être adressées par courrier, avec pour délai la réception de la demande auprès du service informatique, la demande devant être traitée dans un délai de 48 heures. L'intéressé est avisé par courrier du fait que sa démarche a été honorée.

Mesures prises pour assurer la correction des informations

À la demande écrite de l'intéressé, les informations nominatives le concernant peuvent être modifiées par nos soins, avec pour délai la réception de la demande auprès du service informatique, la demande devant être traitée dans un délai de 48 heures. L'intéressé est avisé par courrier du fait que sa démarche a été honorée.

Il est précisé que, dans certains cas particuliers, une modification des données personnelles de l'intéressé implique la mise en œuvre d'une procédure spécifique (exemple, révocation du certificat). Dans ces cas, les délais de modification sont ceux liés à ladite procédure. En tout état de cause, l'intéressé est avisé par courrier du fait que sa démarche a été honorée.

Mesures prises pour assurer la destruction des informations

À la demande écrite de l'intéressé et dans la limite des obligations légales et contractuelles qui incombent à la société XXX, les informations nominatives le concernant peuvent être détruites, avec pour délai la réception de la demande auprès du service informatique, la demande devant être traitée dans un délai de 48 heures. L'intéressé est avisé par courrier du fait que sa démarche a été honorée ou du fait qu'elle n'a pas pu être honorée pour des considérations légales ou contractuelles.

ANNEXE 12.1 : FONCTION DU TRAITEMENT

N.B. : *Il convient d'indiquer si des raisonnements informatiques pré-programmés sont utilisés et, dans l'affirmative, d'indiquer les données sur lesquelles ils portent et les informations qui sont issues de l'utilisation desdits raisonnements.*

Exemple :

- ***raisonnement programmé : vérification automatique de la date du jour – 30 jours et de la date de validité du certificat ;***

- ***informations sur lesquelles porte ce raisonnement : la date du jour – 30 jours et la date de validité du certificat ;***

- ***information produite : alerte notifiant l'expiration prochaine du certificat.***

Le traitement des données personnelles ne comporte pas de raisonnements informatiques programmés, basés sur l'utilisation des informations utilisées et aboutissant à la production d'informations particulières, outre le(s) cas évoqué(s) ci-après :

FONCTION 1 : Gestion du Service de signature électronique

Informations de base utilisées :

tout ou partie de celles visées à l'annexe 14.

Type de raisonnement programmé :

« à compléter »

Liste des informations produites :

« à compléter »

FONCTION 2 : Gestion de l'ICP

Informations de base utilisées :

tout ou partie de celles visées à l'annexe 14.

Type de raisonnement programmé :
« à compléter »
Liste des informations produites :
« à compléter »

ANNEXE 12.2 : CARACTÉRISTIQUE DU TRAITEMENT

N.B. : *Partie technique à compléter et renseigner avec précision par le responsable de l'ICP, en incluant un schéma de l'architecture.*

Architecture des moyens techniques

TYPE(S) D'ORDINATEUR (S)	**« à compléter »**
MÉMOIRE	**« à compléter »**
LOGICIELS *système(s) d'exploitation* application(s)	**« à compléter »**
BASES DE DONNÉES	**« à compléter »**
COMMUNICATIONS	**« à compléter »**
RÉSEAU DE TÉLÉCOMMUNICATIONS	**« à compléter »**

ANNEXE 13 : SÉCURITES ET SECRETS

N.B. : *Mentionner l'ensemble des moyens de sécurité mis en place, notamment en ce qui concerne les certificats et clés privées. Partie à renseigner de façon très précise. Fournir un schéma technique. Indiquer le personnel habilité. Prévoir une annexe avec extraits de la PC.*

Moyens prévus pour assurer la sécurité physique du matériel

L'ensemble des infrastructures matérielles et logicielles constituant l'ICP de la société XXX sont abritées au sein de locaux hautement sécurisés, garantissant leur sécurité physique, comme cela est décrit dans **« à compléter »**

Moyens prévus pour assurer le contrôle de l'accès physique aux informations

L'ensemble des informations gérées par l'ICP de la société XXX est protégé contre tout accès non autorisé. L'accès physique à chaque composant des services de certification de l'ICP est protégé contre tout accès non autorisé. La société XXX s'engage à disposer des zones à accès contrôlé nécessaires pour abriter l'activité de génération, gestion et archivage des clés. En dehors des heures ouvrées, la sécurité est renforcée par la mise en œuvre de moyens de détection d'intrusion physique et logique. **« à compléter »**

Solutions de secours

« à compléter »

Contrôle de l'accès logique au système informatique à partir de terminaux

« à compléter »

Type de personnel habilité aux divers accès

Voici les personnels habilités aux divers accès (en fonction de leur profil d'habilitation) :

- Les personnels (internes ou externes) chargés d'assurer les traitements liés à l'exploitation de l'ICP :
  - le responsable de la sécurité des systèmes d'information,
  - le responsable d'exploitation,
  - l'administrateur système,
  - l'administrateur réseaux,

- – l'ingénieur sécurité,
- – les opérateurs d'exploitation.
- • Les supérieurs hiérarchiques de ces personnels :
  - – le directeur de l'ICP,
  - – le responsable de la sécurité des systèmes d'information.

« à compléter »

Systèmes de sécurité spécifiques

« à compléter »

ANNEXE 14 : TABLEAU DES CATÉGORIES D'INFORMATIONS TRAITÉES ET DES DESTINATAIRES

(Voir tableau ci-après)

Ci-joint, voici les formulaires et/ou questionnaires de pré-inscription et d'inscription portant mention des prescriptions de l'article 27 (droit à l'information/droit d'accès ; voir la mention légale rédigée en annexe 8).

N.B. : *Ce tableau est à compléter par les données à caractère personnel collectées et traitées. Ne pas oublier de joindre à cette déclaration le formulaire d'inscription au Service.*

Informations	Détail de l'information	Origine de l'infor- mation	Destinataires des informations	Durée de conser- vation sur support informatique
Identité	Nom, prénoms de l'intéressé	L'intéressé	Société XXX Société TTT	*Le principe est que la durée de conser- vation doit être proportionnelle à la finalité du traitement*
Identité	Pseudonyme	L'intéressé	Société XXX Société TTT	À voir
Coordonnées	Adresse postale, numéro de télé- phone, numéro de télécopie, adresse électronique	L'intéressé	Société XXX Société TTT	À voir
Éléments d'identification	Justificatifs d'identité, justificatifs de domicile (exclusivement conservés sous forme papier d'origine)	L'intéressé	Société XXX	À voir
Fonction	Fonction dans l'entreprise	L'intéressé	Société XXX Société TTT	À voir
Certificat	Version, numéro de série, mention selon laquelle le certifi- cat est qualifié, attributs, date de validité (début/fin), mention de la société XXX, pays d'établisse- ment (France), signature électro- nique sécurisée de la société XXX, nom du porteur ou son pseudonyme, données de vérifi- cations de signature électronique	Société XXX	Société XXX Société TTT	À voir

Actions liées au certificat	Demandes de création, révocation, renouvellement, conservation, publication, etc.	L'intéressé	Société XXX Société TTT	À voir
Clé publique de signature	N/A	Société XXX	Société XXX Société TTT	À voir
Clé privée de signature	N/A	L'intéressé	Société XXX Société TTT	À voir

« à compléter »

ANNEXE 16 : CESSION, INTERCONNEXION, MISE EN RELATION, RAPPROCHEMENT

N.B. : *Partie à compléter*

La société XXX reçoit des informations sur la population considérée, en provenance directe de la population. Ces informations peuvent être transmises au sous-traitant suivant :
– Société TTT.

(i) Société TTT

Finalité

L'objet de cette transmission de données est leur fourniture à ce sous-traitant pour l'exécution par ses soins de prestations techniques.

Modalités pratiques

Les informations recueillies par la société XXX sont soit transmises par courrier, soit acheminées *via* un réseau de télécommunications sécurisé, audit sous-traitant.

Conditions juridiques

Cette transmission de données entre la société XXX et le sous-traitant est effectuée au titre d'un contrat de réalisation de prestations techniques, qui comprend une clause spécifique en matière de protection des données personnelles.

N.B. : *Insérer clause* CNIL

Les données à caractère personnel ne sont pas fournies à un organisme extérieur, ni cédées, échangées ou louées. Il n'existe pas non plus d'interconnexions entre différents traitements.

EXTRAITS DE LA DPC DE LA SOCIÉTÉ XXX

N.B. : *Possibilité de joindre les extraits souhaités de la DPC.*

ANNEXE 10 : TRANSMISSIONS DE DONNÉES ENTRE LE TERRITOIRE FRANÇAIS ET L'ÉTRANGER

N.B. : *Cette annexe doit être jointe s'il est avéré que des données sont transférées à l'étranger. Dans certains cas, la CNIL requiert que des accords contractuels particuliers soient conclus afin d'assurer la protection des données personnelles transférées à l'étranger.*

Objet de ces transmissions de données

« à compléter »

Traitements sur lesquels portent les transmissions de données

« à compléter »

Catégories d'informations transmises

« à compléter »

Destinataires à l'étranger

« à compléter »

Textes législatifs et réglementaires, conventions internationales

« à compléter »

Pays destinataire ou expéditeur des informations

« à compléter »

Accords conclus avec les tiers (sous-traitant, maison mère, etc.)

« à compléter »

Panorama européen

Rappelons que, dès les années 1970, l'idée que l'informatisation pouvait constituer un risque majeur au regard de la collecte, le stockage, le traitement, la diffusion des informations relatives aux personnes physiques est apparue d'abord en Europe (visant tout particulièrement l'État et ses services administratifs). Dès cette époque, un certain nombre d'États européens se sont dotés d'une législation en la matière. Un encadrement juridique s'est en définitive révélé nécessaire à la protection des droits et libertés fondamentales, spécialement la vie privée. Aujourd'hui, l'Europe est considérée comme une référence dans la mesure où un niveau élevé de protection est assuré. Surtout, ces États ont aujourd'hui une expérience significative dans ce domaine (plus de 20 ans pour la France) et leur législation respective a fait l'objet d'une harmonisation dite « vers le haut » grâce à l'adoption de la Directive européenne. En ce sens, l'article 32 de la Directive dispose :

« Les États membres mettent en vigueur les dispositions législatives, réglementaires et administratives nécessaires pour se conformer à la présente directive au plus tard à l'issue d'une période de trois ans à compter de son adoption. Lorsque les États membres adoptent ces dispositions, celles-ci contiennent une référence à la présente directive ou sont accompagnées d'une telle référence lors de leur publication officielle. »

Dans ce contexte, il nous a semblé indispensable de présenter pour chacun des États membres l'état de la transposition de ce texte dans leur législation nationale (voir tableau ci-après). Il est d'ailleurs aisé de remarquer que seuls trois États, dont la France, n'ont pas encore transposé en droit interne les dispositions de la Directive, alors même qu'elle est entrée en vigueur en 1998, soit depuis plus de trois ans maintenant. Enfin, nous soulignerons que la Directive prévoit explicitement (sauf dérogation particulière) que les traitements dont la mise en œuvre est antérieure à la date d'entrée en vigueur des dispositions nationales, prises en application de la Directive, doivent être rendus conformes aux dispositions de cette dernière au plus tard trois ans après cette date. Par conséquent, un grand nombre de fichiers devraient faire l'objet d'un « toilettage » complet dans les trois ans suivant l'adoption des nouvelles dispositions de la Loi de 1978.

ÉTAT MEMBRE	ÉTAT DE LA TRANSPOSITION
ALLEMAGNE	Loi fédérale relative à la protection des données personnelles du 18 mai 2001, entrée en vigueur le 23 mai 2001.
AUTRICHE	La directive a été transposée par une loi entrée en vigueur le 1er janvier 2000 et des ordonnances.
BELGIQUE	La loi belge du 8 décembre 1992 a été modifiée afin de transposer la directive le 11 décembre 1998. La législation d'application a été adoptée le 13 février 2001. Ces nouvelles dispositions sont entrées en vigueur le 1er septembre 2001, à l'exception des dispositions relatives à la collecte indirecte qui entreront en vigueur trois ans après.

ÉTAT MEMBRE	ÉTAT DE LA TRANSPOSITION
DANEMARK	La directive a été transposée par la loi sur le traitement des données à caractère personnel du 31 mai 2001. Cette loi est entrée en vigueur le 1er juillet 2001.
ESPAGNE	La directive a été transposée par une loi du 13 décembre 1999, entrée en vigueur le 14 janvier 2000.
FINLANDE	La directive a été transposée par une loi du 22 avril 1999, entrée en vigueur le 1er juin 1999.
FRANCE	Un projet de loi est actuellement en cours de discussion.
GRÈCE	La directive a été transposée par une loi du 10 avril 1997, entrée en vigueur le même jour.
ITALIE	La directive a été transposée par une loi du 31 décembre 1996, entrée en vigueur le 8 mai 2000.
IRLANDE	En cours d'élaboration.
LUXEMBOURG	En cours d'élaboration.
PAYS-BAS	La directive a été transposée par une loi du 6 juillet 2000, entrée en vigueur le 1er septembre 2001.
PORTUGAL	La directive a été transposée par une loi du 26 octobre 1998, entrée en vigueur le 27 octobre 1998.
ROYAUME-UNI	La directive a été transposée par une loi du 16 juillet 1998, entrée en vigueur le 1er mars 2000.
SUÈDE	La directive a été transposée en 1998 par une loi qui est entrée en vigueur le 24 octobre 1998.

PARTIE 4

Annexes

JO *des Communautés européennes du* 19 *janvier* 2000

DIRECTIVE 1999/93/CE DU PARLEMENT EUROPÉEN ET DU CONSEIL
du 13 décembre 1999
sur un cadre communautaire pour les signatures électroniques

LE PARLEMENT EUROPÉEN ET LE CONSEIL DE L'UNION EUROPÉENNE,

vu le traité instituant la Communauté européenne, et notamment son article 47, paragraphe 2, et ses articles 55 et 95,

vu la proposition de la Commission [1],

vu l'avis du Comité économique et social [2],

vu l'avis du Comité des régions [3],

statuant conformément à la procédure visée à l'article 251 du traité [4],

considérant ce qui suit :

(1) le 16 avril 1997, la Commission a présenté au Parlement européen, au Conseil, au Comité économique et social et au Comité des régions une communication sur une initiative européenne dans le domaine du commerce électronique ;

(2) le 8 octobre 1997, la Commission a présenté au Parlement européen, au Conseil, au Comité économique et social et au Comité des régions une communication intitulée « Assurer la sécurité et la confiance dans la communication électronique – Vers un cadre européen pour les signatures numériques et le chiffrement » ;

(3) le 1er décembre 1997, le Conseil a invité la Commission à présenter dès que possible une proposition de directive du Parlement européen et du Conseil sur les signatures numériques ;

(4) les communications et le commerce électroniques nécessitent des « signatures électroniques » et des services connexes permettant d'authentifier les données ; toute divergence dans les règles relatives à la reconnaissance juridique des signatures électroniques et à l'accréditation des « prestataires de services de certification » dans les États membres risque de constituer un sérieux obstacle à l'utilisation des communications électroniques et au commerce électronique ; par ailleurs, l'établissement d'un cadre communautaire clair concernant les conditions applicables aux signatures électroniques contribuera à renforcer la

---

1. JO C 325 du 23.10.1998, p. 5.

2. JO C 40 du 15.2.1999, p. 29.

3. JO C 93 du 6.4.1999, p. 33.

4. Avis du Parlement européen du 13 janvier 1999 (JO C 104 du 14.4.1999, p. 49), position commune du Conseil du 28 juin 1999 (JO C 243 du 27.8.1999, p. 33) et décision du Parlement européen du 27 octobre 1999 (non encore publiée au Journal officiel). Décision du Conseil du 30 novembre 1999.

confiance dans les nouvelles technologies et à en favoriser l'acceptation générale ; la diversité des législations des États membres ne saurait entraver la libre circulation des marchandises et des services dans le marché intérieur ;

(5) il convient de promouvoir l'interopérabilité des produits de signature électronique ; conformément à l'article 14 du traité, le marché intérieur comporte un espace dans lequel la libre circulation des marchandises est assurée ; des exigences essentielles spécifiques aux produits de signature électronique doivent être respectées afin d'assurer la libre circulation dans le marché intérieur et de susciter la confiance dans les signatures électroniques, sans préjudice du règlement (CE) n° 3381/94 du Conseil du 19 décembre 1994 instituant un régime communautaire de contrôle des exportations de biens à double usage [1] et de la décision 94/942/PESC du Conseil du 19 décembre 1994 relative à l'action commune adoptée par le Conseil, concernant le contrôle des exportations de biens à double usage [2] ;

(6) la présente directive n'harmonise pas la fourniture de services en ce qui concerne la confidentialité de l'information quand ils sont couverts par des dispositions nationales relatives à l'ordre public ou à la sécurité publique ;

(7) le marché intérieur garantit la libre circulation des personnes et, dès lors, les citoyens et résidents de l'Union européenne ont de plus en plus souvent affaire aux autorités d'États membres autres que celui où ils résident ; la disponibilité de communications électroniques pourrait être d'une grande utilité dans ce contexte ;

(8) eu égard à la rapidité des progrès techniques et à la dimension mondiale d'Internet,

il convient d'adopter une approche qui prenne en compte les diverses technologies et services permettant d'authentifier des données par la voie électronique ;

(9) les signatures électroniques seront utilisées dans des circonstances et des applications très variées, ce qui entraînera l'apparition de toute une série de nouveaux services et produits liés à celles-ci ou les utilisant ; il convient que la définition de ces produits et services ne soit pas limitée à la délivrance et à la gestion de certificats, mais couvre également tout autre service et produit utilisant des signatures électroniques ou connexe à celles-ci, tels les services d'enregistrement, les services horodateurs, les services d'annuaires, les services informatiques ou les services de consultation liée aux signatures électroniques ;

(10) le marché intérieur permet aux prestataires de service de certification de développer leurs activités internationales en vue d'accroître leur compétitivité et d'offrir ainsi aux consommateurs et aux entreprises de nouvelles possibilités d'échanger des informations et de commercer en toute sécurité par voie électronique indépendamment des frontières ; afin de favoriser la fourniture à l'échelle communautaire de services de certification sur des réseaux ouverts, il y a lieu que les prestataires de services de certification soient libres d'offrir leurs services sans autorisation préalable ; on entend par « autorisation préalable » non seulement toute autorisation à obtenir par le prestataire de services de certification au moyen d'une décision des autorités nationales avant d'être autorisé à fournir ses services de certification, mais aussi toute autre mesure ayant le même effet ;

(11) les régimes volontaires d'accréditation visant à assurer un meilleur service fourni peuvent constituer pour les prestataires de services de certification le cadre propice à l'amélioration de leurs services afin d'atteindre le degré de confiance, de sécurité et de qualité exigés par l'évolution du marché ; il est nécessaire que de tels régimes incitent à mettre au point des règles de

---

1. JO L 367 du 31.12.1994, p. 1. Règlement modifié par le règlement (CE) n° 837/95 (JO L 90 du 21.4.1995, p. 1).
2. JO L 367 du 31.12.1994, p. 8. Décision modifiée en dernier lieu par la décision 1999/193/PESC (JO L 73 du 19.3.1999, p. 1).

bonne pratique entre prestataires de services de certification ; il y a lieu que ces derniers restent libres de souscrire à ces régimes d'accréditation et d'en bénéficier ;

(12) il convient de prévoir la possibilité que les services de certification soient fournis soit par une entité publique, soit par une personne morale ou physique, à condition qu'elle ait été établie conformément au droit national ; il convient que les États membres n'interdisent pas aux prestataires de services de certification d'opérer en dehors des régimes d'accréditation volontaires ; il y a lieu de veiller à ce que les régimes d'accréditation ne limitent pas la concurrence dans le secteur des services de certification ;

(13) les États membres peuvent décider de la façon dont ils assurent le contrôle du respect des dispositions prévues par la présente directive ; celle-ci n'exclut pas la mise en place de systèmes de contrôle faisant intervenir le secteur privé ; la présente directive n'oblige pas les prestataires de services de certification à demander à être contrôlés dans le cadre de tout régime d'accréditation applicable ;

(14) il est important de trouver un équilibre entre les besoins des particuliers et ceux des entreprises ;

(15) l'annexe III couvre les exigences relatives aux dispositifs sécurisés de création de signature pour garantir les fonctionnalités des signatures électroniques avancées ; elle ne couvre pas l'intégralité du cadre d'utilisation de ces dispositifs ; pour le bon fonctionnement du marché intérieur, il est nécessaire que la Commission et les États membres agissent rapidement pour permettre la désignation des organismes chargés d'évaluer la conformité des dispositifs sécurisés de création de signature avec l'annexe III ; les besoins du marché exigent que l'évaluation de conformité soit effectuée en temps opportun et de manière efficace ;

(16) la présente directive favorise l'utilisation et la reconnaissance juridique des signatures électroniques dans la Communauté ; un cadre réglementaire n'est pas nécessaire pour les signatures électroniques utilisées exclusivement à l'intérieur de systèmes résultant d'accords volontaires de droit privé entre un nombre défini de participants ; il est nécessaire que la liberté des parties de convenir entre elles des modalités et conditions dans lesquelles elles acceptent les données signées électroniquement soit respectée dans les limites autorisées par le droit national ; il convient de reconnaître l'efficacité juridique des signatures électroniques utilisées dans de tels systèmes et leur recevabilité comme preuves en justice ;

(17) la présente directive ne vise pas à harmoniser les règles nationales concernant le droit des contrats, en particulier la formation et l'exécution des contrats, ou d'autres formalités de nature non contractuelle concernant les signatures ; pour cette raison, il est nécessaire que les dispositions concernant les effets juridiques des signatures électroniques ne portent pas atteinte aux obligations d'ordre formel instituées par le droit national pour la conclusion de contrats ni aux règles déterminant le lieu où un contrat est conclu ;

(18) le stockage et la copie de données afférentes à la création d'une signature risquent de compromettre la validité juridique des signatures électroniques ;

(19) les signatures électroniques seront utilisées dans le secteur public au sein des administrations nationales et communautaires et dans les communications entre lesdites administrations ainsi qu'avec les citoyens et les opérateurs économiques, par exemple dans le cadre des marchés publics, de la fiscalité, de la sécurité sociale, de la santé et du système judiciaire ;

(20) des critères harmonisés relatifs aux effets juridiques des signatures électroniques seront la garantie d'un cadre juridique cohérent dans la Communauté ; les droits nationaux fixent des exigences différentes concernant la validité juridique des signatures manuscrites ; les certificats peuvent être utilisés pour confirmer l'identité d'une personne qui signe électroniquement ; les signatures électroniques avancées basées

sur des certificats qualifiés visent à procurer un plus haut degré de sécurité ; les signatures électroniques avancées qui sont basées sur des certificats qualifiés et qui sont créées par un dispositif sécurisé de création de signature ne peuvent être considérées comme étant équivalentes, sur un plan juridique, à des signatures manuscrites que si les exigences applicables aux signatures manuscrites ont été respectées ;

(21) afin de contribuer à l'acceptation générale des méthodes d'authentification électronique, il est nécessaire de veiller à ce que les signatures électroniques puissent avoir force probante en justice dans tous les États membres ; il convient que la reconnaissance juridique des signatures électroniques repose sur des critères objectifs et ne soit pas subordonnée à l'autorisation du prestataire de services de certification concerné ; le droit national régit la délimitation des domaines juridiques dans lesquels des documents électroniques et des signatures électroniques peuvent être utilisés ; la présente directive n'affecte en rien la capacité d'une juridiction nationale de statuer sur la conformité aux exigences de la présente directive ni les règles nationales relatives à la libre appréciation judiciaire des preuves ;

(22) les prestataires de services de certification fournissant des services de certification au public sont soumis à la législation nationale en matière de responsabilité ;

(23) le développement du commerce électronique international rend nécessaires des accords internationaux impliquant des pays tiers ; afin de garantir l'interopérabilité globale, il pourrait être bénéfique de conclure avec des pays tiers des accords relatifs à des règles multilatérales en matière de reconnaissance mutuelle des services de certification ;

(24) pour accroître la confiance des utilisateurs dans les communications et le commerce électroniques, il est nécessaire que les prestataires de services de certification respectent la législation sur la protection des données et qu'ils respectent la vie privée ;

(25) il convient que les dispositions relatives à l'utilisation de pseudonymes dans des certificats n'empêchent pas les États membres de réclamer l'identification des personnes conformément au droit communautaire ou national ;

(26) les mesures nécessaires pour la mise en œuvre de la présente directive sont arrêtées en conformité avec la décision 1999/468/CE du Conseil du 28 juin 1999 fixant les modalités de l'exercice des compétences d'exécution conférées à la Commission [1] ;

(27) il y a lieu que la Commission procède, deux ans après sa mise en œuvre, à un réexamen de la présente directive, entre autres pour s'assurer que l'évolution des technologies ou des modifications du contexte juridique n'ont pas engendré d'obstacles à la réalisation des objectifs qui y sont énoncés ; il convient qu'elle examine les incidences des domaines techniques connexes et présente un rapport au Parlement européen et au Conseil à ce sujet ;

(28) conformément aux principes de subsidiarité et de proportionnalité visés à l'article 5 du traité, l'objectif consistant à instituer un cadre juridique harmonisé pour la fourniture de signatures électroniques et de services connexes ne peut pas être réalisé de manière suffisante par les États membres et peut donc être mieux réalisé par la Communauté ; la présente directive n'excède pas ce qui est nécessaire pour atteindre cet objectif,

ONT ARRÊTÉ LA PRÉSENTE DIRECTIVE :

Article premier
Champ d'application

L'objectif de la présente directive est de faciliter l'utilisation des signatures électroniques et de contribuer à leur reconnaissance juridique. Elle institue un cadre juridique pour les signatures électroniques et certains services de certification

---

1. JO L 184 du 17.7.1999, p. 23.

afin de garantir le bon fonctionnement du marché intérieur.

Elle ne couvre pas les aspects liés à la conclusion et à la validité des contrats ou d'autres obligations légales lorsque des exigences d'ordre formel sont prescrites par la législation nationale ou communautaire ; elle ne porte pas non plus atteinte aux règles et limites régissant l'utilisation de documents qui figurent dans la législation nationale ou communautaire.

Article 2

Définitions

Aux fins de la présente directive, on entend par :

1) « signature électronique », une donnée sous forme électronique, qui est jointe ou liée logiquement à d'autres données électroniques et qui sert de méthode d'authentification ;

2) « signature électronique avancée » une signature électronique qui satisfait aux exigences suivantes :

   a) être liée uniquement au signataire ;

   b) permettre d'identifier le signataire ;

   c) être créée par des moyens que le signataire puisse garder sous son contrôle exclusif

et

   d) être liée aux données auxquelles elle se rapporte de telle sorte que toute modification ultérieure des données soit détectable ;

3) « signataire », toute personne qui détient un dispositif de création de signature et qui agit soit pour son propre compte, soit pour celui d'une entité ou personne physique ou morale qu'elle représente ;

4) « données afférentes à la création de signature », des données uniques, telles que des codes ou des clés cryptographiques privées, que le signataire utilise pour créer une signature électronique ;

5) « dispositif de création de signature », un dispositif logiciel ou matériel configuré pour mettre en application les données afférentes à la création de signature ;

6) « dispositif sécurisé de création de signature », un dispositif de création de signature qui satisfait aux exigences prévues à l'annexe III ;

7) « données afférentes à la vérification de signature », des données, telles que des codes ou des clés cryptographiques publiques, qui sont utilisées pour vérifier la signature électronique ;

8) « dispositif de vérification de signature », un dispositif logiciel ou matériel configuré pour mettre en application les données afférentes à la vérification de signature ;

9) « certificat », une attestation électronique qui lie des données afférentes à la vérification de signature à une personne et confirme l'identité de cette personne ;

10) « certificat qualifié », un certificat qui satisfait aux exigences visées à l'annexe I et qui est fourni par un prestataire de services de certification satisfaisant aux exigences visées à l'annexe II ;

11) « prestataire de services de certification », toute entité ou personne physique ou morale qui délivre des certificats ou fournit d'autres services liés aux signatures électroniques ;

12) « produit de signature électronique », tout produit matériel ou logiciel, ou élément spécifique de ce produit destiné à être utilisé par un prestataire de services de certification pour la fourniture de services de signature électronique ou destiné à être utilisé pour la création ou la vérification de signatures électroniques ;

13) « accréditation volontaire », toute autorisation indiquant les droits et obligations spécifiques à la fourniture de services de certification, accordée, sur demande du prestataire de services de certification concerné, par l'organisme public ou privé chargé d'élaborer ces droits et obligations et d'en contrôler le respect, lorsque le prestataire de services de certification n'est pas habilité à exercer les droits découlant de l'autorisation aussi longtemps qu'il n'a pas obtenu la décision de cet organisme.

Article 3

Accès au marché

1. Les États membres ne soumettent la fourniture des services de certification à aucune autorisation préalable.

2. Sans préjudice des dispositions du paragraphe 1, les États membres peuvent instaurer ou maintenir des régimes volontaires d'accréditation visant à améliorer le niveau du service de certification fourni. Tous les critères relatifs à ces régimes doivent être objectifs, transparents, proportionnés et non discriminatoires. Les États membres ne peuvent limiter le nombre de prestataires accrédités de service de certification pour des motifs relevant du champ d'application de la présente directive.

3. Chaque État membre veille à instaurer un système adéquat permettant de contrôler les prestataires de services de certification établis sur son territoire et délivrant des certificats qualifiés au public.

4. La conformité des dispositifs sécurisés de création de signature aux conditions posées à l'annexe III est déterminée par les organismes compétents, publics ou privés, désignés par les États membres. La Commission, suivant la procédure visée à l'article 9, énonce les critères auxquels les États membres doivent se référer pour déterminer si un organisme peut être désigné.

La conformité aux exigences de l'annexe III qui a été établie par les organismes visés au premier alinéa est reconnue par l'ensemble des États membres.

5. Conformément à la procédure visée à l'article 9, la Commission peut attribuer, et publier au Journal officiel des Communautés européennes des numéros de référence de normes généralement admises pour des produits de signature électronique. Lorsqu'un produit de signature électronique est conforme à ces normes, les États membres présument qu'il satisfait aux exigences visées à l'annexe II, point f), et à l'annexe III.

6. Les États membres et la Commission œuvrent ensemble pour promouvoir la mise au point et l'utilisation de dispositifs de vérification de signature, à la lumière des recommandations formulées, pour les vérifications sécurisées de signature, à l'annexe IV et dans l'intérêt du consommateur.

7. Les États membres peuvent soumettre l'usage des signatures électroniques dans le secteur public à des exigences supplémentaires éventuelles. Ces exigences doivent être objectives, transparentes, proportionnées et non discriminatoires et ne s'appliquer qu'aux caractéristiques spécifiques de l'application concernée. Ces exigences ne doivent pas constituer un obstacle aux services transfrontaliers pour les citoyens.

Article 4

Principes du marché intérieur

1. Chaque État membre applique les dispositions nationales qu'il adopte conformément à la présente directive aux prestataires de services de certification établis sur son territoire et aux services qu'ils fournissent. Les États membres ne peuvent imposer de restriction à la fourniture de services de certification provenant d'un autre État membre dans les domaines couverts par la présente directive.

2. Les États membres veillent à ce que les produits de signature électronique qui sont conformes à la présente directive puissent circuler librement dans le marché intérieur.

Article 5

Effets juridiques
des signatures électroniques

1. Les États membres veillent à ce que les signatures électroniques avancées basées sur un certificat qualifié et créées par un dispositif sécurisé de création de signature :

a) répondent aux exigences légales d'une signature à l'égard de données électroniques de la même manière qu'une signature manuscrite répond à ces exigences à l'égard de données manuscrites ou imprimées sur papier

et

b) soient recevables comme preuves en justice.

2. Les États membres veillent à ce que l'efficacité juridique et la recevabilité comme preuve en justice ne soient pas refusées à une signature électronique au seul motif que :

– la signature se présente sous forme électronique

ou

– qu'elle ne repose pas sur un certificat qualifié

ou

– qu'elle ne repose pas sur un certificat qualifié délivré par un prestataire accrédité de service de certification

ou

– qu'elle n'est pas créée par un dispositif sécurisé de création de signature.

Article 6

Responsabilité

1. Les États membres veillent au moins à ce qu'un prestataire de services de certification qui délivre à l'intention du public un certificat présenté comme qualifié ou qui garantit au public un tel certificat soit responsable du préjudice causé à toute entité ou personne physique ou morale qui se fie raisonnablement à ce certificat pour ce qui est de :

a) l'exactitude de toutes les informations contenues dans le certificat qualifié à la date où il a été délivré et la présence, dans ce certificat, de toutes les données prescrites pour un certificat qualifié ;

b) l'assurance que, au moment de la délivrance du certificat, le signataire identifié dans le certificat qualifié détenait les données afférentes à la création de signature correspondant aux données afférentes à la vérification de

signature fournies ou identifiées dans le certificat ;

c) l'assurance que les données afférentes à la création de signature et celles afférentes à la vérification de signature puissent être utilisées de façon complémentaire, dans le cas où le prestataire de services de certification génère ces deux types de données,

sauf si le prestataire de services de certification prouve qu'il n'a commis aucune négligence.

2. Les États membres veillent au moins à ce qu'un prestataire de services de certification qui a délivré à l'intention du public un certificat présenté comme qualifié soit responsable du préjudice causé à une entité ou personne physique ou morale qui se prévaut raisonnablement du certificat, pour avoir omis de faire enregistrer la révocation du certificat, sauf si le prestataire de services de certification prouve qu'il n'a commis aucune négligence.

3. Les États membres veillent à ce qu'un prestataire de services de certification puisse indiquer, dans un certificat qualifié, les limites fixées à son utilisation, à condition que ces limites soient discernables par des tiers. Le prestataire de services de certification ne doit pas être tenu responsable du préjudice résultant de l'usage abusif d'un certificat qualifié qui dépasse les limites fixées à son utilisation.

4. Les États membres veillent à ce qu'un prestataire de services de certification puisse indiquer, dans un certificat qualifié, la valeur limite des transactions pour lesquelles le certificat peut être utilisé, à condition que cette limite soit discernable par des tiers.

Le prestataire de services de certification n'est pas responsable des dommages qui résultent du dépassement de cette limite maximale.

5. Les dispositions des paragraphes 1 à 4 s'appliquent sans préjudice de la directive 93/13/CEE du Conseil du 5 avril 1993 concernant

les clauses abusives dans les contrats conclus avec les consommateurs [1].

Article 7
Aspects internationaux

1. Les États membres veillent à ce que les certificats délivrés à titre de certificats qualifiés à l'intention du public par un prestataire de services de certification établi dans un pays tiers soient reconnus équivalents, sur le plan juridique, aux certificats délivrés par un prestataire de services de certification établi dans la Communauté :

    a) si le prestataire de services de certification remplit les conditions visées dans la présente directive et a été accrédité dans le cadre d'un régime volontaire d'accréditation établi dans un État membre

    ou

    b) si un prestataire de service de certification établi dans la Communauté, qui satisfait aux exigences visées dans la présente directive, garantit le certificat

    ou

    c) si le certificat ou le prestataire de service de certification est reconnu en application d'un accord bilatéral ou multilatéral entre la Communauté et des pays tiers ou des organisations internationales.

2. Afin de faciliter les services de certification internationaux avec des pays tiers et la reconnaissance juridique des signatures électroniques avancées émanant de pays tiers, la Commission fait, le cas échéant, des propositions visant à la mise en œuvre effective de normes et d'accords internationaux applicables aux services de certification. En particulier et si besoin est, elle soumet des propositions au Conseil concernant des mandats appropriés de négociation d'accords bilatéraux et multilatéraux avec des pays tiers et des organisations internationales. Le Conseil statue à la majorité qualifiée.

3. Lorsque la Commission est informée de l'existence de difficultés rencontrées par des entreprises communautaires pour obtenir l'accès au marché de pays tiers, elle peut, au besoin, soumettre au Conseil des propositions en vue d'obtenir le mandat nécessaire pour négocier des droits comparables pour les entreprises communautaires dans ces pays tiers. Le Conseil statue à la majorité qualifiée.

    Les mesures prises au titre du présent paragraphe ne portent pas atteinte aux obligations de la Communauté et des États membres qui découlent d'accords internationaux pertinents.

Article 8
Protection des données

1. Les États membres veillent à ce que les prestataires de service de certification et les organismes nationaux responsables de l'accréditation ou du contrôle satisfassent aux exigences prévues par la directive 95/46/CE du Parlement européen et du Conseil du 24 octobre 1995 relative à la protection des personnes physiques à l'égard du traitement des données à caractère personnel et à la libre circulation de ces données [2].

2. Les États membres veillent à ce qu'un prestataire de service de certification qui délivre des certificats à l'intention du public ne puisse recueillir des données personnelles que directement auprès de la personne concernée ou avec le consentement explicite de celle-ci et uniquement dans la mesure où cela est nécessaire à la délivrance et à la conservation du certificat. Les données ne peuvent être recueillies ni traitées à d'autres fins sans le consentement explicite de la personne intéressée.

3. Sans préjudice des effets juridiques donnés aux pseudonymes par la législation nationale, les États membres ne peuvent empêcher le prestataire de service de certification

---

1. JO L 95 du 21.4.1993, p. 29.

2. JO L 281 du 23.11.1995, p. 31.

d'indiquer dans le certificat un pseudonyme au lieu du nom du signataire.

Article 9
Comité

1. La Commission est assistée par le « comité sur les signatures électroniques », ci-après dénommé « comité ».

2. Dans le cas où il est fait référence au présent paragraphe, les articles 4 et 7 de la décision 1999/468/CE s'appliquent, dans le respect des dispositions de l'article 8 de celle-ci.

   La période prévue à l'article 4, paragraphe 3, de la décision 1999/468/CE est fixée à trois mois.

3. Le comité adopte son règlement de procédure.

Article 10
Tâches du comité

Le comité clarifie les exigences visées dans les annexes de la présente directive, les critères visés à l'article 3, paragraphe 4, et les normes généralement reconnues pour les produits de signature électronique établies et publiées en application de l'article 3, paragraphe 5, conformément à la procédure visée à l'article 9, paragraphe 2.

Article 11
Notification

1. Les États membres communiquent à la Commission et aux autres États membres :

   a) les informations sur les régimes volontaires d'accréditation au niveau national ainsi que toute exigence supplémentaire au titre de l'article 3, paragraphe 7 ;

   b) les nom et adresse des organismes nationaux responsables de l'accréditation et du contrôle, ainsi que des organismes visés à l'article 3, paragraphe 4

   et

   c) les nom et adresse de tous les prestataires de service de certification nationaux accrédités.

2. Toute information fournie en vertu du paragraphe 1 et les changements concernant celle-ci sont communiqués par les États membres dans les meilleurs délais.

Article 12
Examen

1. La Commission procède à l'examen de la mise en œuvre de la présente directive et en rend compte au Parlement européen et au Conseil pour le 19 juillet 2003 au plus tard.

2. Cet examen doit permettre, entre autres, de déterminer s'il convient de modifier le champ d'application de la présente directive pour tenir compte de l'évolution des technologies, du marché et du contexte juridique. Le compte rendu d'examen doit notamment comporter une évaluation, fondée sur l'expérience acquise, des aspects relatifs à l'harmonisation. Le compte rendu est accompagné, le cas échéant, de propositions législatives.

Article 13
Mise en œuvre

1. Les États membres mettent en vigueur les dispositions législatives, réglementaires et administratives nécessaires pour se conformer à la présente directive avant le 19 juillet 2001. Ils en informent immédiatement la Commission.

   Lorsque les États membres adoptent ces dispositions, celles-ci contiennent une référence à la présente directive ou sont accompagnées d'une telle référence lors de leur publication officielle. Les modalités de cette référence sont adoptées par les États membres.

2. Les États membres communiquent à la Commission le texte des dispositions essentielles de droit interne qu'ils adoptent dans le domaine régi par la présente directive.

Article 14
Entrée en vigueur

La présente directive entre en vigueur le jour de sa publication au Journal officiel des Communautés européennes.

Article 15
Destinataires

Les États membres sont destinataires de la présente directive.

Fait à Bruxelles, le 13 décembre 1999.

Par le Parlement européen   *Par le Conseil*

La présidente   *Le président*

N. FONTAINE   S. HASSI

ANNEXE I
Exigences concernant les certificats qualifiés

Tout certificat qualifié doit comporter :

a) une mention indiquant que le certificat est délivré à titre de certificat qualifié ;

b) l'identification du prestataire de service de certification ainsi que le pays dans lequel il est établi ;

c) le nom du signataire ou un pseudonyme qui est identifié comme tel ;

d) la possibilité d'inclure, le cas échéant, une qualité spécifique du signataire, en fonction de l'usage auquel le certificat est destiné ;

e) des données afférentes à la vérification de signature qui correspondent aux données pour la création de signature sous le contrôle du signataire ;

f) l'indication du début et de la fin de la période de validité du certificat ;

g) le code d'identité du certificat ;

h) la signature électronique avancée du prestataire de service de certification qui délivre le certificat ;

i) les limites à l'utilisation du certificat, le cas échéant et

j) les limites à la valeur des transactions pour lesquelles le certificat peut être utilisé, le cas échéant.

ANNEXE II
Exigences concernant les prestataires de service de certification délivrant des certificats qualifiés

Les prestataires de service de certification doivent :

a) faire la preuve qu'is sont suffisamment fiables pour fournir des services de certification ;

b) assurer le fonctionnement d'un service d'annuaire rapide et sûr et d'un service de révocation sûr et immédiat ;

c) veiller à ce que la date et l'heure d'émission et de révocation d'un certificat puissent être déterminées avec précision ;

d) vérifier, par des moyens appropriés et conformes au droit national, l'identité et, le cas échéant, les qualités spécifiques de la personne à laquelle un certificat qualifié est délivré ;

e) employer du personnel ayant les connaissances spécifiques, l'expérience et les qualifications nécessaires à la fourniture des services et, en particulier, des compétences au niveau de la gestion, des connaissances spécialisées en technologie des signatures électroniques et une bonne pratique des procédures de sécurité appropriées ; ils doivent également appliquer des procédures et méthodes administratives et de gestion qui soient adaptées et conformes à des normes reconnues ;

f) utiliser des systèmes et des produits fiables qui sont protégés contre les modifications et qui assurent la sécurité technique et cryptographique des fonctions qu'ils assument ;

g) prendre des mesures contre la contrefaçon des certificats et, dans les cas où le prestataire de service de certification génère des données afférentes à la création de signature, garantir la confidentialité au cours du processus de génération de ces données ;

h) disposer des ressources financières suffisantes pour fonctionner conformément aux exigences prévues par la présente directive, en particulier pour endosser la responsabilité de dommages, en contractant, par exemple, une assurance appropriée ;

i) enregistrer toutes les informations pertinentes concernant un certificat qualifié pendant le délai utile, en particulier pour pouvoir fournir une preuve de la certification en justice. Ces enregistrements peuvent être effectués par des moyens électroniques ;

j) ne pas stocker ni copier les données afférentes à la création de signature de la personne à laquelle le prestataire de service de certification a fourni des services de gestion de clés ;

k) avant d'établir une relation contractuelle avec une personne demandant un certificat à l'appui de sa signature électronique, informer cette personne par un moyen de communication durable des modalités et conditions précises d'utilisation des certificats, y compris des limites imposées à leur utilisation, de l'existence d'un régime volontaire d'accréditation et des procédures de réclamation et de règlement des litiges. Cette information, qui peut être transmise par voie électronique, doit être faite par écrit et dans une langue aisément compréhensible. Des éléments pertinents de cette information doivent également être mis à la disposition, sur demande, de tiers qui se prévalent du certificat ;

l) utiliser des systèmes fiables pour stocker les certificats sous une forme vérifiable de sorte que :

- seules les personnes autorisées puissent introduire et modifier des données,

- l'information puisse être contrôlée quant à son authenticité,

- les certificats ne soient disponibles au public pour des recherches que dans les cas où le titulaire du certificat a donné son consentement et

- toute modification technique mettant en péril ces exigences de sécurité soit apparente pour l'opérateur.

ANNEXE III

Exigences pour les dispositifs sécurisés de création de signature électronique

1. Les dispositifs sécurisés de création de signature doivent au moins garantir, par les moyens techniques et procédures appropriés, que :

a) les données utilisées pour la création de la signature ne puissent, pratiquement, se rencontrer qu'une seule fois et que leur confidentialité soit raisonnablement assurée ;

b) l'on puisse avoir l'assurance suffisante que les données utilisées pour la création de la signature ne puissent être trouvées par déduction et que la signature soit protégée contre toute falsification par les moyens techniques actuellement disponibles ;

c) les données utilisées pour la création de la signature puissent être protégées de manière fiable par le signataire légitime contre leur utilisation par d'autres.

2. Les dispositifs sécurisés de création de signature ne doivent pas modifier les données à signer ni empêcher que ces données soient soumises au signataire avant le processus de signature.

ANNEXE IV

Recommandations pour la vérification sécurisée de la signature

Durant le processus de vérification de la signature, il convient de veiller, avec une marge de sécurité suffisante, à ce que :

a) les données utilisées pour vérifier la signature correspondent aux données affichées à l'intention du vérificateur ;

b) la signature soit vérifiée de manière sûre et que le résultat de cette vérification soit correctement affiché ;

c) le vérificateur puisse, si nécessaire, déterminer de manière sûre le contenu des données signées ;

d) l'authenticité et la validité du certificat requis lors de la vérification de la signature soient vérifiées de manière sûre ;

e) le résultat de la vérification ainsi que l'identité du signataire soient correctement affichés ;

f) l'utilisation d'un pseudonyme soit clairement indiquée et

g) tout changement ayant une influence sur la sécurité puisse être détecté.

JO Numéro 62 du 14 Mars 2000 page 3968

LOIS

Loi n° 2000-230 du 13 mars 2000 portant adaptation du droit de la preuve aux technologies de l'information et relative à la signature électronique [1]

NOR : JUSX9900020L

L'Assemblée nationale et le Sénat ont adopté,
Le Président de la République promulgue la loi dont la teneur suit :

Article 1er

I.   L'article 1316 du code civil devient l'article 1315-1.

II. Les paragraphes 1er, 2, 3, 4 et 5 de la section 1 du chapitre VI du titre III du livre III du code civil deviennent respectivement les paragraphes 2, 3, 4, 5 et 6.

III. Il est inséré, avant le paragraphe 2 de la section 1 du chapitre VI du titre III du livre III du code civil, un paragraphe 1er intitulé : « Dispositions générales », comprenant les articles 1316 à 1316-2 ainsi rédigés :

« Art. 1316. – La preuve littérale, ou preuve par écrit, résulte d'une suite de lettres, de caractères, de chiffres ou de tous autres signes ou symboles dotés d'une signification intelligible, quels que soient leur support et leurs modalités de transmission.

« Art. 1316-1. – L'écrit sous forme électronique est admis en preuve au même titre que l'écrit sur support papier, sous réserve que puisse être dûment identifiée la personne dont il émane et qu'il soit établi et conservé dans des conditions de nature à en garantir l'intégrité.

« Art. 1316-2. – Lorsque la loi n'a pas fixé d'autres principes, et à défaut de convention valable entre les parties, le juge règle les conflits de preuve littérale en déterminant par tous moyens le titre le plus vraisemblable, quel qu'en soit le support. »

---

1. Loi n° 2000-230.
    – *Directive communautaire* :
    Directive 1999/93/CE du Parlement européen et du Conseil du 13 décembre 1999 sur un cadre communautaire pour les signatures électroniques.
    – *Travaux préparatoires* :
    Sénat :
    Projet de loi n° 488 (1998-1999) ;
    Rapport de M. Charles Jolibois, au nom de la commission des lois, n° 203 (1999-2000) ;
    Discussion et adoption le 8 février 2000.
    Assemblée nationale .
    Projet de loi, adopté par le Sénat, n° 2158 ;
    Rapport de M. Christian Paul, au nom de la commission des lois, n° 2197 ;
    Discussion et adoption le 29 février 2000.

Article 2

L'article 1317 du code civil est complété par un alinéa ainsi rédigé :

« Il peut être dressé sur support électronique s'il est établi et conservé dans des conditions fixées par décret en Conseil d'État. »

Article 3

Après l'article 1316-2 du code civil, il est inséré un article 1316-3 ainsi rédigé :

« Art. 1316-3. – L'écrit sur support électronique a la même force probante que l'écrit sur support papier. »

Article 4

Après l'article 1316-3 du code civil, il est inséré un article 1316-4 ainsi rédigé :

« Art. 1316-4. – La signature nécessaire à la perfection d'un acte juridique identifie celui qui l'appose. Elle manifeste le consentement des parties aux obligations qui découlent de cet acte. Quand elle est apposée par un officier public, elle confère l'authenticité à l'acte.

« Lorsqu'elle est électronique, elle consiste en l'usage d'un procédé fiable d'identification garantissant son lien avec l'acte auquel elle s'attache. La fiabilité de ce procédé est présumée, jusqu'à preuve contraire, lorsque la signature électronique est créée, l'identité du signataire assurée et l'intégrité de l'acte garantie, dans des conditions fixées par décret en Conseil d'État. »

Article 5

A l'article 1326 du code civil, les mots : « de sa main » sont remplacés par les mots : « par lui-même ».

Article 6

La présente loi est applicable en Nouvelle-Calédonie, en Polynésie française, à Wallis-et-Futuna et dans la collectivité territoriale de Mayotte.

La présente loi sera exécutée comme loi de l'État.

Fait à Paris, le 13 mars 2000.

Jacques CHIRAC

Par le Président de la République :

Le Premier ministre,
Lionel JOSPIN

Le garde des sceaux, ministre de la justice,
Elisabeth GUIGOU

Le ministre de l'intérieur,
Jean-Pierre Chevènement

Le ministre de l'économie,
des finances et de l'industrie,
Christian SAUTTER

Le secrétaire d'État à l'outre-mer,
Jean-Jack QUEYRANNE

Le secrétaire d'État à l'industrie,
Christian PIERRET

JO Numéro 77 du 31 Mars 2001 page 5070

MINISTÈRE DE LA JUSTICE
Décret n° 2001-272 du 30 mars 2001 pris pour l'application de l'article 1316-4 du code civil et relatif à la signature électronique

NOR : JUSC0120141D

Le Premier ministre,

Sur le rapport de la garde des sceaux, ministre de la justice,

Vu la directive 1999/93/CE du Parlement européen et du Conseil en date du 13 décembre 1999 sur un cadre communautaire pour les signatures électroniques ;

Vu le code civil, notamment ses articles 1316 à 1316-4 ;

Vu la loi n° 90-1170 du 29 décembre 1990 modifiée sur la réglementation des télécommunications, notamment son article 28 ;

Le Conseil d'État (section de l'intérieur) entendu,

Décrète :

Art. 1er. – Au sens du présent décret, on entend par :

1. « Signature électronique » : une donnée qui résulte de l'usage d'un procédé répondant aux conditions définies à la première phrase du second alinéa de l'article 1316-4 du code civil ;

2. « Signature électronique sécurisée » : une signature électronique qui satisfait, en outre, aux exigences suivantes :

    – être propre au signataire ;

    – être créée par des moyens que le signataire puisse garder sous son contrôle exclusif ;

    – garantir avec l'acte auquel elle s'attache un lien tel que toute modification ultérieure de l'acte soit détectable ;

3. « Signataire » : toute personne physique, agissant pour son propre compte ou pour celui de la personne physique ou morale qu'elle représente, qui met en œuvre un dispositif de création de signature électronique ;

4. « Données de création de signature électronique » : les éléments propres au signataire, tels que des clés cryptographiques privées, utilisés par lui pour créer une signature électronique ;

5. « Dispositif de création de signature électronique » : un matériel ou un logiciel destiné à mettre en application les données de création de signature électronique ;

6. « Dispositif sécurisé de création de signature électronique » : un dispositif de créa-

tion de signature électronique qui satisfait aux exigences définies au I de l'article 3 ;

7. « Données de vérification de signature électronique » : les éléments, tels que des clés cryptographiques publiques, utilisés pour vérifier la signature électronique ;

8. « Dispositif de vérification de signature électronique » : un matériel ou un logiciel destiné à mettre en application les données de vérification de signature électronique ;

9. « Certificat électronique » : un document sous forme électronique attestant du lien entre les données de vérification de signature électronique et un signataire ;

10. « Certificat électronique qualifié » : un certificat électronique répondant aux exigences définies à l'article 6 ;

11. « Prestataire de services de certification électronique » : toute personne qui délivre des certificats électroniques ou fournit d'autres services en matière de signature électronique ;

12. « Qualification des prestataires de services de certification électronique » : l'acte par lequel un tiers, dit organisme de qualification, atteste qu'un prestataire de services de certification électronique fournit des prestations conformes à des exigences particulières de qualité.

Art. 2. – La fiabilité d'un procédé de signature électronique est présumée jusqu'à preuve contraire lorsque ce procédé met en œuvre une signature électronique sécurisée, établie grâce à un dispositif sécurisé de création de signature électronique et que la vérification de cette signature repose sur l'utilisation d'un certificat électronique qualifié.

Chapitre ler

Des dispositifs sécurisés de création de signature électronique

Art. 3. – Un dispositif de création de signature électronique ne peut être regardé comme sécurisé que s'il satisfait aux exigences définies au I et que s'il est certifié conforme à ces exigences dans les conditions prévues au II.

I. – Un dispositif sécurisé de création de signature électronique doit :

1. Garantir par des moyens techniques et des procédures appropriés que les données de création de signature électronique :

   a) Ne peuvent être établies plus d'une fois et que leur confidentialité est assurée ;

   b) Ne peuvent être trouvées par déduction et que la signature électronique est protégée contre toute falsification ;

   c) Peuvent être protégées de manière satisfaisante par le signataire contre toute utilisation par des tiers.

2. N'entraîner aucune altération du contenu de l'acte à signer et ne pas faire obstacle à ce que le signataire en ait une connaissance exacte avant de le signer.

II. – Un dispositif sécurisé de création de signature électronique doit être certifié conforme aux exigences définies au I :

1. Soit par les services du Premier ministre chargés de la sécurité des systèmes d'information, après une évaluation réalisée, selon des règles définies par arrêté du Premier ministre, par des organismes agréés par ces services. La délivrance par ces services du certificat de conformité est rendue publique ;

2. Soit par un organisme désigné à cet effet par un État membre de la Communauté européenne.

Art. 4. – Le contrôle de la mise en œuvre des procédures d'évaluation et de certification prévues au 1o du II de l'article 3 est assuré par un comité directeur de la certification, institué auprès du Premier ministre.

Un arrêté du Premier ministre précise les missions attribuées à ce comité, fixe sa composition, définit les procédures de certification et d'évaluation des dispositifs de création de signature électronique mentionnées à l'alinéa précédent ainsi que les procédures d'agrément des organismes d'évaluation. Il détermine, en outre, les obligations incombant à ces organismes et fixe les conditions dans lesquelles sont présentées et instruites les demandes de certification.

Chapitre II
Des dispositifs de vérification de signature électronique

Art. 5. – Un dispositif de vérification de signature électronique peut faire, après évaluation, l'objet d'une certification, selon les procédures définies par l'arrêté mentionné à l'article 4, s'il répond aux exigences suivantes :

a) Les données de vérification de signature électronique utilisées doivent être celles qui ont été portées à la connaissance de la personne qui met en œuvre le dispositif et qui est dénommée « vérificateur » ;

b) Les conditions de vérification de la signature électronique doivent permettre de garantir l'exactitude de celle-ci et le résultat de cette vérification doit sans subir d'altération être porté à la connaissance du vérificateur ;

c) Le vérificateur doit pouvoir, si nécessaire, déterminer avec certitude le contenu des données signées ;

d) Les conditions et la durée de validité du certificat électronique utilisé lors de la vérification de la signature électronique doivent être vérifiées et le résultat de cette vérification doit sans subir d'altération être porté à la connaissance du vérificateur ;

e) L'identité du signataire doit sans subir d'altération être portée à la connaissance du vérificateur ;

f) Lorsqu'il est fait usage d'un pseudonyme, son utilisation doit être clairement portée à la connaissance du vérificateur ;

g) Toute modification ayant une incidence sur les conditions de vérification de la signature électronique doit pouvoir être détectée.

Chapitre III
Des certificats électroniques qualifiés et des prestataires de services de certification électronique

Art. 6. – Un certificat électronique ne peut être regardé comme qualifié que s'il comporte les éléments énumérés au I et que s'il est délivré par un prestataire de services de certification électronique satisfaisant aux exigences fixées au II.

I.   Un certificat électronique qualifié doit comporter :

a) Une mention indiquant que ce certificat est délivré à titre de certificat électronique qualifié ;

b) L'identité du prestataire de services de certification électronique ainsi que l'État dans lequel il est établi ;

c) Le nom du signataire ou un pseudonyme, celui-ci devant alors être identifié comme tel ;

d) Le cas échéant, l'indication de la qualité du signataire en fonction de l'usage auquel le certificat électronique est destiné ;

e) Les données de vérification de signature électronique qui correspondent aux données de création de signature électronique ;

f) L'indication du début et de la fin de la période de validité du certificat électronique ;

g) Le code d'identité du certificat électronique ;

h) La signature électronique sécurisée du prestataire de services de certification électronique qui délivre le certificat électronique ;

i) Le cas échéant, les conditions d'utilisation du certificat électronique, notamment le montant maximum des transactions pour lesquelles ce certificat peut être utilisé.

II.   Un prestataire de services de certification électronique doit satisfaire aux exigences suivantes :

a) Faire preuve de la fiabilité des services de certification électronique qu'il fournit ;

b) Assurer le fonctionnement, au profit des personnes auxquelles le certificat électronique est délivré, d'un service d'annuaire recensant les certificats électroniques des personnes qui en font la demande ;

c) Assurer le fonctionnement d'un service permettant à la personne à qui le certificat électronique a été délivré de révoquer sans délai et avec certitude ce certificat ;

d) Veiller à ce que la date et l'heure de délivrance et de révocation d'un certificat électronique puissent être déterminées avec précision ;

e) Employer du personnel ayant les connaissances, l'expérience et les qualifications nécessaires à la fourniture de services de certification électronique ;

f) Appliquer des procédures de sécurité appropriées ;

g) Utiliser des systèmes et des produits garantissant la sécurité technique et cryptographique des fonctions qu'ils assurent ;

h) Prendre toute disposition propre à prévenir la falsification des certificats électroniques ;

i) Dans le cas où il fournit au signataire des données de création de signature électronique, garantir la confidentialité de ces données lors de leur création et s'abstenir de conserver ou de reproduire ces données ;

j) Veiller, dans le cas où sont fournies à la fois des données de création et des données de vérification de la signature électronique, à ce que les données de création correspondent aux données de vérification ;

k) Conserver, éventuellement sous forme électronique, toutes les informations relatives au certificat électronique qui pourraient s'avérer nécessaires pour faire la preuve en justice de la certification électronique.

l) Utiliser des systèmes de conservation des certificats électroniques garantissant que :
– l'introduction et la modification des données sont réservées aux seules personnes autorisées à cet effet par le prestataire ;
– l'accès du public à un certificat électro-

nique ne peut avoir lieu sans le consentement préalable du titulaire du certificat ;
– toute modification de nature à compromettre la sécurité du système peut être détectée ;

m) Vérifier, d'une part, l'identité de la personne à laquelle un certificat électronique est délivré, en exigeant d'elle la présentation d'un document officiel d'identité, d'autre part, la qualité dont cette personne se prévaut et conserver les caractéristiques et références des documents présentés pour justifier de cette identité et de cette qualité ;

n) S'assurer au moment de la délivrance du certificat électronique :
– que les informations qu'il contient sont exactes ;
– que le signataire qui y est identifié détient les données de création de signature électronique correspondant aux données de vérification de signature électronique contenues dans le certificat ;

o) Avant la conclusion d'un contrat de prestation de services de certification électronique, informer par écrit la personne demandant la délivrance d'un certificat électronique :
– des modalités et des conditions d'utilisation du certificat ;
– du fait qu'il s'est soumis ou non au processus de qualification volontaire des prestataires de services de certification électronique mentionnée à l'article 7 ;
– des modalités de contestation et de règlement des litiges ;

p) Fournir aux personnes qui se fondent sur un certificat électronique les éléments de l'information prévue au o qui leur sont utiles.

Art. 7. – Les prestataires de services de certification électronique qui satisfont aux exigences fixées à l'article 6 peuvent demander à être reconnus comme qualifiés.

Cette qualification, qui vaut présomption de conformité auxdites exigences, est délivrée par les organismes ayant reçu à cet effet une accréditation délivrée par une instance désignée par arrêté du ministre chargé de l'industrie. Elle est précédée d'une évaluation réalisée par ces mêmes organismes selon des règles définies par arrêté du Premier ministre.

L'arrêté du ministre chargé de l'industrie prévu à l'alinéa précédent détermine la procédure d'accréditation des organismes et la procédure d'évaluation et de qualification des prestataires de services de certification électronique.

Art. 8. – Un certificat électronique délivré par un prestataire de services de certification électronique établi dans un État n'appartenant pas à la Communauté européenne a la même valeur juridique que celui délivré par un prestataire établi dans la Communauté, dès lors :

a) Que le prestataire satisfait aux exigences fixées au II de l'article 6 et a été accrédité, au sens de la directive du 13 décembre 1999 susvisée, dans un État membre ;

b) Ou que le certificat électronique délivré par le prestataire a été garanti par un prestataire établi dans la Communauté et satisfaisant aux exigences fixées au II de l'article 6 ;

c) Ou qu'un accord auquel la Communauté est partie l'a prévu.

Art. 9. – I. – Au titre de la déclaration de fourniture de prestations de cryptologie effectuée conformément aux dispositions de l'article 28 de la loi du 29 décembre 1990 susvisée, le prestataire de services de certification électronique doit, quand il entend délivrer des certificats électroniques qualifiés, l'indiquer.

II. – Le contrôle des prestataires visés au I est effectué par des organismes publics désignés par arrêté du Premier ministre et agissant sous l'autorité des services du Premier ministre chargés de la sécurité des systèmes d'information.
Ce contrôle porte sur le respect des exigences définies à l'article 6. Il peut être effectué d'office ou à l'occasion de toute réclamation mettant en cause l'activité d'un prestataire de services de certification électronique.

Lorsque le contrôle révèle qu'un prestataire n'a pas satisfait à ces exigences, les services du Premier ministre chargés de la sécurité des systèmes d'information assurent la publicité des résultats de ce contrôle et, dans le cas où le prestataire a été reconnu comme qualifié dans les conditions fixées à l'article 7, en informent l'organisme de qualification.

Les mesures prévues à l'alinéa précédent doivent faire l'objet, préalablement à leur adoption, d'une procédure contradictoire permettant au prestataire de présenter ses observations.

Chapitre IV
Dispositions diverses

Art. 10. – Le présent décret est applicable en Nouvelle-Calédonie, en Polynésie française, aux îles Wallis-et-Futuna et à Mayotte.

Art. 11. – Le ministre de l'économie, des finances et de l'industrie, la garde des sceaux, ministre de la justice, le ministre de l'intérieur, le secrétaire d'État à l'outre-mer et le secrétaire d'État à l'industrie sont chargés, chacun en ce qui le concerne, de l'exécution du présent décret, qui sera publié au Journal officiel de la République française.

Fait à Paris, le 30 mars 2001.

Lionel JOSPIN

Par le Premier ministre :

La garde des sceaux, ministre de la justice,
Marylise LEBRANCHU

Le ministre de l'économie,
des finances et de l'industrie,
Laurent FABIUS

Le ministre de l'intérieur,
Daniel VAILLANT

Le secrétaire d'État à l'outre-mer,
Christian PAUL

Le secrétaire d'État à l'industrie,
Christian PIERRET

Dispositions pour qu'un procédé de « signature électronique » soit présumé fiable

Ce document présente les dispositions issues du décret du 30 mars 2001 **JO** qui sont relatives au procédé de signature électronique. Les passages précédés de **JOCE** correspondent à une retranscription des dispositions européennes sur la signature électronique destinée à éclairer les dispositions légales et réglementaires françaises.

Attention

Il convient de toujours se reporter aux textes dans leur version publiée au *Journal officiel.*

Conditions générales pour bénéficier de la présomption de fiabilité

JO La fiabilité de ce procédé est présumée, jusqu'à preuve contraire, lorsque la signature électronique est créée, l'identité du signataire assurée et l'intégrité de l'acte garantie, dans des conditions fixées par décret en Conseil d'État.

Le principe de la présomption de fiabilité du procédé de signature électronique est ainsi posé par l'article 1316-4 du Code civil qui renvoie au décret la charge de fixer les conditions auxquelles doit répondre la signature électronique pour bénéficier de ladite présomption.

La présomption de fiabilité (article 2 du décret) d'un procédé de signature électronique n'est accordée que si :
- la signature électronique mise en œuvre est une signature électronique sécurisée (voir la défintion ci-dessous) ;
- cette signature électronique sécurisée est établie grâce à un dispositif sécurisé de création de signature électronique (voir section « Exigences concernant un dispositif sécurisé de création de signature électronique ») ;
- la vérification de cette signature repose sur l'utilisation d'un certificat électronique qualifié (voir section « Exigence concernant un certificat électronique qualifié »).

Définition : une signature électronique sécurisée

• une signature électronique ;

• propre au signataire ;

• créée par des moyens que le signataire puisse garder sous son contrôle exclusif ;

• devant garantir avec l'acte auquel elle s'attache un lien tel que toute modification ultérieure de l'acte soit détectable.

Exigences concernant un dispositif sécurisé de création de signature électronique (conditions légales cumulatives)

Respect des exigences

(JO) Un dispositif sécurisé de création de signature électronique doit garantir par des moyens techniques et des procédures appropriés que les données de signature de création de signature électronique :

- ne peuvent être établies plus d'une fois et que leur confidentialité est assurée ;
- ne peuvent être trouvées par déduction et que la signature électronique est protégée contre toute falsification ;
- peuvent être protégées de manière satisfaisante par le signataire contre toute utilisation par des tiers.

(JOCE) Annexe III : exigences pour les dispositifs sécurisés de création de signature électronique.

Les dispositifs sécurisés de création de signature doivent au moins garantir, par les moyens techniques et procédure appropriées, que :

- les données utilisées pour la création de la signature ne puissent, pratiquement, se rencontrer qu'une seule fois et que leur confidentialité soit raisonnablement assurée
- l'on puisse avoir l'assurance suffisante que les données utilisées pour la création de la signature ne puissent être trouvées par déduction et que la signature soit protégée contre toute falsification par les moyens techniques actuellement disponibles
- les données utilisées pour la création de la signature puissent être protégées de manière fiable par le signataire légitime contre leur utilisation par d'autres.

(JO) Un dispositif sécurisé de création de signature électronique doit n'entraîner aucune altération du contenu de l'acte à signer et ne pas faire obstacle à ce que le signataire en ait une connaissance exacte avant de le signer.

(JOCE) Les dispositifs sécurisés de création de signature ne doivent pas modifier les données à signer ni empêcher que ces données soient soumises au signataire avant le processus de signature.

Définitions : dispositif de création de signature électronique

(JO) Un dispositif de création de signature électronique est un matériel ou un logiciel destiné à mettre en application les données de création de signature électronique.

Les données de création de signature électronique sont les éléments propres au signataire, telles que des clés cryptographiques privées, utilisées par lui pour créer une signature électronique.

(JOCE) Un dispositif de création de signature est un dispositif logiciel ou matériel configuré pour mettre en application les données afférentes à la création de signature.

Un dispositif sécurisé de création de signature est un dispositif de création de signature qui satisfait aux exigences prévues à l'annexe III.

Les données afférentes à la création de signature sont des données uniques, telles que des codes ou des clés cryptographiques privées, que le signataire utilise pour créer une signature électronique.

Certification de conformité à ces exigences

(JO) Un dispositif sécurisé de création de signature électronique doit être certifié conforme aux exigences susmentionnées :

- soit par la DCSSI (suite à une évaluation réalisée par des organismes agréés par la DCSSI) : délivrance d'un certificat de conformité (rendue publique) ;

- soit par un organisme désigné à cet effet par un Etat membre de la Communauté européenne.

Exigences concernant un certificat électronique qualifié

Définitions : certificat électronique et certificat électronique qualifié

JO Un certificat électronique est un document sous forme électronique attestant du lien entre les données de vérification de signature électronique et un signataire.

JOCE Un **Certificat (article 2 § 9)** est une attestation électronique qui lie des données afférentes à la vérification de signature à une personne et confirme l'identité de cette personne.

JO Un certificat électronique qualifié est un certificat électronique répondant aux exigences définies à l'article 6 du décret (retranscrites dans la présente section).

JOCE Un **Certificat qualifié (article 2 § 10)** est un certificat qui satisfait aux exigences visées à l'annexe I et qui est fourni par un prestataire de service de certification satisfaisant aux exigences visées à l'annexe II.

Un certificat électronique qualifié doit comporter certains éléments...

JO Un certificat électronique ne peut être regardé comme qualifié que s'il comporte certains éléments :

JOCE Selon l'annexe I, tout certificat qualifié doit comporter :

JO a) une mention indiquant que ce certificat est délivré à titre de certificat électronique qualifié ;

JOCE une mention indiquant que le certificat est délivré à titre de certificat qualifié ;

JO b) l'identité du prestataire de services de certification ainsi que l'État dans lequel il est établi ;

JOCE l'identification du prestataire de service de certification ainsi que le pays dans lequel il est établi ;

JO c) le nom du signataire ou un pseudonyme, celui-ci devant alors être identifié comme tel ;

JOCE le nom du signataire ou un pseudonyme qui est identifié comme tel ;

JO d) le cas échéant, l'indication de la qualité du signataire en fonction de l'usage auquel le certificat électronique est destiné ;

JOCE la possibilité d'inclure, le cas échéant, une qualité spécifique du signataire, en fonction de l'usage auquel le certificat est destiné ;

JO e) les données de vérification de signature électronique qui correspondent aux données de création de signature électronique ;

JOCE des données afférentes à la vérification de signature qui correspondent aux données pour la création de signature sous le contrôle du signataire ;

JO f) l'indication du début et de la fin de la période de validité du certificat électronique ;

JOCE l'indication du début et de la fin de la période de validité du certificat ;

JO g) le code d'identité du certificat électronique ;

JOCE le code d'identité du certificat ;

JO h) la signature électronique sécurisée du prestataire de services de certification électronique qui délivre le certificat électronique ;

JOCE la signature électronique avancée du prestataire de service de certification qui délivre le certificat ;

JO i) le cas échéant les conditions d'utilisation du certificat électronique, notamment, le montant maximum des transactions pour lesquelles ce certificat peut être utilisé ;

JOCE les limites à l'utilisation du certificat, le cas échéant et, les limites à la valeur des transactions pour lesquelles le certificat peut être utilisé, le cas échéant ;

...et est délivré par un prestataire de services de certification satisfaisant à certaines exigences

Définition : prestataire de services de certification

JO Un prestataire de services de certification est toute entité ou personne physique ou morale qui délivre des certificats ou fournit d'autres services liés aux signatures électroniques.

JOCE Un prestataire de services de certification électronique qui est toute personne qui délivre des certificats électroniques ou fournit d'autres services en matière de signature électronique.

Quant à sa fiabilité :

JO faire preuve de la fiabilité des services de certification électronique qu'il fournit ;

JOCE faire la preuve qu'ils sont suffisamment fiables pour fournir des services de certification.

JOCE **Disposition non reprise par le décret (annexe II) :** disposer de ressources financières suffisantes pour fonctionner conformément aux exigences prévues par la présente directive, en particulier pour endosser la responsabilité de dommages, en contractant, par exemple, une assurance appropriée (h).

Quant au service d'annuaire :

JO assurer le fonctionnement au profit des personnes auxquelles le certificat électronique est délivré, d'un service d'annuaire recensant les certificats électroniques des personnes qui en font la demande ;

JOCE assurer le fonctionnement d'un service d'annuaire rapide et sûr et d'un service de révocation sûr et immédiat.

Quant au système de révocation :

JO assurer le fonctionnement d'un service permettant à la personne à qui le certificat électronique a été délivré de révoquer sans délai et avec certitude ce certificat ;

JOCE assurer le fonctionnement d'un service d'annuaire rapide et sûr et d'un service de révocation sûr et immédiat.

Quant à l'horodatage :

JO veiller à ce que la date et l'heure de délivrance et de révocation d'un certificat électronique puissent être déterminées avec précision ;

JOCE veiller à ce que la date et l'heure d'émission et de révocation d'un certificat puissent être déterminés avec précision ;

Quant à la sécurité :

JO employer du personnel ayant les connaissances, l'expérience et les qualifications nécessaires à la fourniture de services de certification électronique ;

(*JO*) appliquer des procédures de sécurité appropriées ;

(*JOCE*) employer du personnel ayant les connaissances spécifiques, l'expérience et les qualifications nécessaires à la fourniture des services et, en particulier, des compétences au niveau de la gestion, des connaissances spécialisées en technologie des signatures électroniques et une bonne pratique des procédures de sécurité appropriées ; Ils doivent également appliquer des procédures et méthodes administratives et de gestion qui soient adaptées et conformes à des normes reconnues ;

(*JO*) utiliser des systèmes et des produits garantissant la sécurité technique et cryptographique des fonctions qu'ils assurent ;

(*JOCE*) utiliser des systèmes et des produits fiables qui sont protégés contre les modifications et qui assurent la sécurité technique et cryptographique des fonctions qu'ils assument ;

(*JO*) prendre toute disposition propre à prévenir la falsification des certificats électroniques ;

(*JO*) dans le cas où il fournit au signataire des données de création de signature électronique, garantir la confidentialité de ces données lors de leur création et s'abstenir de conserver ou de reproduire ces données ;

(*JO*) veiller, dans les cas où sont fournies à la fois des données de création et des données de vérification de la signature électronique, à ce que les données de création correspondent aux données de vérification ;

(*JOCE*) prendre des mesures contre la contrefaçon des certificats et, dans les cas où le prestataire de service de certification génère des données afférentes à la création de signature, garantir la confidentialité au cours du processus de génération de ces données ;

(*JOCE*) ne pas stocker ni copier les données afférentes à la création de signature de la personne à laquelle le prestataire de service de certification a fourni des services de gestion de clés.

Quant à la conservation des certificats :

(*JO*) conserver, éventuellement sous forme électronique, toutes les informations relatives au certificat électronique qui pourraient s'avérer nécessaires pour faire preuve en justice de la certification électronique ;

(*JOCE*) enregistrer toutes les informations pertinentes concernant un certificat qualifié pendant le délai utile, en particulier pour pouvoir fournir une preuve de la certification en justice. Ces enregistrements peuvent être effectués par des moyens électroniques ;

(*JO*) utiliser des systèmes de conservation des certificats électroniques garantissant que :

- l'introduction et la modification des données sont réservées aux seules personnes autorisées à cet effet par le prestataire ;
- l'accès du public à un certificat électronique ne peut avoir lieu sans le consentement préalable du titulaire du certificat ;
- toute modification de nature à compromettre la sécurité du système peut être détectée.

(*JOCE*) utiliser des systèmes fiables pour stocker les certificats sous une forme vérifiable de sorte que :

- seules les personnes autorisées puissent introduire et modifier des données ;
- l'information puisse être contrôlée quant à son authenticité ;
- les certificats ne soient disponibles au public pour des recherches que dans les cas où le titulaire du certificat a donné son consentement et ;
- toute modification technique mettant en péril ces exigences de sécurité soit apparente pour l'opérateur.

Quant à la garantie de l'identité et de la qualité du signataire :

(*JO*) vérifier, d'une part, l'identité de la personne à laquelle un certificat électronique est délivré, en exigeant d'elle la présentation d'un document officiel d'identité, d'autre part, la qualité dont cette personne se prévaut et conserver les caractéristiques et références des documents présentés pour justifier de cette identité et de cette qualité ;

(*JOCE*) vérifier, par des moyens appropriés et conformes au droit national, l'identité et, le cas échéant, les qualités spécifiques de la personne à laquelle un certificat qualifié est délivré.

(*JO*) s'assurer au moment de la délivrance du certificat électronique :

- que les informations qu'il contient sont exactes ;
- que le signataire qui y est identifié détient les données de création de signature électronique correspondant aux données de vérification électronique contenues dans le certificat.

(*JOCE*) Les États membres veillent au moins à ce qu'un prestataire de service de certification qui délivre à l'intention du public un certificat présenté comme qualifié ou qui garantit au public un tel certificat soit responsable du préjudice causé à toute entité ou personne physique ou morale qui se fie raisonnablement à ce certificat pour ce qui est de :

- l'exactitude de toutes les informations contenues dans le certificat qualifié à la date où il a été délivré et la présence, dans ce certificat, de toutes les données prescrites pour un certificat qualifié ;
- l'assurance que, au moment de la délivrance du certificat, le signataire identifié dans le certificat qualifié détenait les données afférentes à la création de signature correspondant aux données afférentes à la vérification de signature fournies ou identifiées dans le certificat ;
- l'assurance que les données afférentes à la création de signature et celles afférentes à la vérification de signature puissent être utilisées de façon complémentaire, dans le cas où le prestataire de service de certification génère ces deux types de données ;

Sauf si le prestataire de services de certification prouve qu'il n'a commis aucune négligence (article 6).

Quant à l'obligation d'information :

(*JO*) avant la conclusion d'un contrat de prestation de services de certification électronique, informer par écrit la personne demandant la délivrance d'un certificat électronique :

- des modalités et des conditions d'utilisation du certificat ;
- du fait qu'il est soumis ou non au processus de qualification volontaire des prestataires de service de certification électronique ;
- des modalités de contestation et de règlement des litiges.

(*JO*) fournir aux personnes qui se fondent sur un certificat électronique les éléments de l'information prévue au o qui leur sont utiles ;

(*JOCE*) avant d'établir une relation contractuelle avec une personne demandant un certificat à l'appui de sa signature électronique, informer cette personne par un moyen de communication durable des modalités et conditions précises d'utilisation des certificats, y compris des limites imposées à leur utilisation, de l'existence d'un régime volontaire d'accréditation et des procédures de réclamation et de règlement des litiges. Cette information, qui peut être transmise par voie électronique, doit être faite par écrit et dans une langue aisément compréhensible. Des éléments pertinents de cette information doivent également être mis à la disposition, sur demande, de tiers qui se prévalent du certificat.

Processus de qualification volontaire : présomption que le prestataire de services de certification satisfait aux présentes exigences

JO Les prestataires de services de certification peuvent demander à être qualifiés (s'ils satisfassent aux exigences fixées ci-dessus), cette qualification est délivrée par des organismes accrédités. Cette qualification vaut présomption de conformité aux exigences auxquelles doivent satisfaire les prestataires de service de certification .

JOCE Les États membres ne soumettent la fourniture des services de certification à aucune autorisation préalable (article 3 § 1).

Arrêt de la cour d'appel de Besançon

Arrêt n°541/100
MV/MG

-172 501 116 00013-

Arrêt du 20 octobre

CHAMBRE SOCIALE

Contradictoire
Audience publique
Du 22 septembre 2000
N° de rôle : 99/0834

S/appel d'une décision
du C.P.H. de LONS-LE-SAUNIER
en date du 22 mars 1999
Code affaire : 800
Demande en nullité du licenciement, dommages intérêts ou réintégration liée à la contestation de la rupture d'un contrat de travail.

S.A.R.L. CHALETS BOISSON
C/
Bernard GROS

Mots-clés : appel, déclaration d'appel, signature informatique, irrecevabilité

PARTIES EN CAUSE

  SARL CHALETS BOISSON, ayant son siège social, à 39570 L'ÉTOILE

APPELANTE

  REPRÉSENTÉE par Me FAVOULET, avocat au barreau de LONS-LE-SAUNIER

ET :

Monsieur Bernard GROS, demeurant 840, rue des Gentianes, à 39000 LONS-LE-SAUNIER

INTIMÉ

ASSISTÉ par M. BAGNARD, selon pouvoir en date du 7.3.2000.

COMPOSITION DE LA COUR :

Lors des débats :
PRÉSIDENT DE CHAMBRE : Monsieur B. GAUTHIER, Conseiller le plus ancien présent dans l'ordre des nominations à la Cour faisant fonction de Président de Chambre en l'absence du titulaire régulièrement empêché et à défaut de désignation d'un autre magistrat suivant les modalités fixées à l'article R. 213-7 du Code de l'organisation judiciaire,
CONSEILLERS : Messieurs J.-F. PERRON et M. VALTAT
GREFFIER : Madame M. GRANDJEAN.

Lors du délibéré
PRÉSIDENT DE CHAMBRE : Monsieur B. GAUTHIER, Conseiller le plus ancien présent dans l'ordre des nominations à la Cour faisant fonction de Président de Chambre en l'absence du titulaire régulièrement empêché et à défaut de désignation d'un autre magistrat suivant les modalités fixées à l'article R. 213-7 du Code de l'organisation judiciaire,
CONSEILLERS : Messieurs J.-F. PERRON et M. VALTAT

****

LA COUR

FAITS ET PRÉTENTIONS DES PARTIES

Par jugement en date du 22 mars 1999, le Conseil de prud'hommes de LONS-LE-SAUNIER :
- dit que l'imprécision des motifs invoqués dans la lettre de licenciement de Bernard GROS rend le licenciement sans cause réelle et sérieuse,
- que les critères invoqués ne satisfont pas à l'article L. 321-1-1 du code du travail,
- que l'indemnité pour non-respect de la priorité de réembauchage est due et correspond à deux mois de salaires,
- condamne la SARL CHALETS BOISSON à payer à Bernard GROS les sommes suivantes :
  - 16 000,00 francs à titre d'indemnité pour non-respect de la priorité de réembauchage,
  - 32 000,00 francs à titre de dommages intérêts pour licenciement sans cause réelle et sérieuse,
  - 500,00 francs au titre de l'article 700 du nouveau code de procédure civile,
- déboute Monsieur GROS du surplus de ses demandes,
- déboute la SARL CHALETS BOISSON de sa demande au titre de l'article 700 du nouveau code de procédure civile,
- condamne la SARL CHALETS BOISSON aux entiers dépens.

La SARL CHALETS BOISSON est appelante de cette décision dont elle recherche la réformation en concluant au débouté de Bernard GROS de ses demandes.

Elle réclame 3500,00 francs sur le fondement de l'article 700 du nouveau code de procédure civile.

Elle soutient que le licenciement de Bernard GROS est intervenu pour des raisons économiques avérées et qu'aucun grief ne peut lui être reproché, que ce soit sur le plan du respect des critères de licenciement ou sur celui du respect de la priorité de réembauchage.

Bernard GROS conclut à l'irrecevabilité de l'appel, subsidiairement sollicite le paiement des sommes de 60 000,00 francs à titre de dommages intérêts pour licenciement sans cause réelle et sérieuse, 16 000,00 francs pour non-respect de la priorité de réembauchage, 4000,00 francs en application de l'article 700 du nouveau code de procédure civile.

Il fait valoir que la déclaration d'appel formalisée par le conseil de la société appelante comporte une signature informatique, que la Cour n'est pas en mesure d'identifier le signataire de l'acte d'appel, qu'aucun pouvoir spécial ne donne mandat à l'une ou l'autre des secrétaires du cabinet d'avocats d'apposer la signature sur l'acte litigieux.

Il conclut ensuite au fond.

La SARL CHALETS BOISSON répond que la signature est celle de Me FAVOULET, que le processus d'apposition de la signature informatique obéit à des exigences techniques extrêmement rigoureuses qui permettent d'identifier avec certitude son auteur qui est seul détenteur du code informatique autorisant l'accès à sa signature.

Elle fait encore valoir que l'évolution des techniques fait que la signature n'est plus nécessairement manuscrite tant la fiabilité du procédé utilisé balaie toute incertitude sur l'identité du signataire, que la loi du 13 mars 2000 a appréhendé cette évolution.

Elle conclut en définitive au rejet de l'exception d'irrecevabilité.

La Cour a soulevé d'office l'irrecevabilité de l'appel incident dans l'hypothèse d'un appel principal irrecevable.

Motifs de la décision

Les parties s'accordent pour reconnaître que la signature apposée au bas de la déclaration d'appel en date du 1er avril 1999 par le conseil de la SARL CHALETS BOISSON est la signature informatique de Me FAVOULET.

Il est constant par ailleurs que l'acte litigieux a été établi antérieurement à la promulgation de la loi n°2000-230 du 13 mars 2000 portant adaptation du droit de la preuve aux technologies de l'information et relative à la signature électronique.

En conséquence, les dispositions de ce texte sont inapplicables en l'espèce, d'autant plus que le décret destiné à préciser les conditions de la fiabilité d'identification de la personne qui appose la signature n'est pas encore paru à la date des débats devant la Cour. Partant, la Cour n'est pas en mesure d'apprécier le degré de fiabilité du processus décrit par l'appelante au regard d'un texte dont la parution est attendue.

La fiabilité du procédé utilisé en l'espèce par l'avocat est au demeurant toute relative dans la mesure où le code permettant d'accéder à la signature peut être détenu par une autre personne du cabinet.

L'identification de la personne ayant recours à la signature informatique est dès lors très incertaine.

Enfin, aucun texte, à la date du 1er avril 1999, ne reconnaissait la validité du recours à la signature électronique dans les actes juridiques.

Dans ces conditions, l'appel principal doit être déclaré irrecevable ; par voie de conséquence, l'appel incident l'est également.

Les frais irrépétibles de l'intimé seront arbitrés à 1.500,00 francs.

Par ces motifs

LA COUR, statuant publiquement, par arrêt contradictoire, après en avoir délibéré conformément à la loi,

DÉCLARE l'appel principal de la société CHALETS BOISSON et l'appel incident de Bernard GROS irrecevables ;

CONDAMNE la société CHALETS BOISSON à payer à Bernard GROS la somme de MILLE CINQ CENTS FRANCS (1.500,00 francs) en application de l'article 700 du nouveau code de procédure civile ;

LAISSE les dépens à la charge de la société CHALETS BOISSON.

LEDIT arrêt a été prononcé en audience publique le VINGT OCTOBRE DEUX MILLE et signé par Monsieur B. GAUTHIER, Conseiller faisant fonction de Président de Chambre, Magistrat ayant participé au délibéré, et Madame M. GRANDJEAN, Greffier.

Les travaux normatifs de l'EESSI

Historique de EESSI

En accompagnement à la directive européenne sur les signatures électroniques, la Commission a demandé aux industriels et organismes de normalisation européens de travailler sur les spécifications, normes et standards qui doivent permettre d'obtenir des produits et services répondant aux exigences de cette directive. Dans ses articles 9 et 10, la directive prévoit la mise en place d'un comité (dénommé « comité sur les signatures électroniques » ou « comité article 9 ») dont le rôle consiste, notamment, à préciser les normes et standards qui permettent de répondre aux exigences de la directive et de ses annexes. Ce comité est présidé par la Commission européenne et regroupe l'ensemble des États membres.

Un mandat, validé par l'ensemble des États membres au travers du SOGITS [1], permettant de donner l'orientation générale des travaux à mener, mais sans trop les contraindre, a donc été donné à l'ICTSB fin 1998.

L'ICTSB – Information and Communications Technologies Standards Board – est issu d'une initiative des trois organismes de normalisation européens, officiellement reconnus comme tels par la directive 98/34, qui interviennent dans le domaine des technologies de l'information et des communications (TIC), à savoir :

- le CEN (Comité européen de normalisation), équivalent européen de l'ISO, au travers de sa branche ISSS (Information Society Standardisation System) ;
- le CENELEC (Comité européen pour la normalisation dans le domaine électrotechnique), équivalent européen de l'IEC ;
- l'ETSI (European Telecommunications Standards Institute), équivalent européen de l'UIT.

Ces trois organismes ont fondé l'ICTSB avec pour objectif d'assurer la coordination, avec d'autres organismes non officiels mais néanmoins actifs dans le domaine, des travaux de standardisation des TIC. En effet, outre ces trois organismes, l'ICTSB compte une quinzaine de membres, dont : l'ATM Forum, DAVIC (Digital Audio-Visual Council), DVB (Digital Video Broadcasting), ECBS (European Committe for Banking Standards), OMG (Object Management Group), etc.

Les tâches principales de l'ICTSB, dont le travail s'effectue par consensus, consistent à :

- examiner les besoins en matière de standardisation des TIC, d'où qu'ils viennent, s'ils sont basés sur des besoins concrets du marché ;
- assurer que les spécifications et standards sont élaborés à temps par les bonnes personnes ;

[1] *Senior Officials Group for Information Technologies Standards.*

- éviter les duplications d'efforts et pertes de temps correspondantes ;
- traduire les besoins de standardisation en projets cohérents et approuvés ;
- allouer ces projets aux organismes appropriés.

En réponse au premier mandat donné par la Commission fin 1998, l'ICTSB a lancé l'initiative EESSI (European Electronic Signature Standardisation Initiative) et mis en place début 1999 un groupe de pilotage et une équipe d'experts. Cette équipe avait pour but d'identifier les besoins en matière de standardisation pour les signatures électroniques et de proposer un plan de travail pour y répondre, en prenant bien entendu en compte les normes et standards existants ou en cours d'élaboration au niveau international, notamment à l'ISO et à l'IETF. Deux forums ouverts se sont tenus sur le sujet en février et juillet 1999 et l'équipe d'experts a remis son rapport courant juillet 1999, rapport qui a été formellement approuvé par l'ICTSB le 20 juillet 1999, marquant la fin de cette première phase des travaux. Ce rapport, disponible sur le site d'EESSI (voir ci-après), identifiait vingt-deux tâches potentielles (numérotées de A à V), classées par ordre de priorité.

Sur la base des résultats de cette première phase, la Commission, toujours après validation par les États membres au travers du SOGITS, a donné en octobre 1999 à l'ICTSB un second mandat portant sur le lancement des neuf tâches les plus prioritaires parmi les vingt-deux, et confirmant l'initiative EESSI comme point de focalisation des travaux européens dans le domaine des signatures électroniques.

Dans le cadre de ce deuxième mandat, le groupe de pilotage a été étendu. Il comporte aujourd'hui vingt-trois membres, dont huit du secteur privé (notamment Claude Boulle de Bull, qui est le président de ce groupe de pilotage) et cinq d'autorités publiques d'États membres (notamment Laurent Perdiolat du ministère de l'Industrie).

État d'avancement actuel

Les travaux relatifs aux neuf tâches retenues en priorité ont été répartis entre le CEN et l'ETSI.

Remarque

Du point de vue de la terminologie, le CEN produit des *CEN Workshop Agreement* (CWA) alors que l'ETSI produit des *Technical Specification* (TS) qui peuvent devenir ensuite des *ETSI Standard* (ES).

Le tableau présenté ci-après précise le contenu de ces tâches, ainsi que leur avancement à la date du présent document :

Titre *	Contenu	Calendrier
Groupe de pilotage EESSI		
Cadre général pour les standards EESSI et les classes de signatures électroniques (A)	Document «chapeau» qui identifie les différentes classes de signatures électroniques (les signatures répondant aux critères de l'article 5.1 de la directive constituent une classe) ainsi que les standards (ou les options des standards) qui constituent ces classes.	Document vivant, mis à jour en fonction de l'avancement des travaux. Le document actuel couvre principalement la classe correspondant à l'article 5.1 de la directive.

* La lettre entre parenthèses correspond à celle qui est affectée à la tâche dans le rapport EESSI phase 1 de juillet 1999)

Titre *	Contenu	Calendrier
ETSI		
Politiques pour les prestataires de services de certification (C)	Document qui vise à définir les exigences à faire porter dans une PC pour la fourniture de certificats qualifiés. Ce document vise à traduire les principales exigences de l'annexe II de la directive européenne.	Le TS correspondant à cette partie a été adopté en décembre 2000.
Syntaxe des signatures et politiques de signature (H et R)	Ce document vise à traduire la définition d'une signature électronique avancée (article 2.2 de la directive européenne) ainsi qu'une partie des recommandations en matière de vérification de signature (annexe IV de la directive européenne).	Le TS correspondant à cette partie a été adopté en décembre 2000.
Protocole pour interopérer avec une autorité d'horodatage (M)	Ce document est lié à l'annexe IV de la directive européenne. Il est basé sur le RFC de l'IETF en cours d'élaboration sur le Time Stamping.	Le TS correspondant à cette partie est prêt et sera officiellement adopté dès que le RFC de l'IETF sur lequel il se base sera adopté.
Profil pour l'utilisation des certificats X.509 comme certificats qualifiés (I)	Ce document vise à traduire les exigences de l'annexe I de la directive européenne (contenu d'un certificat qualifié). Il est basé sur le RFC de l'IETF traitant des certificats qualifiés.	Le TS correspondant à cette partie a été adopté en décembre 2000.
CEN/ISSS		
Exigences de sécurité pour les systèmes fiables des prestataires de services de certification (D1)[a]	Ce document vise à répondre à l'exigence (f) de l'annexe II de la directive européenne au niveau du système dans son ensemble.	Ce projet de CWA est stabilisé et est en cours de vote au sein du CEN d'ici à la fin du mois d'août 2001.
Exigences de sécurité pour les modules cryptographiques des systèmes fiables des prestataires de services de certification (D2)	Ce document vise à répondre à l'exigence (f) de l'annexe II de la directive européenne pour ce qui a trait à la partie cryptographique.	Cette partie est encore en cours d'élaboration et devrait être stabilisée en septembre 2001 pour être soumise aux votes.
Exigences de sécurité pour les dispositifs sécurisés de création de signature (F)	Ce document vise à traduire les exigences de l'annexe III de la directive européenne (dispositif sécurisé de création de signature). Les participants aux travaux n'ayant pas pu se mettre d'accord, deux profils de protection ont été élaborés : un au niveau EAL4 et un au niveau EAL4 augmenté. Ce sera au «Comité Article 9» de décider lequel il faut retenir.	Les deux PP ont été adoptés suite à vote en avril 2001 avec les nᵒ CWA 14168 (EAL 4) et CWA 14169 (EAL4+).
Exigences pour le processus et l'environnement de création de signature (G1)[b]	La directive européenne écarte de son champ l'environnement de création de signature en dehors du dispositif sécurisé de création de signature. Cependant, les participants à EESSI ont jugé indispensable de traiter l'ensemble de la chaîne d'une signature électronique afin d'assurer une cohérence globale.	Ce CWA a été adopté suite à vote en avril 2001 avec le nᵒ CWA 14170.

* La lettre entre parenthèses correspond à celle qui est affectée à la tâche dans le rapport EESSI phase 1 de juillet 1999)

Titre *	Contenu	Calendrier
Exigences pour le processus et l'environnement de vérification de signature (G2)	Ce document vise à traduire les recommandations de l'annexe IV de la directive européenne, tout en allant au-delà pour traiter l'ensemble de la chaîne (voir ligne précédente).	Ce CWA a été adopté suite à vote en avril 2001 avec le n° CWA 14171.
Validation de la conformité des produits et services de signature électronique (V)	Ce document vise à préciser comment la vérification de conformité (obligatoire ou volontaire au sens de la directive européenne) aux différentes normes issues d'EESSI pourra être menée de manière cohérente au niveau européen. Il est décomposé en cinq parties : 1 – Généralités 2 – Autorités de certification 3 – Systèmes fiables pour la gestion de certificats 4 – Environnements de création et de vérification de signature 5 – Dispositifs sécurisés de création de signature	Les parties 1, 2, 4 et 5 ont été adoptées suite à vote en avril 2001 et mai 2001 avec les n° CWA 14172-1, -2, -3, -4. La partie 3 est en cours d'élaboration et sera stabilisée en fonction des résultats des travaux sur D1 et D2.

a. La tâche D, identifiée dans le rapport [PHASE_1], a été coupée en deux : D1 pour le système global et D2 pour le module cryptographique.

b. La tâche G, identifiée dans le rapport [PHASE_1], a été coupée en deux : G1 pour l'environnement de création de signature et G2 pour l'environnement de vérification.

Au-delà des travaux de cette phase 2, directement liés à la traduction en exigences techniques de celles formulées par la directive européenne, l'EESSI a entamé, dans le cadre d'une 3e phase, des travaux complémentaires jugés nécessaires pour un bon développement de l'usage des signatures électroniques, notamment en matière :

- d'horodatage ;
- de guides d'implémentation des « Profils de Protection » pour dispositifs sécurisés de création de signature à des environnements spécifiques (cartes à puce, PDA, téléphones GSM, etc.).

Voici les pages Web où l'on peut consulter les travaux d'EESSI :

- EESSI : *http://www.ict.etsi.org/eessi/eessi-homepage.htm*
- CEN : *http://www.cenorm.be/isss/workshop/e-sign*
- ETSI : *http://www.etsi.org/sec/el-sign.htm*

* La lettre entre parenthèses correspond à celle qui est affectée à la tâche dans le rapport EESSI phase 1 de juillet 1999)

Annexe 7

Exemple de déclaration

A – Demande d'avis

D – Déclaration ordinaire

S – Déclaration simplifiée

M – Déclaration de modification

X – Déclaration de suppression

Commission Nationale de l'Informatique et des Libertés (CNIL)
21, rue Saint-Guillaume
75340 Paris Cedex 07
Tél: 01 53 73 22 22
Fax: 01 53 73 22 00
Cadre réservé à la CNIL
Numéro d'enregistrement

**DÉCLARATION D'UN TRAITEMENT AUTOMATISÉ
D'INFORMATIONS NOMINATIVES**

---

1. Le traitement relève-t-il à votre avis de l'article 15 de la loi du 6.1.1978 ?

OUI		1
NON	X	2

2. Numéro de SIREN :   **Code APE**

3. Numéro d'enregistrement du traitement :   N/A

À rappeler par l'utilisateur en cas de modification ou suppression

4. Organisme déclarant (Article 19) :

Nom ou raison sociale : société XXX   Nom usuel ou sigle :   N/A   Adresse complète : 12, rue de la République, 92000 LA DÉFENSE   Téléphone : 01.33.66.99.XX

5. Service chargé de la mise en œuvre du traitement *

Nom : Service informatique   Adresse complète : 12, rue de la République, 92000 LA DÉFENSE   Téléphone : 01.33.66.99.XX

6. Dénomination du traitement/application :(s'il y a lieu) : ICP

Population concernée : (nombre approximatif) : 1 000

7. Finalité principale du traitement *

Gestion du service de signature électronique et de l'ICP

Année de mise en œuvre : 2001

8. Service auprès duquel s'exerce le droit d'accès*

Nom : Service informatique Adresse complète : 12, rue de la République, 92000 LA DÉFENSE Téléphone : 01.33.66.99.XX

Éventuellement nom générique des établissements décentralisés :   N/A

9. Numéro de la norme simplifiée de référence (Article 17)   N/A
Numéro de la déclaration du modèle type de référence :   N/A

10. Le traitement donne-t-il lieu à des transmissions d'informations entre le territoire français et l'étranger ?**

OUI		1
NON	X	2

11. En cas de déclaration simplifiée ou de déclaration de suppression

Nom du signataire :   Date: Fonction l'habilitant à signer :

Le signataire atteste que le traitement est conforme à la norme simplifiée ou au modèle type auquel il est fait référence ou que le traitement est supprimé.

Signature

* En cas de déclaration ordinaire ou de demande d'avis, ces rubriques sont complétées par des annexes.

** Si la réponse est oui, cette rubrique est complétée par une annexe.

12. Caractéristiques de l'application* Fonctions :

1	Gestion du service de signature électronique
2	Gestion de l'ICP (soit principalement des actions liées au certificat : demande de création, révocation, renouvellement – conservation, publication, etc.)

Suite de l'énumération	OUI	X	1
sur papier libre	NON		2

13. Sécurités et secrets

• Existe-t-il des dispositions destinées à assurer la sécurité et la confidentialité des traitements et des informations ?	OUI	X	1
	NON		2
• Sont-elles consignées dans un document ?	OUI	X	1
	NON		2
• Le secret de certaines des informations traitées fait-il par ailleurs l'objet d'une protection légale ?	OUI		1
	NON	X	2

14. Catégories d'informations traitées*

X	A	Identité
	B	Numéro de Sécurité sociale ou RNIPP (Art. 18)
	C	Situation familiale
	D	Situation militaire
X	E	Formation – Diplômes – Distinctions
X	F	Logement
X	G	Vie professionnelle
	H	Situation économique et financière
	I	Déplacement des personnes
X	J	Utilisation des médias et moyens de communication
	K	Consommation d'autres biens et services
	L	Loisirs
	M	Santé
	N	Habitudes de vie et comportement
	O	Informations en rapport avec la police
	P	Informations en rapport avec la justice

Suite de l'énumération	OUI	X	1
sur papier libre ?	NON		2

Catégories de destinataires		Catégories d'informations fournies*															
		A	B	C	D	E	F	G	H	I	J	K	L	M	N	O	P
1	Société XXX	X				X	X	X			X						
2	Société TTT (sous-traitant)	X				X	X	X			X						
3																	
4																	
5																	
6																	
7																	
8																	
9																	
10																	

Suite de l'énumération	OUI	X	1
sur papier libre ?	NON		2

15. Le traitement fait-il usage**

• d'informations nominatives concernant les infractions, condamnations ou mesures de sûreté (Art. 30) ?	OUI		1
	NON	X	2
• d'informations nominatives faisant apparaître les origines raciales, ou les opinions politiques, philosophiques, religieuses ou les appartenances syndicales des personnes (Art. 31) ?	OUI		1
	NON	X	2

16. Cession, interconnexion, mise en relation, rapprochement**

• Le traitement fournit-il des informations nominatives à un organisme extérieur ? N.B. : Uniquement le sous-traitant	OUI	X	1
	NON		2
• Le traitement reçoit-il des informations nominatives d'un organisme extérieur ?	OUI		1
	NON	X	2
• Les informations enregistrées peuvent-elles être cédées, louées, échangées ?	OUI		1
	NON	X	2

17. Nom du signataire :   Date :   2001

Fonction l'habilitant à signer :

Signature :

---

* Rubriques à compléter par des annexes.

** Si la réponse est oui, cette rubrique est à compléter par une annexe.

Documents et URL de référence

Normes et standards

Normes ANSI

ANSI X9.30:1-1997, *Public Key Cryptography for the Financial Services Industry: Part 1: The Digital Signature Algorithm (DSA)* (revision of X9.30:1-1995).

ANSI X9.30:2-1997, *Public Key Cryptography for the Financial Services Industry: Part 2: The Secure Hash Algorithm (SHA-1)* (revision of X9.30:2-1993).

ANSI X9.79:1-2001, PKI *Practices and Policy Framework*, (revision of X9.79:1-2001).

http://www.x9.org

> **Note**
> Les normes ANSI sont payantes car elles sont protégées.

Normes EESSI

ETSI, *Policy requirements for certification authorities issuing qualified certificates*, Version 1.1.1, ETSI TS 101 456, December 2000.

ETSI, *Qualified certificate profile*, Version 1.1.1, ETSI TS 101 862, December 2000.

ETSI, *Electronic signature formats*, Version 1.2.2, ETSI TS 101 733, December 2000.

http://www.cenorm.be/isss/workshop/e-sign

http://www.ict.etsi.org/eessi/eessi-homepage.htm

http://portal.etsi.org/sec/el-sign.htm

> **Note**
> Pour l'instant les projets de normes EESSI peuvent être obtenus gratuitement sur les sites indiqués ci-dessus. Une fois validées à l'état de normes elles pourraient devenir payantes.

Normes IETF

RFC2459, Housley R., W. Ford, W. Polk, and Solo, *Internet X.509 Public Key Infrastructure: Certificate and CRL Profile*, January 1999.

RFC2527, Chokhani, S., and W. Ford, *Internet X.509 Public Key Infrastructure Certificate Policy and Certification Practices Framework*, March 1999.

RFC3039, Santesson, S., W. Polk, P. Barzin, and M. Nystrom, *Internet X.509 Public Key Infrastructure Qualified Certificates Profile*, January 2001.

RFC3161, ADAMS, C., P. CAIN, D. PINKAS, AND ZUCCHERATO, *Internet X.509 Public Key Infrastructure Time Stamp Protocol (TSP)*, August 2001.
http://www.ietf.org/rfc.html

Normes ISO

Banking – Certificate Management – Part 1: Public Key Certificates, ISO 15782-1:1998.

Banking Key Management (Retail) – Part 4: Key management techniques using public key cryptography, ISO 11568-4: 1995.

Banking Key Management (Retail) – Part 5: Key life cycle for public key cryptosystems, ISO 11568-5: 1996.

Gestion de sécurité d'information – Partie 1: Code de pratique pour la gestion de sécurité d'information, ISO 17799-1, mars 2001.

Information technology – Information Processing Systems – Open Systems Interconnection – Basic Reference Model – Part 2: Security Architecture, ISO 7498-2:1989.

Information technology – Information Processing Systems – Open Systems Interconnection – The Directory: Public-key and attribute certificate frameworks, ISO/IEC 9594-8, 2000.

http://www.iso.org

Note

Les normes ISO sont payantes car elles sont protégées.

Normes NIST

NIST PKI Project Team, MISPC *Minimum Interoperability Specification for* PKI *Components*, Version 2 – Second Draft, http://csrc.nist.gov/pki/mispc/welcome.html, August 31, 2000.

NIST PKI Project Team, X.509 *Certificate Policy For The Federal Bridge Certification Authority* (FBCA), Version 1.01, August 10, 2000

http://gits-sec.treas.gov
http://www.itl.nist.gov/fipspubs
http://csrc.nist.gov/pki/mispc/welcome.html

Notes

Les normes NIST sont payantes car elles sont protégées. Certains documents de travail peuvent être obtenus à partir des liens donnés dans les pages indiquées ci-dessus.

Standards PKCS

PKCS #1: RSA Encryption Standard.

PKCS #3: Diffie-Hellman Key-Agreement Standard.

PKCS #5: Password-Based Encryption Standard.

PKCS #6: Extended-Certificate Syntax Standard.

PKCS #7: Cryptographic Message Syntax Standard.

PKCS #8: Private-Key Information Syntax Standard.

PKCS #9: Selected Attribute Types.

PKCS #10: Certification Request Syntax Standard.

PKCS #11: Cryptographic Token Interface Standard.

PKCS #12: Personal Information Exchange Syntax Standard.

PKCS #13: Elliptic Curve Cryptography Standard.

PKCS #15 (Draft): Cryptographic Token Information Format Standard.

http://www.rsasecurity.com/rsalabs/pkcs/

Autres normes ou standards

CCITT, *The Directory – Authentication Framework*, Recommendation X.509, 1988
ITU-T, *The Directory – Authentication Framework*, Recommendation X.509, 1997
CCITT, *The Directory – Authentication Framework*, Recommendation X.509, 2000
http://www.itu.int/publications/index.html

Autres documents de référence

AICPA-ICCA, *Programme WebTrust*[SM/MD] *pour les autorités de certification* (CA Trust), Version 1.0, 25 août 2000.
http://www.icca.ca
http://www.aicpa.org
British Standard Institute, *Information security management – Part 1: Code of practice for information security management*, BS 7799-1:1999.
Identrus LLC, *Identrus Policy Approval Authority IP-PAA*, Version 1.7, March 1 2001.
http://www.identrus.com
PINKAS, D., and NILSSON, *Validation of Electronic Signatures – White Paper*, January 27 1999.

Documents français de référence

Commission interministérielle pour la Sécurité des systèmes d'information (CISSI), *Procédures et politiques de certification de clés* (PC^2), version 2.2, janvier 2001.
Commission interministérielle pour la Sécurité des systèmes d'information (CISSI), *Formats des certificats associés aux politiques de certification PC^2*, version 2.0, mai 1999.
Canada, *Politiques de certification pour l'infrastructure à clé publique du gouvernement du Canada*, version 3.0, décembre 1998.
Service central de la Sécurité des systèmes d'information, GS-001 – *Guide pour l'élaboration d'une politique de sécurité interne* (PSI), 15 septembre 1994.
http://www.scssi.gouv.fr/fr/index.html
Thierry CARCENAC, « Rapport au Premier ministre – Pour une administration électronique citoyenne – Méthodes et moyens », 2001.

Documents sur la cryptographie

IEEE Standards Department, P1363 *Standard Specifications for Public Key Cryptography*
http://grouper.ieee.org/groups/1363/
Note: ce site nécessite au visiteur de s'enregistrer pour obtenir un mot de passe.
RIVEST, R. L., A. SHAMIR and L. M. ADLEMAN, « A method for obtaining digital signatures and public-key cryptosystems », *Communications of the* ACM 21 (1978), 120-126.
SCHNEIER, B., *Applied Cryptography: Protocols, Algorithms, and Source Code in C*, 2nd ed., New York: John Wiley, 1996, ISBN 0471117099.
STINSON, D., *Cryptography Theory and Practice*, CRC Press, 1995, ISBN 0849385210.

Site de Peter Gutmann
http://www.cs.auckland.ac.nz/~pgut001/
Site des laboratoires cryptographiques de Hewlett-Packard
http://hplbwww.hpl.hp.com/mcs/
Site canadien de ressources cryptographiques
http://www.privacy.nb.ca/cancrypt/
Site de Ron Rivest
http://theory.lcs.mit.edu/~rivest/crypto-security.html

Lois et autres documents juridiques

DIRECTIVE 1999/93/EC DU PARLEMENT EUROPEEN ET DU CONSEIL du 13 décembre 1999 sur un cadre communautaire pour les signatures électroniques.
http://www.ict.etsi.org/eessi

« Article 28 du projet de loi sur la société de l'information », NOR : ECOX0100052L/B1, en réalisation en 2001.

Décret n°2001-272 du 30 mars 2001 pris pour l'application de l'article 1316-4 du code civil et relatif à la signature électronique, JO, n° 77 du 31 mars 2001, page 5070.

Décret n° 98-102 du 24 février 1998 définissant les conditions dans lesquelles sont agréés les organismes gérant pour le compte d'autrui des conventions secrètes de cryptologie en application de l'article 28 de la loi n° 90-1170 du 29 décembre 1990 sur la réglementation des télécommunications, NOR : PRMX9802602D, JO, n° 47 du 25 février 1998, page 2915.

Loi n°2000-230 du 13 mars 2000 portant adaptation du droit de la preuve aux technologies de l'information et relative à la signature électronique, JO du 14 mars 2000, page 3968.

Loi n° 78-17 du 6 janvier 1978 relative à l'informatique, aux fichiers et aux libertés, JO.

Loi n° 2000-321 du 12 avril 2000 relative aux droits des citoyens dans leurs relations avec les administrations, JO, n° 88 du 13 avril 2000, page 5646.
http://www.legifrance.org

Ministère de l'Économie, des Finances et de l'Industrie, *Politique de certification type*, version 2.0, 20 décembre 1999.
http://www.minefi.gouv.fr

Autres sites de référence

Groupement d'intérêt public pour les Cartes de professionnel de santé
http://www.gip-cps.fr

Informations juridiques internationales
http://cwis.kub.nl/~frw/people/koops/lawsurvy.htm
http://www.pkilaw.com
http://www.steptoe.com
http://rechten.kub.nl/simone/ds-lawsu.htm
http://www.abanet.org
http://www.uncitral.org/
http://www.law.kuleuven.ac.be/icri/

Travaux sur l'interopérabilité des ICP
http://www.pkiforum.org
http://www.eema.org/ecaf

Pages générales sur les ICP
http://www.pca.dfn.de/dfnpca/pki-links.html
http://www.cio-dpi.gc.ca/pki-icp/default.aspICP canadienne

W3C - groupe de travail Signature :
http://www.w3.org/Signature

GTA (Global Trust Authority)
http://www.gta.multicert.org